ÉTUDE COMPLÈTE

SUR LES

PHOSPHATES

ÉTUDE COMPLÈTE

SUR LES

PHOSPHATES

PAR

A. DECKERS

Ingénieur

> L'azote vient d'en haut et le phosphore d'en bas.
>
> ELIE DE BEAUMONT.
>
> Sans phosphore, pas de pensée.
>
> MOLESCHOTT.
>
> Sans phosphore, pas de pain, pas d'agriculture.
>
> KOLB.

LIÉGE

IMPRIMERIE LIÉGEOISE, H. PONCELET, ÉDITEUR

Rue des Clarisses, 48

1894

INTRODUCTION

C'est grâce aux progrès qu'a fait l'agriculture depuis une vingtaine d'années que l'industrie des phosphates a pris un tel développement. La propagation des engrais a eu pour résultat d'augmenter considérablement les rendements du sol, de provoquer la baisse des produits de la terre et ainsi apporter plus de bien-être à la classe laborieuse.

Il serait oiseux d'insister sur le rôle des engrais chimiques : les cultivateurs sont à peu près tous convaincus de leur utilité ; mais il est à remarquer que si cette méfiance, si longtemps gardée, à l'égard des produits chimiques agricoles, est pour ainsi dire dissipée, nous en sommes redevables aux agronomes du siècle, qui, par leurs recherches et leurs écrits, ont pu déraciner la routine qui seule était en honneur chez les agriculteurs.

La science agricole, tant au point de vue pratique que scientifique, a fait un grand pas depuis quelques années : nombre de travaux ont été écrits sur l'emploi des engrais chimiques ; il n'en est malheureusement pas de même sur leur production industrielle.

J'ai voulu, dans la mesure de mes moyens, combler une partie de cette lacune en élaborant un essai d'ÉTUDE COMPLÈTE SUR LES PHOSPHATES.

Cette étude, qui est la réunion, sous un même titre, des connaissances acquises sur ce sujet, comprend : l'examen du phosphate au point de vue agricole, chimique, minéralogique, géologique, paléontologique, mécanique, etc. ; la description des différents produits phosphatés : leur extraction, leur obtention et leur transformation.

J'espère que ce travail aidera à chasser l'ombre et le mystère dont cette industrie est restée entourée jusqu'à ce jour.

Liége, août 1894.

CHAPITRE Ier.

PRÉLIMINAIRES

QU'EST-CE QUE LE PHOSPHATE ?

Le rôle du phosphore dans la vie.

Le phosphate est une partie constituante et indispensable de tout être, qu'il appartienne au règne végétal ou au règne animal.

Cette présence du phosphore dans tout être végétal ou animal nous montre que cet élément est indispensable à son développement. C'est Liebig qui, le premier, mit en lumière cette observation : *un sol dépourvu de phosphore ne donne lieu à aucune production végétale.* Le phosphore dans les plantes se trouve disséminé dans tous les organes.

Ces considérations étant admises, on comprendra aisément le rôle important et majeur que le phosphate joue dans la vie végétale.

Des divers éléments : carbone, oxygène, hydrogène, soufre, chlore, silicium, fer, manganèse, calcium, sodium, magnésium, *azote, phosphore* et *potassium*, dont se composent les tissus organiques, les trois derniers surtout doivent être rendus à la terre qui en a été privée pour le développement de l'organisme végétal et, par suite, le développement de l'organisme animal.

Les autres éléments sont en si grande abondance dans le sol que celui-ci exige rarement une restitution.

Pour que la terre conserve son pouvoir producteur, il faut lui rendre ce que le végétal lui a pris ; c'est cette loi de restitution, si méconnue de nos agriculteurs, qui est la base de toute la science agricole.

Les chiffres suivants feront comprendre combien cette restitution est indispensable pour conserver au sol ses propriétés
fertilisantes. Une récolte moyenne enlève au sol, sans retour
en acide phosphorique pour un hectare de :

		k.			k
Céréales	Blé (20 hectol.)	21,3		Haricots	16,3
	Orge	17,0	Légumineuses.	Pois	26,5
	Seigle	21,0		Féverolles	31,1
	Avoine	12,5			
	Maïs	20,1			
	Sarrasin	12,7			
				Carottes	43,0
Plantes industrielles.	Colza	47,8		Navets, raves ou turneps	47,0
	Œillette	26,6	Racines et tubercules.	Rutabagas	115,0
	Lin	21,8		Betteraves fourragères	48,0
	Chanvre	43,7		" à sucre	45,0
	Houblon	13,0		Pommes de terre	36 6
				Topinambours	39,0
Plantes fourragères.	Foin de prairie	21,0			
	Seigle vert	48,0			
	Maïs fourrage	42,0			
	Choux	107,0	Culture arbustive.	Vigne 9.7 (50 hect. de vin).	
	Trèfle rouge	45,0		Pommier 6.4	
	Luzerne	51,0			
	Sainfoin	21,2			
	Vesce	24,8			

Par l'examen de ce tableau, on voit que ce sont les plantes
fourragères, les racines et les tubercules qui épuisent le
plus le sol. Il est tout naturel que ce soient eux qui se
montrent le plus sensibles à l'application d'engrais à base de
phosphate.

Le phosphate de chaux a, sur son congénère, l'engrais *azoté*,
l'avantage de pouvoir être employé en grand excès. Les
engrais azotés employés abusivement peuvent jeter certains
troubles, certaines perturbations dans l'agriculture. Ils peuvent
amener la verse dans les céréales, donner une production
folliacée excessive, retarder la maturité et amener une déperdition d'azote par les eaux de drainage ; les engrais à base
d'acide phosphorique ne présentent pas ces inconvénients.
Il existe des plantes, les légumineuses, par exemple, qui
peuvent se passer d'engrais azoté, mais on ne connaît à ce
jour aucune plante qui soit dans les mêmes conditions
quant à l'acide phosphorique. G. Ville a montré que le froment

s'étiole et meurt dans une terre artificielle renfermant tous
les minéraux nécessaires à la plante, mais dont on a éliminé
les phosphates. Si l'on ajoute à cette terre un cent millième
de son poids de phosphate de calcium, la végétation suit son
cours normal. En effet, les plantes puisent de l'azote dans
l'atmosphère, mais pas d'acide phosphorique. *L'azote vient
d'en haut et le phosphate d'en bas* (Elie de Beaumont).

On peut dire que partout où l'on veut, à l'aide d'engrais
chimique, forcer le rendement, il faut toujours, conjointement
avec les autres engrais, faire usage d'acide phosphorique ;
le sol réclame moins souvent de la potasse que de l'acide
phosphorique, parce que la première se trouve dans le sol
sous un état plus assimilable que l'acide phosphorique.

Le phosphore existe dans la terre végétale, à peu près
exclusivement, sous forme de phosphate de sexquioxyde de
fer ou d'alumine, c'est-à-dire à l'état absolument insoluble.
Un terrain qui contiendrait 0. 1 % de potasse et 0. 1 % d'acide
phosphorique pourrait être considéré comme assez riche en
potasse et pauvre en acide phosphorique.

En général, le sol est plus riche en potasse qu'en acide phosphorique.

TENEUR EN ACIDE PHOSPHORIQUE DES SOLS.

Sol d'une richesse extraordinaire.	.	> 0,20 %
Id.	très élevée . .	. 0,15 à 0,20
Id.	moyenne. . .	. 0,10 à 0,15
Id.	modérée . . .	. 0,075
Id.	faible	. 0,05
Id.	très faible . .	. 0,025

M. Joulie considère comme absolument stérile toute terre qui
ne renferme pas au moins 1,200 kil. d'acide phosphorique à
l'hectare. Lorsqu'une terre contient 1,500 kil. d'acide phosphorique, il n'y a réellement que 300 kil. qui soient profitables
aux plantes, et pour une culture continue de betteraves à sucre,
par exemple, la terre serait frappée de stérilité complète au
bout de $\frac{300}{45}$ = 6,66 années, en admettant, comme nous l'avons
dit dans le tableau publié ci-dessus, qu'un hectare de betteraves
enlève au sol 45 kil. d'acide phosphorique ; mais il est évident
que le manque d'acide phosphorique se ferait de plus en plus

sentir et que, par conséquent, la *productivité* de ce sol diminuerait d'année en année.

L'antiquité est là pour nous donner plusieurs exemples de ce que la brutalité de ces chiffres nous indique.

L'histoire ne nous montre-t-elle pas la Grèce, la vieille Rome, l'Arabie, l'Egypte et l'Espagne florissantes et maitresses du monde, tant que le sol est fécond, s'amoindrissant à mesure qu'il s'épuise et disparaissant alors de la scène du monde, si puissamment occupée par elles, quand leurs terres, rendues stériles, refusèrent aux habitants les moyens de subsistance.

Dans les temps présents, ne voyons-nous pas l'Amérique, le pays aux terres riches et fécondes, venir faire une concurrence effrénée à nos produits agricoles; mais déjà son sol s'appauvrit et, comme celui de la vieille Europe, il sent le besoin de retrouver les éléments nutritifs qu'on lui a enlevés. L'Américain, toujours pratique, a compris immédiatement que l'emploi des engrais chimiques rendrait au sol sa fertilité d'autrefois ; aussi, depuis quelques années, la consommation des engrais en Amérique augmente d'une façon considérable.

CONSOMMATION ANNUELLE D'ENGRAIS EN AMÉRIQUE.

Géorgie	230	mille tonnes.
Caroline du Sud.	150	"
Caroline du Nord	150	"
Albama.	125	"
Virginie	150	"
Mississipi	50	"
Louisiane	25	"
Tennessee	25	"

La nature, toujours bienfaisante, a mis le remède à côté du mal ; les besoins en phosphate de l'Amérique allant en grandissant, il fallait trouver en plus grande quantité l'élément fertilisant ; les dernières découvertes de Floride mettent l'Amérique pour plusieurs années à l'abri de la pénurie de phosphate.

A ce point de vue, la vieille Europe semble être moins bien partagée ; nos mines de phosphate sont assez nombreuses, mais le phosphate riche est assez rare : en exceptant les mines de la Somme, on ne trouve guère que du phosphate titrant en-dessous de 65 % de phosphate tribasique.

On peut dire, sans être taxé d'exagération, que la consommation des *produits phosphatés* augmente de près de 250,000 tonnes annuellement ; elle est actuellement de près de 3 millions de tonnes (l'Angleterre en consomme plus de 1/5).

Cette production est ainsi répartie pour les années

			1890		1891	
Phosphate.	Belgique	Mons	197,840	tonnes.	171,510	tonnes.
		Liége	82,700	»	95,600	»
	France	Picardie . . .	350,000	»	474,500	»
		Ardennes et autres	100,000			
		Caroline	537,000	»	572,000	»
		Floride	14,000	»	200,000	»
		Canada	22,000	»	15,000	»
		Allemagne.	40,000	»	40,000	»
		Angleterre	20,000	»	20,000	»
		Russie, Norwège et autres pays	100,000	»	70,000	»
		Antilles et iles diverses . .	50,000	»	30,000	»
Guano		de poissons			25,000	»
		azoté.				»
Cendre d'os, poudrette						» (1)
Noir animal, phosphate précipité						»
Phosphate basique					800,000	»

Mais la production semble avoir augmenté dans une proportion plus forte encore, malgré la cessation des travaux aux mines de Cacérés, l'épuisement presque complet des mines de phosphate riche du Hainaut, l'arrêt de certaines exploitations de Caroline qui ont des démêlés avec le gouvernement de l'Etat, la diminution de production des exploitations des Ardennes et de la Meuse.

L'excès momentané de production résulte de la mise en exploitation du phosphate de Floride et de l'extension prise par la fabrication de l'acier par le procédé Thomas-Gilchrist, donnant une scorie phosphatée titrant 30 à 36 % de phosphate tribasique de chaux.

Le grand élément de concurrence pour le phosphate européen est la *scorie Thomas*. La production a été de près de 800,000 tonnes en 1891 ; cette production augmentera encore pendant quelques années. Par suite de la chute du brevet Thomas dans le domaine public, de nombreuses aciéries adopteront ce système de fabrication de l'acier ; mais, d'autre part, la production de l'acier étant limitée, il en résulte tout naturellement que celle de la scorie le sera aussi.

L'envahissement de notre continent par les phosphates

___

(1) Les renseignements nous manquent pour ces trois produits.

américains n'est pas à craindre, parce que, d'une part, les frais de transport sont trop élevés et, d'autre part, les besoins de l'Amérique en phosphate seront tellement grands que les gisements connus qu'elle possède suffiront à peine pour satisfaire ses besoins.

Le Phosphore au point de vue animal.

Le phosphore se trouve dans la constitution des êtres vivants à l'état de combinaisons organiques et minérales.

Les composés organiques sont la *lécithine* et les *nucléines* ; ils participent aux phénomènes de la vie, mais on ne connaît pas exactement leur rôle.

Les phosphates minéraux sont à base de potasse, de soude, de chaux et de magnésie ; on les rencontre dans les tissus des animaux. Le phosphate de chaux entre comme élément prépondérant dans la constitution de l'ossature des vertèbres ; on le retrouve aussi dans l'embryon, dans l'œuf, dans le sperme et dans la matière cérébrale.

Comme les animaux trouvent dans leurs aliments des réserves considérables d'acide phosphorique, ils évacuent l'excédent par les urines et par les excréments. L'homme adulte évacue par les urines et par 24 heures de 4 à 5 grammes d'acide phosphorique. C'est même dans les urines que les alchimistes découvrirent le phosphore.

Il se fait à travers l'organisme animal un déplacement constant d'acide phosphorique, tout en réparant les pertes résultant de la constitution des tissus riches en phosphore.

L'acide phosphorique des tissus osseux est distrait de la circulation pendant un temps qui peut être assez long, mais pourtant, grâce à la solubilité des phosphates de calcium et de magnésium dans les eaux chargées d'acide carbonique, la désagrégation finit néanmoins par s'opérer.

L'acide phosphorique éliminé pendant la vie de l'animal fait retour au sol ; il en est généralement de même de son squelette après la mort.

D'après **M.** Barral, la quantité moyenne de déjections solides et liquides est de $1^{k}\cdot224$ par jour et par être humain. Cette moyenne résulte d'une expérience faite sur un homme, une femme et un enfant.

Ces déjections contiennent :

Acide phosphorique. . . 0ᵏ 2665 %
Azote. . . . . 1 , 3300 %
soit par être humain et par an 1ᵏ.19   acide phosphorique,
            5 , 94   d'azote.

La ville de Liége, qui a une population d'environ 150,000 habitants, jette à la Meuse annuellement :

En matières fertilisantes { acide phosphorique, 178,500 × 0 fr. 35 = 62,475 fr.

                    azote,   891,000 × 1 fr. 40 = 1,247,400 fr.

                                          1,309,875 fr.

L'acide phosphorique et l'azote sont cotés respectivement à 0,35 et 1,40 l'unité.

Outre cette perte sensible de produits fertilisants, le système du *tout à l'égout* présente de grands dangers en temps d'épidémie.

Sous quel état l'acide phosphorique doit-il être incorporé au sol ?

C'est vers 1840 qu'on a compris les effets utiles du phosphore sur la végétation ; on avait bien, avant cette époque, constaté l'action produite sur les récoltes par les *os pulvérisés* et par le *noir de sucrerie*, mais on ne savait pas trop à quelles causes étaient dues leurs propriétés fertilisantes. Un journal scientifique de 1830 publia même les lignes suivantes :

« Il n'est pas nécessaire de se rendre compte des matières terreuses ou du phosphate de chaux entraîné par les eaux, parce que, comme il est indécomposable et insoluble, il ne peut servir comme engrais. »

Un savant de cette époque disait, au sujet de la fertilisation produite par les os, qu' « après avoir subi un certain procédé de fermentation naturelle, les os ne contiennent pas plus de 2 % de gélatine et, comme ils n'obtiennent leur pouvoir fertilisant que de cette substance seulement, on peut les considérer comme n'ayant aucune valeur comme engrais ».

Que de progrès n'a-t-on pas réalisés en agriculture depuis 60 ans ! Que de combats la science a dû livrer pour tuer cette routine qui est la plaie de l'agriculture !

Les Chinois étaient plus avancés que nos agronomes de 1830, car ils savaient, à cette époque, que le principe fertilisant des os était *minéral* ; ils se servaient depuis des siècles d'os calcinés comme engrais.

C'est en 1841 que se fit en France la première application du phosphate minéral. En Angleterre, le duc de Richemond montrait, par une série d'expériences, que la valeur fertilisante des os était due, non à la gélatine ou à la graisse, mais bien au *phosphate de chaux.*

En 1845, le professeur Henslow, en décrivant le gisement de *coprolithes* de Suffolk (Angleterre), préconisa l'application de ces coprolithes à l'agriculture.

En 1848, M. Paine, de Farnham (Angleterre), remplaça avantageusement les os pulvérisés par du phosphate de chaux minéral.

Au Congrès d'Arras, en 1856, il fut recommandé d'employer les phosphates naturels amenés à leur plus grand état de division possible ; mais, à cette époque, les gisements de phosphate connus étaient peu nombreux ; ce fertilisant était alors à peu près totalement inconnu de l'agriculteur.

En 1856, Élie de Beaumont, dans un travail célèbre dans les annales de l'industrie des phosphates, appela l'attention publique sur les services que les phosphates naturels rendraient à l'agriculture.

C'est à cette époque seulement que la première exploitation de phosphates minéraux fut ouverte sur notre continent.

Cette première exploitation s'ouvrit à Grand-Pré (département des Ardennes, France) par les soins de M. Desailly.

M. de Molon fut aussi, en France, un des grands propagateurs de l'emploi des phosphates naturels.

L'illustre chimiste Liebig, dont l'Allemagne s'honore à juste titre, par ses études, montra que le pouvoir fertilisant des phosphates serait beaucoup plus actif et plus rapide si la désagrégation de la molécule de phosphate était obtenue. Cette difficulté ne pourrait se résoudre que par la chimie ; en 1857, Liebig transforma les phosphates par l'action de l'acide sulfurique (vitriol). C'était la création de cette industrie qui prit tant d'extension depuis une vingtaine d'années et qui provoqua des progrès si considérables dans la culture pratique.

Et, pour se faire une idée du rôle que joue le phosphore en agriculture, les lecteurs n'apprendront pas sans étonnement qu'il a été consommé, en l'an 1892, plus de 2,500,000 tonnes de phosphate tant organique qu'inorganique, soit approximativement pour une valeur de *quatre-vingts* à *cent millions de francs.*

Par l'examen du tableau suivant, on verra l'importance, au

point de vue des rendements, de l'emploi des engrais dans chacune des nations signalées.

C'est l'Angleterre qui consomme le plus d'engrais, c'est elle aussi qui a les plus beaux rendements moyens, puis vient la Belgique.

PRODUCTION EN HECTOLITRES DE BLÉ A L'HECTARE :

Angleterre	28,0
Belgique	21,0
Hollande	21,0
Norwège	20,0
Allemagne	17,0
Danemarck	17,0
France	15,0
Autriche	14,0
Espagne	14,0
Canada	12,0
Australie	11,0
États-Unis	10,5
Italie	10,5
Algérie	10,5
Indes anglaises	10,0
Russie	8,0

La production de blé dans le monde entier a été, en 1889, de 762 millions d'hectolitres.

M. Schloesing a démontré *par l'absurde* que les éléments fertilisants, sauf l'azote nitrique, ne sont pas dans le sol à l'état *soluble dans l'eau*.

En effet, en prenant comme base la moyenne de 18 échantillons d'eau extraite d'un poids de 30 à 35 kil. de terre puisée dans des sols différents, il trouve qu'un litre de ce liquide contient :

Ammoniaque	0,93	milligr.
Acide phosphorique	0,36	»
Potasse	4,28	»
Azote nitrique	73,19	»

On voit par ces chiffres que la terre est extrémement pauvre en éléments fertilisants, sauf en azote nitrique ; celui-ci n'est pas absorbé par la terre arable, il n'est utilisé qu'au fur et à

mesure des besoins de la plante; c'est pourquoi on le retrouve
en aussi grande quantité dans les eaux de drainage. Les sols
dans lesquels les 18 échantillons de terre ont été puisés sont
d'une fertilité au-dessus de la moyenne; le rendement à
l'hectare a été de 28 à 39 hectolitres de blé et 73 hectolitres
d'avoine. Cette constatation seule suffit pour démontrer que la
solution nutritive était de beaucoup insuffisante à l'alimentation de ces récoltes.

Nous arrivons à notre démonstration :

Un hectare de terre pèse environ 3,000 tonnes pour une
épaisseur de couche arable de 0^{m}20; la teneur en eau est
de 15 % en moyenne. Cette terre renferme donc à l'hectare
450 mètres cubes d'eau.

Les éléments fertilisants en dissolution, en nous rapportant
aux chiffres ci-dessus, sont donc :

Ammoniaque . . . 450,000 litres × 0$^m{}_{/}{}^m$63 =   418 gr. 5.
Acides phosphorique   id.   id.   × 0$^m{}_{/}{}^m$36 =   162 "
Potasse . . . . . .   id.   id.   × 4$^m{}_{/}{}^m$28 — 1,926 "
Azote nitrique. . .   id.   id.   × 73$^m{}_{/}{}^m$19 = 32,325 "

La récolte moyenne de ces champs a été de :

Blé . . . . 2,500 kil.
Paille. . . . . 4,250 "

Cette récolte enlève au sol en :

Acide phosphorique. . . . . 36 kil. 47
Potasse . . . . 66 " 45
Azote . . . . 57 " 85

Le cube d'eau énorme qui aurait dû être évaporée pour
laisser au sol l'acide phosphorique soluble nécessaire à la
production de 2,500 kil. de blé serait de $\dfrac{36 \text{ kil. } 47}{0^m{}_{/}{}^m 36} = 100,000$ m³ à
l'hectare, chose absolument anormale. On compte que, pour
constituer un gramme de substance sèche, il faut une évaporation de 338 gr. d'eau; une récolte de 2,500 kil. de blé et 4,250
kil. de paille correspondant à 5,785 kil. de substance sèche,
aurait exigé pendant le cours de la formation le volume de
5,785 × 338 = 1,955,330 litres d'eau.

C'est donc au maximum les éléments nutritifs solubles
abandonnés par l'évaporation de ces 1,955,330 m³ d'eau qui
ont contribué à la formation de la récolte.

En rapprochant les poids des éléments nutritifs qu'a pu contenir l'eau et les récoltes, l'énorme différence conclut à l'évidence que certains éléments nutritifs solubles étaient insuffisants.

	TENEUR DE 1,955 m3 D'EAU.	TENEUR DE LA RÉCOLTE.	DIFFÉRENCE.
Acide phosphor.,	0,704	36,470	— 35,766
Potasse,	8,367	66,450	— 58,083
Azote nitrique,	143,086 }		
Id. ammoniacal,	1,818 }	57,850	+ 87,054

Il résulte donc de l'examen de ce tableau que 98 °/₀ de l'acide phosphorique et 87 °/₀ de la potasse nécessaires à la formation de la récolte existaient dans le sol à l'état insoluble dans l'eau.

La démonstration de M. Schloesing est donc suffisamment claire pour faire comprendre que *la plante n'absorbe pas l'acide phosphorique à l'état soluble dans l'eau.*

Le phosphore est incorporé dans le sol sous trois états différents bien marqués :

1° A l'état de phosphate soluble dans l'eau.
2° Id. id. id. id. le citrate d'ammoniaque.
3° Id. id. id. id. les acides minéraux.

Ces trois formes de phosphates sont cotées différemment sur le marché.

1° ACIDE PHOSPHORIQUE SOLUBLE DANS L'EAU

Le *phosphate soluble dans l'eau* résulte du traitement du phosphate tribasique de chaux par l'acide sulfurique; comme nous le verrons dans la théorie de la *rétrogradation*, s'il est en présence d'un sel à base de fer ou d'alumine, il passe à l'état de phosphate rétrogradé ou phosphate soluble dans le citrate d'ammoniaque.

Aussitôt incorporé au sol, il passe à l'état insoluble en formant du phosphate bibasique de chaux, et surtout du phosphate de fer et du phosphate d'alumine, du phosphate de magnésie. Quoique engagé dans des combinaisons qui se retrouvent dans les phosphates naturels, le phosphate soluble dans l'eau se distingue des précédents en ce qu'il a dû se diffuser dans le sol avant de rencontrer les bases nécessaires pour neutraliser son acide ; il s'est réparti autour des radicelles des plantes et là il s'est transformé en des sels propres à être dyalisés par ces plantes.

Quoique soluble dans l'eau, le phosphate n'est pas entraîné par les eaux pluviales, à moins, toutefois, que des pluies torrentielles ne viennent à couvrir le sol immédiatement après l'épandage de l'engrais phosphaté.

Des expériences de **MM**. Way, Millot, Joulie, Woelker, Heyden, Schloesing, Petermann, etc., démontrent l'insolubilisation rapide ou la rétrogradation du phosphate acide au contact du sol. En effet, l'analyse d'un sol qui aura reçu une fumure de phosphate acide ne décèlera pas à l'analyse la présence de l'acide phosphorique soluble dans l'eau ; de même les eaux de drainage provenant d'un sol qui a reçu une fumure formée de phosphate acide ne tiennent pas en dissolution une quantité anormale d'acide phosphorique.

Beaucoup de cultivateurs et même des agronomes croient que le superphosphate doit sa supériorité à l'état *soluble* dans lequel se trouve l'acide phosphorique ; ils pensent que les phosphates solubles dans l'eau se comportent dans le sol comme le nitrate de soude. La différence est cependant facile à saisir : le nitrate de soude est neutre, son affinité est satisfaite ; il n'en est pas de même du phosphate acide, qui a besoin d'une base pour sa neutralisation. Or, ces bases sont très répandues dans le sol, telles sont : la chaux, l'oxyde de fer, l'alumine, la magnésie....

Dans les sols dans lesquels ces bases feraient défaut ou viendraient à manquer, tels sont les sols tourbeux ou marécageux, l'emploi du superphosphate serait dans ce cas un véritable poison pour les plantes.

On peut donc dire à priori *que plus le sol est basique, plus l'engrais phosphaté sera acide, et vice versa : plus le sol est acide, plus l'engrais phosphaté sera basique*

Ce principe est confirmé par l'observation générale suivante : tout agronome sait que le *superphosphate donne de meilleurs résultats dans les terrains calcaires que dans les terrains marécageux ; que le phosphate naturel et le phosphate basique*, inversement au superphosphate, *sont employés avec plus de fruit dans les terrains marécageux que dans les terrains calcaires.*

2° ACIDE PHOSPHORIQUE SOLUBLE DANS LE CITRATE D'AMMONIAQUE.

On entend par *phosphate soluble dans le citrate d'ammoniaque* : le phosphate bibasique de chaux, le phosphate de fer et le phosphate d'alumine, qui se dissolvent dans une solution qui jouit de la propriété chimique de les séparer du phosphate tribasique inattaqué par l'acide sulfurique et qui possède à peu près le même pouvoir dissolvant que les sucs qu'on rencontre dans le sol.

Le phosphate soluble dans le citrate est obtenu de la même façon que le phosphate soluble dans l'eau.

Pour l'obtention du phosphate soluble dans le citrate, on peut employer des phosphates contenant du fer et de l'alumine ; la rétrogradation produite par ces derniers ne diminue pas la valeur du produit final.

Au point de vue fertilisateur, il a été reconnu au Congrès agricole de Paris, tenu en juin 1881, que le phosphate soluble dans le citrate égalait le phosphate soluble dans l'eau. Il a même été convenu alors d'écarter le mot *assimilable* qui avait été employé jusqu'à lors pour distinguer le phosphate transformé par un acide du phosphate naturel.

Ce n'est qu'après des recherches et des essais nombreux que le citrate d'ammoniaque alcalin a été choisi comme dissolvant.

Les fabricants de superphosphate furent très naturellement amenés à vouloir distinguer l'*acide phosphorique inattaqué par l'acide minéral* de celui qui était devenu insoluble dans l'eau par suite de la rétrogradation, et il était assez logique de ne pas considérer comme perdu cet acide rétrogradé.

La première méthode d'analyse pour faire cette distinction fut proposée en Angleterre vers 1870 ; elle reposait sur l'emploi de l'oxalate d'ammoniaque à chaud ; on reconnut bien vite que ce dissolvant ne remplissait pas le but proposé. En 1872, L. Fresénius, Neubauer et Luck, introduisaient l'usage du citrate d'ammoniaque neutre ; malheureusement, celui-ci ne donna pas de meilleurs résultats que l'autre.

Joulie et Pétermann préconisèrent l'emploi *du citrate d'ammoniaque alcalin à froid avec une digestion de 12 heures.*

Cette durée est nécessaire pour dissoudre les phosphates de fer et d'alumine.

Ce dissolvant a pour propriété caractéristique de séparer le phosphate tribasique de chaux des autres phosphates.

D'après certains chimistes, le phosphate de fer finement pulvérisé est soluble dans le citrate d'ammoniaque alcalin.

Malgré les démonstrations des grands agronomes de notre époque, montrant *l'égalité fertilisante* des superphosphates solubles dans l'eau et des superphosphates solubles dans le citrate, le commerce n'admet pas cette manière de voir : le kilo d'acide phosphorique soluble dans l'eau se vend fr. 0-05 environ plus cher que le kilo d'acide phosphorique soluble dans le citrate.

Tout fabricant de superphosphate comprend aisément que le superphosphate soluble dans l'eau se vend plus cher que l'autre, parce que :

1° Le rendement en acide phosphorique solubilisé est moindre ;

2° La quantité d'acide sulfurique, pour produire la réaction, est légèrement plus grande ;

3° Le phosphate naturel doit être plus pur de fer et d'alumine ; il est donc d'un prix plus élevé ;

4° La dessication en est plus difficile ;

5° Ce produit ne peut être conservé en magasin parce qu'il se produit toujours une rétrogradation.

Mais ce que tout agronome comprendra plus difficilement, c'est qu'il y ait des pays entiers qui n'emploient que le superphosphate soluble dans l'eau : tels sont l'Angleterre, l'Allemagne et les pays du Nord de l'Europe.

D'autre part, la Belgique, la France, l'Espagne, l'Italie et les Etats-Unis font usage surtout de superphosphate soluble dans le citrate d'ammoniaque.

Mais aujourd'hui, dans ces derniers pays même, la supériorité du superphosphate soluble dans l'eau est bien reconnue, car la plupart des praticiens exigent dans leurs achats de superphosphate la garantie que *les 3/4 ou les 4/5 de l'acide phosphorique seront solubles dans l'eau.*

Des cultivateurs ont trouvé que le superphosphate soluble dans l'eau donne de meilleurs résultats dans des terres fortement calcareuses que le superphosphate soluble dans le citrate ; c'est un des motifs pour lequel les cultivateurs anglais et allemands préfèrent le superphosphate soluble dans l'eau.

La diffusion doit être plus grande et plus facile pour le superphosphate acide, puisqu'il peut être entraîné par les eaux dans le sol, où alors il passe à l'état insoluble.

La diffusion de l'élément fertilisateur joue un si grand rôle en agriculture qu'on a constaté qu'on pouvait faire une économie de 1/3 d'engrais tout en obtenant le même rendement en le dissolvant au préalable dans l'eau et le répandant ensuite sur le sol par des arrosages.

La diffusion des superphosphates dans le sol sera activée par une mouture fine ; les superphosphates à grains fins seront préférés aux superphosphates n'ayant pas subi de trituration.

P. Wagner a démontré pratiquement que l'action de l'acide phosphorique augmente en proportion de sa division dans le sol.

Résultats obtenus en 1883 avec du Raygras d'Italie en employant du phosphate de chaux précipité en diverses grosseurs de grains :

	Acide phosphorique par hectare en kil.	Diamètre du phosphate employé en $^m/_m$.	Rendement poudre = 100
N° 1	70	en poudre	100
2	70	0,5 — 1	92
3	70	1 — 2	64
4	70	2 — 3	44
5	70	3 — 4	37

Résultats obtenus par l'emploi du phosphate basique de différentes grosseurs :

		Rendement.
Scorie Thomas (100 % passent au tamis $0^m/_m17$)		61
Id.	80 % id.	58
Id.	Résidu du tamis $0^m/_m17$	13

Ces expériences démontrent donc que la division et par conséquent la diffusion de l'acide phosphorique jouent un très grand rôle en agriculture.

3° ACIDE PHOSPHORIQUE SOLUBLE DANS LES ACIDES MINÉRAUX *ou* PHOSPHATE NATUREL.

Le *phosphate naturel* ou phosphate n'ayant subi aucune transformation chimique dans son élément principal était, jusque dans ces dernières années, employé exclusivement à la fabrication des superphosphates ; mais à présent, son emploi direct en agriculture fait d'énormes progrès ; on s'en fera une idée en apprenant qu'on a employé en France, l'année dernière, 200,000 tonnes de phosphate naturel.

Cette preuve suffit pour apaiser ou pour écarter toutes les

critiques intéressées ou non, lancées par certains agronomes à l'adresse du phosphate naturel.

On sait parfaitement aujourd'hui que l'assimilabilité d'un phosphate ne dépend pas de sa solubilité dans l'eau ou dans le citrate d'ammoniaque; aucun agronome n'a mis en doute l'assimilabilité des phosphates d'os, des phosphates solubles dans les acides des fumiers, des poudrettes, des guanos....

M. de Molon, à la suite d'essais faits sur les coprolithes ou phosphates naturels, écrivait en 1857 que :

1° *L'on pouvait s'en servir avantageusement dans les sols argileux, schisteux, graniteux et dans des sols sablonneux riches en matières organiques.*

2° *Si ces terres manquent de matières organiques ou si elles ont été longtemps cultivées, on pourrait encore employer le phosphate naturel en mélange avec un engrais minéral.*

3° *On peut s'en servir avec profit dans des terres calcareuses ou dans des terres à base de chaux.*

Cette opinion de M. de Molon a été confirmée depuis et elle est devenue aujourd'hui une règle en agronomie.

L'absorbabilité par les plantes du phosphate tricalcique, même cristallisé, n'est plus à discuter; elle *dépend de la finesse du grain phosphaté,* c'est-à-dire de son rapprochement plus ou moins grand de la molécule dissociée chimiquement, *et du laps de temps pendant lequel ce grain de phosphate se trouvera dans un milieu qui facilitera cette assimilation.*

Une des raisons qui ont nui au grand développement de l'emploi des phosphates à l'état naturel a été l'opinion régnante dans le monde agronomique que certaines provenances seules pouvaient être utilisées par l'agriculture, parce que seules elles étaient assimilables. En dehors des fameux phosphates des *grès verts,* aucun autre phosphate ne méritait d'être utilisé !

La différence entre l'action fertilisante des divers phosphates n'est pas bien grande : on peut dire qu'à finesse de grains égale, les phosphates, comme fertilisants, peuvent, à notre avis, être classés par leur rang d'âge, soit à peu près suivant l'ordre géologique des terrains dans lesquels on les trouve.

Cette règle n'est pas cependant absolue, car il faut tenir compte de la nature du terrain dans lequel le phosphate se trouve et de sa situation géographique et hydrographique.

Des gisements de phosphates minéralisés qui se trouvent dans des terrains argileux, par conséquent imperméables, conserveront plus facilement leur nature première et resteront plus assimilables ; si ces gisements reposent sur des terrains calcaires et si les eaux de pluie les atteignent facilement, les phosphates perdront de leur assimilabilité, ce qui sera le plus soluble sera dissout et entrainé par les eaux.

N'a-t-on pas rencontré dans les glaces polaires des animaux de l'âge quaternaire très bien conservés ?

N'a-t-on pas trouvé dans les gisements de phosphate de Floride plusieurs carcasses d'animaux en parfait état ayant fait partie de la horde mammale qui descendit du Nord lors de la formation des zônes climatériques ?

Les os de ces animaux ont à peu près le même degré d'assimilabilité que les os des animaux modernes.

Pour établir le degré d'assimilabilité de différents phosphates et de provenance diverses, il faut faire usage dans les essais culturaux de phosphate de même titre et composés de grains d'égale grosseur.

Cette dernière condition est, à notre avis, *sine qua non*.

Il ne suffit pas que les phosphates soumis à l'examen passent au tamis déterminé ; mais il faut que tous les grains aient le même volume, c'est-à-dire qu'ils passent entre deux numéros de toile très rapprochés, entre 100 et 110, par exemple.

Il est certain que si la réduction du grain phosphaté était poussée à sa dernière limite, on obtiendrait un produit quasi de même valeur que le superphosphate ; alors, la diffusion dans le sol du phosphate et du superphosphate serait la même. Mais ce dernier aurait, d'une part, la supériorité, parce que l'affinité de l'acide phosphorique du superphosphate n'étant pas satisfaite, lorsqu'il sera répandu dans le sol, l'acide phosphorique rencontrant des bases, se combinera à celles-ci, diminuera la *basicité* d'un sol qui pourrait être trop alcalin ; d'autre part, l'emploi du phosphate tribasique diminuera l'acidité d'un sol qui pourrait être trop acide. On voit donc que *ces deux produits phosphatés se complètent l'un l'autre, mais ne se remplacent pas.*

Les phosphates seront employés dans les sols acides et les superphosphates dans les sols basiques et, comme ceux-ci sont les plus nombreux, la consommation en superphosphate sera toujours supérieure à celle en phosphate. On préconisera l'emploi direct des phosphates dans les terres défrichées des Ardennes et de la Campine (Belgique), dans les Landes, la Bretagne et la Normandie (France), dans les Steppes de la Russie, dans les régions basses de la Hollande et de l'Italie, dans les régions déboisées de l'Amérique du Nord. La scorie Thomas sera employée même avec plus de succès que le phosphate naturel, mais ce dernier est moins couteux.

Les terres humifères ou tourbeuses, ou terres de bruyère, ne sont pas immédiatement fertiles; il leur manque un ou plusieurs éléments qui servent à la nutrition des plantes cultivées. Elles sont, en outre, imprégnées d'un principe acide qui nuit à la fertilisation tant qu'il n'a pas été neutralisé. Le phosphate minéral remplit parfaitement ce but (1,000 kil. à 2,000 kil. à l'hectare) (1).

Mais si le phosphate ne peut être employé que dans les terrains acides ou riches en matières organiques (au moins 6 %, dit M. Pétermann). il est acquis qu'en répandant cette poudre sur le fumier de ferme, elle s'y dissout complètement par l'acide carbonique et les sels ammoniacaux qui se forment à la faveur des matières animales en putréfaction.

Voici ce que disait à ce sujet le baron Thénard, un agronome français des plus distingués :

« Qu'on mélange des phosphates fossiles avec des fumiers et on obtiendaa de si beaux résultats que même dans les vieilles terres des régions feldspathiques, il y aura avantage à répéter souvent cette opération. *Habituer les cultivateurs à jeter du phosphate fossile sous les animaux, tout est là.* »

On n'a fait jusqu'à présent, que nous sachions, aucune experience décisive en tenant compte de ces différentes observations.

Des chimistes ont cru que certains dissolvants, tels que l'acide carbonique, l'oxalate ammonique ou l'acide acétique, pourraient établir entre les divers phosphates une échelle de solubilité relative parallèle à celle qu'ils peuvent acquérir en terre.

Jusqu'à présent, on n'a pu constater un rapport entre les essais à l'oxalate d'ammonique ou autre dissolvant de phosphate naturel et les résultats de culture expérimentale.

D'après M. Joulie, l'assimilabilité relative des phosphates serait en raison inverse du titre du produit. Il recommande donc de rechercher les bas-titres ; or, la pratique a démontré que les hauts-titres étaient plus assimilables que les bas-titres ; elle a aussi démontré que des phosphates occupant des degrés bien différents de son échelle de solubilité donnaient les mêmes résultats en pratique.

---

(1)Le seigle, le sarrasin, la pomme de terre, le choux, le navet viennent bien dans ces bruyères: la betterave, le trèfle, la luzerne, le sainfoin ne sont pas à conseiller. Le froment, après quelques années de phosphatage, donnera une bonne récolte.

ÉCHELLE DE SOLUBILITÉ RELATIVE DES PHOSPHATES NATURELS, DRESSÉE PAR M. JOULIE.

1	Phosphate neutre de chaux.	96,85
2	" précipité de gélatine	94,09
3	" tribasique de chaux préparé à froid.	90,83
4	Guano des Iles Guanapes	86,66
5	Phosphate précipité de gélatine (autre fabrique)	82,46
6	" tribasique préparé à chaud.	69,90
7	Poudre d'os dégélatinés	67,93
8	Phosphate précipité minéral	58,98
9	" tribasique calciné	53,96
10	Guano de Bolivie (Mexillones)	45,34
11	Noir de raffinerie	43,70
12	Cendres d'os	34,98
13	Phosphate des Ardennes (riche)	34,26
14	" du Lot concrétionné tendre, jaune foncé	33,93
15	" " " autre mine	30,90
16	" des Ardennes, richesse moyenne	30,40
17	" de Russie (nodules verts).	30,27
18	" de l'Ain, jaune	26,52
19	" de la vallée du Rhône (Gault)	25,56
20	" du Lot agatisé dur, jaune clair	24,60
21	Phosphorite du Nasseau.	22,40
22	Coprolithe du Cambridge	21,84
23	Phosphate du Lot concrétionné, blanc et tendre	21,24
24	" " agatisé, bleu et dur.	19,88
25	" de Navassa	16,17
26	" du Lot concrétionné, brun et tendre.	15,62
27	" du Nivernais.	14,19
28	Apatite de Cacérès (Espagne).	13,16
29	" du Canada (verte et cristallisée)	traces.

M. Lechartier, directeur de la Station agronomique de Rennes (France), a montré par de nombreux essais que les phosphates du Hainaut avaient une action fertilisante aussi grande que les phosphates français des grès verts.

M. Damseaux, par des essais faits au jardin de l'École agricole de Gembloux, arrive aux résultats suivants (1) :

---

(1) Ce jardin est suffisamment pourvu en matières organiques.

ESSAI DE CULTURE DE BETTERAVES.

Nº des parcelles.	Engrais employé. k.	Poids de racines à l'hectare.	Sucre º/o	Produit argent.
V et IX	500 *plâtre* . . . . 500 nitrate soude. . . . . 200 chlorure potassium . .	44,800	10,46	677,82
VII et XI	2,400 phosphate *Ardennes* 24 º/o 500 nitrate soude. . . . . 200 chlorure potassium . .	53,720	12,07	1196,80
III et IV	1,900 *scorie* 16 º/o . . . . . 500 nitrate de soude. . . . 200 chlorure potassium . .	52,275	11,70	1031,38
IV et VIII	2,400 phosphate *Liége* . 20 º/o 500 nitrate soude. . . . . 200 chlorure potassium . .	53,210	11,65	1051,57
II et IX	1,000 *superphosphate* à 15,5 º/o. 500 nitrate de soude. . . . 200 chlorure de potassium .	53,200	11,42	1024,63
I et XII	Rien	44,425	11,00	799,65

Essais faits à la station agronomique française de l'Est par M. Grandeau.

Les essais se sont faits, dans un sol argilo-siliceux peu riche en acide phosphorique, par parcelles de cinq ares chacune ; ils se sont continués pendant une période de huit années consécutives, avec des récoltes successives : 1º de pommes de terre ; 2º de seigle en vert ; 3º de colza ; 4º de blé *Galland* ; 5º de betteraves ; 6º d'orge *Chevalier* ; 7º de maïs géant et 8º d'avoine de Solines.

M. Grandeau a obtenu pour cette période les rendements relatifs suivants :

Avec le phosphate précipité 125,81
    „   „ superphosphate 125,70
    „   „ phosphate naturel 120,97
    „ la poudre d'os 103,86

De ces différents essais, il résulte donc que tout produit phosphaté bien préparé et donné au sol qui lui convient, donne de bons résultats comme fertilisant.

M. Lefranc, par différents mélanges faits avec du superphosphate soluble dans l'eau, ou avec une dissolution phosphorique et un poids déterminé de terre, montre que l'acide phosphorique soluble dans l'eau au bout de quelques jours est passé à l'état de phosphate insoluble et conclut par là que le phosphate naturel peut remplacer le superphosphate.

La composition de la terre est la suivante :

	Pour 1 kil. sec.
Chaux	$2^{gr}·018$
Fer et alumine	0 775
Magnésie	0 210
Potasse	0 183
Acide phosphorique soluble dans l'eau	0 005
" " " l'acide acétique . .	0 717
" " " " chlorhydrique	0 042

A 10 kil. de cette terre, on a ajouté un litre d'une solution de phosphate acide de chaux contenant p. 100 c. c. 0 gr. 100 d'acide phosphorique.

Avec cette addition, l'analyse aurait donné :		Après 8 jours, on a trouvé :
Acide phosphorique soluble dans l'eau .	$0^{gr}·105$	$0^{gr}·007$
Acide phosph. sol. dans l'acide acétique .	0 , 717	0 , 047
Acide phosphorique soluble dans l'acide chlorhydrique	0 , 042	0 , 139

La transformation de l'acide phosphorique en phosphate tribasique était presque complète ; mais on ne peut conclure de là que le phosphate naturel pourrait remplacer le phosphate soluble, parce que ce dernier est transformé dans le sol. On sait depuis longtemps que le phosphate, lors de son absorption par les radicelles de la plante, est à l'état insoluble, mais on sait aussi que le superphosphate seul a la propriété de se diffuser rapidement dans le sol : il chemine, il voyage dans le sol, il est entraîné jusqu'au moment où il rencontre une base pour satisfaire son affinité.

De cette question si controversée de la valeur agricole relative du superphosphate soluble dans l'eau, du superphosphate soluble dans le citrate, des scories Thomas, du phosphate précipité, du phosphate naturel finement moulu, nous tirons les conclusions suivantes qui permettront aux cultivateurs de faire judicieusement le choix du produit phosphaté nécessaire pour rendre leurs terres fertiles avec la plus minime dépense :

Le phosphate naturel finement moulu passant complètement au tamis $0^m/^m17$ sera répandu dans les écuries à la dose de 1 kil. et par jour et par animal (chevaux, vaches, bœufs) et $0^k.2$ par tête de mouton.

Comme le fumier de ferme s'applique généralement à toutes les terres, si certaines sont calcaires, cette addition de phosphate sera insuffisante.

Un sol riche en acide phosphorique peut augmenter de fertilité par l'apport d'engrais phosphaté, parce que l'acide phosphorique du sol peut exister en des combinaisons très peu assimilables par les plantes ; malgré cette addition de phosphate naturel, on pourra toujours faire une addition, soit avant l'ensemencement, soit en couverture de phosphate précipité, de phosphate de fer, de superphosphate soluble dans le citrate, de scorie basique ; on pourra, dans la majeure partie des cas, employer le superphosphate soluble dans l'eau, sauf dans des sols acides ; le phosphate de chaux, finement moulu sera réservé en sol acide.

Nous venons de voir sous quel état l'acide phosphorique doit être incorporé au sol ; nous allons examiner quelles transformations il subit avant d'être absorbé par la plante.

Des transformations que subit, avant son absorption par la plante, l'acide phosphorique à l'état de :

1° SUPERPHOSPHATE SOLUBLE DANS L'EAU.

Le superphosphate soluble dans l'eau, incorporé au sol, se diffusera assez facilement par suite de l'humidité de ce sol (15 % en moyenne) ; il cheminera vers les radicelles de la plante après avoir rencontré les différentes bases contenues dans ce sol : chaux, alumine.... et surtout oxyde de fer, et c'est à l'état de phosphate de chaux, d'alumine et de fer qu'il se présente aux radicelles de la plante.

Le baron Thénard a remarqué que la majeure partie de l'acide phosphorique des sols est à l'état de phosphate de fer et de phosphate d'alumine ; il a confirmé cette observation par l'expérience suivante :

On dissout du phosphate tribasique de chaux dans de l'eau chargée d'acide phosphorique ; on verse la dissolution dans un fiacon contenant du sesquioxyde de fer et de l'alumine obtenus à l'état de précipités chimiques et l'on agite. En quelques instants, la liqueur s'est complètement dépouillée d'acide phosphorique. Celui-ci s'est fixé en totalité sur le fer ou l'alumine, entraînant avec lui de la chaux et donnant lieu à un composé absolument insoluble.

Si l'on filtre la liqueur et qu'on l'essaie avec le réactif molybdique, on n'y observe aucun trouble.

Les sols renferment toujours assez de fer et d'alumine pour *insolubiliser* l'acide phosphorique.

La présence de la chaux libre empêche la diffusion de l'acide phosphorique ; on fera donc bien de ne pas appliquer de la chaux au sol neutre ou basique en même temps que les engrais phosphatés.

Lorsque les premiers organes des plantes ont pris naissance, par le liquide acide qu'ils détiennent, ils savent s'assimiler le phosphate qui est à l'état insoluble.

Quand les racines, les tiges et les feuilles sont formées, le phosphore est dirigé, au moment de la floraison, vers les inflorescences et les fleurs, c'est-à-dire qu'il quitte les organes dont le développement est achevé, ou ceux qui vont tomber, comme les feuilles, pour affluer vers les tissus de nouvelle formation.

2° SUPERPHOSPHATE SOLUBLE EXCLUSIVEMENT DANS LE CITRATE ET SCORIE THOMAS.

Ces deux produits jouissent à peu près des mêmes propriétés fertilisantes. La diffusion dans le sol se fait plus lentement que pour le superphosphate soluble dans l'eau ; l'acide phosphorique est pour la plus grande partie combiné au fer ; il est donc propre à être assimilé par les radicelles des plantes. Nous verrons plus loin que, dans le phosphate basique, la moitié à peu près de l'acide phosphorique est combiné au fer ; c'est pourquoi Wagner a pu dire que 2 kil. d'acide phosphorique de scorie produisaient, approximativement, dès la première année, le même surcroît de rendement que 1 kil. d'acide phosphorique de superphosphate. C'est pour augmenter la diffusion de l'acide phosphorique que les scories doivent être finement moulues ; il n'en est pas de même du superphosphate rétrogradé qui, lui, est à l'état de précipité, c'est-à-dire à l'état moléculaire. Le phosphate basique en sol acide donne des résultats supérieurs au superphosphate, parce qu'il contient de la chaux libre qui neutralise l'acidité de ce sol.

3° Phosphate précipité.

Le phosphate précipité possède les mêmes propriétés fertilisantes que le superphosphate soluble dans l'eau, la scorie et le superphosphate soluble dans le citrate, mais, en terrain calcaire, il ne détruirait pas l'alcalinité du sol comme le superphosphate soluble dans l'eau ; par la grande quantité de chaux qu'il contient, il trouvera emploi dans les terres acides.

Il se diffuse moins bien dans le sol que le superphosphate soluble dans l'eau, puisqu'il doit atteindre la radicelle de la plante, sans avoir subi une transformation chimique apparente. La chaux libre qui se trouve dans le phosphate précipité sera neutralisée si le terrain est légèrement acide. En terrain neutre ou alcalin, cette chaux ne fera que retarder l'absorption du phosphate bicalcique par le suc des plantes.

4° Phosphate minéral.

Le phosphate minéral, sauf l'épandage dans les écuries, trouve moins d'application que les autres engrais phosphatés, puisque, par sa composition chimique, il ne peut être utilisé que dans des sols acides.

On ne peut donc songer à remplacer tous les engrais phosphatés par le phosphate naturel, mais celui-ci peut occuper une place très honorable sur le marché des engrais fertilisateurs lorsque son utilisation se fera judicieusement.

C'est l'action de l'acide humique du sol qui est la cause de l'assimilation première de l'acide phosphorique aux organes des plantes.

Le phosphate de chaux chimique cheminera avec plus de lenteur vers les radicelles de la plante ; il devra, avant d'atteindre celle-ci, être décomposé par les acides du sol.

C'est pour augmenter cette diffusion du phosphate que la désagrégation doit être poussée à sa dernière limite pratique.

Le superphosphate soluble à l'eau a sur le phosphate naturel l'avantage suivant : le premier agit immédiatement, puisqu'il porte avec lui les éléments nécessaires pour produire sa transformation avant d'atteindre la plante ; les bases se trouvent généralement en quantité suffisante dans le sol, sauf dans les terrains acides. Le phosphate minéral doit attendre qu'il soit en contact avec des éléments suffisamment acides pour déterminer sa transformation chimique.

Sauf les cas particuliers de terrains acides et de terrains calcaires, dans lesquels l'emploi du phosphate et du superphosphate acide est justifié, le superphosphate ou le phosphate pourront parfois se remplacer, suivant que le cultivateur voudra, par les récoltes, recueillir, rapidement ou non, le fruit des dépenses qu'il aura faites pour se procurer l'élément fertilisateur. C'est ce qui a fait dire que *le superphosphate est l'engrais du locataire, et le phosphate celui du propriétaire.*

On sait que les engrais phosphatés augmentent non seulement la fertilité du sol, mais ils augmentent les qualités et hâtent la maturité des produits de ce sol.

On a même remarqué que le phosphate dans des prairies marécageuses prévenait, chez les animaux, l'*hématurie* et la *cachexie*. Ces maladies résultent de l'acidité de l'herbe marécageuse.

Les phosphates organiques s'assimilent plus rapidement que les phosphates minéraux.

Les guanos se comportent comme les engrais ci-dessus, suivant que leur acide phosphorique est soluble ou non dans le citrate ; ou s'ils ont un pouvoir fertilisant beaucoup plus grand que les produits à base exclusive d'acide phosphorique, c'est par l'azote et parfois même par la potasse qu'ils contiennent.

COMMERCE DES ENGRAIS PHOSPHATÉS.

PHOSPHATES.

L'analyse des phosphates doit toujours se faire sur le produit ramené à l'état sec ; si l'analyse se faisait sur le produit normal, on risquerait parfois de déclasser certains produits, déclassement qui amène toujours des difficultés entre acheteurs et vendeurs.

Ainsi un phosphate, au moment de le mettre en magasin, contient 1 °/₀ d'humidité et titre, à l'état sec, 61,10 °/₀ de phosphate tribasique ; quelques temps après, ce phosphate est livré et l'analyse n'accuse plus que 59,28, mais il y a 3 °/₀ d'humidité. La matière est déclassée et des difficultés surgissent.

D'autre part, par suite de l'écart de titre qui peut exister entre l'analyse de l'acheteur et celle du vendeur, la marchandise peut aussi être déclassée.

Exemple : l'analyse du vendeur accuse 60,8, celle de l'acheteur 59 °/₀ ; l'écart entre les deux analyses étant en-dessous de la tolérance admise dans le commerce, soit deux unités pour les phosphates, le titre servant de base à l'établissement de la facture sera 59,90 ; la matière est encore déclassée.

Pour obvier à ces inconvénients, la vente doit se faire sur analyse à l'état sec ; on doit peser la marchandise à l'arrivée et en déduire l'humidité.

La tolérance dans l'humidité varie de 3 à 5 °/₀.

En cas de déclassement de la matière, le prix sera diminué de 2 ou 2 1/2 centimes à l'unité ; en tous cas, cette diminution doit être telle que la marchandise soit payée à un prix légèrement inférieur à ce qu'elle vaut réellement, pour engager le vendeur à livrer sa marchandise au titre voulu.

Cette latitude donnée au livrancier a pour but de faciliter les opérations commerciales et non de permettre au vendeur de s'écarter de ses engagements.

Les phosphates pour la fabrication des superphosphates sont dits : *loyaux et marchands* quand 95 à 98 °/₀ passent au tamis 60 (français).

La garantie maximum de fer et d'alumine exigée par l'acheteur est aussi une source de difficultés. Comme nous le verrons au chapitre XX, les chimistes sont loin d'être d'accord sur la méthode à suivre pour le dosage du fer et de l'alumine.

Dans le commerce de phosphate, si la garantie donnée en oxyde de fer et d'alumine est dépassée, l'acheteur a droit à une *réfaction* en phosphate tricalcique d'une quantité double de l'excédent de la garantie, sans toutefois déclasser le phosphate, si la réfaction faisait tomber le phosphate dans une classe inférieure.

Exemple : Un phosphate 60/65 est vendu avec une garantie maximum de 3 °/₀ de fer et d'alumine.

Les analyses accusent :

	Vendeur.	Acheteur.	Moyenne.
Phosphate tricalcique . . .	62,50	62,68	62.59
Oxyde de fer et alumine. . .	2,50	4,00	3,25

La réfaction est donc de 0,25 × 2 = 0,50.

Le titre servant de base à l'établissement de la facture sera de 62,59 — 0,50 = 62,09.

Pour éviter cette difficulté, il faut dans le contrat de vente indiquer le chimiste qui fera le dosage du fer et de l'alumine si la marchandise donne lieu à réfaction.

On spécifiera aussi la méthode suivie par ce chimiste afin d'éviter le renouvellement du fait suivant.

Un industriel du bassin de Liége vend du phosphate avec une garantie de fer et d'alumine, analyse faite par M. X., chimiste. Ce marché était de longue durée ; entretemps, M. X. change son mode de dosage et accuse en moyenne 0,60 à 0,80 de plus de fer et d'alumine que par l'ancienne méthode ; il en résulte pour le vendeur de grandes pertes et des difficultés sans nombre.

Dans la vente des phosphates, la garantie en fer et alumine est de plus en plus exigée, par suite de l'extension que prend la fabrication des superphosphates solubles dans l'eau qui se vendent 0,05 plus chers que les superphosphates solubles dans le citrate d'ammoniaque.

C'est pour cette raison que les phosphates *bas titres* de la Somme et de Liége sont sans avenir si on ne les soumet à un lavage qui les appauvrit en fer et alumine en les enrichissant en phosphate, à moins que l'agriculture ne les utilise à l'état naturel.

. Les garanties de fer et dalumine varient avec le titre et avec la provenance. Pour les phosphates au-dessus de 60 %, on exige généralement une garantie de 3 % ; de 50 à 60 %, 4 %. Pour les phosphates bas titres, on ne donne généralement pas de garantie.

Pour les craies grises, la garantie est de 2 %.

Les phosphates européens sont vendus à l'unité par tonne de 1,000 kil. moulus et en sacs. Les sacs sont payés, fournis ou loués par l'acheteur. Les sacs neufs coûtent de 0,35 à 0,50 suivant les cours des jutes.

Les phosphates de la Floride, de la Caroline et du Canada sont vendus en roche, séchés, non moulus et en vrac.

Les prix à l'unité sont en *pence* et s'entendent par tonne de 1.015 kil., soit 2,220 *pounds*. Généralement, le prix de ces phosphates s'entend rendu franco tous ports anglais et reconnaisance à l'arrivée.

Pour les phosphates européens, la reconnaissance se fait au départ. Cette condition plaît peu aux acheteurs étrangers.

Les conditions de paiement sont :

Payement 30 jours sans escompte ou avec 1 1/2 à 2 % d'escompte ou au comptant avec escompte, payable sur connaissement, c'est-à-dire à l'embarquement.

Les phosphates pour emploi direct en agriculture se vendent généralement par classe, à la tonne et en sacs perdus.

Ils doivent être très finement moulus : 75 à 80 % au moins doivent passer au tamis 0.17 $^{m}/^{m}$, soit à peu près le tamis français n° 100.

(Le numéro d'une toile métallique est déterminé par le nombre de fils parallèles contenus dans le pouce linéaire, c'est-à-dire dans 27 $^{m}/^{m}$.)

SUPERPHOSPHATE.

L'analyse du superphosphate se fait sur le produit normal. Un taux minimum d'humidité est souvent exigé par l'acheteur; généralement, cette garantie ne descend pas en-dessous de 8 %. Il faut avoir soin de spécifier dans le marché que le dosage de l'humidité se fera à une température bien déterminée, 80° au maximum. A une température supérieure, on risquerait fort de compter de l'eau de combinaison pour de l'eau hygroscopique.

Le superphosphate prend facilement de l'humidité en magasin. Pour éviter des mécomptes lors de la livraison, le fabricant de superphosphate desséchera ces produits de deux unités % au moins en-dessous de la garantie donnée en humidité.

Un superphosphate qui contient 12 % d'eau libre à la température de 80° peut être épandu au semoir; or, comme cette condition de siccité des superphosphates n'est exigée que pour permettre l'emploi de cette machine agricole, le vendeur fera bien, dans ses contrats, de s'en tenir à cette dose d'humidité.

En garantissant un maximum de 12 % d'humidité, les produits, lors de la mise en magasin, doseront tout au plus 10 %. Si le fabricant descend en-dessous de cette dose, il risque fort de transformer le phosphate monocalcique en phosphate bicalcique et même en pyrophosphate, et par conséquent de diminuer la teneur en acide phosphorique soluble dans l'eau.

Les superphosphates que l'on trouve dans le commerce se divisent en trois catégories bien distinctes.

Chaque catégorie se subdivise, le plus souvent, en un certain nombre de classes :

1° Superphosphate soluble dans l'eau et le citrate d'ammoniaque.	8 à 10 % acide phosphorique	
	10 à 12	id.
	12 à 14	id.
	14 à 16	id.
	16 à 18	id.
2° Superphosphate soluble dans l'eau.	10 à 14	id.
	14 à 18	id.
3° Superphosphate double soluble dans l'eau et soluble dans le citrate.	35 à 40	id.
	40 à 45	id.

Dans l'achat des superphosphates de la première catégorie, on exige généralement que les 3/4 ou les 4/5 de l'acide phosphorique soluble soient solubles dans l'eau.

Pour le superphosphate double, l'acide phosphorique soluble dans l'eau seul, est coté; d'autres fois, c'est l'acide soluble dans l'eau et dans le citrate; parfois aussi l'acide phosphorique soluble dans l'eau, avec un minimum garanti, est coté à un prix déterminé et l'acide phosphorique soluble exclusivement dans le citrate est coté à un autre prix inférieur.

La différence de prix entre l'acide phosphorique soluble dans l'eau et celui soluble dans le citrate est de 0,05 environ. Il ne faut pas perdre de vue que cette différence de 0,05 n'est pas entièrement due à la supériorité de l'acide phosphorique soluble dans l'eau comme fertiliseur, mais un peu à l'acide phosphorique soluble dans le citrate qui existe dans tout superphosphate et qui n'est pas coté dans les superphosphates solubles dans l'eau.

Les superphosphates sont généralement livrés en sacs de 100 kil., sacs perdus. Ces sacs sont le plus souvent de vieux emballages ayant servi aux transports de riz, de farines, de maïs.... On emploie aussi des emballages neufs; ceux-ci sont de qualité ordinaire; ils coûtent de 30 à 40 cent., suivant le prix des jutes.

Lorsque le transport du superphosphate se fait par eau, il est chargé en vrac. Le superphosphate bien fabriqué ne peut guère rester plus de 15 jours en sac; en dépassant ce laps de temps, on risque de voir les emballages se déchirer; ils sont détruits par les acides sulfurique et phosphorique.

Certains acheteurs de superphosphate soluble dans l'eau exigent une teneur maximum en *fer et alumine*; ils se prémunissent ainsi contre une rétrogradation probable, si le superphosphate n'est pas employé immédiatement.

Les conditions d'analyses sont les mêmes que pour le commerce des phosphates.

Le prix des superphosphates varie évidemment suivant la catégorie et la classe.

SCORIES THOMAS.

Il existe deux catégories de scories, classées suivant leur richesse :

14/16 % acide phosphorique total.
16/18   id.   id.

La vente des scories se fait au poids avec garantie de classe; elles sont généralement logées en sacs de 50 ou de 75 kil., rarement en sacs de 100 kil.

Les sacs ne sont pas facturés.

Généralement, le vendeur donne une garantie de finesse, 80 % au tamis de 0^m17.

Ce commerce donne lieu à une fraude qu'il n'est pas facile de déceler : on y ajoute du phosphate minéral ou de la chaux.

PHOSPHATE PRÉCIPITÉ.

Il se vend à l'unité soluble dans le citrate d'ammoniaque, comme les superphosphates.

Ce produit titre généralement de 30 à 40 % d'acide phosphorique soluble dans le citrate d'ammoniaque.

GUANO.

Il se vend au poids avec garanties d'acide phosphorique et d'azote, comme pour les engrais composés.

Il est livré en sacs de 75 kil. ou de 100 kil., sacs perdus.

USAGE DES PHOSPHATES.

1° La presque totalité des phosphates est utilisée en agriculture comme engrais ;

2° Ils sont aussi utilisés en médecine;

3° On les a proposés, à l'état de phosphate bibasique, pour la fabrication du verre. Ce verre aurait la propriété de ne pas être attaqué par l'acide fluorhydrique;

4° Une partie des phosphates d'os servent à la fabrication du phosphore;

5° Le phosphate acide de chaux est quelquefois employé pour l'épaillage des laines;

6° Dans la fabrication du sucre, on emploie aussi le phosphate d'ammoniaque et l'acide phosphorique liquide pour opérer la décarbonation;

7° En métallurgie une certaine dose de phosphore dans l'acier et dans le bronze donne à ces métaux des propriétés nouvelles.

Dans la fabrication du bronze phosphoreux certains industriels ont remplacé le phosphate organique acide par l'acide phosphorique minéral ;

8° L'acide phosphorique a aussi été préconisé pour l'épuration des eaux d'égout.

CHIMIE

LE PHOSPHATE AU POINT DE VUE CHIMIQUE.

Dans le phosphate de chaux, l'élément principal est le phosphore.

Le phosphore, *le porte-lumière des anciens*, tire son nom de la propriété qu'il possède de luire dans l'obscurité.

Le phosphore a été découvert vers 1669 par l'alchimiste Brand et presque en même temps par Kunckel et par Boyle.

C'est de l'urine qu'ils retirèrent le phosphore. Le procédé consistait à évaporer, à siccité de l'urine, à laisser putréfier et à calciner fortement le résidu mélangé de sable dans une cornue dont le col était muni d'une allonge plongeant dans un récipient en verre contenant de l'eau.

La putréfaction durait 3 à 4 mois, la calcination environ 3 heures.

On voit de quelle patience devaient être armés ces chercheurs pour arriver à découvrir le phosphore. Il est vrai de dire que le but qu'ils poursuivaient n'était pas la découverte du phosphore, mais celle de la *pierre philosophale ?*

C'est à Kunckel seul que revient l'honneur de la découverte du phosphore, il communiqua le résultat de ses recherches à plusieurs personnes et, entre autres à Hoffmann qui publia le procédé dans les *Mémoires de l'Académie des Sciences,* en 1692.

La fabrication du phosphore resta un véritable mystère jusqu'en 1737.

Le professeur Rouelle fit à Paris, le premier, dans son cours, l'expérience publique de la fabrication du phosphore.

Le phosphore était alors à un prix très élevé ; il ne fallait pas moins de 1,040 litres d'urine pour fabriquer 100 grammes de phosphore !

En 1769, Gahn, chimiste suédois, découvrit l'acide phosphorique dans les os des animaux ; son compatriote Scheele trouva bientôt le moyen d'en extraire le phosphore. Sauf quelques petites modifications apportées au procédé Scheele, c'est encore celui suivi aujourd'hui. Cette industrie a donc bien fait peu de progrès ; toutes les tentatives faites pour retirer le phosphore des phosphates minéraux échouèrent. Jusqu'à présent, la matière première nécessaire à la fabrication du phosphore est prise dans le règne animal.

Le phosphore se présente sous deux états allotropiques différents : le phosphore ordinaire et le phosphore rouge. Ils ont des propriétés très différentes :

PROPRIÉTÉS DIFFÉRENTIELLES DU

Phosphore ordinaire.	*Phosphore rouge.*
Incolore.	Couleur rouge ou variant du jaune au brun.
Extrêmement vénéneux	Tout à fait sans danger.
Cristallise dans le système régulier	Cristaux paraissant dériver du prisme rhomboïdal droit, et probablement isomorphes aux cristaux d'arsenic.
Soluble dans le sulfure de carbone, dans l'éther, les essences	Insoluble dans ces liquides.
Mou et flexible s'il est pur	Dur, cassant, pulvérisable.
Translucide	Opaque.
Densité 1,83	Densité 1,96.
Chaleur spécifique vers 20° . 0,1887.	Chaleur spécifique entre 98° et 15° 0,1698.
Fond à 44°,2	Infusible.
Bout vers 290°.	Ne bout pas : ne donne des vapeurs qu'en se transformant en phosphore ordinaire au-dessus de 260°, mais cette transformation est très lente
Odorant et phosphorescent	Sans odeur, non phosphorescent.
S'oxyde rapidement dans l'air humide et prend feu vers 60°	Se mouille à la longue dans l'air humide. N'est pas inflammable au-dessous de la température où il commence à se transformer en phosphore ordinaire.

La transformation du phosphore ordinaire en phosphore rouge s'obtient par tous les moyens qui permettent en général de produire des variétés allotropiques des corps. Ces moyens sont : la chaleur, la lumière, l'électricité, les actions chimiques.

La séparation du phosphore ordinaire et du phosphore rouge a été obtenue d'une façon bien nette, pour la première fois en 1845, par le chimiste Schrœtter, par l'emploi du sulfure de carbone.

Le phosphore est peu répandu dans les arts ; son emploi est presque limité à la fabrication des allumettes ; il est un peu employé en thérapeutique.

Combinaisons du phosphore avec l'oxygène.

ANHYDRIDE PHOSPHORIQUE.

Le phosphore forme avec l'oxygène plusieurs composés dont un seul, *l'anhydride phosphorique*, nous intéresse tout spécialement.

On peut produire de l'anhydride phosphorique en brûlant du phosphore dans un excès d'air ou d'oxygène sec. L'anhydride phosphorique se présente en flocons amorphes, blancs, légers, très déliquescents, fusibles au rouge et volatils au rouge blanc.

Il ne peut être conservé que dans des vases soigneusement fermés. En présence de l'eau, il passe à l'état d'acide métaphosphorique. Il rougit alors le papier de tournesol.

ACIDE PHOSPHORIQUE MONO, BI ET TRIBASIQUE.

L'anhydride phosphorique combiné à une molécule d'eau donne l'*acide métaphosphorique* ; à 2 molécules, l'*acide pyrophosphorique* ; à 3 molécules, l'*acide orthophosphorique* ou normal.

$$P^2 O^5 + H^2 O = 2 H PO^3 \text{ acide métaphosphorique.}$$
$$P^2 O^5 + 2 H^2 O = H^4 P^2 O^7 \text{ " pyrophosphorique.}$$
$$P^2 O^5 + 3 H^2 O = 2 H^3 PO^4 \text{ " orthophosphorique.}$$

En chauffant l'anhydride phosphorique ($P^2 O^5$) avec de l'eau, on a l'acide orthophosphorique.

En chauffant l'acide orthophosphorique à 213°, on obtient l'acide pyrophosphorique ; au rouge, on obtient l'acide métaphosphorique, mais on ne peut obtenir l'anhydride par la chaleur.

Ces trois acides ont les caractères distinctifs suivants :

Le *métaphosphorique* coagule l'albumine , précipite en blanc les sels d'argent et les solutions neutres des sels de baryum.

Le *pyrophosphorique* ne coagule pas l'albumine, précipite en blanc les sels d'argent et de baryum après neutralisation.

L'*orthophosphorique* ne coagule pas l'albumine , précipite en jaune les sels d'argent, et en blanc les sels de baryum.

ACIDE PHOSPHORIQUE.

L'acide orthophosphorique ou acide normal peut cristalliser en prismes transparents. Il peut être chauffé vers 160° sans s'altérer.

L'acide orthophosphorique, privé d'une partie de son eau par la chaleur, perd ses propriétés et ne les recouvre plus, remis en contact avec l'eau, sauf après un temps très long et à la température ordinaire.

L'acide orthophosphorique ou phosphorique normal est celui qui nous intéresse le plus.

Il se dissout dans l'eau en toutes proportions.

Tableau des solutions aqueuses d'acide phosphorique à 15° centigrades.

Degrés Beaumé.	Densités correspondantes.	Acide phosphor. anhydre P^2O^5.	Acide phosphor. trihydraté H^3PO^4.	Degrés Beaumé.	Densités correspondantes.	Acide phosphor. anhydre P^2O^5.	Acide phosphor. trihydraté H^3PO^4.	Degrés Beaumé.	Densités correspondantes.	Acide phosphor. anhydre P^2O^5.	Acide phosphor. trihydraté H^3PO^4.	OBSERVATIONS.
1	1.0469	0 92	1.27	23	1.1896	22.73	31.38	45	1.4531	44.96	62.05	Pour obtenir l'acide phosphorique, il faut multiplier l'anhydride par 1.38
2	1.0141	1 88	2.60	24	1.1994	23.50	32.44	46	1.4678	46.14	63 67	
3	1.0212	2 83	3 91	25	1.2095	24.52	33.85	47	1.4828	47.35	65.34	
4	1.0285	3.82	5.27	26	1.2198	25.57	35.29	48	1.4984	48.50	65.93	
5	1.0358	4.25	5.87	27	1.2301	26.61	36,73	49	1.5141	49 56	68 39	
6	1.0434	4 64	6.40	28	1.2407	27.71	38 25	50	1.5301	50.62	69.85	
7	1.0509	6.03	8.32	29	1.2515	28.65	39.55	51	1.5466	51.68	71.31	
8	1.0587	7.58	10.25	30	1.2624	29.60	40.85	52	1.5633	52 82	72.88	
9	1.0665	8 43	11 63	31	1.2736	30.68	42.34	53	1.5804	53.96	74.46	
10	1.0744	9.36	12.92	32	1.2849	31.78	43.86	54	1.5978	55.04	75.95	
11	1.0825	10.07	13,90	33	1.2965	32.06	45 64	55	1.6158	56.16	77.50	
12	1.0907	10.79	14.88	34	1.3082	34.49	47 60	56	1.6342	57.33	79.11	
13	1.0990	11.51	15 89	35	1.3202	35.94	49.62	57	1.6529	58.49	80.81	
14	1.1074	12 24	16 90	36	1.3324	37 18	51.33	58	1.6720	59.68	82.35	
15	1.1160	14.21	19.62	37	1.3447	37 98	52.43	59	1.6916	60.90	84.04	
16	1.1247	15.43	21 30	38	1.3574	38.11	52 60	60	1.7116	62 16	85.78	
17	1.1335	16.61	22.94	39	1.3703	39.06	53.96	61	1.7322	63.43	87.52	
18	1.1425	17.62	24.32	40	1.3834	40.09	55.33	62	1.7532	64.71	89 29	
19	1.1516	18,40	25 59	41	1.3908	41.24	56.93	63	1.7748	65.99	91.06	
20	1.1608	19.61	27.07	42	1.4105	42.44	58.58	64	1.7969	67.30	92.87	
21	1.1702	20.63	28.47	43	1.4244	42.68	58.92	65	1.8195	68.63	94.60	
22	1.1798	21 67	29.91	44	1.4386	43.81	60.46	66	1.8427	69.98	96.37	

L'acide phosphorique H^3PO^4 a pour densité 1,88.

Fondu avec du charbon, il est réduit en donnant du phosphore, de l'oxyde de carbone et de l'acide carbonique. Si l'essai se fait dans un creuset de platine, celui-ci est percé rapidement par suite de la formation de phosphure de platine fusible.

Chauffé avec du phosphore en tube scellé, l'acide phosphorique donne naissance, à 200°, à de l'acide phosphoreux, à de l'acide hypophosphoreux et à de l'hydrogène phosphoré (M. Oppenheim).

Préparations classiques de l'acide phosphorique.

1° PAR OXYDATION DU PHOSPHORE PAR L'ACIDE NITRIQUE.

On emploie pour une partie du phosphore, 10 à 12 parties d'acide nitrique de 1,20 de densité. Le mélange est introduit dans une cornue spacieuse munie d'un ballon condenseur; il ne faut pas avoir recours aux produits végétaux, tels que : liège, caoutchouc.... pour le bouchage, parce qu'ils seront attaqués par l'acide nitrique.

On chauffe avec précaution, et on modère le feu dès l'apparition des vapeurs rutilantes. L'acide phosphorique, étant fixe, il reste dans la cornue où il s'est formé.

Le condenseur sert à recevoir les vapeurs d'acide nitrique.

En employant le phosphore rouge, l'opération se simplifie.

Il se forme souvent, dès le début de cette opération, de l'acide phosphoreux : on l'oxyde par une addition d'acide nitrique concentré, ou en faisant passer un courant de chlore dans la liqueur concentrée.

L'élimination complète de l'eau ne peut être obtenue dans un vase en verre, qui serait attaqué; on utilise la porcelaine ou le platine. Cette évaporation doit se faire à une température inférieure à 213°.

2° PAR LA DISSOLUTION DES PHOSPHATES D'OS PAR L'ACIDE NITRIQUE ET LA PRÉCIPITATION PAR L'ACÉTATE DE PLOMB.

On dissout des cendres d'os dans de l'acide nitrique étendu.

On filtre, et dans la solution on ajoute de l'acétate de plomb; il se forme du phosphate de plomb insoluble qu'on filtre et qu'on lave à plusieurs reprises. Dans le précipité mis en suspension dans de l'eau, on fait passer un courant d'hydrogène sulfuré ; il se forme du sulfure de plomb insoluble et l'acide phosphorique reste dans la solution.

On évapore comme ci-dessus.

3° PAR LA DISSOLUTION DU PHOSPHATE DE CHAUX PAR L'ACIDE SULFURIQUE ET SÉPARATION PAR L'ALCOOL.

On dissout le phosphate par l'acide sulfurique étendu, on filtre, et dans la solution on élimine les dernières traces de phosphate acide de chaux et de sulfate de chaux, par une addition d'alcool ; on filtre et l'alcool est éliminé par distillation.

On évapore comme il est dit dans la première préparation.

4° PAR LE MÉLANGE DE PHOSPHORE, D'ACIDE NITRIQUE ET DE BROME ET D'IODE.

Cette préparation est due à M. Morkoe : elle consiste à faire le mélange de 1 partie de phosphore, de 3 parties d'eau, et de 1/50 partie de brôme et 6 parties d'acide nitrique de 1.42 de densité.

Il se forme d'abord un pentabromure de phosphore qui est ensuite décomposé par l'eau en acide phosphorique et en acide bromhydrique, qui est détruit à son tour par l'acide nitrique en donnant de l'eau, du bioxyde d'azote et du brome régénéré.

$$6 \, H \, Br + 2 \, HNO^3 = 6 \, Br + 4 \, H^2O + N^2O^2.$$

5° PAR LA DISSOLUTION DES PHOSPHATES D'OS PAR L'ACIDE CHLORHYDRIQUE ET LA PRÉCIPITATION PAR LA BARYTE.

On traite la cendre d'os par l'acide chlorhydrique, on filtre, on ajoute à la liqueur une solution bouillante de sulfate de soude ; la chaux se précipite à l'état de sulfate de chaux, on filtre, neutralise la liqueur par du carbonate de soude. On filtre, puis on précipite l'acide phosphorique par le chlorure de baryum à l'état de phosphate barytique. On reprend le phosphate barytique par la quantité théorique d'acide sulfurique ; la solution filtrée contient l'acide phosphorique que l'on concentre.

Nous verrons au chapitre VIII comment se prépare industriellement l'acide phosphorique.

Caractères distinctifs des phosphates.

1° MÉTAPHOSPHATES.

I. Avec le chlorure de baryum, ils précipitent en blanc gélatineux, alors même que l'acide est en excès.

II. Les métaphosphates se changent facilement en orthophosphates, soit sous l'influence d'une base, ou de l'eau dans quelques cas, soit en les calcinant avec du charbon.

III. Le chlorure lutéocobaltique ne donne rien.

2° PYROPHOSPHATES.

I. Les sels de baryum, le molybdate d'ammoniaque, donnent les mêmes précipités que pour les orthophosphates.

II. Avec le nitrate d'argent, le précipité obtenu est plus gluant.

III. Avec les sels de magnésium, le précipité est soluble dans un excès de réactif et l'ammoniaque ne le précipite pas de cette solution.

IV. Le chlorure lutéocobaltique donne un précipité de pailles brillantes jaune-rouge pâle.

V. Chauffés avec de l'eau à 280° dans un tube scellé, ou avec les acide nitrique ou sulfurique, ou fondus avec du carbonate de soude, ils repassent à l'état d'orthophosphates.

3° ORTHOPHOSPHATES.

I. Les orthophosphates solubles donnent, avec les sels barytiques solubles, un précipité blanc de phosphate barytique soluble dans les acides chlorhydrique, nitrique et acétique ; si la solution est acide, on pourra, par l'évaporation, obtenir, sous forme cristalline, du phosphate acide de baryum (P^2O^5. BaO, $2H^2O$).

Dans la solution de phosphate barytique acide, si on ajoute

de l'alcool, on obtient un précipité blanc volumineux, soluble dans l'eau, de sesquiphosphate de baryum (3 BaO. (P²O⁵)²).

II. Le chlorure de calcium donne un précipité blanc, soluble dans l'acide chlorhydrique et l'acide acétique, assez soluble dans les sels ammoniacaux.

III. Les sels de plomb donnent un précipité blanc insoluble dans l'acide acétique, soluble dans l'acide nitrique. Ce précipité, chauffé au chalumeau, donne une perle sphérique incolore qui, en se refroidissant, cristallise en dodécaèdres réguliers.

IV. Les sels de magnésie, en présence de l'ammoniac, donnent un précipité blanc de phosphate double ammoniaco-magnésien.

V. Le nitrate d'argent donne un précipité jaune clair, soluble dans l'acide nitrique ou l'ammoniac. Si le sel est trimétallique, la liqueur surnageant est neutre; s'il est bi ou mono-métallique, la liqueur est acide.

VI. Le sulfate de cuivre donne un précipité bleu pâle.

VII. Le perchlorure de fer donne un précipité gélatineux blanc jaunâtre, soluble dans l'acide chlorhydrique et insoluble dans l'acide acétique.

VIII. Le molybdate d'ammoniaque, additionné d'un excès d'acide nitrique, précipite lentement à froid et, à moins de 100", rapidement en donnant du phosphomolybdate d'ammoniac jaune cristallin, très soluble dans l'ammoniac.

IX. L'acétate ou le citrate d'urane donne un précipité jaune, insoluble dans l'acide acétique, soluble dans les acides minéraux.

X. Le nitrate acide de bismuth donne un précipité blanc, dense, insoluble dans l'acide nitrique étendu.

XI. Le nitrate de cérium et d'ammoniac donne un précipité insoluble dans l'acide nitrique (Damour et Henri Sainte-Claire-Deville).

XII. Le chlorure lutéocobaltique ne donne rien.

XIII. Tous les phosphates tribasiques, sauf les phosphates alcalins, sont insolubles dans l'eau.

Tous les phosphates bibasiques, sauf les phosphates alcalins, sont insolubles dans l'eau.

Tous les phosphates monobasiques sont solubles dans l'eau.

Si dans la formule de l'acide orthophosphorique on remplace:

3 molécules d'eau par une base, on a l'orthophosphate tribasique ;

2 molécules d'eau par une base, on a l'orthophosphate
bibasique ;

1 molécule d'eau par une base, on a l'orthophosphate
monobasique.

Si cette base est la chaux, on a :

L'orthophosphate tribasique de chaux $Ca^3 (PO^4)^2$;

    Id.   bibasique   id. $Ca\, HPO^4$;

    Id.   monobasique id. $Ca\, H^4 (PO^4)^2$.

Orthophosphate tribasique de chaux ou phosphate tricalcique. $Ca^3 (PO^4)^2 + H^2O$.

Le phosphate tricalcique, lorsqu'il a été calciné, ne se
dissout dans l'eau que dans la proportion de $\dfrac{3}{100,000}$ et $\dfrac{8}{100,000}$
lorsqu'il a été précipité récemment (Woelker). La présence des
sels ammoniacaux, du chlorure de sodium, de l'azotate de
sodium ou de l'acide carbonique, augmente cette solubilité.

Les propriétés de ces corps de solubiliser le phosphate tricalcique ont fait avorter plusieurs procédés d'enrichissement de
phosphates minéraux.

Les acides organiques opèrent aussi la dissolution du phosphate tricalcique ; ce fait est très important au point de vue de
l'assimilation des phosphates par les plantes.

Le phosphate tricalcique est soluble dans les acides minéraux. Il est un peu soluble dans l'acide sulfureux.

La composition chimique du phosphate tricalcique est la
suivante :

Composition atomique %.		Composition moléculaire %.	
Ca^3	 38,71	3 CaO.	. . . 54,184
P^2	 20,00	P^2O^5	. . . 45,816
O^8	 41,29		

(voir table des poids atomiques dernière
page du chapitre II).

$$\text{Poids moléculaire :} \left\{ \begin{array}{l} Ca^3 \ . \ . \ . \ = 120 \\ P^2 \ . \ . \ . \ = 62 \\ O^8 \ . \ . \ . \ = \underline{128} \\ 310 \end{array} \right.$$

Lorsqu'on a la teneur en phosphate tricalcique d'un produit
phosphaté pour en avoir le titre en :

1º Acide phosphorique, il faut diviser par 2,184 :

2º Phosphore,   id.   id.   5,000 ;

3º Chaux,   id.   id.   1,846 ;

Le phosphate de chaux tricalcique, préparé en laboratoire, est blanc, d'un aspect gélatineux.

On le prépare en précipitant à l'état de phosphate de chaux le phosphate de soude par le chlorure de calcium,

$$3\,CaCl^2 + 3\,Na^2O.\ P^2O^5 = 3\,CaO.\ P^2O^5 + 6\,NaCl,$$

ou bien en ajoutant de l'ammoniaque dans la dissolution d'un phosphate alcalin et en versant dans le mélange du chlorure de calcium.

Le phosphate de chaux est obtenu à l'état cristallisé, en évaporant une solution acétique de phosphate de chaux.

Usages. — Il sert à la préparation des engrais.

État naturel. — Il est très répandu dans la nature ; on le rencontre à peu près dans tous les étages géologiques, comme nous le verrons au chapitre IV.

Phosphate bicalcique. $CaHPO^4 + 4\,H^2O$.

Le phosphate bicalcique est légèrement soluble dans l'eau pure $\frac{66}{100,000}$, plus soluble dans l'eau chargée d'acide carbonique $\frac{880}{100,000}$ et entièrement dans le citrate d'ammoniaque alcalin : cette propriété est caractéristique ; soluble dans les acides minéraux et certains sels et acides organiques : oxalate d'ammoniaque, acide humique, acide acétique, acide oxalique, acide citrique...

L'ébullition dédouble le phosphate bicalcique en phosphate acide $CaH^4(PO^4)^2$ et en phosphate tricalcique (Millot).

Sa composition chimique est la suivante :

COMPOSITION ATOMIQUE %.		COMPOSITION MOLÉCULAIRE %.
Ca 29,411		2 CaO. . . . 41,176
H 0,735		H²O. . . . 6,618
P 22,794		P²O⁵ . . . 52,206
O⁴ 47,060		

Sa formule est $CaHPO^4$; pour exister, il exige 4 molécules d'eau pour son hydratation.

Son poids moléculaire est :

$$Ca . . . . . = 40$$
$$H . . . . . = 1$$
$$P . . . . . = 31$$
$$O^4 . . . . . = 64$$

Total. 136 pour 1/2 molécule, soit 272 le poids d'une molécule.

En multipliant $Ca\,HPO^4$ par 0,066, on a H^2O
  Id.   id.   » 0,522 » P^2O^5
  Id.   id.   » 0,412 » CaO
  Id. P^2O^5 » 1,915 » $Ca\,HPO^4$
  Id. CaO » 2,427 » $Ca\,HPO^4$

On l'obtient en versant goutte à goutte une dissolution de phosphate de soude dans une dissolution de chlorure de calcium.

$$3\,Na^2O.\ P^2O^5 + 2\,CaCl^2 + H^2O = 2\,Ca\,HPO^4 + Na^2O + 4\,NaCl.$$

Ce sel est blanc, cristallin, insoluble dans l'eau.

On l'obtient aussi en faisant digérer du carbonate de chaux avec une solution d'acide phosphorique ou de phosphate acide de chaux ; il se forme lentement du phosphate bicalcique cristallisé. $(2\,CaO.\ H^2O.\ P^2O^5 + 4\,H^2O)$.

Ce sel se dissout complètement après une heure dans le citrate d'ammoniaque alcalin ; lorsque, par dessication, il est devenu anhydre, cette dissolution ne se fait plus qu'après 12 heures.

Si on opère à 100°, le phosphate est anhydre.

Usages. — Il est employé comme engrais à l'état de superphosphate de phosphate précipité, de guano....

Etat naturel. — Le phosphate bicalcique existe dans certaines eaux minérales, dans des concrétions et dépôts urinaires, dans les guanos, etc.

Phosphate monocalcique. $Ca\,H^4\,(PO^4)^2 + 2\,H^2O$.

Le phosphate monocalcique est très soluble dans l'eau, il cristallise en lames nacrées déliquescentes ; à 100°, il perd complètement son eau, mais il la reprend lentement à l'air.

Exposé dans un air saturé d'humidité, ce sel peut prendre plus d'eau, mais il perd de nouveau cet excès d'eau à l'air libre (Erlenmeyer).

Il se transforme en métaphosphate insoluble dans l'eau ; c'est le résultat de cette réaction qui jette de si grands troubles dans la dessication des superphosphates.

Le phosphate monocalcique est décomposé par l'eau froide en $Ca\,HP^4O$ et $2\,H^2O$ (Erlenmeyer).

Une dissolution de phosphate monocalcique, chauffée à la température de 80°, précipite du phosphate bibasique.

Sa composition chimique est la suivante :

COMPOSITION ATOMIQUE %.		COMPOSITION MOLÉCULAIRE %.	
CaO. . . .	23,932	Ca	17,094
P^2O^5 . . .	60,684	H^4	1,709
$(H^2O)^2$ . . .	15,384	P^2	26,496
		O^8	54,701

Il exige pour son existence 2 molécules d'eau.
Son poids moléculaire est :

$$
\begin{aligned}
Ca &= 40 \\
H^4 &= 4 \\
P^2 &= 62 \\
O^8 &= 128 \\
\hline
\text{Total.} &\ \ 234
\end{aligned}
$$

En multipliant $Ca\,H^4(PO^4)^2$ par 0,607, on a P^2O^5
Id.　　　　id.　　　　 » 0,239　 » CaO
Id.　　　　P^2O^5　　 » 1,645　 » $Ca\,H^4(PO^4)^2$
Id.　　　　CaO　　　 » 4,184　 » $Ca\,H^4(PO^4)^2$
Id.　　　　$Ca\,H^4(PO^4)^2$ » 0,154 ·· H^2O

On le prépare en traitant le phosphate d'os par l'acide sulfurique qui précipite la chaux à l'état de sulfate de chaux.

La liqueur filtrée, concentrée jusqu'à consistance sirupeuse, abandonne des cristaux de phosphate acide de chaux.

On le prépare aussi par la réaction à froid de l'acide phosphorique sur le phosphate bicalcique: on abandonne la solution à l'évaporation spontanée et on obtient du phosphate acide cristallisé en tables rhomboïdales ($CaO.2H^2O.P^2O^5 + H^2O$).

Usages. — Il sert à la préparation du phosphore et est employé comme engrais.

Pour la fabrication du phosphore, le phosphate doit être organique ; on n'a pas encore pu produire du phosphore avec le phosphate minéral.

État naturel. — Ce sel se trouve dans les humeurs de l'économie qui ont une réaction acide.

Phosphate de protoxyde de fer. $Fe^3 (PO^4)^2 + 8aq.$

Fraîchement précipité, il est verdâtre, soluble dans l'eau, l'acide acétique et l'acétate d'ammoniaque, presque insoluble dans le chlorure d'ammonium, lequel le rend même granuleux à chaud, ce qui facilite la séparation. Ces réactifs le dissolvent mieux à froid qu'à chaud. Les solutions de phosphate de protoxyde de fer se troublent promptement à l'air, à cause de la formation de phosphate de peroxyde, moins soluble. Quand on a affaire à des solutions de phosphate dans l'acide chlorhydrique, imparfaitement peroxydées (et l'on sait combien cette oxydation est difficile), on a toujours des solutions troubles, à cause de la présence de ce phosphate (Crispo).

Le phosphate tribasique de protoxyde de fer *minéralisé* est insoluble dans l'eau pure; soluble dans l'eau acidulée, soluble dans le citrate d'ammoniaque quand il est finement pulvérisé; l'eau chargée d'acide carbonique en dissout environ 1 gr. par litre.

Il existe dans la nature sous le nom de *vivianite*. (Voir ch. IV).

Phosphate de peroxyde de fer. $Fe^2 (PO^4)^2 + 4aq.$

Fraîchement précipité, il est rougeâtre, faiblement soluble dans l'eau froide et chaude par suite d'une décomposition, faiblement soluble dans l'acide acétique froid et chaud, presqu'insoluble dans l'acétate d'ammoniaque, insoluble dans les chlorure et nitrate d'ammoniaque (Crispo). Devient difficilelement soluble dans les acides minéraux, après avoir été porté au rouge

Le phosphate ferrique se trouve dans la nature; on le connaît sous les noms de *delvauxite* et de *cacoxène*. (Voir ch. IV).

Phosphate d'alumine. $Al^2 (PO^4)^2 + 9 aq.$

Fraîchement précipité, il est blanc, faiblement soluble dans l'acide acétique et l'acétate d'ammoniaque, complètement insoluble dans les chlorure et nitrate d'ammoniaque (Crispo). Devient difficilement soluble dans les acides minéraux, après avoir été porté au rouge.

Les auteurs ne sont pas d'accord sur la teneur en eau du phosphate d'alumine.

Il n'est pas complètement décomposé par les carbonates alcalins en fusion.

Fondu avec du fer en présence de la silice, il donne du phosphate de fer.

Phosphate ammoniaco-magnésien.

$$P^2O^5 (H^3N). (MgO)^2H^2O + 12 \text{ aq.}$$

Le phosphate ammoniaco-magnésien est cristallin, blanc, soluble dans les acides minéraux, l'acide acétique et l'acide carbonique, insoluble dans le citrate d'ammoniaque, insoluble dans l'eau.

L'eau n'en dissout que 0,019 %. Au rouge, il se décompose et donne du pyrophosphate de magnésie.

Il s'obtient en précipitant par un sel de magnésie du phosphate d'ammoniaque en solution.

Très facilement assimilable par les plantes. Par sa magnésie, il devrait être employé dans la culture de la betterave à sucre. Un hectare de betteraves enlève au sol 50 à 65 kil. de magnésie.

Il existe dans les engrais organiques : poudrette, guano; dans l'urine, dans le blé.

D'après MM. Müntz et Girard, l'acide phosphorique du phosphate ammoniaco-magnésien a la même valeur que celui du phosphate précipité.

L'azote du phosphate ammoniaco-magnésien est aussi très assimilable.

Sa composition est la suivante :

Ammoniaque	12,14 dont 10 % d'azote.
Acide phosphorique . .	50,00
Magnésie.	28,50
Eau.	9,36
Total.	100,00

Dans la situation actuelle, ce produit ne pourra pas entrer dans les engrais composés, l'acide phosphorique ne serait pas décelé dans l'analyse, il serait considéré comme non assimilable.

Phosphates de potassium.

L'acide phosphorique normal, avec la potasse, peut donner naissance à du phosphate monopotassique,

id.   bipotassique,
id.   tripotassique.

Ils sont tous trois solubles dans l'eau, insolubles dans l'alcool.

Le premier, chauffé à 200°, se transforme en métaphosphate de potasse.

Le deuxième, chauffé jusqu'à l'incandescence, se transforme en pyrophosphate de potasse.

Le phosphate tripotassique est inaltérable à l'air quand il est sec ; dissous, il absorbe l'acide carbonique.

La diffusion du phosphate tripotassique est aussi rapide que celle du nitrate de potassium.

Les phosphates d'ammoniaque sont solubles dans l'eau et insolubles dans l'alcool.

Phosphates d'ammoniaque.

Le phosphate *monoammonique* est, par la chaleur, transformé en acide métaphosphorique.

On le prépare en ajoutant de l'acide phosphorique à de l'ammoniaque jusqu'à réaction acide et jusqu'à ce que le liquide ne précipite plus le chlorure de baryum.

Le phosphate *biammonique*, par la concentration, sa solution perd de l'ammoniaque et il passe à l'état de phosphate monopotassique.

Par la chaleur, il fond en perdant son ammoniaque, et l'on obtient, comme résidu, de l'acide pyrophosphorique.

On l'obtient en saturant par l'ammoniaque une solution peu concentrée d'acide phosphorique ; quand la liqueur devient alcaline, on laisse refroidir. Le sel cristallise par refroidissement. Dans la pratique, on est obligé de concentrer la solution jusqu'à un degré convenable ; par cette concentration, la solution devient légèrement acide, par suite du départ d'une partie d'ammoniaque ; on la rend alcaline en ajoutant de l'ammoniaque.

Le phosphate *triammonique* est moins soluble dans l'eau que les deux précédents ; à l'air, il se transforme en phosphate biammonique.

On l'obtient en ajoutant de l'ammoniaque en excès à une solution de phosphate ammonique.

D'après M. Voguel, les phosphates mono, bi et tribasique d'ammoniaque se comporteraient ainsi vis-à-vis du plâtre (sulfate de chaux) :

$$2\,Am\,H^2\,PO^4 + CaSO^4 + H^2O = Am^2\,SO^4 + Ca\,H^4\,P^2\,O^8 + H^2O$$
$$Am^2\,HPO^4 + CaSO^4 + 2\,H^2O = Am^2\,SO^4 + Ca\,HPO^4 + 2\,H^2O$$
$$2\,Am^3\,PO^4 + 3\,CaSO^4 + 2\,H^2O = 3\,Am^2\,SO^4 + Ca^3(PO^4)^2 + 2\,H^2O$$

Les mêmes réactions peuvent se passer dans le sol.

Le phosphate monobasique d'ammoniaque seul pourra donc donner des résultats satisfaisants ; mais la fabrication industrielle d'un tel produit est encore à trouver.

Après l'examen des différents composés que forme l'acide phosphorique, nous passerons en revue les divers éléments qui accompagnent le phosphate naturel, les différents produits chimiques employés dans la fabrication des engrais phosphatés et ceux qui résultent de cette fabrication.

CARBONATE DE CHAUX. $CaCO^3$.

Il a pour composition chimique :

$$CO^2 \quad . \quad . \quad . \quad . \quad . \quad = \quad 44,00$$
$$CaO \quad . \quad . \quad . \quad . \quad = \quad 56,00$$
$$\text{Total.} \quad \overline{100,00}$$

Il entre parfois pour 70 % dans la composition de certains phosphates, tels que ceux du Hainaut.

Il n'est pas entièrement insoluble dans l'eau pure ; la présence des sels ammoniacaux favorise beaucoup cette dissolution. L'eau saturée d'acide carbonique à 0° dissout 0^{gr}.00070 de son poids de carbonate et 0^{gr}.00088 à 10°.

A la température de 15 à 16°, un litre d'eau chargée d'acide carbonique à la tension de : dissout en carbonate neutre :

0^{m}000504	61,2 milligrammes.
0,01387	214,8
0,1422	518,6
0,5533	867,5
0,9841	1078,8

Chauffé au rouge, il se décompose complètement ; à 350°, la décomposition est nulle ; à 440°, l'altération commence ; à 860°, la tension du gaz atteint 85 $^m/_m$ et à 1040°, elle atteint 520 $^m/_m$. La vapeur d'eau facilite la décomposition du carbonate de chaux, qui peut ainsi se faire au rouge sombre.

Dans les phosphates, le carbonate de chaux est généralement à l'état terreux ; sa densité est légèrement inférieure à celle du phosphate.

Il est décomposé rapidement par les acides. L'acide chlorhydrique et l'acide sulfurique donnent du chlorure et du nitrate de chaux solubles.

L'acide sulfurique donne du sulfate de chaux insoluble ; la réaction est très tumultueuse et rend parfois difficile le traitement des craies grises par l'acide sulfurique.

L'acide sulfureux décompose aussi le carbonate de chaux en donnant du sulfite de chaux presque insoluble dans l'eau ; mais il est beaucoup plus soluble en présence d'un excès d'acide sulfureux. Ce sulfite est plus léger que les carbonates de chaux dont il provient.

La présence du carbonate est indispensable dans les phosphates, qui sont transformés directement en superphosphates ; c'est lui qui, par le dégagement de l'acide carbonique, produit les alvéoles dans le superphosphate, le rend poreux et facilite sa dessication.

CHAUX. CaO.

La chaux résulte de la calcination du carbonate de chaux ; elle porte le nom de *chaux vive*.

Sa composition chimique est la suivante :

$$
\begin{array}{llr}
\text{Ca} & . \quad . \quad . \quad . \quad . & = \quad 71,43 \\
\text{O} & . \quad . \quad . \quad . \quad . & = \quad 28,57 \\
\hline
& \text{Total.} & 100,00
\end{array}
$$

La chaux est une substance blanche, tendre, infusible au feu, se ramollit seulement au chalumeau oxyhydrique. Densité 2,30. Elle est inférieure à la densité du carbonate qui lui a donné naissance.

Elle est caustique, a une forte action destructive sur les tissus animaux ; elle a une très grande affinité pour l'eau ; en s hydratant, elle donne naissance à un grand dégagement de calorique et produit un sifflement accompagné d'épaisses vapeurs.

Le maximum de chaleur s'obtient lorsque l'addition d'eau est égale à la moitié du poids de la chaux.

Une application toute récente de ce phénomène vient d'être faite aux chauffrettes des voitures publiques.

La chaux, en s'hydratant, se fendille ; elle *foisonne* et donne finalement une belle poudre blanche, légère, douce au toucher, et qui a perdu toute sa causticité ; on l'appelle alors *chaux éteinte*. Sa composition chimique est approximativement représentée par la formule suivante : $CaO.H^2O$.

En ajoutant une certaine quantité d'eau à la chaux éteinte, on a le *lait de chaux* qui sera utilisé dans la fabrication du phosphate précipité.

De la chaux vive abandonnée à l'air, reprend progressivement une certaine dose d'acide carbonique ; cette récarbonatation peut être telle qu'à une molécule de chaux éteinte correspond une molécule de carbonate de chaux.

Le nouveau calcaire, ainsi produit, reprend la dureté de celui qui a servi à le produire.

La chaux est peu soluble dans l'eau ; cette solution porte le nom d'*eau de chaux* ; elle est parfois utilisée en médecine et en laboratoire.

Un litre d'eau pure dissout :

Température.	Grammes de chaux de calcaire.
0°	1,381
10°	1,342
15°	1,299
30°	1,162
45°	1,005
60°	0,868
100°	0,576

La chaux est donc moins soluble dans l'eau à chaud qu'à froid.

L'ammoniaque favorise la dissolution de la chaux.

En présence d'une solution sucrée, la chaux donne naissance à du sucrate de chaux qui est décomposable par l'acide carbonique ; la mannite (alcool hexatomique) agit sur la chaux de la même manière que le sucre.

Le soufre, chauffé avec un lait de chaux, donne naissance à un polysulfure et à un hyposulfite.

$$3 (CaO.H^2O) + 12S = 2 CaS^5 + CaO S^2O^2 + 3 H^2O.$$

Si on laisse refroidir la liqueur filtrée, il se forme des cristaux de bisulfure de calcium S^2 Ca. 3 H^2O. (Herschell).

On obtient les mêmes résultats en chauffant la chaux vive avec du soufre, mais la réaction est plus difficile à se produire.

De la chaux chauffée avec du chlorure ammonique en solution donne du chlorure calcique soluble et de l'ammoniaque.

En présence de l'acide sulfureux, la chaux donne du sulfite de chaux assez soluble en présence d'un excès d'acide sulfureux.

ARGILE.

L'argile est un élément que l'on retrouve souvent aussi dans les phosphates. C'est un silicate d'alumine contenant parfois un peu de fer.

Elle se délaie assez facilement dans l'eau. Au feu, elle se durcit ; c'est elle qui sert à la fabrication des briques.

Elle est douce au toucher. La silice lui donne de l'âpreté, lui ôte son liant et sa ténacité ; l'oxyde de fer la colore.

Elle est infusible, mais devient fusible par une addition de potasse, de soude, de chaux ou de fer. Elle est, *en général*, inattaquable par les acides chlorhydrique et nitrique, inattaquable à froid par l'acide sulfurique ; mais, à une température voisine de l'ébullition, celui-ci transforme l'argile en sulfate d'alumine et en silice soluble dans le carbonate de soude.

Elle se dissout à l'ébullition dans une solution de potasse.

Sa composition est très variable :

$$\begin{array}{llr} \text{Silice} & \text{\textdegree/}_0 & 51 \text{ à } 65 \\ \text{Alumine} & \text{\guillemotright} & 35 \text{ à } 24 \\ \text{Eau} & \text{\guillemotright} & 14 \text{ à } 11 \end{array}$$

SILICE. SiO^2.

Sa composition est la suivante :

$$\begin{array}{lr} \text{Si} & = 46,66 \\ O^2 & = 53,34 \\ \hline & 100,00 \end{array}$$

La silice se présente à l'état *anhydre* et *cristallisé*, à l'état *anhydre et amorphe*, à l'état *hydraté et amorphe*.

La silice est un anhydride.

Le *quartz* est de la silice cristallisée ; il est attaqué par les hydrates alcalins fondus, lorsqu'il est au rouge naissant.

Le *silex*, ou *pierre à feu*, est de la silice compacte, difficilement soluble dans les hydrates alcalins, se transforme quatre fois plus vite que le quartz.

Le carbonate de soude agit également sur ces deux variétés de silice. L'acide fluorhydrique fumant dissout complètement le quartz et le silex, mais lentement et sans dégagement de chaleur.

La silice amorphe est très répandue dans la nature ; la majeure partie des phosphates en contiennent.

Les phosphates siliceux sont facilement enrichis ; ils sont surtout recherchés pour la fabrication de l'acide phosphorique ; dans l'enrichissement des phosphates par voie chimique, la silice accompagne le phosphate, de sorte qu'on la retrouve dans le produit enrichi.

La silice amorphe se présente sous plusieurs états qui ne sont pas identiques entre eux. Elle se dissout rapidement dans l'acide fluorhydrique et dans une solution alcaline à chaud. Dans la première dissolution, il y a production de chaleur marquante.

La silice amorphe calcinée est hygrométrique, mais d'autant moins qu'elle aura été plus fortement calcinée.

La silice cristallisée, calcinée légèrement, n'est jamais hygrométrique.

Densité de la silice amorphe, 2,20
Id.   du quartz. 2,65
Id.   du silex 2,60

Lorsqu'on fond une silice quelconque, on obtient une matière amorphe vitreuse dont la densité est 2,20.

Acide sulfurique. H^2SO^4.

PROPRIÉTÉS.

L'acide sulfurique ou *huile de vitriol* existe dans le commerce sous trois degrés différents de concentration :

1° A 66°B, c'est-à-dire débarrassé d'eau non combinée, c'est l'acide monohydraté ; il est obtenu par la concentration, dans le platine ou dans le verre, de l'acide provenant des *tours de Glover* et marquant 58 à 62° ;

2° A 60°, c'est l'acide sulfurique le plus répandu, c'est celui qu'on reçoit dans les fabriques de superphosphates éloignées de l'usine de production ; il sort en cet état des tours de Glover ;

3° A 52°, c'est l'acide tel qu'il sort *des chambres* ; c'est à ce degré qu'on l'emploie pour la fabrication des superphosphates.

L'acide sulfurique, lorsqu'il est pur, est inodore , incolore, d'une saveur franchement acide; c'est un poison violent ; à l'état concentré, c'est un caustique des plus énergiques.

L'acide sulfurique monohydraté, c'est-à-dire à 66°B, a beaucoup d'affinité pour l'eau. Quand on mélange de l'acide sulfurique avec de l'eau, il y a contraction de volume et élévation de température.

Il est très dangereux de verser l'eau sur l'acide sulfurique, car une partie du liquide se vaporise, par suite de l'élévation subite de température, et les bulles de vapeur, en crevant, pourraient projeter de l'acide sulfurique sur celui qui procède au mélange ; pour parer à cet inconvénient, on verse l'acide sulfurique sur l'eau. Quand on fait ce mélange, il y a élévation de température. On devrait mettre à profit cette élévation de température dans la réaction du phosphate sur l'acide.

Au contraire, il y a abaissement de température dans les conditions suivantes : un mélange d'une partie d'acide sulfurique avec quatre parties de neige produit un abaissement de température à — 20° ; si on mélange quatre parties d'acide sulfurique avec une partie de glace, le mélange monte à une température de + 100°.

Voici comment s'expliquent ces phénomènes. Dans le premier cas, une partie de la glace se dissout et la partie dissoute se combine aussitôt avec l'acide, mais la chaleur produite par la combinaison n'est pas assez grande pour compenser la chaleur absorbée par la glace ; la température du mélange descend donc aussitôt à — 20°.

Dans le second cas, la chaleur absorbée par la glace pour se fondre est non seulement compensée, mais, de plus, il y a élévation de température qui va jusqu'à + 100°.

L'acide sulfurique déshydrate et charbonne les matières organiques. L'acide sulfurique décompose les carbonates, le phosphate de chaux et les phosphates solubles dans les acides minéraux.

Il attaque le bois, surtout à l'état concentré; il le transforme en *acide ulmique*.

Il attaque le plomb qui n'est pas d'une pureté absolue et, sous l'action de la chaleur, il attaque même le plomb pur.

Il attaque le fer et le cuivre, surtout lorsque l'acide marque moins de 60° B.

FABRICATION.

L'acide sulfurique résulte de l'oxydation de l'anhydre sulfureux et de son hydratation.

L'acide sulfureux est produit par la combustion du soufre ou par le grillage des pyrites.

L'acide sulfurique produit par le soufre est plus pur ; il sert surtout à produire l'acide monohydraté, parce que les acides impurs présentent certaines difficultés pour être portés de 60 à 66°.

L'anhydre sulfureux, sortant des fours de combustion ou de grillage, est à une température assez élevée ; comme cette température ne doit pas dépasser 40 à 60°, pour être introduit dans les *chambres de plomb*, on doit le refroidir. On tire parti de la chaleur de ce gaz en produisant la concentration de l'acide sulfurique à 52° dans les *tours de Glover*.

L'anhydre sulfureux est oxydé et hydraté par une introduction convenable, dans les chambres de plomb, d'acide nitrique et de vapeur d'eau.

L'acide nitrique est produit sur place par la réaction de l'acide sulfurique sur le nitrate de soude.

La fabrication de l'acide sulfurique s'achève dans la tour de Glover, qui remplit les quatre fonctions suivantes : elle dénitrifie, elle refroidit les gaz des fours, elle concentre sans frais et envoie la vapeur, produite par la concentration, aux *chambres* d'hydratation et d'oxydation.

La pyrite employée à la fabrication de l'acide sulfurique est ferrifère, parfois cuivreuse ou argentifère ; de sorte que l'acide sulfurique est parfois un produit secondaire.

L'acide sulfurique a divers emplois, mais on peut dire que la moitié de la production est absorbée par la fabrication des superphosphates.

On l'expédie le plus souvent dans des citernes en tôle, quelquefois en touries.

Acide chlorhydrique. HCl.

PROPRIÉTÉS.

Il est généralement connu dans le commerce sous le nom d'*esprit de sel* ou d'*acide muriatique*.

C'est un gaz incolore, coërcible, fumant à l'air, d'une odeur suffocante. Sa densité, par rapport à l'air, est 1,247 ; par rapport à l'hydrogène, elle est de 18,28. Un litre de gaz acide chlorhydrique pèse 1^{gr},612. Il répand à l'air d'abondantes fumées blanches. Ce gaz provoque la toux. Sous une pression de 40 atmosphères, il se transforme en un liquide incolore de 1,27 de densité. Il est incombustible, indécomposable à une chaleur inférieure à 1500°

Il est très soluble dans l'eau : à 15°, celle-ci en dissout 480 fois son volume ; cette solubilité augmente au fur et à mesure que la température descend. Le liquide que l'on obtient ainsi n'est pas une solution pure et simple de gaz, car, en chauffant, il bout à 110° et le liquide distillé a une composition constante ; sa densité est 1,10. L'*acide chlorhydrique liquide*, appelé ainsi improprement, constitue donc un composé d'eau et de gaz acide chlorhydrique. Cette solution jouit de toutes les propriétés du gaz. Elle est incolore quand elle est pure ; celle que l'on trouve dans le commerce est jaune, à cause du fer qu'elle contient ; cette solution est un acide puissant.

Il détruit les matières organiques en les noircissant ; les matières animales résistent mieux ; c'est pourquoi les ouvriers employés dans les fabriques de produits chimiques sont toujours habillés avec des vêtements en laine.

L'acide chlorhydrique attaque tous les métaux, sauf l'or et le platine. On ne peut le conserver que dans des récipients en verre ou en bois.

Il est employé dans la fabrication du chlore, des chlorures, des chlorates, des bougies, de l'eau gazeuse, etc., et surtout dans la fabrication de la colle forte et de la gélatine, en donnant comme produit secondaire du *phosphate précipité*.

FABRICATION.

La fabrication de l'acide chlorhydrique est plus ou moins liée à celle de l'acide sulfurique. En effet, une bonne partie de l'acide sulfurique sert à fabriquer le sulfate de soude ; cette fabrication donne comme résidu de l'acide chlorhydrique.

Cette fabrication donne lieu à la réaction finale suivante :

$$H^2SO^4 + 2\,NaCl = Na^2SO^4 + 2\,HCl.$$

La décomposition du sel marin $(NaCl)$, par le vitriol (H^2SO^4), s'effectue dans des fours spéciaux et le gaz HCl est condensé, après refroissement, dans des appareils de condensation.

L'acide chlorhydrique obtenu par les fours à moufle et les tours de condensation peut atteindre un rendement de 98%.

L'acide chlorhydrique du commerce marque de 19° à 21°B.

On l'expédie dans des touries en verre ou en grès.

Produits résultant du traitement des Phosphates par l'acide sulfurique.

Sulfate de chaux. $CaSO^4$.

Dans le traitement d'un phosphate par de l'acide sulfurique, on obtient comme précipité insoluble du sulfate de chaux.

Dans la fabrication du superphosphate ordinaire, il n'est pas séparé de l'acide phosphorique ; c'est donc lui qui entre pour la plus grande part dans la composition d'un superphosphate ordinaire.

Dans la fabrication de l'acide phosphorique, il est séparé de ce dernier par une filtration ; le produit obtenu par cette filtration est du sulfate de chaux accompagné des matières insolubles qui se trouvent dans le phosphate.

La composition chimique du sulfate de chaux est :

Anhydride sulfurique . 58,82
Chaux 41,18
____
100,00

Le sulfate de chaux exposé à l'air humide s'hydrate très facilement ; il a alors la composition suivante :

Anhydride sulfurique . 46,51
Chaux 32,56
Eau 20,93
____
100,00

Sa densité est 2,31. Chauffé à une température de 100°, le

plâtre commence à perdre son eau ; à 170°, il se déshydrate complètement, mais il peut reprendre son hydratation. Plus la déshydratation se fait à haute température, moins le plâtre est susceptible à reprendre son eau.

Le plâtre est peu soluble dans l'eau, 1,000 parties d'eau en dissolvent un peu plus de 2 parties à 100° ; à 0°, il s'en dissout 2 p. 05, et à 35°, 2 p. 54. C'est à cette température qu'il présente le maximum de solubiliié. Il est complètement insoluble dans l'alcool.

La présence de sels ammoniacaux dans l'eau, rend le plâtre plus soluble (Mène).

Le chlorure de sodium augmente aussi sa solubilité.

1,000 parties d'une solution saturée de chlorure de sodium dissolvent 8 p. 2 de plâtre (Anton).

L'acide chlorhydrique bouillant, l'acide sulfurique concentré et l'acide nitrique le dissolvent.

Le meilleur dissolvant du sulfate de calcium est l'hyposulfite de soude.

C'est le *gypse* qui, soumis à la cuisson, donne naissance au plâtre ; il est très répandu dans la nature. Ce dernier fait une très grande concurrence en agriculture au *plâtre précipité* obtenu dans les fabriques d'acide phosphorique.

Cependant, au point de vue agricole, le sulfate de chaux précipité s'assimile mieux et plus rapidement que le sulfate de chaux naturel.

Sulfate de fer et sulfate d'aluminium.

Les sulfates de fer et d'alumine sont produits par la réaction de l'acide sulfurique sur les phosphates de fer et d'alumine contenus en légère dose dans les phosphates minéraux.

COMPOSITION CHIMIQUE DU

Sulfate ferrique :		Sulfate aluminique :	
SO^3 . . . —	33,33	SO^3 . . . =	44,28
Fe^2O^3 . . —	66,67	Al^2O^3 . . —	55,72
	100,00		100,00

Le sulfate de protoxyde de fer, d'abord formé, se transforme, par l'action de l'air, en sulfate ferrique qui se dissout lentement dans l'eau ; il est blanc, insoluble dans l'acide sulfurique.

Le sulfate d'alumine est soluble dans l'eau ; à la température ordinaire, l'eau en dissout la moitié de son poids ; sous l'action de la chaleur, il fond dans son eau de cristallisation.

C'est la présence du sulfate de fer dans le superphosphate ordinaire qui produit la *rétrogradation*.

Acide fluorhydrique. H Fl.

Certains phosphates et surtout les apatites contiennent du fluorure de calcium. Dans le traitement par l'acide sulfurique, le fluorure de calcium donne naissance à de l'acide fluorhydrique.

Dans la fabrication de l'acide phosphorique liquide, cette production de gaz acide fluorhydrique n'est pas à craindre ; l'acide sulfurique étendu, n'attaque pas le fluorure de calcium.

Sa composition chimique est :

$$H \ldots\ldots = 5,00$$
$$Fl \ldots\ldots = 95,00$$
$$\overline{100,00}$$

L'acide fluorhydrique est soluble dans l'eau. C'est un gaz incolore, fumant à l'air, d'une odeur piquante, très dangereux et vénéneux ; sa densité est 0,98 ; il détruit fortement les substances végétales et animales.

Hydraté : il dissout la silice ; tous les métaux le décomposent.

Il attaque le verre ; toutes les vitres des usines à superphosphates, dans lesquelles on ne condense pas les gaz résultant de la fabrication, sont ternies par ce terrible mordant.

En présence de la chaux, il forme du fluorure de calcium, soluble dans l'eau.

Anhydride carbonique. CO_2.

L'anhydride carbonique résultant de la décomposition du carbonate de chaux qui accompagne le phosphate est rarement séparé des autres gaz.

Dans les procédés chimiques d'enrichissement des phosphates, ce gaz sert parfois à reproduire le carbonate de chaux.

Sa composition chimique est :

$$C \ldots\ldots = 27,27$$
$$O_2 \ldots\ldots = 72,73$$
$$\overline{100,00}$$

Il est soluble dans l'eau et dans l'alcool ; l'eau dissout environ 1 volume à la température ordinaire.

Sous la pression normale et aux températures suivantes, l'eau et l'alcool absorbent les volumes suivants d'acide carbonique, réduits à la température de 0° et à la pression de 0,760.

Température.	Eau.	Alcool.	Température.	Eau.	Alcool.
0°	1,7977	4,3295	12°	1,1018	3,2807
3°	1,5637	4,0539	15°	1,0020	3,1993
5°	1,4497	3,8908	18°	0,9318	3,0402
8°	1,2802	3,6573	20°	0,9014	2,9465
10°	1,1847	3,5140			(Bünsen).

Le volume de gaz acide carbonique absorbé par l'eau augmente avec la pression.

A la pression de 5 ou 6 atmosphères, on obtient les *eaux gazeuses*.

Soumis à une pression de 36 atmosphères et à un froid de 0°, il se liquéfie et prend alors l'aspect d'un liquide incolore.

La liquéfaction peut être obtenue à une pression moindre, mais aussi à une température plus basse.

A la pression ordinaire, et à la température de — 70°, on obtient la liquéfaction.

Il n'est pas vénéneux, ni délétère, mais il asphyxie ; on reconnaît l'excès d'acide carbonique dans un endroit, par l'extinction d'une lumière qui y serait introduite.

C'est le gaz le plus pesant que l'on connaisse. Sa densité, par rapport à celle de l'air, est de 1,529.

Le poids d'un litre d'acide carbonique à 0° est de 1 gr. 9774. Aussi peut-on le transvaser comme un liquide.

Il est très répandu dans la nature. L'air en contient 0,0004 ; on le rencontre dans tous les étages géologiques à l'état de carbonate.

Tableau des Poids atomiques et des Quantivalences des 64 corps simples.

NOMS DES CORPS SIMPLES.	SYMBOLE.	POIDS atomiques.	Quantivalence ou atomicité.	NOMS DES CORPS SIMPLES.	SYMBOLE.	POIDS atomiques.	Quantivalence ou atomicité.
Aluminium	Al	27,5	III	Manganèse	Mn	55,2	II
Antimoine	Sb	122	III	Mercure	Hg	200	II
Argent	Ag	107,93	I	Molybdène	Mo	96	VI
Arsenic	As	75	III	Nickel	Ni	59	II
Azote	Az ou N	14,044	III	Niobium	Nb	94	IV
Baryum	Ba	137,2	II	Or	Au	196,2	III
Bismuth	Bi	210	III	Osmium	Os	198,6	IV
Bore	Bo	11	III	Oxygène	O	16	II
Brome	Br	79,592	I	Palladium	Pd	106,6	II
Cadmium	Cd	112	II	Phosphore	P	31	III
Calcium	Ca	40	II	Platine	Pt	197	IV
Carbone	C	12	IV	Plomb	Pl	206,92	II
Cérium	Ce	141,3	II	Potassium	K	39,137	I
Césium	Cs	132,6	I	Rhodium	Ro	104	II
Chlore	Cl	35,457	I	Rubidium	Rb	85,4	I
Chrome	Cr	52,4	III	Ruthénium	Ru	103,5	II
Cobalt	Co	59	II	Sélénium	Se	79	II
Cuivre	Cu	63,5	II	Silicium	Si	28	IV
Didyme	Di	147	II	Sodium	Na	23,043	I
Erbium	Er	170,55	IV	Soufre	S	32,075	II
Etain	Sn	118	IV	Strontium	St	87,5	II
Fer	Fe	56	II	Tantale	Ta	182	IV
Fluor	Fl	19	I	Tellure	Te	128	II
Gallium	Ga	69	?	Thallium	Tl	204	I
Glucinium	Gl	13,88	II	Thorium	To	233,9	IV
Hydrogène	H	1	I	Titane	Ti	48,01	IV
Indium	In	113,4	III	Tungstène	Tu	184	VI
Iode	I	126,85	I	Uranium	U	120	II
Iridium	Ir	193,22	IV	Vanadium	V	51,3	VI
Lanthane	La	139	IV	Yttrium	Y	89,55	II
Lithium	Li	7,022	I	Zinc	Zn	65	II
Magnésium	Mg	24	II	Zirconium	Zr	89,6	IV

CHAPITRE III

GÉOGÉNIE

L'origine primordiale des composés du phosphore est tout naturellement minérale.

Le phosphore, comme tous les corps simples connus, existe évidemment au sein de la terre en ignition ; et la preuve de cette existence nous est fournie de nos jours par la présence de l'*acide phosphorique* dans les roches, résultant de l'épanchement de matières fluides internes par les crevasses de la croûte terrestre : Ste-Claire-Deville a trouvé 2,25 de phosphate de chaux dans les laves du Vésuve.

Les matériaux constituant l'écorce solide du globe accusent aussi la présence du phosphore.

L'analyse décèle de 0,1 à 1 % d'acide phosphorique.

Phosphates plutoniens ou de roches éruptives.

Les phosphates plutoniens sont formés le plus souvent d'apatite et le plus rarement de vivianite ou de fluophosphate d'alumine ; la première a dû se séparer des roches qui l'accompagnent soit au sein de la masse en ignition, soit pendant son épanchement sur la terre.

N'y aura-t-il pas un rapprochement à faire entre les phénomènes chimiques du haut-fourneau et ceux du centre de la terre en ignition ? Ne voyons-nous pas le phosphate de chaux, lorsque l'on traite dans le haut-fourneau des minerais phosphoreux se séparer des autres matières qui l'accompagnent ? Semblable réaction a dû sans doute se produire au sein de la terre à la faveur d'éléments dont on ne connaît pas la composition.

Cette analogie entre les procédés de la nature et ceux de

l'industrie mérite d'être signalée, parce qu'elle pourrait permettre un jour de donner la théorie exacte de la formation des phosphates plutoniens.

Les phosphates de roches éruptives remplissent parfois les cavités et les fentes de ces roches, tels sont les phosphates de Canada.

Ce remplissage se fait aussi à la faveur de sources minérales chargées d'acide phosphorique; on a ainsi des filons contenant des phosphates cristallisés et amorphes, tels sont les gisements du Quercy, du Nassau et de Cacérès. On trouve même, aux environs de cette dernière localité, des sources thermales qui sont extrêmement riches en acide phosphorique. Le résidu obtenu par évaporation ne contient pas moins de 9,70 % d'acide phosphorique.

Phosphates de formation sédimentaire.

Le phosphore nécessaire à la vie des premiers végétaux a été fourni par le règne minéral; deux savants français, Mirbel et Payen, nous ont montré que le phosphore était indispensable à toute plante vivante, que l'on retrouvait sa trace dans la trame du germe naissant et dans la paroi de la moindre cellule.

Dans le règne minéral, on le trouve à peu près dans tous les terrains organisés. Tous les minerais qui ont traversé la croûte terrestre et qui sont arrivés jusqu'à nous, soit à l'état igné, soit à l'état aqueux, accusent la présence du phosphore.

Pendant la formation des terrains sédimentaires, le phosphore était suffisamment divisé dans la nature pour permettre à tout être organisé de trouver cet élément de vie.

D'après certains paléontologistes, les corps organisés les plus anciens que l'on connaisse ont été trouvé dans le système *laurentien* de formation *archéenne*. Ils sont connus sous le nom d'*Eozoon Canadense*.

Au Laurentien succèdent les terrains *cambriens*, dans lesquels on découvre les premiers débris d'animaux.

Si notre globe n'avait pas été bouleversé en tous sens par d'immenses inondations, par de terribles soulèvements, par d'effrayants torrents de lave, on pourrait dire d'une façon absolue que le phosphate d'origine organique ne peut être rencontré que dans les terrains ayant porté des êtres organisés, c'est-à-dire dans les terrains sédimentaires.

Au fur et à mesure de la formation des terrains sédimentaires, les corps organisés se transforment, leur composition devient plus complexe.

Pendant les périodes *silurienne* et *dévonienne*, nous voyons apparaître les vertébrés primitifs et les poissons ; à celles-là succèdent la période *carbonifère* avec les amphibies, la période *perméenne* avec les reptiles et les oiseaux.

C'est à partir de l'âge secondaire que nous voyons se développer les grands vertébrés ; c'est aussi dans ces terrains que nous trouvons les premiers gisements importants de phosphate de chaux ; c'est dans la période *crétacée* que nous trouvons le plus grand développement des vertébrés : bon nombre d'espèces ont même disparu à cette époque et ont fourni ces gisements si riches de la Somme, du Hainaut, de Liége, des Ardennes, du Boulonnais, du Sud de l'Angleterre...

Les déjections et les cadavres d'animaux, qui formaient, après l'époque maestrichtienne, des montagnes de guanos comme nous en trouvons encore de nos jours en plusieurs points du globe, par l'action des eaux pluviales ou terrestres, transformèrent la roche carbonatée sous-jacente et donnèrent naissance au tuffeau de Ciply, de Maestricht et d'Orville. Ce tuffeau, qui forme la transition entre la craie sénonienne et la craie maestrichtienne, ou qui représente la base du maestrichtien ou danien, fut dissout par les eaux météoriques et engendrales phosphates du Hainaut, de Liége et de la Somme, et, comme preuve à l'appui de cette opinion, c'est l'absence de tuffeau partout où l'on rencontre la craie riche.

Ces phosphates de la Somme, du Hainaut et de la Hesbaye, après s'être déposés sur la craie sénonienne, ont subi depuis lors un changement constant dans leur composition, changement qui se continue de nos jours, comme l'a constaté M. E. Denys dans les exploitations de la Société anonyme des Phosphates du Bois-d'Havré. Il a remarqué que la nappe aquifère, dans laquelle est noyé le phosphate, est chargée d'acide carbonique et qu'en effectuant des sondages dans ce gisement d'Havré, il avait livré passage à des soufflards de gaz acide carbonique qui ont parfois duré près de 48 heures.

Les eaux pluviales provoquent aussi physiquement des changements dans la composition des phosphates ; en traversant les sables et les argiles tertiaires, elles se chargent d'argile et viennent appauvrir physiquement la couche phosphatée en déposant cette argile. En Hesbaye, les sables tertiaires sont, er.

certains endroits, très argileux; le conglomérat à silex l'est aussi parfois; ce serait une raison pour laquelle les phosphates de ce bassin sont parfois argileux. Mais la raison principale de la présence du sable et de l'argile dans les phosphates crétacés est fournie par le résidu de la dissolution du tuffeau ou de la couche de transition entre le sénonien et le maestrichtien.

La formation de la craie phosphatée sénonienne semble résulter de la précipitation par le carbonate de chaux, des eaux météoriques qui se sont chargées d'acide phosphorique en traversant la couche de phosphate; il faut cependant tenir compte aussi des fossiles de l'âge secondaire qui ont été enfouis dans les formations crétacées et qui, par leur dissolution par les eaux météoriques, ont pu élever la teneur en acide phosphorique des craies. La craie sénonienne de la Hesbaye est moins riche que celle du Hainaut et que celle de la Somme, parce que, semble-t-il, les terrains de recouvrement étant plus argileux, les eaux pluviales éprouvent plus de difficultés à atteindre la craie.

Cette imperméabilité des terrains hesbignons expliquerait aussi cette conservation presqu'intacte des nombreux fossiles que l'on retrouve dans la couche phosphatée.

Cette imperméabilité joue un très grand rôle sur la nature des phosphates; ainsi, au village de Rocour (lez-Liége), par exemple, les terrains de recouvrement étant plus sablonneux et, par conséquent, plus perméables qu'à Momalle, on remarque que le phosphate est plus minéralisé, que les nodules sont moins bien conservés dans cette première localité que dans la seconde. On constate aussi que le phosphate de Rocour est plus silexifère qu'à Momalle; cette présence des petits silex dans cette première localité résulterait de l'entraînement par les eaux d'une partie des nombreux petits silex qu'on retrouve encore dans les sables de recouvrement.

Dans l'âge secondaire, le développement de roches calcaires et la formation de conglomérats montrent la tranquillité de ce régime océanique; les mers contiennent dans leurs seins des myriades de mollusques : c'est le règne des ammonites, des bellemnites et des brachiopodes pendant la série jurassique, et des céphalopodes pendant la série crétacée.

Les sauriens, les dynosauriens, les reptiles, ainsi que les oiseaux, représentent alors en très grand nombre les êtres les plus organisés qui peuplent la terre et les mers.

C'est à la fin de l'ère secondaire que la faune est la plus nombreuse.

C'est aussi à la partie supérieure des terrains secondaires que nous retrouvons le plus de fossiles, d'ossements, de mollusques, de coprolithes. Au commencement de l'âge tertiaire, les conditions physiques et biologiques, très uniformes pendant l'âge secondaire, se modifient considérablement; la terre, qui était à peu près complètement submergée, va se soulever et produire des chaînes de montagnes; les eaux se retirent et une bonne partie de ce monde marin trouve la mort. Les conditions de température, qui jouent un si grand rôle dans la vie des êtres organisés, se modifient aussi sensiblement au commencement de l'ère tertiaire; la zone chaude, qui régnait alors en maîtresse sur toute la terre, recule vers le Sud : les climats prennent naissance. Nombre d'êtres vivants, par suite de ces conditions climatériques nouvelles, sont refoulés en certains points du globe et, n'y trouvant plus les matières alimentaires nécessaires à leur existence, y meurent.

Ce sont ces montagnes d'ossements et de déjections de ces êtres, qui se sont formées sur place ou qui ont été transportées par les eaux, qui ont donné naissance aux dépôts phosphatés que nous retrouvons dans les divers étages du groupe mésozoïque (secondaire), comme nous l'avons déjà dit ci-dessus.

Ces ossements ont évidemment subi une décomposition plus ou moins rapide, suivant l'acidité des eaux et la rapidité des courants qui les transportaient.

Ces ossements et ces mollusques furent comme des centres d'attraction de l'acide phosphorique dissout par les eaux ; le carbonate des os des animaux et du test des mollusques s'est transformé en phosphate de chaux et ont ainsi donné naissance aux nodules ou moules de mollusques, et, suivant que ceux-ci ont été fortement remaniés, longtemps battus par les eaux, il s'est formé des phosphates plus sableux, plus purs, plus cristallisés.

Les autres éléments, silice, magnésie, oxyde de fer, oxyde d'alumine, fluor, iode, brome, chlore, que l'on trouve dans certains phosphates dits *inorganiques*, proviennent soit des êtres qui leur ont donné naissance, soit des eaux de dissolution ou de lavage, soit des terrains de recouvrement ou des terrains encaissants.

L'idée de démontrer la formation du phosphate de la Somme ou du Hainaut par le lavage exclusif de la craie grise inférieure ne peut guère être admise, attendu qu'en bien des endroits dans la Somme, la craie immédiatement inférieure n'est nullement phosphatifère.

Les phosphates de la Somme et ceux du Hainaut, quoique appartenant au même étage géologique que ceux de Hesbaye, ont dû être formés à des intervalles assez éloignés. Les premiers doivent être plus anciens, comme étant plus cristallins. Plus on s'éloigne de l'ère primaire, plus l'état cristallin perd de son intensité; les dissolvants perdent de leur pouvoir.

Le bassin de Liége a dû émerger avant celui du Hainaut et celui de la Somme.

Dans le phosphate de la Somme, on retrouve surtout des dents de squale qui n'ont pu être dissoutes, grâce à leur émail. M. Nivoit a remarqué que c'est dans la partie interne des coquilles qu'a lieu la concentration du phosphate de chaux et que cette concentration est en raison directe de la ténuité des ouvertures par lesquelles a pu s'introduire la substance. Ce fait peut s'expliquer par l'action condensatrice exercée par la matière animale, probablement durant sa décomposition.

Nous avons pu faire la même remarque pour les fossiles de Hesbaye; un nodule de la grosseur d'un œuf de poule nous a donné :

Matière intérieure, phosphate tricalcique   78,35 phos.
      »   extérieure,   »   »   72,17 phos.

Avec l'ère tertiaire, nous voyons les mammifères se développer avec une vigueur extraordinaire et prendre possession du globe. Le monde végétal, pour permettre au monde animal de vivre, devait aussi se développer avec vigueur. Les faunes locales commencent à se multiplier, les climats se différencient et nous arrivons ainsi, petit à petit, à la classification des provinces zoologiques modernes.

Dans les mers, les céphalopodes, les brachiopodes et les ammonites tendent à disparaître. Les lamellibranches et les gastéropodes abondent sur le littoral des mers de l'époque.

Au point de vue phosphatifère, l'époque tertiaire n'a pas grande importance; les dépôts phosphatés d'Amérique que l'on retrouve dans les terrains néozoïques ont pris naissance à une époque plus rapprochée de la nôtre.

La fin de l'époque tertiaire est marquée par le commencement de la disparition des grands mammifères herbivores; cette disparition s'est faite avec trop de lenteur pour avoir pu donner naissance à des amoncellements de cadavres pouvant produire des dépôts phosphatés.

L'époque quaternaire, au point de vue phosphatifère, est plus importante.

Les cataclysmes qui ont marqué la fin de l'âge secondaire ne se reproduisent plus; nous nous rapprochons de plus en plus de nos climats, de notre géographie actuelle.

L'ère quaternaire est caractérisée par la grande extension des glaciers, due aux précipitations atmosphériques; les pluies alors étaient très abondantes, le climat doux et humide, la végétation abondante, comme le prouve la présence de ces immenses et nombreux squelettes de pachydermes trouvés dans le *dilurium* du Nord.

C'est au commencement de la formation des zones climatériques que les mammouths et les rhinocéros ont dû trouver la mort.

Cette influence du froid a dû être intense à certains moments pour que ces animaux n'aient pas eu le temps de fuir vers l'Europe; cependant, la découverte de ces amas d'ossements montre que ces animaux fuyaient la Sibérie septentrionale et qu'à un moment donné toute retraite à été coupée. La rapidité du changement dans les conditions climatériques a été tellement subite qu'on a retrouvé des cadavres de mammouths bien conservés et même debout dans les *alluvions;* c'est le froid intense qui a amené leur mort et qui a permis, après des milliers d'années, de les retrouver en parfait état de conservation.

C'est à cette époque, c'est-à-dire au commencement du quaternaire que la grande horde *mammale* descendit vers le Midi pour trouver un climat plus tempéré. Bon nombre de ces animaux cherchèrent les marécages de la Caroline ; le reste de la horde vint échouer dans les marécages de la Floride. Là, certains de ces animaux moururent de faim et de froid et de mort naturelle; ils y formèrent par leurs déjections et leurs cadavres les montagnes de guano qui par la dissolution, en attaquant le calcaire de Viksbourg, sous-jacent (tertiaire), donna naissance au *phosphate de roche*. Les résidus de cette dissolution, ou plutôt les parties non dissoutes lors de la période de Champlain, furent entraînées dans les bas-fonds et formèrent le lit noduleux des rivières de cette époque; alors les rivières avaient 50 fois plus de largeur qu'à présent.

Après la période dite de *Champlain*, les rivières rentrèrent dans le lit qu'elles occupent de nos jours ; les nodules de phosphate couvrant l'ancien lit devinrent le *land phosphate* ; elles furent recouvertes d'alluvion par le retrait des eaux ; la couche de nodules couvrant le lit des rivières actuelles porte le nom de *phosphate de rivière*.

À l'époque où vivaient ces grands herbivores, l'homme ne paraît pas avoir recherché particulièrement l'habitation des cavernes ; c'est seulement à l'époque dite *magdalénienne* que les habitants cherchèrent un abri dans les cavernes, et alors les ossements humains et animaux se sont entassés dans ces repaires et ont donné naissance aux *amas d'ossements*.

Ces ossements se sont incrustés dans le limon et ont donné naissance aux *brèches à ossements*. Cette formation est contemporaine de l'*âge du renne*.

Quant à l'abondance de ces ossements, il faut tenir compte de ce qu'ils ont été souvent entassés par la main de l'homme.

De nos jours, ce que nous voyons se produire dans nos poulaillers s'est produit sur une très grande échelle dans la zone torride et donna naissance aux *guanos*.

Des générations successives d'animaux ont concentré leurs déjections en certains points où ils avaient élu domicile. Les oiseaux des mers et surtout les guanaës ont ainsi créé dans la suite des temps d'immenses dépôts formés de leurs déjections et de leurs propres cadavres. La nourriture de ces oiseaux étant exclusivement animale, leurs déjections sont très riches en azote et en phosphore.

Lorsque ces amas reposent sur des roches calcareuses et qu'ils subissent l'action des pluies, le *guano azoté* se transforme en *phosphate de roche* ; si le terrain portant le gisement de guano est imperméable, le guano azoté se transforme en *guano phosphaté* par la perte de son azote due au drainage ; et si ces montagnes de guanos sont préservées des eaux pluviales, l'azote des déjections et des matières animales s'y retrouve ; c'est ce qui a permis aux *guanos azotés* de subsister.

Pour terminer la géogénie des phosphates, nous décrirons « l'origine de l'acide phosphorique des sols ».

La terre arable provient de l'altération des roches, sous l'influence des causes naturelles, qui produisent leurs effets de tout temps et qui se continuent encore de nos jours.

Les causes principales sont surtout l'eau et le feu. L'eau est représentée par des pluies ou par des inondations qui, agissant sur le sol par des alternatives de congélation ou de dégel, désagrègent, divisent les éléments composant le sol arable. L'évaporation produite par la chaleur solaire joue aussi un très grand rôle dans cette désagrégation.

La terre arable qui dérive des roches *primitives* est pour ainsi dire dépourvue d'acide phosphorique.

L'acide phosphorique est disséminé dans les proportions suivantes :

1° Dans les roches primitives :

Granit	0,10 à 0,20 %
Gneiss	0,20 %
Schistes, micaschistes et porphyres.	0,05 %

2° Dans les roches volcaniques :

Basaltes	0,50 à 1,00 %
Trachytes.	0,50 %
Laves	1,00 %

Ces dernières roches se réduisent facilement en éléments suffisamment fins pour former la terre arable ; leur richesse en acide phosphorique donne au sol qu'elles ont formé une valeur très grande.

Les terrains volcaniques donnent de très bons rendements.

Les terres qui dérivent du grès sont très pauvres en acide phosphorique, parce que le grès est exclusivement formé de silice.

Celles qui dérivent des roches calcaires contiennent généralement des quantités appréciables d'acide phosphorique. Il existe cependant des calcaires tertiaires très pauvres en acide phosphorique: tels sont ceux de la Touraine et de la Beauce.

TENEUR EN ACIDE PHOSPHORIQUE DES ROCHES CALCAIRES LES PLUS RÉPANDUES.

Oolithe.	Jurassique.	Craie.	Calcaire métamorphique.
0,80 %	0,95	0,04	0,46

Souvent la potasse manque dans les terrains calcareux. Généralement, le sol arable est formé de la désagrégation de différentes roches ; ce n'est guère que l'*analyse chimique* et l'*analyse par la plante* qui sauraient nous servir de guide pour déterminer l'origine minérale ou organique de l'acide phosphorique qu'il contient.

D'après **M.** Pétermann, la terre fine de la couche arable

renferme dans les différentes zones du *sol belge* pour une épaisseur de 0^m20 :

		Kil. d'acide phosphor. par hectare.
Zone des Polders.	Rives naturelles de l'Escaut.	2,439
	Polders ppd.	1,582
	Bruges	303
Zone sablonneuse.	Termonde	1,029
	Campine (sol vierge) . . .	454
	Id. (bruyère)	407
Zone limoneuse.	Gembloux	1,616
Zone quartzo-schisteuse.	Dinant	963
	Framont	1,140
	Paliseul (fond de vallée, sol d'une prairie) .	1,188
	Id. sol d'une pépinière.	873
Région ardennaise.	Id. terre inculte . . .	1,135
	Id. sous-sol	625
	Spa (bruyère)	221
	Id. id.	885
	Jalhay (sapinière)	283
	Id. (bruyère)	592

Liste de quelques fossiles trouvés dans le phosphate et dans la craie

CLASSE.	NOMS DES INDIVIDUS ou PARTIE D'INDIVIDU.	HESBAYE.	HAINAUT.	SOMME.	Observations.
			RENSEIGNÉS PAR :		
Rep-tiles.	Hainosaure Bernardi.		—		
	Mosasaurus Sp.		—		
Pois-sons.	Dents de corax.			Cornaille.	
	Id. ptychodus.			Lasne.	
	Id. lamna.			Cornaille.	
	Id. otodus.			Lasne.	
	Enchodus Faujasi.	Schmitz.			
Cépha-lopodes.	Belemnitella mucronata. S.	Schmitz.	Denys.	Lasne.	
	Id. quadrata. d'O.			Buteux de Mercey	Très caracté-ristique.
	Nautilus danicus. S.	Firket.	Cornet et Briart		
	Baculites faujasi. L.	Id.	Id.		
	Nautilus (voisin du N. radiatus).	Forir.			
	Id. Dekayi. M.				
	Id. Sp.	Forir.			
	Ammonites Sp. K.	Forir			
Gasté-ropodes	Dentalium Nysti. B.	Firket.			
	Solarium. L.	Schmitz.			
	Trochus.	Id.			
	Turitella.	Id.			
	Natica.	Id.			
	Buccinum.	Id.			
	Emarginula.	Id.			
	Avellana (natica) prœlonga B.	Forir.	Binkhorst		
Lamelli-branches	Ostrea vesicularis. L.	Schmitz.		Lasne.	
	Id. frons.			Id.	
	Id. semiplana. S.	Firket.		Id.	
	Id. flabelliformis. N.		—		
	Id. sulcata. Bl.		—		
	Id. lateralis. N.		—		
	Id. larva. Lmk.		—		
	Id. lunata. Lmk.		—		
	Venus parva.	Firket.			
	Caprotina costulata.	Id.			
	Vola quadricosta.	Schmitz.			
	Exagira conica.	Id.			
	Tellina.	Id.			
	Madiola.	Id.			
	Nucula.	Id.			
	Cytherea.	Id.			
	Pectunculus.	Id.			Très caracté-ristique.
	Pecten pulchellus.		—		
	Janira substriatocastata d'O.		—		
	Id. quadricosta Sp. S.	Forir.			
	Avicula cœrulescens. N.		—		
	Lima semi sulcata. Gdf.		—		
	Inoceramus cuvieri. Br.		—		
	Id. Crispi. M.	Forir.			
	Id. mantelli. de M.			Lasne.	
	Spondilus spinosus. D.			Id.	

phosphatée des bassins de la Hesbaye, du Hainaut et de la Somme.

CLASSE.	NOMS DES INDIVIDUS OU PARTIE D'INDIVIDU.	HESBAYE.	HAINAUT.	SOMME.	Observations.
		RENSEIGNÉS PAR :			
Brachiopodes.	Terebratula carnea.	Firket.	Denys.		
	Id. id. v (elongata)	Schmitz.			
	Terebratulina striata. d'O.		—		
	Terebratella plicata. B.		—		
	Thecidea papillata ? B.		—		
	Rynchonella plicatilis.		Denys		
	Id. limbata. F.	Schmitz.		Lasne.	
	Id. subplicata. d'O.		—		
	Id. octoplicata. d'O.		—	Lasne.	
	Megerleia Lima.	Schmitz.			
	Crania Ignabergensis. R.		—		
	Id. Parisiensis. Def.		—		
	Fissuricostra Palissii. W.		—		
Annelides.	Ditrupa (serpula) Moscæ. B.		—		
Echinides.	Echinocorys vulgaris.	Firket.			
	Cardiaster ananchites.	Id.			
	Ananchites conoïdea.		Denys.		
	Id. vulgaris. C.			Lasne.	
	Id. gibba. Lk.		Id.	Id.	
	Id. carinata. Def.			Id	
	Holaster granulosus. Ag.		—		
	Catopygus fenestratus. Ag		—		
	Id. subcarinatus. d'O		—		
	Offaster pilula.			Lasne.	
	Micraster Heberti.			Id.	
	Hemiaster Sp.			Id.	
Anthozoaires	Parasmilia elongata.	Schmitz			
Spongiaires.	Siphonia cervicornis. G.	Firket.	—		
	Retispongia radiata. R.	Id.			
	Ventriculites multicastatus. R.	Id.			
	Siphonia. Sp.	Schmitz.			
	Spongia ramosa ?	Id.			
	Spongia Sp.	Id.			
	Scyphia Beaumonti ?	Firket.			
	Id. radiata ?	Id.			
	Id. subseriata ?	Id.			
	Id. isopleura ?	Id.			
	Id. Sp.	Id.			
Foraminifères.	Globigerina.			Schlumberger.	
	Textularia.			Id.	
	Cristellaria.			Id.	
	Rotalia.			Id.	

CHAPITRE IV.

MINÉRALOGIE — GÉOLOGIE

PREMIÈRE PARTIE.

Minéralogie.

Avant d'indiquer l'ordre chronologique de disposition du phosphate de chaux dans les différents terrains composant l'écorce terrestre, c'est-à-dire décrire la géologie des phosphates, nous passerons en revue les caractères et les propriétés des principaux minéraux phosphatés.

Jusqu'à présent, il n'y a que la phosphorite, l'apatite et quelques minerais de fer phosphatés qui ont appelé l'attention des pourvoyeurs d'acide phosphorique. Il est cependant bon nombre de minerais phosphatés, autres que ceux que nous venons d'indiquer, qui peuvent faire l'objet d'une industrie métallurgique et agricole rémunératrice. C'est dans ce but que nous allons faire cette description minéralogique.

Nous rapporterons les minéraux au métal formant la base principale et les métaux seront classés par ordre alphabétique.

Aluminium.

AMBLIGGONITE.

Caractères chimiques. — C'est un fluophosphate d'alumine, de lithine et de soude.

Renferme, d'après Rammelsberg :

Fluor.	7,90
Acide phosphorique	45,92
Alumine.	35,68
Lithine	6,85
Soude.	3,25
Potasse	0,40
	100,00

Formule déduite de ces nombres :

$$3\,Al^2.\,6\,(M'\,PO^4)''.\,Fl^4\,O'' = Al^6\,Na\,Li^5\,Fl^4\,P^6\,O^{25}.$$

Même en poudre fine, elle est difficilement soluble dans l'acide chlorhydrique.

Dans le matras à une forte chaleur, donne de l'eau qui corrode le verre. Fond aisément au chalumeau, en un verre qui devient opaque par le refroidissement. Humecté d'acide sulfurique, communique à la flamme une coloration vert bleuâtre.

Caractères physiques. — Se présente en masses cristallines blanches ou verdâtres, subtranslucides, d'un éclat vitreux. Dureté 6 (1), poussière blanche.

Densité 3,05 à 3,11.

Caractères cristallographiques. — Elle cristallise en prisme clinorhombique, clivage facile.

Gisements. — Se trouve dans le granite avec la topaze ou avec la lépidolithe.

CACOXÈNE.

C'est un phosphate alumino-ferrique hydraté.

$$\text{Composition chimique.}\begin{cases} H^2O + H\,Fl & 28,9 \\ Fe^2O^3 & 23,7 \\ Fe^2\,(PO^4)^2 & 47,4 \\ \hline & 100,0 \end{cases}$$

Sa formule est : $P^2O^5.\,Fe^2O^3 + Fe^2O^3.\,13\,H^2O.$

Ce minéral se trouve en fibres jaunes, soyeuses, se présentant au microscope sous forme d'aiguilles biréfringentes, jaunes, paraissant appartenir au système orthorhombique. Par l'action de l'acide chlorhydrique gazeux, il perd 24 % d'oxyde ferrique.

Densité 2,3. Dureté 3,5. Fusibilité 2.

A été trouvé à Weilburg (Nassau).

EBROQUITE.

Ce minéral a été décrit par Shepard.

---

(1) Echelle *de dureté* : Talc 1, gypse 2, calcite 3, fluorine 4, apatite 5, orthose 6, quartz 7, topaze 8, corindon 9, diamant 10.

Echelle *de fusibilité* : Stibine 1, mésotype 2, grenat almandin 3, amphibole actinote 4, orthose adulaire 5, bronzite 6.

Sa composition chimique est la suivante :

Alumine Al^2O^3	16,40
Oxyde ferrique Fe^2O^3	13,80
Acide silicique SiO^2	16,40
Eau H^2O	21,40
Acide phosphorique P^2O^5 . . .	32,00
	100,00

Ce minéral est massif, d'un vert-pomme. Dureté 6. Densité 2,35 à 2,40.

Il accompagne le phosphochromite à Elraque, côte de Musquito (Indes occidentales).

EOSPHORITE.

Caractères chimiques et physiques. — Formule :

$$P^2O^5.3RO + P^2O^5.Al^2O^3 + Al^2O^3.3H^2O + RH^2O^2 + 4aq$$
$$RO = MnO \text{ principalement avec } 7,4 \text{ de } FeO$$

phosphate mangano-aluminique.

Éclat vitreux dans les cristaux, il est compact, a un éclat gras, couleur rouge pâle. Transparent ou translucide. Poussière blanche.

Caractères cristallographiques. — Double réfraction négative, cristallise en prisme rhombique.

Gisements. — On le trouve dans un filon de pegmatite semblable à ceux de Chanteloube, près du village de Branchville, comté de Fairfield (Connecticut).

FISCHERITE.

Caractères chimiques. — C'est un phosphate hydraté d'alumine.

$$\text{Formule : } 2Al^2O^3, P^2O^5 + 8H^2O.$$

Il est soluble dans l'acide sulfurique. Au chalumeau, devient blanc et opaque. Dans le tube, donne de l'eau, mais pas de fluor.

Caractères physiques. — Elle se présente en petits cristaux à six pans ou en masses cristallines d'une couleur verte et d'un éclat vitreux. Translucide. Dureté 5. Densité 2,46.

Caractères cristallographiques. — Elle cristallise en prisme orthorhombique.

GOYAZITE.

M. Damour, membre de l'Institut, a proposé de donner ce nom à un minéral trouvé dans les terrains diamantifères de la province de Minas Geraës (Brésil).

Caractères physiques. — Ce minéral se montre en petits grains arrondis de 1 à 5 $^m/_m$ de diamètre, de couleur blanc jaunâtre, plus ou moins transparents. La dureté est celle de l'apatite. Densité 3,26.

Caractères chimiques. — Chauffé dans le matras, il dégage de l'eau, blanchit et devient opaque. A la flamme du chalumeau, il fond difficilement sur les bords des plus minces fragments. Humecté de nitrate cobaltique et chauffé, il prend une teinte bleue.

Inattaquable par les acides.

Il donne à l'analyse :

Acide phosphorique	14,87
Alumine	50,66
Chaux	17,33
Eau	16,67
	99,53

On en a tiré la formule suivante :

$$P^2 O^5 . 5 Al^2 O^3 . 3 CaO + 9 H^2 O.$$

Caractères cristallographiques. — D'après les observations de M. Richar, préparateur à l'Ecole des Mines de Paris, il montre un clivage facile, ses cristaux sont à un axe.

LAZULITE.

Synonymie. — Klaprothine. — Voraulite

Caractères chimiques. — C'est un phosphate hydraté d'alumine, de magnésie, de fer et de chaux ; il a pour formule :

$$RO. Al^2 O^3 . P^2 O^5 . H^2 O - R = Mg, Ca \text{ ou } Fe.$$

Elle est difficilement attaquable par les acides, conserve sa couleur bleue.

Dans le tube bouché, blanchit et donne de l'eau. Dans la pince, elle blanchit, se gonfle sans fondre et tombe en poussière en colorant la flamme en bleu verdâtre. Avec les flux, elle donne les réactions du fer.

Caractères physiques.—Elle se présente en masses compactes ou en cristaux d'un bleu pâle, en veine dans des schistes argileux ou dans des quartzites et en cristaux isolés dans un grès micacé de Géorgie.

Elle est opaque et translucide, d'un éclat vitreux, fragile et à cassure inégale.

Caractères cristallographiques. — Elle cristallise en prisme clinorhombique.

PÉGANITE.

Caractères chimiques et physiques. — C'est un phosphate hydraté d'alumine qui, d'après les analyses d'Hermann, différerait de la wavellite. Les nombres trouvés se rapportent à la formule : $2 Al^2 O^3 . P^2 O^5 6 H^2 O$. C'est une variété de wavellite.

Elle a une structure en lamelles cristallines qui diffère de la structure fibreuse de la wavellite.

Caractères cristallographiques. — Elle cristallise en prisme ortho-rhombique.

Gisements. — On l'a trouvée à Striegies, près de Freiberg (Saxe).

TURQUOISE.

Synonymie. — Calaite, agaphite, johnite, kalaïte.

Caractères chimiques. — C'est un phosphate hydraté d'alumine et de cuivre.

Formule : $2 Al^2 O^3 . P^2 O^5 + 5 H^2 O$.

L'oxyde de cuivre entre dans la composition pour 2 à 5 %. Il est soluble dans l'acide chlorhydrique.

Dans le tube fermé, décrépite, donne de l'eau et devient brun ou noir. Sur la pince, brunit et devient vitreux sans fondre. Colore la flamme en vert et, avec l'acide chlorhydrique, en bleu. Avec le sel de phosphore, au feu de réduction, donne un verre rouge de cuivre.

Caractères physiques. — La turquoise est d'un bleu d'azur plus ou moins verdâtre, sa coloration se modifie à l'air, surtout si on la fait passer souvent d'un lieu sec à un lieu humide; opaque, translucide sur les bords, sa cassure est conchoïde et inégale ; elle se rencontre en masses amorphes ou en petits mamelons ; c'est un minéral compact, réniforme ou stalactitique. Dureté 6. Elle est rayée par le quartz et raie le verre.

Poussière blanche ou verdâtre. Densité 2,6 à 2,83.

Caractères cristallographiques. — On ne la trouve jamais cristallisée.

Gisement. — Se trouve en veine sur un chiste argileux, près de Nichabour (Perse). Il existe une exploitation de turquoise *vieille roche* dans l'Arabie. Une variété impure se trouve en Silésie, à Holmtz (Saxe), entre le Sinaï et Suez. Elle a été aussi constatée au Mont-Chalchnitl, dans les monts Cerillos, près Santa-Fé (Nouveau Mexique), où il existe encore des traces d'ancienne exploitation de turquoise.

WAVELLITE.

Synonymie. — Devonite (Thomson), lasionite (Fuchs), striegisan, varicite (Breithaupt), kapnicite (Henngott).

Caractères chimiques. — C'est un phosphate d'alumine hydraté et fluorifère.

Rapports d'oxygène dans l'alumine, l'acide phosphorique et l'eau : 9-10-12. La proportion du fluor (2 % environ, d'après Berzélius) permet difficilement de faire entrer cet élément dans une formule rationnelle.

$$\text{Formule : } 3\,Al^2O^3.\ 2\,P^2O^5.\ 12\,H^2O.$$

COMPOSITION :

Acide phosphorique . . .	35.10	33,40	34,65	33,0
Fluor	»	2,10	1,78	3,6
Alumine	37,20	35,35	36,39	36,1
Chaux	»	0,60	»	0,3
Oxyde de fer et manganèse.	»	1,10	1,20 (MgO)	0,2
Eau.	27,00	26,35	25,50	26,2
	99,30	98,90	99,52	99,40

Le fluor paraît s'y trouver à l'état de fluorure d'aluminium.

La wavellite est soluble dans les acides sans effervescence et dans la potasse caustique.

Dans le tube, donne de l'eau, dont les dernières portions ont une réaction acide et renferment de l'acide fluorhydrique.

Au chalumeau, elle se sépare en particules fibreuses, qui ne fondent pas, mais colorent la flamme en vert pâle. Cette coloration est plus marquée lorsqu'on humecte l'essai avec l'acide sulfurique. Avec le sel de cobalt, réaction de l'alumine.

La plupart des échantillons laissent dégager de l'acide fluorhydrique quand on les attaque par l'acide sulfurique concentré.

Caractères physiques. — Elle se trouve en petites masses fibreuses rayonnées et globulaires, dont les fibres sont rarement isolées.

Elle est blanche, souvent verdâtre ou jaunâtre, quelquefois grise ou brune; translucide, d'un éclat vitreux légèrement nacré. Densité 2,30 à 2,35. Dureté 3,50 à 4,20.

Caractères cristallographiques. — Cristallise en prisme orthorhombique.

Les cristaux sont aciculaires, très allongés avec un clivage facile.

Gisement. — On la trouve dans les fissures des schistes argileux du Devonshire; dans l'hématite brune, contenue dans un calcaire jurassique, à Amberg (Bavière); dans les filons d'étain de Montebras (Creuse), à Steamboat (Chester Ca Pa.), en formes stalactitiques dans une couche de limonite, etc., dans les schistes métamorphiques d'Ouro-Petro, dans les placers diamantifères situés entre São-João da Chapada et Diamantina (Brésil).

Calcium.

APATITE.

Caractères chimiques. — L'apatite est un fluophosphate de chaux.

$$\text{Sa formule est : } P^3 Ca^5 Fl O^{12},$$

Une partie de fluor est ordinairement remplacée par du chlore; sa composition est alors la suivante :

Phosphate tricalcique, 91,13 {	chaux	49,65
	Acide phosphorique	41,48
Fluochlorure de calcium 8,87 {	chlore	2,71
	Fluor	2,21
	Calcium	3,95
		100,00

Elle est soluble dans les acides minéraux sans donner aucun résidu.

Elle est fusible sur les arêtes seulement. Avec le sel de phosphore, elle donne un verre qui cristallise par le refroidissement et qui devient opaque lorsqu'il est saturé d'apatite. Avec le sel de phosphore et l'oxyde de cuivre, elle colore la flamme en bleu. Chauffée avec l'acide sulfurique ou le sel de phosphore, elle donne les réactions du fluor. (Voir pour cette étude l'analyse au chalumeau, ch. X.)

Elle a été reproduite artificiellement par MM. Forch-hammer, Daubrée, Delray, Deville et Caron.

MM. Deville et Caron pensent que l'apatite naturelle s'est formée par l'action des acides chlorhydrique et fluorhydrique sur un mélange de phosphate et de fluorure calciques. Manross et Briegleb ont obtenu l'apatite en faisant réagir les phosphates alcalins sur le chlorure de calcium ; Forschauer, en faisant agir le phosphate tricalcique sur le chlorure de sodium ou en fondant au vif rouge dans un creuset de charbon, un mélange de phosphate d'os, de sel ammoniac, de chlorure ou de fluorure de calcium.

Caractères physiques. — L'apatite se rencontre en petits cristaux hyalins et incolores, translucides et parfois transparents, à éclat très vif, mais le plus souvent en gros cristaux jaunes, verts, bleus, violets, avec des degrés différents de transparence, jouissant de la double réfraction à un axe négatif.

Sa dureté est de 5,0 ; elle occupe un des degrés de l'échelle de dureté.

Elle raie mal le verre ; sa poussière est blanche et elle est souvent phosphorescente ; sa cassure est inégale, conchoïdale, rarement lamelleuse, généralement unie et brillante ; son éclat est ordinairement vitreux sur les faces planes ; mais quand elles sont courbes, l'éclat est résineux.

Sa densité varie de 3,18 à 3,25.

Caractères cristallographiques. — Elle cristallise dans le système hexagonal ; sa forme primitive est un prisme hexaèdre ou hexagonal régulier, dans lequel le rapport du côté de la base à la hauteur est de $\frac{10}{7}$; des clivages imparfaits existent parallèlement à la base et aux pans de la forme primitive.

Elle présente souvent l'hémiédrie à faces parallèles. Les formes simples les plus ordinaires sont des prismes hexagonaux ou dodécagonaux, des dihexaèdres.

Les cristaux qui ont la forme primitive sont le plus souvent striés et cannelés parallèlement à l'axe vertical.

Gisements. — L'apatite se trouve :

1° Dans les terrains cristallins ; en petits filons dans le granite, la pegmatite (Limoges) ; elle accompagne la cassitérite (Cornouailles, Bohême, Saxe), la magnétite (Suède, Norwège, Laponie) ; elle forme des nids et des rognons dans le schiste talqueux de Zillerthal et des cristaux dans les schistes chloriteux d'Ala ; au St-Gothard, elle accompagne l'albite.

2° Elle se trouve dans les roches volcaniques, sur les bords du Rhin, au lac de Laorch, à Albano, au cap de Gaté, à Jumillà (Espagne), à Montferrier (Hérault), à Baulieu (Bouches du Rhône).

3° Dans le terrain silurien du Canada (provinces de Québec et d'Ontario).

4° Dans les argiles du terrain houiller à Fins (Allier).

5° Dans le quartz de Horrsjöberg (Suède), à la source de la rivière de ce nom, on a rencontré l'apatite en masses très importantes ; elle contient de 36 à 41 °/₀ d'acide phosphorique ; elle renferme un peu d'acide sulfurique.

6° Dans la pegmatite de Zwiesel, dans la Forêt bavaroise ; dans la pegmatite du Rocher de Friédemann, près de Penig, en Saxe.

7° Elle se trouve à Barbin (Loire inférieure) associée en beaux cristaux au quartz, à la bertrandite dans les druses d'une granulite.

8° Dans le gabro norwégien à Obdegarden, à Regardshein et à Ravneberg ; dans le gneiss à Krarero, à Loftus, près Snarum.

L'apatite est employée dans la fabrication des superphosphates.

CIPLYTE.

M. J. Ortlier désigne sous le nom de ciplyte un phosphosilicate de chaux ($Si\,O^2.\ 2\,P^2O^5.\ 4\,Ca^2O.$?) que l'on rencontre dans la craie de Ciply et de divers autres gisements belges, associé à de la phosphorite, dont il est possible de le séparer, grâce à sa faible solubilité dans l'acide sulfureux ; l'analyse a été faite sur une matière impure. Il est regrettable que cette description ne soit accompagnée d'aucune étude physique de la substance analysée.

(*Annal. Sociélé géologique du Nord*, tome 16, 1888-1889.)

DAHLITE.

MM. Bröger et Bachström décrivent, sous le nom de dahlite, un nouveau minéral formant des croûtes blanchâtres sur l'apatite rouge de la mine bien connue d'Obdegarden. Blanc jaunâtre, l'extrémité des fibres est souvent rouge; incolore en lames minces.

Densité 3,053. Soluble dans les acides avec dégagement d'acide carbonique.

L'analyse a donné :

$$
\begin{array}{lr}
\text{Ca O} & 53,00 \\
\text{Fe O} & 0,79 \\
\text{Na}^2\text{O} & 0,89 \\
\text{K }^2\text{O} & 0,11 \\
\text{P}^2\text{O}^5 & 38,44 \\
\text{CO}^2 & 6,29 \\
\text{H}^2\text{O} & 1,37 \\
\hline
& 100,89
\end{array}
$$

Conduisant à la formule :

$$4\,(\text{Ca Fe Na}^2\,\text{K}^2)^3\,\text{P}^2\text{O}^8 + 2\,\text{Ca CO}^3 + \text{H}^2\text{O}$$

Au chalumeau, décrépite sans fondre.

L'examen microscopique a montré l'homogénéité de la substance et l'absence d'inclusion de calcite.

Uniaxe et négative; la biréfringence, est un peu plus forte que celle de l'apatite.

HERDERITE.

Caractères chimiques et physiques. — C'est un fluophosphate de chaux et de glucine.

Formule : $3\,\text{Ca O}.\,\text{P}^2\text{O}^5 + 3\,\text{Gl O}.\,\text{P}^2\text{O}^5 + \text{Ca Fl}^2 + \text{Gl Fl}^2$

Un échantillon trouvé à Stoneham a donné à l'analyse :

$$
\begin{array}{lr}
\text{Acide phosphorique.} & 44,31 \\
\text{Chaux} & 33,21 \\
\text{Glucine} & 15,76 \\
\text{Fluor} & 11,32 \\
\hline
& 104,60
\end{array}
$$

D'après MM. Penfield et Harper, l'herdérite serait un mélange isomorphe de

$$Ca\ Gl\ Fl\ PO^4\ \text{et de}$$
$$Ca\ Gl\ (HO)\ PO^4\ \text{que l'on peut écrire}$$
$$Ca\ Gl\ (Fl\ HO)\ PO^4.$$

Densité 2,98 à 3. Dureté 5. Chauffé dans le matras jusqu'au degré de fusion du verre, le minéral laisse dégager une faible quantité d'eau qui rougit fortement le papier bleu de tournesol. Le vert se trouve corrodé un peu au-dessus de la partie chauffée. Après calcination, le résidu traité par l'acide sulfurique et chauffé à 250° donne lieu à un dégagement d'acide fluorhydrique. Les sulfates produits sont en grande partie solubles dans l'eau.

Caractères cristallographiques. — L'herdérite cristallise en prisme rhombique.

Gisements. — MM. Hidden et Mackintosh l'ont trouvée en 1882 avec des topazes à Stoneham (comté d'Oxford, État du Maine), à Ehrenfriedersdorf (Saxe). D'après Türner et Plattner, l'herdérite trouvée à Ehrenfriedersdorf serait un fluophosphate de chaux et d'alumine.

ODONTOLITHE.

Caractères chimiques et physiques. — L'odontolithe ou turquoise nouvelle roche a pour formule :

$$Ca\ CO^3 + Ca^3\ (PO^4)^2 + Fe^3\ (PO^4)^2.\ 8\ H^2O$$

La matière est donc chimiquement un mélange de carbonate de chaux, de phosphate de chaux et de phosphate de fer hydraté.

L'analyse donne la composition suivante :

Acide carbonique	4,70
Id. phosphorique	37,76
Chaux	45,00
Oxyde de fer.	7,24
Eau	4,82
	99,52

Densité 3,09 à 3,25. Elle est d'une faible dureté, voisine de celle du verre.

Elle fond très difficilement, elle est d'un bleu clair qui tend au verdâtre ; elle se fonce quelquefois à la longue et devient incolore au chalumeau ; elle donne une assez vive effervescense avec les acides ; puis, une fois l'effervescence terminée, elle se dissout entièrement, même en morceaux.

Elle est amorphe, d'origine organique, proviendrait des os ou de l'ivoire.

Elle doit sa belle coloration à de la vivianite de formation postérieure et, si elle a une origine organique, elle a été suffisamment modifiée pour être classée maintenant parmi les matières réellement minérales ou au moins minéralisées.

Elle est blanche et pulvérulente comme la craie.

OSTÉOLITHE.

Caractères cristallographiques. — C'est une variété compacte et terreuse d'apatite impure.

Gisements. — On la trouve dans les fissures d'une dolérite et en couches dans les roches stratifiées, à Ostheim (Hanovre) et à Schënwold (Bohême).

PHOSPHORITE.

Le phosphate de chaux amorphe ou *phosphorite* n'a pas de caractère spécial ; il est tantôt compact (phosphate de roche, de filon), tantôt terreux, tantôt sableux (haut titre Somme), tantôt concrétionné (phosphate de *rivière*, phosphate du *grès vert*, phosphate de Hesbaye).

Ces concrétions ont parfois une forme bien distincte ; on leur donne alors le nom de :

1° *Coprolithes* : ce sont des résidus de la digestion de divers animaux, notamment de poissons et de sauriens, dans lesquels on retrouve encore de petits fragments d'os, des dents, des écailles, etc. ;

2° De *nodules* : ce sont des débris d'ossements d'animaux et des moules de mollusques dans lesquels la matière organique est remplacée par du phosphate de chaux.

Cette matière organique a servi de centre d'attraction à l'acide phosphorique.

La phosphorite n'est jamais pure ; elle est toujours mélangée de matières étrangères, parmi lesquelles sont la silice, l'argile, le carbonate de chaux, l'oxyde de fer, l'alumine, des silicates, des matières organiques, souvent du fluor à l'état de fluorure de calcium.

La proportion de fluor est parfois aussi élevée que dans l'apatite. On y trouve parfois du chlore, de l'iode, du brome, de l'acide sulfurique.

La quantité d'iode est parfois telle qu'on l'en retire industriellement.

Les matières organiques qui entrent dans sa constitution sont très riches en azote.

On a même trouvé de la potasse dans certains phosphates.

La densité de la phosphorite varie de 1,10 à 2,20.

Elle est en partie soluble dans les acides minéraux ; la silice et l'argile restent comme résidus.

C'est cette solubilité qui est le principe de la transformation du phosphate en superphosphate, c'est-à-dire en un produit rapidement asssimilé par les plantes.

Les acides organiques dissolvent la phosphorite à la longue ; l'oxalate d'ammoniaque et l'acide carbonique la dissolvent, suivant le degré de dureté et surtout de finesse.

C'est cette propriété qui motive l'emploi direct du phosphate en agriculture.

L'argile et le carbonate de chaux qui l'accompagnent sont souvent plus légers que le phosphate de chaux proprement dit. C'est cette propriété qui a été mise à profit dans l'enrichissement des phosphates par voie humide.

Certains sels minéraux : les chlorures sodiques, potassique et ammonique; le soufre, l'anhydride sulfureux, le sucre,.... se combinent à la chaux résultant de la calcination des phosphates calcaires, c'est sur cette propriété que repose la majeure partie des brevets d'enrichissement chimique des phosphates.

Cérium.

Monazite.

Synonymie. — Mengite, urdite, érémite, edwarsite (Shepard).

Caractères chimiques. — C'est un phosphate de cérium, de lanthane et de thorium.

Formule : $(P.O^4)^2 R^3 - R = Ce; La; Th.$

Il est difficilement soluble dans l'acide chlorhydrique.

Au chalumeau ne fond pas, mais devient grisâtre; humecté avec l'acide sulfurique, il colore la flamme en vert bleuâtre. Avec le borax, il donne une perle jaune à chaud, incolore à froid; la perle saturée devient blanc laiteux *au flamber*.

Caractères physiques. — Il se présente en petits cristaux isolés d'un brun rougeâtre ou jaunâtre, translucides. Dureté 5 à 5,5. Densité 4,9 à 5,2.

Caractères cristallographiques. — Cristallise en prisme clinorhombique.

Gisements. — On le trouve dans le granite avec un feldspath couleur de chair, à Slataoust (Ilmen); près de Notero (Norwège) en plus gros cristaux. Signalée par M. Scharizer à Schuttenhofen et à Pisek (Bohème); signalée par M. Penfield à Portland (Conn.), à Burke Co (Caroline du Nord) et à Amelia Co (Virginie, Amérique du Nord); signalée par M. Gorceix, directeur de l'Ecole des Mines de Ouro Preto (Brésil) à Caravellas, province de Bahia (Brésil), où elle formerait des bancs de sable.

L'analyse a donné pour composition de ces sables :

$$
\begin{array}{llr}
SiO^2 & \ldots & 3,4 \\
ZrO^2 & \ldots & 6,3
\end{array}
\left. \begin{array}{} \\ \end{array} \right\} 9,70 \quad \left\{ \begin{array}{l} \text{non attaqués par} \\ \text{l'acide sulfurique.} \end{array} \right.
$$

$$
\begin{array}{lr}
CeO & \ldots \quad 1,10 \\
P^2O^5 & \ldots \quad 25,70 \\
CeO & \ldots \quad 28,00 \\
(DiO + LaO)\,? & \ldots \quad 35,80 \\
\hline
& 100,30
\end{array}
$$

Chrome.

Phosphochromite.

Elle a été décrite par Shepard en 1877.

Formule : $Cr^2O^3 . P^2O^5$.

Ce minéral est vert, massif; il accompagne l'ébroquite.
Se trouve à Elraque, côte de Musquito (Indes occidentales).

Cuivre.

Libéthénite.

Caractères chimiques. — C'est un hydrophosphate de cuivre.
Sa formule est : $4\,CuO . P^2O^5 . H^2O$.

Elle est soluble dans l'acide azotique et dans l'ammoniaque.
Dans le tube bouché, donne de l'eau et devient noire.

Au chalumeau, fond et colore la flamme en vert émeraude ;
avec la soude sur le charbon, donne du cuivre et quelquefois
une odeur arsénicale. Avec les flux : réactions du cuivre.
Fondue avec un volume de plomb égal au sien, au feu de
réduction, on obtient un phosphate de plomb qui cristallise
par le refroidissement.

Lorsqu'on chauffe au rouge à l'abri des gaz réducteurs, la
libéthénite naturelle ou artificielle réduite en poudre fine, on
lui fait perdre l'eau qu'elle renferme et on la transforme en
une matière brune à chaud et à froid d'un beau vert. Celle-ci
est assez belle pour pouvoir, sans doute, trouver son application dans les arts.

Sa composition est la suivante :

Acide phosphorique.	30,00
Oxyde cuivrique	66,00
Eau	4,00
	100,00

M. Debray a reproduit artificiellement la libéthénite. Elle
s'obtient facilement en chauffant avec de l'eau, en tubes scellés,
le sulfate basique de cuivre avec de l'acide phosporique. Cette
transformation s'opère même vers 100° au contact des dissolutions de sulfate et d'azotate de cuivre, et seulement à une
température plus élevée en présence du chlorure de cuivre.
Lorsqu'on veut obtenir de beaux cristaux, il faut opérer en
vase clos à une température de 180° c. environ ; l'acide phosphorique doit être en excès dans la liqueur.

Caractères physiques. — C'est une substance d'une couleur
vert foncé, quelquefois olivâtre, translucide, d'un éclat velouté
ou gras.

Elle se présente en petits cristaux ou en masses concrétionnées. Sa poussière est d'un vert d'herbe. Dureté 4. Densité
3,6 à 3,8. Elle est fragile. Fusibilité 2.

Caractères cristallographiques. — Elle cristallise en prisme
orthorhombique.

Elle est isomorphe avec l'olivénite et avec l'odamine.

Gisements. — Le phosphate cuivrique est le plus souvent un
produit de l'altération d'autres minerais de cuivre, dont il
forme le chapeau. Il a servi de minerai dans les parties

supérieures du filon de Virneberg, à Reinbreitbach, sur la rive droite du Rhin ; mais au-dessus de 200 ou 300 mètres, le phosphate est remplacé par des sulfures.

LUNNITE.

Synonymie. — Ypoléine, éhlite, phosphorochalcite, pseudo-malachite, Kupfer-diaspore, dihydrite.

Caractères chimiques. — Sa formule est $5\,CuO.\,P^2O^5 + 2\,H^2O$. C'est un phosphate de cuivre hydraté ; les analyses ne fournissent pas toutes la même quantité d'eau; elle est soluble dans l'acide nitrique et dans l'ammoniaque.

Au chalumeau, elle décrépite et donne une poudre noire. Avec les flux : réactions du cuivre.

Caractères physiques. — Elle se trouve en petits cristaux ou en masses concrétionnées, fibreuses ou compactes, à surface inégale, d'un vif éclat vitreux, d'un vert d'émeraude foncé passant au vert-de-gris.

Dureté 4,5 à 5, cassure inégale. Poussière d'un beau vert. Densité 4 à 4,4.

Caractères cristallographiques. — Elle cristallise en prisme orthorhombique avec hémiédrie.

Elle possède à peu près les mêmes caractères que la libé-thénite, avec laquelle certains auteurs la confondent.

Gisements. — On la trouve dans le filon cuivrique de Virneberg et d'Ehl sur le Rhin, de Libethen (Hongrie) et de Nischnetagilsk (Sibérie).

Fer.

CARPHOSIDÉRITE.

Ce minéral, décrit par Breithaupt, a été trouvé au Groenland. C'est un sulfate hydraté de sesquioxyde de fer dans lequel une partie minime d'acide sulfurique est quelquefois remplacée par de l'acide phosphorique.

M. Lacroix a trouvé, près de Mâcon (Saône et Loire), une substance se rapprochant comme composition de la carphosidérite de Groenland.

L'analyse a donné :

$$SO^3 \quad . \quad . \quad . \quad . \quad . \quad . \quad 30,18$$
$$P^2O^5 \quad . \quad . \quad . \quad . \quad . \quad . \quad 2,72$$
$$Fe^2O^3 . \quad . \quad . \quad . \quad . \quad . \quad 48,52$$
$$H^2O \quad . \quad . \quad . \quad . \quad . \quad . \quad 18,48$$
$$\overline{99,90}$$

Si on admet que P^2O^5 remplace une certaine quantité de SO^3, on a la formule suivante :

$$\left.\begin{array}{l} SO^3 \\ P^2O^5 \end{array}\right\}^2 (Fe^2O^3)\,{}^3\!/_2 + 5\,H^2O \text{ ou}$$

$$\left.\begin{array}{l} SO^3 \\ P^2O^5 \end{array}\right\}^4 (F^2O^3)^3 + 10\,H^2O$$

La densité du minéral trouvé par M. Lacroix est 3,09. Ce minéral se présente en lames minces; il est uniaxe et positif, infusible au chalumeau, dans le tube donne de l'eau et de l'anhydride sulfurique, rougit et devient magnétique, soluble dans l'acide chlorhydrique.

M. Lacroix l'a trouvé dans une arkose triasique.

DELVAUXITE.

C'est un phosphate de fer et de chaux hydraté.

Formule : $2\,Fe^2O^3.\,P^2O^5.\,24\,H^2O$

D'après M. Jorissen, sa formule serait :

$5\,F^2O^3.\,2\,P^2O^5.\,15\,H^2O + 11\,aq.$

Elle est d'un brun de châtaigne, elle se présente en masses réniformes d'un éclat résineux. Sa poussière est d'un brun jaunâtre. Très tendre et très fragile, elle se brise par le plus léger choc. Dans l'eau, elle pétille et se dilate en fragments. Densité 1,85. Sa cassure est conchoïde.

DIADOCHITE.

Caractères physiques et chimiques. — Phospho-sulfate de fer.

Formule : $Fe^2O^3.\,P^2O^5 \mid Fe^2O^3.\,{}^3\!/_2\,SO^3 + 15\,H^2O$.

D'après M. Forir, la diadochite et la delvauxite sont deux variétés d'une seule et même espèce minérale, passant de l'une

à l'autre par la disparition d'une plus ou moins grande proportion d'anhydride sulfurique. La diadochite se change en delvauxite par le passage du sulfate ferroso-ferrique de la
première au carbonate ferreux et enfin à l'oxyde ferrique sous
l'influence de l'acide carbonique entraîné par les eaux d'infiltration.

Trois échantillons de diadochite ont donné la composition
suivante :

	I (VITREUSE)	II (OPAQUE)	III (VITREUSE)
Peroxyde de fer . .	36,63 (Carnot)	36,60 (Carnot)	38,50 (Berthier)
Acide phosphorique.	16,70	17,17	17,00
Acide arsenique . .	0,45	—	—
Id. antimonieux .	—	—	0,50
Id. sulfurique . .	13,37	13,65	13,80
Eau	32,43	32,20	30,20 (par différence)
Chaux	0,30	0,15	—
Magnésie	traces	traces	—
Matières organiques.	—	traces	—
	99,88	99,77	100,00

Elle se présente sous deux aspects : vitreux et opaque.

La diadochite vitreuse est d'un rouge-brun, transparent, à
cassure conchoïdale à éclat vif; son aspect rappelle celui de
certaines résines.

La diadochite opaque est d'un blanc jaunâtre, à cassure
terreuse et sans éclat, comparable à de la craie faiblement
colorée en jaune.

Quelquefois, la diadochite présente des caractères intermédiaires à ces deux variétés, elle a un aspect cireux et une
couleur un peu brunâtre.

Densité 2,10 à 2,27. Très fragile, se brise entre les doigts
avec la plus grande facilité.

Placée dans l'eau froide, elle se fendille, éclate et se divise
en un très grand nombre de petits morceaux ayant l'aspect
primitif; ils ne s'hydratent pas.

Par calcination, elle donne de l'eau et de l'acide sulfurique
et se transforme en une matière rouge et opaque, nullement
fondue, mais chauffée au contact du charbon, elle fond assez
facilement en un globule noir magnétique. Elle se dissout
très aisément et sans effervescence dans l'acide chlorhydrique
étendu. Saturée par l'ammoniaque, la solution donne un précipité blanc jaunâtre.

Caractères cristallographiques. — Elle ne présente aucune
sorte de cristallinité.

Gisements. — On l'a trouvée dans la mine d'anthracite de Peychagnard (Isère) et dans la mine de fer de Vedrin (Belgique).

Dans des travaux de la première de ces mines abandonnés depuis une centaine d'années, on a rencontré, sur le sol et sur l'une des parois de ces excavations, des croûtes de diadochite d'une épaisseur de 0^{m}10 à 0^{m}15.

On a trouvé, dans les environs de Visé, une variété de diadochite, à laquelle on a donné le nom de *destinézite*.

D'après M. Césaro, elle aurait la composition suivante :

$$Fe^2 O^3 \quad . \quad . \quad . \quad . \quad . \quad . \quad . \quad . \quad 37,60$$
$$P^2 O^5 \quad . \quad . \quad . \quad . \quad . \quad . \quad . \quad 16,76$$
$$SO^3 \quad . \quad . \quad . \quad . \quad . \quad . \quad . \quad . \quad 18,85$$
$$H^2 O \quad . \quad . \quad . \quad . \quad . \quad . \quad . \quad 25,35$$
$$\text{Eau hygrométrique} \quad . \quad . \quad . \quad \underline{\quad 0,25}$$
$$100,00$$

Ces chiffres conduisent à la formule :

$$P^2 O^5 . \ Fe^2 O^3 . + Fe^2 O^3 . \ 2\,SO^3 + 12\,H^2 O.$$

La destinézite est isomorphe avec le gypse.

Le nom de destinézite a été donné à ce minéral en l'honneur de M. Destinez, préparateur à l'Université de Liége.

<h3 style="text-align:center">DUFRÉNITE.</h3>

Caractères chimiques. — C'est un phosphate ferrique hydraté. Elle a pour formule : 1/2 ($2\,Fe^2 O^3 . \ P^2 O^5 . \ 3\,H^2 O$).

Elle est très facilement attaquable par les acides.

Caractères physiques. — Elle se présente en masses concrétionnées et fibreuses d'un vert foncé olivâtre, passant au jaune, au brun et même au brun noirâtre ; sa poussière est d'un gris verdâtre.

Sa densité est 3,20 à 3,40. Sa dureté 3,5 à 4. Elle est très fusible, elle fond en perdant de l'eau.

Caractères cristallographiques. — Elle cristallise en prisme orthorhombique.

Gisements. — On la trouve aux environs de Limoges, Anglar, etc.

La *kraurite* est une substance qui se rapproche de la dufrénite. Elle a été décrite par E. Kinch et F. H. Buller; elle a la composition suivante :

$$
\begin{array}{lr}
H^2O & 10,68 \\
Ca\,O & 2,47 \\
P^2O^5 & 30,42 \\
F^2O^3 & 55,93 \\
\hline
\text{Total.} & 99,50
\end{array}
$$

KONINCKITE.

Caractères chimiques. — C'est un phosphate ferrique normal.

D'après **M.** Césaro, qui en a fait l'étude, sa composition chimique est :

	I	II
H^2O	26,8	26,8
P^2O^5	34,7	34,9
Fe^2O^3	34,2	33,5
Al^2O^3	4,3	4,8
Total.	100,0	100,0

Sa formule chimique est donc : $P^2O^5 . F^2O^3 + 6\,H^2O$.

Peu attaquable par l'acide nitrique étendu, soluble à chaud.

Très soluble dans l'acide chlorhydrique surtout à chaud. La solution qui est colorée en jaune ne contient pas de sels ferreux.

Caractères physiques. — Elle se présente en globules ou plus souvent en demi-sphères, formées d'aiguilles radiées, translucides et presque incolores. Elle possède l'éclat vitreux, raie très facilement le spath d'Islande, mais ne raie pas la blende spéculaire. Dureté 3,5. Densité 2,3. Fusibilité 2.

Donne une perle noire parfaitement fondue et homogène.

Les globules brisés sont formés d'aiguilles blanches et translucides.

Caractères cristallographiques. — Ces aiguilles paraissent avoir un clivage facile. Elles sont biréfringentes. Elles cristallisent en prismes clinorectangulaires.

Gisements. — Elle a été trouvée à Richelle, près Liége.

Elle diffère de la wavellite en ce que celle-ci est un phosphate basique, tandis que la koninckite est un phosphate neutre.

PHOSPHOSIDÉRITE.

MM. Brunhs et Busz décrivent ainsi ce minéral :

Formule : $2 (Fe^2O^3. P^2O^5) + 7 H^2O$.

Dureté 3,75. Densité 2,76. Cristaux de 1 centimètre de long sur 1/2 d'épaisseur, appartenant au système orthorhombique. On l'a trouvé à Kalterborn, près Eiserfeld.

RICHELLITE.

La richellite a été découverte au village de Richelle (près Liége).

Caractères chimiques. — C'est un fluo-phosphate de ferricum et de calcium hydraté.

MM. Cesaro et Despret lui ont trouvé la composition suivante :

	I.	II.
P^2O^5	28,78	28,55
Fe^2O^3	28,71	28,71
Al^2O^3	1,81	1,79
Ca O	5,76	5,53
Perte par calcination	35,54	35,54
	100,60	100,22

$P^2O^5. R^2O^3 + 1/4 (Fe^2O^3 2H Fl) + 9 H^2O — R = Ca. Fe.$

Soluble dans les acides.

La richellite est associée dans son gisement à de l'halloysite, à de l'allophane et à un phosphate verdâtre contenant du fer à l'état ferreux.

Caractères physiques. — Dureté 2 à 3. Densité moyenne 2. Sa ténacité est très faible.

La perte par calcination se répartit en	Perte à 100°	Eau	23,33
	Id. au rouge	H^2O	6,10
		H Fl	6,11

Au chalumeau, fond facilement en émail faiblement magnétique, noirâtre. Fusibilité 2.

Elle comprend six variétés. Elles sont tantôt compactes, stratoïdes, mamelonnées, muscoïdes et corraloïdes ou terreuses. Elles sont sans éclat ou à éclat résineux. Leur couleur varie du jaune clair au jaune brun.

Caractères cristallographiques. — La richellite est amorphe ou isotrope.

STRENGITE.

Caractères chimiques. — C'est un phosphate ferrique.

Formule chimique : $Fe^2 (PO^4)^2 + 4 H^2O$.

Caractères physiques. — Densité 2,87.

Caractères cristallographiques. — Cristallise en prisme orthorombique.

TOLKTRIPLITE.

Il ressemble beaucoup à la triplite, se trouve associé à l'apatite, avec lazulite, rutile, menaccanite, disthène, damourite et quartz, près de la source de Horrsjöberg (Suède).

TRIPLITE.

Caractères chimiques. — C'est un phosphate de fer et de manganèse.

Formule : $2 FeO. 2 MnO. P^2O^5$.

Il y a aussi des traces de chaux et de chlore.

Soluble sans effervescence dans l'acide chlorhydrique. Avec l'acide sulfurique, dégage de l'acide fluorhydrique. Au chalumeau, fond facilement en un globule magnétique ; humecté d'acide sulfurique, colore la flamme en un bleu verdâtre. Avec le borax : réactions du fer et du manganèse.

Caractères physiques. — Se rencontre en masses cristallines, sans formes extérieures reconnaissables. Il est d'un brun noir, d'un éclat gras ou résineux. Opaque dans les masses, translucide dans les fragments aigus. Cassure inégale et subconchoïdale. Fragile, sous le marteau se laisse facilement broyé. Dureté 4 à 5,5. Poussière jaune-brun. Densité 3,44 à 3,80.

Caractères cristallographiques. — Cristallise dans le système orthorhombique.

Il présente trois clivages rectangulaires inégaux.

Gisements. — Se rencontre dans les pegmatites des environs de Limoges et à Peilau (Silésie) ; dans les environs de Stoneham (Etat du Maine), Brésil (*Dana*).

VIVIANITE.

Synonymie. — Ochre martial bleu, fer phosphaté, eisenglimmer (Mohs), anglarite (Berthier), mullicite (Thomson).

Caractères chimiques. — C'est un phosphate ferreux hydraté $(PO^4)^2 Fe^3 + 8 H^2O$.

Soluble dans les acides minéraux.

Dans le tube, donne de l'eau, blanchit et s'exfolie. Au chalumeau, fond facilement en colorant la flamme en un bleu verdâtre et en donnant un globule magnétique. Avec les flux : réactions du fer.

Caractères physiques. — La vivianite cristallisée est d'un bleu plus ou moins foncé, d'un éclat vif sur les faces naturelles et sur la cassure, transparent et translucide. Tendre et flexible.

La vivianite terreuse se présente en rognons, en amas dans les argiles, dans la tourbe ou dans certains minerais de fer, peu colorés dans l'intérieur de la terre, mais se colorant plus vivement à l'air. Densité 2,53 à 2,68. Dureté 1,5 à 2. Poussière blanche ou bleuâtre devenant rapidement bleu indigo. Fusibilité 1,5.

Caractères cristallographiques. — La vivianite cristallisée se présente en prisme clinorhombique (IVᵉ système).

Gisements. — La vivianite se trouve en Cornouaille avec la pyrrhotine et la chalcopyrite dans les filons stannifères de Saint-Agnès, à Bodennais, en Bavière ; en France : dans l'Allier, dans l'Aveyron (aux mines de houille de Craussac), dans la Haute-Vienne, à Anglor, à Cransac et à Commentry ; dans la Grauwacke, à Vorospatak (Transylvanie) ; dans les couches d'argile, dans les cavités fossiles de Crimée.

La vivianite terreuse est employée en peinture.

M. Dewalque a trouvé, lors du creusement des fossés des fortifications d'Anvers, de la vivianite blanche qui ressemblait à de la craie. Ce minéral se fonçait par son exposition à l'air ; la couleur bleue apparaissait de plus en plus foncée.

L'analyse de ce minéral, n'ayant pas subi le contact de l'air, a donné :

P^2O^5	26,48
FeO	29,66
CaO	0,57
Fe^2O^3	20,83
H^2O	22,50
Matières insolubles	1,34
Al^2O^3	traces
	101,38

Magnésium.

HANNAYITE.

Orthophosphate bi-ammoniaco-magnésien.

Formule : $H^4NO. 3 Mg. 2 H^2O. 2 P^2O^5 + 8$ aq.

$$\left.\begin{array}{l} 3 \,(Mg\,O)\,'' \\ 1\,(H^3\,N.\,H.\,O)^2 \\ 2\,(H^2O) \end{array}\right\rbrace 2\,P^2O^5$$

Composition chimique découlant de la formule :

Acide phosphorique	44,38
Magnésie	18,75
Ammoniaque	8,75
Eau de constitution	5,61
Eau de cristallisation	22,51
	100,00

Ce phosphate a été découvert dans le guano de chauve-souris des Skipton-Caves, Victoria, par M. le professeur Mac Ivor, de Melbourne.

Ce nom de hannayite lui a été donné par M. Vom Rath, en l'honneur de M. J. B. Hannay, professeur de chimie à Owens, collège Manchester.

Les cristaux chauffés à 100° c. pendant 36 heures n'éprouvent pas de changement; de 100 à 120° c., ils deviennent opaques et perdent 21,08 % de leur poids; sur un bec de Bünsen, ils se tordent et perdent leur eau et leur ammoniaque s'élevant à 36,48 %. Le reste fond au chalumeau et ne se dissout qu'en partie dans l'acide chlorhydrique concentré.

Il cristallise dans le système triclinique (?)

NEWBERYITE.

Orthophosphate bimagnésien.

Formule : $2\,Mg\,H^2O.\,P^2O^5 + 7\,H^2O.$

Composition chimique découlant de cette formule :

Acide phosphorique	40,80
Magnésie	22,99
Eau	36,21
	100,00

Le type cristallin est rhombique.

Ce nom lui a été donné par M. Vom Rath, en l'honneur de M. Newbery, directeur du Musée technologique de Melbourne.

PYROPHOSPHORITE.

$$\text{Formule : } P^2O^5.\ 2\ Mg\ O + 4 \begin{cases} P^2O^5.\ 3\ Cu\ O. \\ P^2O^5.\ 2\ Ca\ O. \end{cases}$$

Minéral opaque, blanc de neige, avec des parties bleu de ciel, sans éclat, à cassure terreuse.

Dureté 3 à 3,5. Densité 2,50 à 2,53.

Difficilement fusible sur les bords en un verre blanc.

Il vient des Indes Orientales.

WAGNÉRITE.

Synonymie.— Pleuroclase (Breithaup), magnésie phosphatée, fluophosphate de magnésie, kjérulphine (Pisani).

Caractères chimiques. — C'est un fluophosphate de magnésie

$$P\ O^4\ Mg''\ (Mg\ Fl)'$$

Il est accompagné d'une petite quantité d'oxyde ferreux et de chaux, remplaçant la magnésie. Soluble dans les acides nitrique et chlorhydrique; avec l'acide sulfurique, dégage de l'acide fluorhydrique.

Au chalumeau, fond facilement en un verre verdâtre. Humecté d'acide sulfurique, colore la flamme en bleu verdâtre. Avec le borax : réaction du fer; avec la soude , légère réaction de manganèse.

Caractères physiques. — Substance rare, se trouvant en cristaux transparents ou opaques, d'un éclat vitreux, d'une couleur jaune plus ou moins foncée, à cassure inégale ou esquilleuse.

Densité 2,98 à 3,15. Dureté de 5 à 5,5. Fusibilité 4.

Caractères cristallographiques.—Cristallise en prisme clino-rhombique.

Gisements. — A été trouvée à Hollgrabein, près Werfen (Salzbourg), dans les filons quartzeux irréguliers qui traversent un schiste argileux ; à Bamle (Norwège).

Manganèse.

DICKINSONITE (*Brush et Dana*).

Caractères physiques et chimiques. — Phosphate manganésifère.

$P^2O^5 . 3\,RO + 3/4\,H^2O — R — Mn : Fe : Ca : Na — 5 : 2. 5 : 3 : 1.5.$

Se présente en masses cristallisées, composées de petites lames, semblables au mica, dans lesquelles on trouve souvent disséminés des cristaux d'éosphorite et de triploïdite.

Cristaux petits, tabulaires, très rares.

Densité 3,338 à 3,343. Dureté 3,5 à 4,0. Éclat vitreux nacré sur le clivage. Couleur des cristaux les plus purs : vert d'huile à vert d'olive. Transparent ou translucide. Très cassant.

Caractères cristallographiques. — Cristallise en prisme clinorhombique pseudo-hexagonal. Clivage basique parfait.

La lumière polarisée montre que les cristaux sont composés de groupements très complexes, comme cela a lieu dans les micas et les chlorites.

Gisements. — On l'a trouvée dans un filon de pegmatite, semblable à ceux de Chanteloube, près du village de Branchville, comté de Fairfield (Connecticut).

FAIRFIELDITE.

Formule : $P^2O^5 . 3\,RO + 2\,H^2O.$

R est principalement du manganèse et du calcium.

On l'a trouvé à Branchville, comté de Fairfield (Connecticut).

HÉTÉROZITE.

Caractères chimiques. — C'est un phosphate hydraté de manganèse et de fer, de composition mal connue, qui, d'après Noguès, aurait la formule suivante :

$$3\,(MnO.\,FeO).\,2\,P^2O^5.\,H^2O.$$

Il est soluble dans les acides en laissant un léger résidu de silice.

Dans le tube, donne de l'eau. Fond en un globule brun foncé magnétique.

Caractères physiques. — Se présente en masses opactes, d'un gris bleuâtre et d'un brun qui devient terne et d'un beau violet dans les parties altérées. Densité 3,52. Dureté 5,5 à 6. Poussière violette.

Caractères cristallographiques. — Il est clivable dans trois directions, dont deux font un angle de 100° environ.

Gisements. — Accompagne l'hureaulithe et la triphylline, dont elle est peut-être une altération, dans les pegmatites des environs de Limoges.

HUREAULITHE.

Caractères chimiques. — C'est un phosphate hydraté double de manganèse et de fer.

$$\text{Formule : } R^3 P^2 O^5 + 2 H^2O. \quad R = Mn. \; Fe, \; H^2.$$

Il est soluble dans les acides.

Dans le tube, donne de l'eau; au chalumeau, fond en une perle cristallisée jaune rougeâtre qui brunit dans la flamme oxydante, laquelle se colore en vert. Réactions du manganèse et du fer.

Caractères physiques. — Se présente en petits cristaux isolés ou groupés, en masses compactes ou imparfaitement fibreuses, incolores, jaunes, brunes, roses, etc. Transparent, translucide, d'un éclat vitreux.

Dureté 5. Poussière blanc jaunâtre. Densité 3,14 à 3,20.

Caractères cristallographiques. — Cristallise en prisme clino-rhombique.

Gisements. — Se trouve dans les cavités de la triphylline, dans le granite à Heureaux, près de Limoges.

LITHIOPHYLITE.

Caractères physiques et chimiques. — Phosphate de manganèse et de lithine.

$$\text{Formule : } P^2 O^5. \; 3 Mn + P^2 O^5. \; 3 Li^2O.$$

Composition analogue à celle de la triphylline, dont elle possède tous les caractères. C'est une variété plus riche en manganèse.

Densité 3,424 à 3,432. Dureté 4,50. Couleur saumon dans les

parties non décomposées. Eclat vitreux, résineux. Transparent en lames minces. Cassure semi-conchoïdale.

Caractères cristallographiques. — Elle a quatre clivages, dont un parfait, un second imparfait, à angle droit sur le premier, les deux autres faisant entre eux un angle de 128 à 130° perpendiculaire au premier et incliné sur le second de 115 à 116°. Double réfraction négative.

Gisements. — On l'a trouvée dans un filon de pegmatite près du village de Branchville, comté de Fairfield (Connecticut).

REDDINGITE.

Caractères physiques et chimiques. — Phosphate de manganèse : $P^2O^5 . 3 MnO + 3 aq.$

Elle se présente en petits cristaux octaédriques isolés, ou plus souvent massive, à texture grenue, associée à la dickinsonite ou à la triploïdite. Densité 3,102. Dureté 3 à 3,5. Eclat vitreux, couleur rosée à l'état frais.

Caractères cristallographiques. — Cristallise en prisme rhombique, forme analogue à celle de la scoradite et de la strengite.

Gisements. — On l'a trouvée à Branchville, comté de Fairfield (Connecticut).

TRIPHYLLINE.

Synonymie. — Tétraphylline, pérowskine.

Caractères chimiques. — C'est un phosphate de manganèse, de fer et de lithine.

$$\text{Formule} : 3 R . (PO^4)^2 ; R = Fe ; Mn ; Li \begin{cases} Li = 2/15 \\ Mn = 1/15 \\ Fe = 12/15 \end{cases}$$

Dans sa composition rentre un peu de magnésie, de chaux, de soude, etc.

Soluble dans l'acide chlorhydrique.

Dans le tube bouché, noircit et donne un peu d'eau. Au chalumeau, fond facilement en colorant la flamme en un rouge bordé de bleu verdâtre. Avec le borax, réaction du fer, et avec la soude, réaction du manganèse, etc.

Caractères physiques — Se présente quelquefois en très grands cristaux inégaux, et plus souvent en masses clivables qui sont d'un gris verdâtre ou bleuâtre, et brun noir dans les parties altérées. Translucide en fragments très minces ; éclat gras ou résineux.

Densité 3,54 à 3,60. Dureté 5. Poussière grise.

Caractères cristallographiques. — Cristallise en prisme orthorhombique, clivage facile sur les cristaux inaltérés.

Gisements. — Se rencontre en nids, dans les roches granitiques, à Rabenstein, près de Zwiesel (Bavière) ; à Tammela (Finlande) ; près de Limoges ; à Norwich ; à Keityo, Finlande (*Pérowskine*).

TRIPLOÏDITE.

C'est un phosphate de manganèse et de fer.

Formule : $P^2 O^5 . 3 . RO + R H^2 O^2$.

$R = Mn : Fe — 3 : 1$.

Se présente en agrégats critallins et quelquefois en cristaux prismatiques, engagés dans des cristaux de quartz. Densité 3,697. Dureté 4,5 à 5,0. Eclat vitreux, adamantin, couleur brun rougeâtre ou jaunâtre. Poussière blanche.

Transparent ou translucide.

Les lames parallèles au plan de symétrie s'éteignent suivant une direction inclinée de 3 à 4° par derrière sur l'axe vertical.

Le nom de triploïdite rappelle la ressemblance chimique et physique avec la triplite.

On l'a trouvée dans un filon de pegmatite semblable à ceux de Chanteloube, près du village de Branchville, comté de Fairfield (Connecticut).

Plomb.

CHROMO-PHOSPHATE DE PLOMB ET DE CUIVRE.

Formule : $3 PbO . P^2 O^5 + (Pb . CuO) CrO$.

M. Pisani, chimiste à Paris, a rencontré parmi les échantillons de vauquelinite de Bérésowsk (Oural) un minéral excessivement rare.

Il se présente en mamelons à surface cristalline, d'un rouge orange foncé, donnant une poussière jaune et qui est un chromo-phosphate de plomb et de cuivre.

La composition de ce minéral est voisine de la Lax mannite de Nordenskjöld, du phospho-chromite de Hermann et d'un minéral analogue, analysé par John.

La composition centésimale est la suivante :

$$\left.\begin{array}{l} \text{Oxyde de plomb} \quad . \quad . \quad . \quad 70,60 \\ \text{Id. de cuivre} \quad . \quad . \quad . \quad 1,57 \end{array}\right\} 5,92$$

$$\left.\begin{array}{l} \text{Acide chromique} \quad . \quad . \quad . \quad 15,50 \\ \text{Id. phosphorique.} \quad . \quad . \quad 9,78 \end{array}\right\} 13,07$$

PYROMORPHITE.

Synonymie. — Plomb phosphaté, polychrome, polysphérite, nussiérite, miésite.

Caractères chimiques. — C'est un chlorophosphate de plomb.

$$\mathrm{P^3\ Pb^5\ O^{12}\ Cl.}$$

Fréquemment, l'acide phosphorique est remplacé par l'acide arsénique, le chlore par du fluor et parfois le plomb par de la chaux.

Elle est soluble dans l'acide nitrique.

Dans le tube bouché, donne un sublimé de chlorure de plomb ; au chalumeau, fond et par le refroidissement se solidifie en prenant une forme polyédrique. Avec le sel de phosphore saturé d'oxyde de cuivre, donne la réaction du chlore.

COMPOSITION CENTÉSIMALE :

Oxyde de plomb	74,03
Acide phosphorique.	15,72
Chlorure plombique.	10,25

La pyromorphite a été reproduite artificiellement par la méthode générale de synthèse de Sainte-Claire Deville et Caron et par certaines méthodes particulières dressées par MM. Michel, Manross et Debray.

Caractères physiques. — La pyromorphite est une substance vitreuse, d'une couleur verte, vert jaunâtre ou brune, à éclats gras ou adamantins, en cristaux ou en concrétions cristallines; sa cassure est conchoïdale peu éclatante. Dureté 3,5 à 4. Poussière blanche grise, jaunâtre. Raie difficilement le calcaire. Densité 6,5 à 7,1. La présence de la chaux peut abaisser cette densité jusqu'à 5,0.

Caractères cristallographiques. — Elle cristallise dans le système hexagonal; la forme primitive est un prisme hexagonal régulier, dont le côté de la base est à la hauteur dans le rapport de $\frac{10}{7}$. Ce prisme est en même temps la forme dominante; seulement, les cristaux sont plus allongés et souvent pyramidés ou surmontés d'un pointement à 6 faces et sans clivages.

Elle présente les caractères des cristaux à un axe.

Elle est isomorphe avec la vanadinite et l'apatite.

Gisements. — La pyromorphite accompagne la galène et la céruse dans leurs gîtes; on la trouve à Huelgoat, Pontgibaud, Roure, La Lroix aux Mines (France), à Hofsgrund (Brisgau), à Johanngeorgenstadt (Saxe), à Friedriechsegon, à Ems (Nassau), en Cornouailles, à Leadhills (Angleterre).

Elle a été exploitée comme minerai de plomb à Berncastel, (vallée de la Moselle).

La *nussiérite* est une pyromorphite impure mélangée d'un peu d'arséniate de plomb. (Nussières, Bouches du Rhône).

Sodium.

BÉRYLLANITE.

M. Dana donne la description suivante de ce nouveau minéral :

Caractères physiques et chimiques. — Il se présente en cristaux tabulaires atteignant 3 $^{m/m}$; ils sont souvent brisés, proviennent d'une granulite altérée en filons dans le micaschiste ; on le trouve dans les arènes de la roche. Cassure conchoïdale avec éclat vitreux.

Dureté 5,5 à 6. Densité 2,845. Éclat nacré. Incolore, blanc jaunâtre, transparent, soluble dans les acides.

Au chalumeau, décrépite et fond en colorant la flamme en jaune foncé avec une bande verte à la partie inférieure.

La moyenne de six analyses donne comme composition :

$$P^2O^5 \quad \ldots \quad 55,86$$
$$GlO \quad \ldots \quad 19,85$$
$$Na^2O \quad \ldots \quad 23,64$$
$$\text{Perte au feu} \quad \ldots \quad \underline{0,08}$$
$$99,43$$

Conduisant à la formule : $Na^2O. 2 GlO. P^2O^5 = NaGl PO^4$.

Caractères cristallographiques. — Cristallise en une forme pseudo-hexagonale.

Gisements. — Ce minéral a été trouvé aux environs de Stoneham (Maine) Brésil, au pied du Mackkean-Mountain.

Ce minéral est nommé beryllanite à cause de sa ressemblance avec le béryl.

Uranium.

URANITE.

Synonymie. — Autunite, uranphyllite.

Caractères chimiques. — C'est un phosphate hydraté double d'urane et de chaux.

Formule : $Ca\ U^2\ P^2O^8.\ 12\ H^2O$.

Soluble dans l'acide nitrique en lui communiquant une teinte jaune.

Donne de l'eau dans le tube. Au chalumeau, fond en une masse noire. Avec le borax, donne un vert jaune dans la flamme extérieure et vert dans la flamme intérieure.

COMPOSITION :

Acide phosphorique.	14,0
Oxyde d'urane	59,0
Chaux	5,8
Eau	21,2
	100,0

Caractères physiques. —Substance qui se rencontre rarement en cristaux, mais le plus souvent en lames agglomérées, en petites masses flabelliformes, d'une couleur d'un beau jaune avec un éclat nacré très brillant sur les faces de clivage.

Caractères cristallographiques. — Cristallise en prisme orthorhombique, clivage parallèle à la base, très net.

Gisements. — Elle a été trouvée dans les Trachytes, dans le Gneiss, dans diverses roches feldspathiques, en France, près d'Autun et de Limoges ; au Siebengebirge, en Bohême : en Russie. La présence de l'uranite a été signalée par M. Baret, pharmacien à Nantes, dans les pegmatites d'Orvault (Loire Inférieure), par M. Jannetaz, maitre de conférence à la Sorbonne, dans des minéraux recueillis dans l'île de Madagascar, par M. Grandidier.

PHOSPHURANYLITE (*W. C. Kerr.*)

Phosphate d'urane et de plomb.

Formule : $UO^3 . PbO . P^2O^5 . H^2O$.

$U O^3$	71,73	78,71
PbO	4,40	—
$P^2 O^5$	11,30	12,48
$H^2 O$	10,48	11,21
	97,91	102,40

Ce minéral se présente en croûtes pulvérulentes d'un jaune citron, composées d'écailles microscopiques rectangulaires à l'éclat nacré, soluble dans l'acide nitrique.

Dans le tube fermé, donne de l'eau, devient brun rouge et jaune bleuâtre par refroidissement.

Gisements. — Il a été trouvé à Flat-Rockmine, Mitchell C°, Caroline du Nord.

TORBERNITE.

Synonymie. — Uranphyllite, cuprouranite, chalkolithe, kupfer-uranite, torbérite.

Caractères chimiques. — C'est un phospate hydraté d'urane et de cuivre.

Formule : $2 PO^4 (U^2O^2)^2 Cu + 8 H^2O$.

Elle est soluble dans l'acide.

Dans le tube bouché, donne de l'eau. Fond en une masse noirâtre en colorant la flamme en vert. Avec le sel de phosphore, donne une perle verte, qui, au feu de réduction, sur le charbon devient rouge. Avec la soude, donne un globule de cuivre.

COMPOSITION CENTÉSIMALE :

Acide phosphorique	14,4
Oxyde d'urane	61,5
Id. de cuivre	8,6
Eau	15,5

Caractères physiques. — Elle se trouve en cristaux et en

lames quadratiques d'un beau vert d'émeraude ou d'un vert d'herbe, quelquefois jaunâtre. Transparente et translucide. D'un éclat nacré sur la base, vitreuse sur les autres faces. Dureté 2 à 2,5. Poussière vert pâle, tendre et fragile. Densité 3,4 à 3,6. Fusibilité 2,5.

Caractères cristallographiques. — Cristallise en prisme à base carrée.

Gisements. — On la rencontre dans les filons métallifères traversant les roches granitiques et micacées et principalement dans les mines d'étain. Sa gangue est généralement quartzeuse; à Johanngeorgenstadt (Saxe); en Cornouailles, près de Retruth; à Gunnislake, à Joachinistal et à Zenwald (Bohême).

Yttrium.

XÉNOTIME.

Caractères chimiques. — C'est un phospate d'Yttria.

$$\text{Formule : } (P\,O^4)^2\,Y^3.$$

Insoluble dans les acides.

Infusible au chalumeau. Difficilement soluble dans le sel de phosphore. Humecté d'acide sulfurique, colore la flamme en bleu verdâtre.

Caractères physiques. — Se présente en petits cristaux fort rares, d'un éclat résineux et d'une couleur brune ou jaunâtre, opaques, à cassures inégales.

Dureté 4 à 5. Poussière jaune ou brun pâle. Densité 4,56.

Caractères cristallographiques. — Cristallise en octaèdre quadratique.

Gisements. — On l'a trouvée dans un granite à Hitteroe, à Ytterby (Suède); dans la vallée de Binnen (Saint-Gothard); à Pisek et Schluttenfof, elle accompagne la monazite. On la trouve aussi dans les environs de Diamantinos (Brésil).

Zinc.

HOPÉITE.

Ce minéral a été dédié au chimiste écossais Hope.

Elle a été décrite pour la première fois dans le *Transaction of the Royal society of Edenburg* (année 1824).

La hopéite est essentiellement formée de phosphate de zinc. D'après M. de Nordenskjöld père, ce minéral, sous l'action de la chaleur, dégage beaucoup d'eau, fond aisément en un verre limpide et colore en vert la flamme du chalumeau. Il se dissout en toute proportion dans le sel de phosphore, sans laisser de silice.

Lorsque le verre phosphorique en est saturé, il devient opaque en se refroidissant. Avec le borax, le verre reste limpide. Fondu avec le carbonate de soude sur le charbon, il donne une scorie jaune en dégageant des fumées de zinc et laisse autour de la scorie un dépôt brunâtre ressemblant à de l'oxyde de cadmium. Le minéral fondu avec le nitrate de cobalt produit un verre bleu.

Ce minéral est d'une très grande rareté.

La collection de l'Université de Liége en possède un très bel échantillon de 4 $^{m}/_{m}$ de longueur, 2 $^{m}/_{m}$ de largeur et 1 $^{m}/_{m}$ d'épaisseur. Il se trouve dans une cavité d'un échantillon de calamine de Moresnet.

On n'a pu jusqu'à ce jour déterminer exactement sa composition chimique.

MM. Friedel et Sarasin, en opérant synthétiquement, ont été amenés à conclure que la hopéite est un phosphate tribasique de zinc répondant à la formule:

$$P^2 O^5 . 3\,ZnO . 4\,H^2O.$$

Elle cristallise en prisme orthorhombique.

CHAPITRE IV

DEUXIÈME PARTIE

Géologie.

Les composés du phosphore se retrouvent à peu près à tous les degrés de l'échelle géologique ; nous signalerons leur présence dans tous les terrains où ils ont été reconnus, mais l'ordre que nous suivons n'est pas, au point de vue chronologique, d'un rigorisme absolu, le phosphate étant souvent d'un âge plus récent que la roche dans laquelle il est encaissé.

On peut dire d'une façon générale que tous les terrains fossilifères sont phosphatés.

TERRAINS MODERNES.

GUANOS AZOTÉS. — Les guanos sont des accumulations de déjections d'oiseaux en certains points du globe. Ce que nous voyons se produire dans les pigeonniers et dans les poulaillers s'est produit et se produit encore sur une vaste échelle dans certaines localités des pays chauds.

Si ces amas ont été formés entre les tropiques, on a les *guanos azotés* ; ceux situés en dehors des tropiques ont été lavés par les eaux pluviales et ont donné naissance aux *guanos phosphatés* ; mais la démarcation entre les guanos azotés et les guanos phosphatés n'est pas aussi nette qu'on pourrait le croire.

Ces amas ont parfois des surfaces très considérables et des hauteurs allant jusque vingt mètres.

Les guanos sont d'un brun clair avec des nuances plus accentuées et d'autant plus foncées qu'ils proviennent de couches plus profondes ; dans les gisements, il se trouve parfois des concrétions formées par le guano lui-même et des pierres absolument inertes.

Les meilleurs guanos sont ceux du Pérou; ils proviennent des localités suivantes : Pabellon de Pica, Lobos de Afuera, Punta de Lombos et Huanillos; les plus riches viennent de Pabellon, les plus pauvres de Lobos. Les premières îles exploitées furent celles de Chinchas, Guanape, Macabi, Lobos, Balestas, etc.

On trouve aussi des guanos moins riches en azote au Vénézuéla, en Colombie, à la Nouvelle Grenade, à l'Equateur, en Bolivie.

L'appauvrissement en azote résulte de la dissolution des produits azotés par les eaux tropicales de juillet à septembre; ces guanos, par leur composition, se rapprochent des guanos en roches, dits *phosphatés*.

On rencontre aussi le guano azoté dans les îles d'Halifax et de l'Ascension.

Les guanos d'Afrique ont aussi leur importance.

Les guanos de chauve-souris forment des dépôts considérables dans certaines grottes de l'Arkansas, du Texas, du Vénézuéla, de la Colombie, des Antilles, des îles de l'océan Indien, de l'Archipel de Bahama, de Patagonie et des îles Falkland, sur la côte de l'Est de l'Amérique du Sud.

Dans les îles d'Ichaboe, baie de Saldanha et autres gisements de l'Afrique du Sud.

De semblables dépôts existent dans certaines grottes ou cavernes naturelles d'Europe (Arcis-sur-Cure, près d'Auxerre).

Tangue. — La tangue est un dépôt de vase qui se forme de nos jours sur le littoral. Cette vase est composée de menus débris de coquillages marins; elle peut contenir jusqu'à 1,50 % d'acide phosphorique. En Bretagne, les cultivateurs l'utilisent comme engrais.

Terres a cimetières. — On rencontre ces terres à cimetières dans certaines localités des provinces de Parme, de Modène et de Reggio. Ces terres formaient le sol d'anciennes stations à une époque antérieure à la domination romaine; elles sont riches en phosphate et sont utilisées comme amendement.

TERRAINS QUATERNAIRES.

Kjökkenmoddinger (ou débris de cuisine). — On observe sur les bords de la mer, en Danemark, en Angleterre et même en Portugal, des monticules longs de 100 à 300 mètres, larges de

40 à 50 mètres, hauts de 2 à 3 mètres, constitués par l'entassement de coquilles marines que les hommes de l'*habitation lacustre* rejetaient, après avoir fait leur nourriture des mollusques qu'elles contenaient.

CENDRES D'OS D'AMÉRIQUE. — Il existe d'immenses gisements d'os de ruminants qui, depuis des temps reculés, se sont accumulés le long de la chaîne des Andes, dans les vastes *pampas* de l'Amérique du Sud. Ces os fossiles sont enfouis dans un limon rougeâtre quaternaire. Ces os sont carbonisés et moulus et livrés au commerce sous le nom de *cendres d'os* : Montévideo est leur centre d'exportation.

AMAS D'OSSEMENTS. — C'est surtout dans les cavernes que se trouvent les amas d'ossements d'animaux ; les plus célèbres sont ceux de Gailenreuth, en Franconie ; d'Adelsberg, en Carniole ; de Solutré (Côtes d'Or) ; des Oyzies (Dordogne) ; de Lherm (Pyrénées) ; on trouve aussi de ces amas dans le *Crag* supérieur de Suffolk, en Angleterre ; ils font l'objet d'exploitation sérieuse. Ces ossements sont représentés par des squelettes d'*ursus spelæus*, d'hyènes, de loups, de lions, de gloutons et même d'hommes. Sur le littoral des régions glaciales, dans les glaces même, on rencontre des cadavres de mammouths, de phoques, de baleines et de morses.

Ces amas se forment encore de nos jours dans les plaines de la Plata, dans lesquelles des troupeaux entiers de bêtes à cornes et de chevaux trouvent parfois la mort, et dans certaines cavernes habitées par des carnassiers.

BRÈCHES A OSSEMENTS. — Les brèches à ossements sont des sortes de conglomérats formés de débris de diverses roches et d'os cimentés par une terre ferrugineuse chargée de matières animales.

Ces conglomérats remplissent des poches, des fentes ou des crevasses qui se sont produites dans le sol. Le remplissage résulte de l'entraînement par les eaux de ces éléments hétérogènes.

Ces brèches à ossements se trouvent surtout en Europe, autour de la Méditerranée : Cette, Antibes, Nice, les côtes de l'Italie, le littoral de l'Algérie ; en Amérique, dans les environs de Buenos-Ayres, le long de la chaîne des Andes.

M. Watelet, en 1864, a constaté la présence d'une brèche osseuse à Cœuvres, près de Soissons.

GUANOS EN ROCHES. — Les guanos en roches se trouvent

dans les régions pluvieuses. Ces phosphates ne peuvent plus être considérés comme des phosphates organiques : ils sont minéralisés ; l'acide phosphorique s'est combiné avec la chaux de la roche sous-jacente, souvent de formation *madréporique*; l'acide phosphorique a remplacé une partie de l'acide carbonique du calcaire et a donné du phosphate de chaux ; ou bien le phosphate de chaux du guano azoté s'est aggloméré sous l'influence de ciments calcaires, ferrugineux, alumineux, siliceux ou organiques et a donné naissance à ces roches de phosphate compact.

Ces gisements ne sont autres que des bancs de coraux pénétrés et décomposés par les parties solubles d'un dépôt de guano disparu.

Ces phosphates se trouvent dans les îles de la mer des Antilles : Redonda, Alta Vela, Sombrero, Aruba, Navassa, Mexico, Cayman, Curaçao ; dans le golfe de Maracaïbo (Colombie).

GUANOS PHOSPHATÉS. — Les guanos phosphatés en roches sont presque dépourvus de matières azotées ; la teneur en azote varie de 0 à 20 % et l'on trouve des guanos occupant tous les degrés de cette échelle et, suivant que la teneur en azote est élevée ou ne l'est pas, on se rapproche ou on s'éloigne des guanos dits *azotés*.

Les guanos phosphatés se trouvent surtout sur les côtes de Bolivie, près de la baie de Mejillones. Ils sont formés d'une poudre fine et de morceaux très friables de couleur ocreuse ; ils contiennent encore des matières organiques ; on rencontre dans ces produits des concrétions blanchâtres de phosphate ammoniaco-magnésien.

Des gisements de guanos phosphatés existent aussi dans les îles de l'océan Pacifique : Baker, Jarvis, Honland, Malden, Lacépède, Starluck, Flint, Enderbury, Browse, Huon, Chesterfold, Sydney, Phœnix et Arbrohlos. A Mona, Avis, Tertola et autres gisements des Indes occidentales, aux îles Kuria Muria, dans le golfe arabique

Ces phosphates, résultant du lavage des guanos azotés, sont très purs, ne contiennent presque pas de calcaire ; ils sont très propres à la fabrication du superphosphate soluble dans l'eau ; aussi sont-ils importés dans les pays de fabrication de superphosphate soluble dans l'eau.

TERRAINS TERTIAIRES.

La formation tertiaire est une des plus pauvres en phosphate exploitable, en exceptant toutefois les phosphates des comtés du Sud de l'Angleterre, les phosphates de la Caroline et ceux de la Floride, qui se sont formés à une époque postérieure, mais que l'on retrouve dans les terrains tertiaires.

Pliocène.

Phosphate de la Caroline du Sud. — Ils sont formés de nodules *miocènes* mêlés de débris de fossiles marins d'âges différents, appartenant à l'ère tertiaire, ainsi que d'animaux terrestres de l'époque *diluvienne*, et même des produits grossiers de *l'industrie humaine*.

Les nodules sont de deux sortes : les uns compacts, siliceux, noir foncé, riches en matières organiques, paraissant être les plus anciens ; les autres, d'une nuance plus claire, spongieux, criblés de perforations, offrant l'aspect du coke. Les titres varient de 50 à 65 % de phosphate.

Les principales exploitations se trouvent aux environs de Charlestown.

Les phosphates de la Caroline reposent sur le sable *pliocène*, et ils sont recouverts d'*alluvions modernes*.

Ces phosphates occupent le premier rang sur le marché.

Phosphate noduleux de Floride. — Les phosphates de la Floride forment deux classes bien distinctes : les phosphates de roches (Rock phosphate) et les phosphates noduleux (pebble phosphate).

Les phosphates noduleux seraient de formation *pliocène* et les phosphates de roches de formation *éocène*.

Les phosphates noduleux de la Floride titrent comme ceux de la Caroline de 50 à 65 %.

Les phosphates noduleux de la Caroline et de la Floride se divisent en deux catégories : les phosphates de rivière (river phosphate) et les phosphates de campagne (land phosphate).

Les phosphates de rivière et les phosphates de campagne ont à peu près la même composition chimique (voir chap. IX).

Miocène.

Helvétien. — Faluns de Touraine. — Ils sont constitués par un mélange d'argile, de sable, de calcaire à tissu lâche et poreux, avec une proportion notable de coquilles de polypiers, quelquefois d'ossements.

Ils servent pour l'amendement des terres.

Phosphates des comtés du Sud de l'Angleterre. — Ces phosphates sont constitués par des os fossiles et des nodules phosphatiques noyés dans du sable gris, dans les terrains rocailleux du Sud et dans la couche calcaire.

MM. Paine et Way, s'occupant des phosphates anglais, écrivaient en 1848 :

« C'est au professeur Henslow que revient l'honneur d'avoir, le premier, attiré l'attention du public sur la richesse d'une couche contenant des débris organiques riches en phosphate de chaux, et assez importante pour pouvoir avantageusement se substituer aux os. »

On les trouve en quantités énormes dans les comtés de Bedford, Cambridge et Suffolk.

Ces sables phosphatés sont analogues aux faluns de Touraine.

On a trouvé dans les environs de Gourbesville (département de la Manche) une énorme accumulation d'ossements fossiles et de nodules phosphatés; on y remarque des débris d'*Halitherium* et des dents de *Dinotherium Cuvieri* qui sont tous deux de l'époque des *faluns de l'Anjou*.

Toutefois, l'accumulation des débris a eu lieu par la mer pliocène ; les *Terebratula grandis* non roulées s'y rencontrent en très grand nombre. Ces ossements sont très riches ; ils titrent de 70 à 75 % de phosphate et 2 % maximum de fer et d'alumine; ils sont disséminés dans une couche dont l'épaisseur varierait de 0^{m}20 à 0^{m}70. Cette couche se trouve à une profondeur de 5 à 6 mètres.

Chaque mètre carré de couche donnerait de 150 à 500 kil. d'ossements.

M. J. H. Cooke signale la présence de nodules phosphatés dans le groupe des îles de Malte. Le phosphate se présente en quatre couches superposées : la première couche que l'on rencontre, à une profondeur de 5 à 6 mètres, a 0^{m}30 d'épaisseur; la seconde, à une profondeur de 18 à 20 mètres, a 0^{m}60 environ; la troisième, immédiatement en-dessous de la deuxième, a une épaisseur très variable; la quatrième, à une profondeur de 70 à 90 mètres, a 1^{m}00 à 1^{m}20 d'épaisseur. Les nodules débarrassés de leur gangue titrent environ 40 %, mais ne contiennent que des traces de fer et d'alumine. D'après MM. John Murray, Thas-Fuchs et J. W. Grégory, ces terrains appartiennent à la période miocène. Les couches n° 1 et n° 3 sont très irrégulières.

M. Cooke évalue à 222,470 m^3 l'importance de ce gisement.

On a constaté aussi en Belgique la présence de phosphate dans le miocène inférieur. Dans l'étage *tongrien*, on trouve des nodules confondus souvent avec les *septria* de l'argile de Henis : Louvain et Groot Spaowen.

Eocène.

PHOSPHATE DE ROCHE DE FLORIDE.— Les phosphates de roches appelés *Rock phosphate* se présentent en poches disséminées et d'importance variable Ces poches sont souvent recouvertes de terrains quaternaires; parfois elles affleurent. Le phosphate de roche se compose de phosphate en roche et de phosphate tendre appelé *Soft phosphate*. La matière phosphatée est mêlée à du sable et à de l'argile dont on la sépare.

Les titres en phosphate varient de 65 à 85 %.

On a exploité au Gehlberg, près de Helmstedt (Brunswick), un gisement de nodules en couche peu épaisse au milieu d'un sable glauconieux.

Des nodules semblables se retrouvent aux environs de Magdebourg.

CALCAIRE A NUMMILITES DE SUISSE. — Dans les environs d'Einsideln, le calcaire à *nummilites* renferme du phosphate de chaux en même temps que de nombreux grains de glauconie qui lui donnent l'aspect d'un grès vert. Ces dépôts alpins sont inexploitables.

YPRESIEN. — M. Delvaux a indiqué la présence des nodules cylindriques ou ovoïdes disséminés dans le banc à *nummilites planulata*, dans *l'argile d'Ypres*, Louvain, Bruxelles, Flobecq, Renaix, Grammont; quoique ces nodules soient nombreux, la nappe aquifère ne permet guère de les exploiter.

Ils titrent de 45 à 56 % de phosphate avec 4 à 8 % de fer et d'alumine.

LIGNITE DU SOISSONNAIS. — On y observe des coprolithes qu'on croit provenir des crocodiles dont on a retrouvé des débris dans les mêmes localités. Il en est de même des coprolithes connus dans le *calcaire grossier*. M. Gümbe, signale des amas de phosphate analogues à ceux d'Ambergl dans le voisinage des dépôts de *lignites tertiaires* du Fichtel-gebirche.

M. Pomel a reconnu dans le suessonien algérien la présence d'une couche de phosphate fossilifère.

LANDENIEN. — M. Tamine a signalé la présence du phosphate dans les sables verts à Estinnes et à Givry (Hainaut).

ARGILE PLASTIQUE D'AUTEUIL. — M. Becquerel fit connaître dès 1821 que l'argile d'Auteuil contenait des nodules de phosphate ; ils sont généralement de nature terreuse et mélangés de bitume, de carbonate de chaux et de pyrite. On remarque parfois à leur surface de petits cristaux bleus de phosphate de fer (vivianite).

TERRAINS SECONDAIRES.

Ce sont les terrains secondaires qui sont les plus riches en phosphate.

Crétacé supérieur

DANIEN OU MAESTRICHTIEN et SÉNONIEN. — Ces deux étages sont très importants au point de vue phosphatifère. On y rencontre les phosphates de Liége, du Hainaut et de la Somme.

Dans les bassins du Hainaut et de la Somme, on y trouve en outre de la *craie grise* exploitable.

Dans le Hainaut la *craie riche* titre de 45 à 65 °/₀ ; elle est à peu près épuisée.

Au point de vue géologique, on ne sait à quel terrain rapporter la *craie riche* de Ciply. On la trouve toujours reposant sur la craie sénonienne de Dumont, mais elle ne doit pas faire partie de ce système.

On explique la formation des phosphates riches reposant sur le sénonien par la dissolution du maestrichtien qui aurait donné comme résidu le phosphate.

En admettant cette hypothèse, les phosphates de la Somme,

du Hainaut et de la Hesbaye rentreraient dans le *maestrichtien* de Dumont ou *danien* de d'Orbigny.

L'observation suivante de M. Lohest vient à l'appui de cette hypothèse : là où on rencontre le maestrichtien, on ne trouve pas de phosphate riche.

Cette observation est commune aux gisements du Hainaut et à ceux de la Hesbaye; il s'ensuivrait donc que le *tuffeau inférieur de Ciply* serait assimilé au *tuffeau de Maestricht*.

Les phosphates de la Hesbaye se manifestent encore, pour la plus grande partie, par la présence de coquillages restés intacts.

Gisement du bassin de Liége.

Les phosphates de Liége, comme nous l'avons dit, appartiendraient au maestrichtien de Dumont; ils reposent sur la craie sénonienne dite *marne des agriculteurs*. Cette marne est encore extraite de nos jours pour l'amendement des terres (1).

La surface de la craie blanche est moutonnée; cette modification du relief résulte de la dissolution inégale de cette craie.

La craie sénonienne est généralement très friable, douce au toucher; elle s'effrite après une exposition à l'air de quelques semaines: la gelée exulte cette propriété; elle renferme peu ou point de silex; elle est très peu phosphatifère. Sa teneur en phosphate à la partie supérieure varie de 0 à 7 °/₀; on en aurait trouvé titrant jusque 18 %. La faune de la partie supérieure de la craie de la Hesbaye paraît devoir être rapportée plutôt à celle du tuffeau de Maestricht. La craie hesbignonne est très aquifère; c'est elle qui alimente d'eau potable une bonne partie de la ville de Liége. Le niveau de l'eau est très variable : on s'enfonce quelquefois de 15 à 20 mètres dans la craie avant de rencontrer le niveau; parfois, la craie elle-même est complètement noyée et l'extraction du phosphate n'est possible qu'après épuisement.

Dans les villages des environs de Liége, où se fait l'exploitation des phosphates, on ne trouve guère la nappe aquifère à moins de 5 mètres de profondeur dans la craie.

Dans la craie de la Hesbaye, l'eau y est complètement dissé-

---

(1) Jusqu'en ces dernières années, lorsqu'un ouvrier mineur, en extrayant la marne, y avait mêlé par maladresse un peu de phosphate, il était réprimandé : il ne devait extraire que la marne bien blanche ; le phosphate était délaissé et exclu.

minée. C'est pourquoi il faut creuser des puits de grande
profondeur et des galeries de drainage pour se procurer un
grand volume d'eau.

Il faut compter qu'un mètre cube de vide peut donner
160 litres d'eau par journée de 24 heures

Cette moyenne résulte du volume d'eau fourni par les galeries de drainage que la ville de Liége, pour son alimentation,
a creusées dans la craie (¹).

Le terrain reposant sur la couche phosphatée est le conglomérat à silex; la plupart des géologues le considèrent
comme un dépôt produit par la dissolution de la craie.

D'après M. M. Lohest, l'assise de silex de Hesbaye ne peut
pas être un dépôt de transport.

M. G. Schmitz fait remarquer qu'il est peu probable que la
sédimentation du silex se soit produite sur place ; dans tous les
cas, le conglomérat à silex a dû subir un mouvement après la
formation des sables tertiaires, puisque ceux-ci ont glissé par
les cassures du conglomérat et se sont même déposés en certains endroits sur la craie sénonienne ; mais ces cassures
doivent résulter de l'affaissement de *l'assise du conglomérat à
silex* par la dissolution de la craie par les eaux météoriques.

On rencontre parfois entre le conglomérat à silex et la craie
sénonienne un reste de maestrichtien : alors la couche phosphatée fait défaut. La craie sénonienne est généralement
plus dure au sommet des ondulations qu'au fond; on remarque
qu'au sommet de ces ondulations, la couche phosphatée est
moins épaisse et qu'elle disparaît parfois. La dureté de la craie
sénonienne rend souvent l'exploitation des phosphates bien
difficile et bien coûteuse.

Gisement du bassin du Hainaut.

Ce gisement appartient à deux époques distinctes (E. Denys) :
1° L'époque maestrichtienne ou danienne comprenant :
a) Le tuffeau de Ciply;
b) Le pouddingue de la Malogne ;
c) Le phosphate riche de Ciply.
2° L'époque sénonienne comprenant :
a) La craie brune ou grise de Ciply ;
b) Le pouddingue de Cuesmes.

---

(1) Ces galeries ont une section de 1ᵐ80 $\times$ 1ᵐ20.

Époque maestrichtienne.

a) TUFFEAU DE CIPLY. — Il est formé d'une roche calcaire gris-jaunâtre à texture grossière et à bancs régulièrement stratifiés. Cette roche est friable et contient quelques bancs et rognons isolés de silex gris identiques à ceux qui s'observent à la base de la craie brune de Ciply.

Le tuffeau est recouvert en certains endroits par des couches glauconifères, sablo-argileuses, de landénien marin. Le plus souvent, il affleure ou il existe sous de faibles épaisseurs de terrain quaternaire.

Les fossiles sont rares dans le tuffeau de Ciply, si l'on en excepte le foraminifère et les bryozoaires.

Le tuffeau de Ciply repose sur la craie blanche de Nouvelle à l'ouest de Ciply ; à l'est, au contraire, il en est séparé par une épaisseur énorme de craie de Spiennes et de craie brune de Ciply ; il y a transgression en sédimentation normale ; il repose sur le pouddingue qui, lui, forme l'assise supérieure à la craie de Ciply.

Le tuffeau de Ciply repose souvent sur un conglomérat fossilifère auquel MM. Briart et Cornet ont donné le nom de *pouddingue de la Malogne.*

Dans la nouvelle classification géologique belge, le tuffeau de Ciply est subdivisé en *tuffeau supérieur de Ciply* reporté dans l'étage *montien* du système *paléocène* et en *tuffeau inférieur de Ciply ou tuffeau de Saint-Symphorien* appartenant à l'étage *maestrichtien.*

b) POUDDINGUE DE LA MALOGNE. — Ce pouddingue est formé par la réunion de blocs assez gros de craie blanche durcie, de fossiles roulés et de galets à surface perforée, le tout empâté dans une roche blanche ou grisâtre, très cohérente. Les galets et les moules de fossiles sont constitués par une substance brune renfermant du phosphate de chaux. Les fossiles sont très nombreux dans le pouddingue de la Malogne; on y retrouve la plupart des fossiles du phosphate riche et de la craie grise de Ciply.

c) PHOSPHATE RICHE DE CIPLY. — Cette description sera donnée dans le chapitre IX.

Remarquons cependant que le *conglomérat à silex*, qui recouvre immédiatement la couche phosphatée et qui a de 3 à 8 mètres d'épaisseur en Hesbaye, se réduit à 0^m20 à 1^m00 dans le bassin du Hainaut; généralement ces silex sont noyés dans un phosphate très ferrugineux, titrant de 40 à 45 % de phosphate.

Les *sables landéniens* qui recouvrent le phosphate riche sont parfois aquifères, surtout vers Havré.

Avant d'atteindre la couche phosphatée, on éprouve parfois de grandes difficultés pour traverser ces sables mouvants.

Dans le Hainaut, le phosphate riche repose toujours sur la craie brune de Ciply.

Époque sénonienne.

a) CRAIE BRUNE OU GRISE DE CIPLY. — La craie brune de Ciply est très fossilifère ; elle renferme toutes les espèces trouvées dans la craie de Spiennes, immédiatement inférieure à celle-ci, sauf l'*ananchites orata* ; elle contient en outre un assez grand nombre d'espèces inédites.

La craie brune de Ciply repose transgressivement sur la craie de Nouvelle, d'une part, et sur la craie de Spiennes, d'autre part.

b) POUDINGUE DE CUESMES. — Le terrain sous-jacent de la craie brune de Ciply est variable ; cela provient de ce que les assises inférieures du sénonien sont souvent en transgression

A Cuesmes, l'assise sous-jacente est *l'assise de Nouvelle*. Entre la craie brune de Ciply et la craie de Nouvelle, on a découvert, en ce point de contact, le pouddingue de Cuesmes.

Il est analogue au pouddingue de la Malogne et doit appartenir au maestrichtien ; son épaisseur est en moyenne de 0^m70 à 0^m80.

Dans le Hainaut, l'étage de la craie brune est aquifère.

Il faut donc saigner par épuisement le banc de craie grise pour en faire l'exploitation.

MM Decuyper et Gendebien signalèrent en 1871 la présence de nodules phosphatés à Pry (près Walcourt), dans un pouddingue correspondant à celui de la Malogne.

Gisement de la Somme.

Les gisements de phosphate de la Picardie appartiennent à l'étage sénonien ; ils s'étendent sous les communes de Doullens, Beauval, Beauquesne, Caudax, Terramesnil, Puchevillers, etc..

dans le département de la Somme ; d'Orville, etc., dans le département du Pas-de-Calais ; de Hallencourt, Breteuil, etc., dans le département de l'Oise.

Au tuffeau de Maestricht ou de Ciply, comme le pense M. Hébert, correspond le *calcaire pisolithique* qui repose en concordance sur la *craie de Meudon*.

La faune de ce calcaire a été reconnue par M. Desor, en 1846, comme équivalente à celle du danien.

On n'a pas, jusqu'à présent, signalé la présence de ce calcaire, formé en grande partie de coquilles, au-dessus des phosphates riches de la Somme.

On trouve à Orville, entre la craie à *micraster coranguinum* et la craie à *belemnites*, un lit discontinu d'un conglomérat semblable au pouddingue de Cuesmes. La craie à *belemnitella quadrata* a, en Belgique, deux équivalents présentant des faciès très distincts : la *craie blanche de Trivière*, dans le Hainaut, et le *hervien*. (F. Cornet.)

Les assises du sénonien français seraient sans doute en transgression. Un exemple de cette transgression nous est fourni par la disposition des couches crayeuses d'Hallencourt et de Breteuil. Là, au lieu de trouver la craie phosphatée immédiatement en-dessous du phosphate riche ou du *calcaire pisolithique* ou des *sables tertiaires* ou *quaternaires*, on la rencontre en-dessous de la craie blanche, et l'on trouve même le phosphate riche arénacé en-dessous de la craie phosphatée. Ce renversement s'est donc produit après la formation du phosphate riche.

Le conglomérat d'Orville atteint parfois une épaisseur de 0^m10 à 0^m15 ; les nodules ont une couleur blanc jaunâtre ; ils sont de faible volume ; ils titrent de 70 à 80 % de phosphate ; ils sont empâtés dans une gangue de carbonate de chaux.

Comme dans le Hainaut et dans la Hesbaye, les terrains de recouvrement de la craie à *belemnites* semblent se rapporter à l'étage danien (maestrichtien).

D'après MM. Briart et Cornet, les deux *assises de Spiennes et de Ciply* sont de formation postérieure à la *craie de Meudon*.

M. de Lapparent fait aussi remarquer, en 1883, qu'il existe certainement une lacune entre la *craie de Meudon* et le *calcaire pisolithique*. Cette lacune n'existerait plus qu'en partie par la découverte de la *craie grise* de la Somme.

Le phosphate riche est souvent recouvert par une *argile tertiaire* de couleur rouge, chargée de silex assez volumineux.

Le phosphate riche est accumulé dans des poches en forme de cône ayant la pointe en bas.

Ces poches traversent parfois la craie à *belemnite quadratus* pour se reposer sur la craie blanche à *micraster coranguinum*.

L'ordre naturel de superposition est le suivant :

Silex noyés dans de l'argile tertiaire :

Phosphate rouge ferrifère pauvre :

Phosphate blanc riche ;

Craie grise ou craie blanche.

Les bords de poche sont à surface lisse et polie ; souvent les ravinements formant ces poches se prolongent dans la craie en des tubulations ou perforations sinueuses de 0^m01 à 0^m03 de diamètre. Aux dépressions creusées dans cette craie sous-jacente correspondent dans le dépôt phosphaté, et comme emboîtées dans celles-là, des poches dont la matière de remplissage est *l'argile à silex* ou *bief*. Ces poches résultent de la dissolution de la craie par les eaux météoriques ; on trouve des formations analogues dans le calcaire carbonifère. La formation de ces poches est postérieure au dépôt de la craie grise.

Dans le sénonien de Lithuanie et de Poméranie, à Mela, près de Gradno, sur la rive droite du Niemen, on trouve une couche de rognons de sable quartzeux et de glauconie cimentés par du phosphate qui n'est pas assez riche pour être exploité.

Dans l'île Wolin, aux environs de Jordanhüth, on trouve des nodules, remaniés et déposés sur le rivage, qui titrent plus de 10 % de phosphate.

Dans le minerai de fer de Gross-Bulten et d'Adenstoedt (Allemagne du Nord), appartenant au sénonien, on a trouvé des nodules phosphatés ayant une teneur en acide phosphorique variant de 26 à 31 %. La grosseur de ces nodules varie d'une noix à un œuf de poule. Ces nodules se signalent par une forte dose de fluorure de calcium.

Ils ne sont pas exploités ; ils sont en couche trop irrégulière.

M. Guillier a trouvé dans la Sarthe (France), à Saint-Paterne et à Château-du-Loir une couche régulière de phosphate dans la craie à *ostrea auricularis*. L'épaisseur de la couche atteint environ 0^m30. Ce phosphate n'est pas exploité.

M. Meugy signale aussi la présence de nodules phosphatés au-dessus de la *craie à micraster coranguinum* à Perthe, près

Rethel (Ardennes françaises). Cette couche de nodules est régulière ; le phosphate est du 45/50 ; il n'est pas exploité.

M. Hébert, dès 1873, signale la présence de la craie noduleuse de l'étage sénonien dans l'île de Wight (Angleterre).

M. Denys a reconnu un banc de phosphate de 0^m40 à 0^m60 de puissance dans la craie d'Obourg ; ce banc est incliné de l'Est à l'Ouest avec une pente d'environ 45 degrés. Le titre de cette couche varie entre 35 et 40 %.

Cette couche est fossilifère ; on y trouve également des dents et des vertèbres de poissons, ainsi que des dents de sauriens.

Il a trouvé un second banc à Havré ; il est incliné de l'Ouest à l'Est ; il vient affleurer au sol ; sa puissance est un peu plus faible que celle du précédent ; la richesse de cette couche est bien moindre : elle varie de 20 à 25 %.

M. Lehardy de Beaulieu avait, dès 1859, signalé la présence de nodules bruns enchâssés dans la craie de la carrière du four à chaux d'Obourg. Ce conglomérat titre de 10 à 15 % de phosphate.

Le sénonien inférieur se développe dans les environs de Lille, où il est connu sous le nom de *tun*. C'est une craie contenant des nodules phosphatés. Le titre de cette marne phosphatée varie de 35 à 40 % de phosphate. Ce gisement, quoique très important, ne sera probablement jamais exploité, par suite de la difficulté de l'épuisement, l'eau étant fort abondante en cet endroit.

M. X. Stainier, qui a fait, en 1888, l'étude des *phosphates du Cambresis* (département du Nord), rapporte ceux-ci au sénonien. Ce gisement se trouve sur les deux rives de la Selle, affluent de l'Escaut ; il a fait l'objet d'une exploitation qui a duré plusieurs années.

L'épaisseur moyenne de la couche est assez variable ; elle peut atteindre un mètre ; le titre varie de 25 à 55 % de phosphate, mais les phosphates d'un titre supérieur à 50 % y sont rares ; en outre, ces produits se prêtent mal à un enrichissement rémunérateur.

Le phosphate se présente sous forme d'un sable fin, vert foncé, souvent argileux.

Ce phosphate résulterait, d'après M. Stainier, de la dissolution de la craie sénonienne à *micraster cor testudinarium* ;

cette craie étant glauconifère, on explique ainsi la présence dans le phosphate de nombreux grains de glauconie.

On a aussi constaté à Galoppe (Limbourg hollandais) la présence du phosphate dans les *sables glauconifères de Herve* (Campanien).

Les marnes herviennes à *gyrolithes* sont aussi très fossilifères : *belemnitella quadrata, Ostrea vesicularis, O. armata, O. laciniata, O. flabelliformis, spondylus spinosus, janira, quadricosta.*

Ces roches herviennes sont généralement mélangées de *glauconie* et la *smectite* renferme de petits corps en forme de baguettes contournées d'origine problématique, auxquels on a donné le nom de *gyrolythes*.

TURONIEN. — En Dordogne, M. Meugy a signalé la chaux phosphatée à nodules compacts à Gourd-de-l'Arche, près de Périgueux. Ces nodules sont accompagnés de grains verts de glauconie

Dans l'Aube, dans l'Yonne et au cap Blanc-Nez, la craie turonienne à *inoceramus labiatus* est noduleuse.

CÉNOMANIEN. — M. Thomas, géologue, a constaté la présence du phosphate dans les massifs du Djebels, Zimra, Sedja, Stah, à l'Ouest de Gofsa, en Tunisie.

D'après M. Damour, le phosphate y existerait en couches de 12 à 15 mètres d'épaisseur et d'un titre variant de 55 à 60 $^o/_o$.

L'étendue du gisement serait d'environ 50 kilomètres ; l'importance serait de 5 à 6 millions de tonnes. Il existe aux environs de Gofsa, à environ 30 kilomètres, d'autres gisements moins importants, mais il y aurait, en ces lieux, absence complète d'eau.

Ces gisements sont éloignés de toute voie de communication et ne peuvent être mis en exploitation que par des sociétés excessivement puissantes, la mise de fond pour la construction de chemin de fer devant être très élevée.

Ces phosphates à gangue siliceuse et calcaire appartiennent soit au cénomanien, soit au sénonien ; ils se présentent en nodules très friables et pourraient être utilisés directement en agriculture.

On a traversé une couche de nodules phosphatés dans les sables glauconieux de la Bukowine et de la Galicie orientale.

La couche, de trop minime épaisseur, ne permet pas une exploitation.

Les phosphates titrent de 50 à 55 %.

En France, les phosphates du cénomanien sont exploités à Pernes, en Artois ; l'épaisseur moyenne de la couche est 0^m40 ; en certains points, l'épaisseur atteint parfois 15 et 20 mètres. Les nodules sont empâtés dans la craie glauconieuse ; ils titrent de 45 à 65 % de phosphate avec 3 à 4 % de fer et d'alumine ; la gangue étant glauconieuse (silicate de fer et de potasse), ces phosphates contiennent une certaine quantité de potasse.

On exploite encore les nodules du *cénomanien* aux environs de Sainte-Menehould (Marne) et de Vouziers (Ardennes). Ces nodules sont disséminés dans des sables argileux verdâtres qui reposent sur la *gaize* de l'albien ; ces nodules titrent de 40 à 45 % de phosphate.

On peut observer ces nodules cénomaniens sur tout le pourtour du bassin de Paris ; en effet, on signale leur présence à Rethel, à la Romagne, à Givron, à Anzin, à Sassegnées, à Noyelle, à la côte Sainte-Catherine, à Rouen, dans les falaises de la Hève, près du Havre, dans les départements de l'Orne, d'Eure-et-Loir et de la Sarthe. Ils titrent de 45 à 60 % de phosphate.

Le tourtia d'*Assevent* et des *mineurs du Pas-de-Calais* est formé d'une marne glauconifère à nodules phosphatés.

En Russie, la craie cénomanienne s'étend surtout dans la partie centrale, au sud et à l'ouest du gouvernement de Moscou ; c'est dans le gouvernement de Koursk qu'elle comprend les gisements les plus considérables.

Les couches sont parfois doubles, triples et même sextuples ; plus elles sont nombreuses, moins elles sont épaisses. Les nodules sont parfois agglomérés par un véritable ciment et le bloc a l'aspect de la pierre de taille ; cette pierre est connue dans le pays sous le nom de *samorod* ou pierre naturelle, par opposition à la *brique*, qui est une pierre artificielle. On l'a exploitée pour l'empierrement des routes ; les cultivateurs ont remarqué l'efficacité de la boue de ces routes sur leurs terres ; le titre de ces phosphates varie de 30 à 65 %.

La richesse en phosphate de ces nodules semble être en raison de leur densité et de leur degré de coloration.

Les rognons ou nodules, de grosseur très variable, sont noirs, bruns, gris ou verdâtres.

La composition des nodules cénomaniens de Koursk est telle que ces phosphates donneraient de très beaux superphosphates avec peu d'acide sulfurique.

En Belgique, le cénomanien serait représenté par les tourtias de Mons, de Tournai, de Montignies-sur-Roc, qui sont très fossilifères.

Les principaux gîtes fossilifères belges sont ceux d'Autreppe et de Bernissart.

Les terrains sous-jacents sont eux-mêmes chargés d'acide phosphorique ; cela doit être attribué à l'infiltration des eaux qui, en traversant ces couches, leur enlèvent de l'acide phosphorique qui se précipite en présence du carbonate de chaux.

En Angleterre, on trouve des nodules phosphatés dans la craie glauconieuse, notamment à Farnham (Surrey).

Crétacé inférieur.

ALBIEN. — Cet étage est représenté en Russie par des gisements d'une richesse assez grande. Par suite des recherches ordonnées par le gouvernement, on a découvert du phosphate sur une étendue représentée par un triangle dont le sommet serait à Saint-Pétersbourg et la base relierait Odessa à Orenbourg.

On évalue, dans la région centrale, à 15 à 20 mille tonnes de phosphate le rendement à l'hectare, à 30 et même 60 mille tonnes dans le gouvernement de Tambow.

La couche de phosphate se trouve à la base de la craie dans des sables ou grès glauconieux qui, d'après leur faune, semblent correspondre à l'étage albien.

Cette couche a été observée dans la région occidentale couverte de steppes ; on l'a reconnue en un certain nombre de points, surtout dans le gouvernement de Tambow. On rencontre parfois plusieurs couches de nodules ; l'épaisseur d'une couche atteint parfois 0^{m}60. Le titre varie de 38 à 50 % et quelquefois 60.

Le bassin de Paris se prolonge en Angleterre et est représenté par l'albien ; il y forme une bande qui se continue du Dorsetshire jusqu'au Yorkshire et une seconde bande contournée dans le Sussex, le Surrey et le Kent. Les nodules phosphatés ont été remarqués en plusieurs points de ces deux bandes; ils sont assez pauvres; ils titrent de 25 à 35 % de phosphate.

En Suisse, aux environs de Schivytz et d'Appenzell, dans l'Albien, on trouve des nodules phosphatés titrant de 30 à 45 % de phosphate.

En Allemagne, M. Gümbel a signalé le phosphate dans l'albien que l'on rencontre dans les Alpes de la Bavière et du Vorarlberg.

En France, des différents étages du crétacé, c'est l'albien qui est le plus étendu au point de vue phosphatique.

Dans le bassin de Paris, il affleure en une bande continue depuis Hirson, par les Ardennes, la Meuse, la Marne, la Haute-Marne, l'Aube, l'Yonne, jusqu'à la Nièvre.

On a constaté sa présence à Valenciennes, à Douai, à Vissant (Boulonnais), dans le pays de Bray, en Normandie, à Grenelle et à Passy.

Dans toute cette région, l'albien est assez constant dans sa composition; il se divise généralement en deux assises : l'une sableuse à la base dite *sables verts*, l'autre argileuse et appelée *gault*, à cause de son identité avec l'assise anglaise de ce nom. Dans la Meuse et les Ardennes et dans le pays de Bray, l'albien comprend une troisième assise appelée *gaize* : c'est une roche caractérisée par sa forte teneur en silice gélatineuse soluble dans les alcalis.

L'assise dite des sables verts à *ammonites mamillaris* contient des couches irrégulières et ondulées de nodules de phosphate de chaux dits *coquins*. L'épaisseur moyenne en Argonne de cette couche est de 0^{m}18.

Ces nodules ont l'aspect de rognons arrondis, lissés ou mamelonnés, dont la grosseur varie de celle d'une noix à celle du poing; ils sont compacts, grisâtres ou brun verdâtre à la surface, brun foncé ou noirâtres à l'intérieur; ils sont rarement homogènes; ils sont pénétrés et traversés de grains de sable, de quartz, de glauconie, de pyrite, de gypse et parfois de galène. Ils sont souvent noyés dans du sable, parfois soudés dans une argile et forment alors un véritable conglomérat, semblable au pouddingue de la Malogne. Les nodules, comme en Hesbaye, sont accompagnés de coquillages parfaitement conservés; on y trouve aussi des fragments de bois, des fruits de conifères, des dents de squale, des crustacés, des fragments d'os de poissons ou de sauriens.

Les fossiles, comme les nodules libres ou empâtés, ont la même composition chimique.

La densité de ces nodules, bien nettoyés, varie de 1,80 à 2,90.

Le mètre cube pèse de 1,350 à 1,600 kil. Les nodules de la *gaize* sont plus lourds.

Ils sont poreux et friables. Comme les phosphates de la Hesbaye, lorsqu'ils ont été exposés à l'air pendant quelques mois, ils se désagrègent avec plus de facilité que quand ils sortent de la carrière ; ce phénomène peut s'expliquer par la décomposition de la matière organique qui entre dans leur constitution.

Dans le département de l'Ain, dans les environs de Bellegarde, l'étage albien est particulièrement riche en phosphate de chaux. Le *gault*, dans ce bassin, présente trois couches de nodules représentant une puissance utile de 1ᵐ80. Le phosphate de chaux est pour ainsi dire exclusivement représenté par les moules des fossiles qui entrent pour 25 à 30 % dans la composition de la couche.

D'après M. Nivoit, les moules de ces fossiles ont la composition suivante :

	PHOSPHATE CHAUX.	CARBONATE CHAUX.	SABLE VERT.
Oursin de Lancrans . .	70,60	17,40	12,00
Nautile de Mussel . .	65,30	29,60	5,10
Gryphée de Mussel . .	52,00	21,25	23,75
Ammonite de Lancrans.	46,00	22,80	31,00
Inocérame id.	38,25	33,55	28,20

L'exploitation de ce gisement est abandonnée.

La présence des nodules phosphatés de l'étage albien a été reconnue par MM. Lory et de Molon dans d'autres départements : Drôme, Isère, Savoie, Alpes-Maritimes et notamment dans le Gard, où il y a des exploitations ouvertes.

M. Martin a signalé, en 1873, la présence du phosphate dans le Gault, au nord-est de Dijon (Côte-d'Or).

Aptien. — Les minerais de fer exploités autrefois dans les environs de Grand-Pré et de Busavcy (Ardennes françaises) contiennent de 0,40 à 0,70 % d'acide phosphorique.

Néocomien. — En Portugal, dans le district de Leira, à Granja, paroisse de Monte-Reale, on trouve des rognons de phosphate dans la marne encaissant les sables bitumineux qu'on y exploite.

En France, on rencontre dans les départements de la Meuse et la Haute-Marne des minerais de fer phosphoreux que l'on exploite.

L'acide phosphorique de ces minerais n'est pas d'origine sédimentaire. La teneur en acide phosphorique s'élève à 1,32 % dans les nodules de fer carbonaté qui se rencontrent à la base des gisements de la Meuse.

On signale aussi dans l'Aube, à Fouchères, la présence d'un minerai de fer très riche en acide phosphorique (16 %) disséminé au milieu des sables ligniteux.

Dans les départements de l'Isère et de la Drôme, M. Lory a signalé dans le néocomien la présence d'une petite couche glauconieuse avec nodules de phosphate.

Dans le Gard, on a découvert dans les communes de Lirac et de Havel, dans des fissures du terrain néocomien, des importants amas de phosphate de chaux. Les gisements de Lirac sont renfermés dans les calcaires blancs de l'étage supérieur du néocomien. A Havel, ceux que l'on exploite actuellement se trouvent à un niveau supérieur.

Le phosphate forme le remplissage des cassures qui existaient préalablement dans les calcaires néocomiens et est accompagné de sables argileux, de calcaires et de débris de polypiers. Le phosphate s'est ainsi répandu à travers les joints de stratification et relie les diverses cassures entre elles.

M. Castelnau donne la description suivante de ces phosphates du Gard :

Ils se présentent tantôt sous la forme concrétionnée, tantôt en placages minces, à pâte fine et homogène, blanchâtre ou jaune clair ; tantôt ces placages alternent de couleur ; le titre de ces phosphates est très variable : la moyenne est d'environ 60 %, mais certains dépassent même parfois 80 %.

Cette exploitation était assez active il y a quelques années.

Série Jurassique.

Période oolithique.

En Russie, M. Yermolow a reconnu l'existence de phosphate noduleux dans une argile grisâtre du district de Sergacht (province de Nijni-Novogorod); seulement, le niveau géologique de cette argile n'est pas déterminé.

KIMMÉRIDGIEN. — En certains points de l'Angleterre, dans le Kimméridgien, on rencontre des moules de chambres d'ammonites contenant de 20 à 30 % de phosphate de chaux.

En France, dans le Calvados, à Villerville, MM. Brylinski et Lionnet ont constaté dans cet étage la présence de nodules phosphatés.

CORALLIEN. — Dans le corallien de Solenhofen, en Bavière, on a rencontré quelques concrétions phosphatées.

OXFORDIEN. — En France, dans le département de la Nièvre, on trouve, dans la partie supérieure de l'oxfordien, une couche de 0m20 à 0m30 d'argile gris verdâtre fossilifère empâtant des rognons très nombreux de calcaire phosphaté; la teneur en phosphate de ces rognons varie de 28 à 30 % de phosphate. Ils sont formés de débris fossiles roulés et détériorés. On peut observer ces nodules au village de Four-de-Vaux, sur la route de Paris. La couche est recouverte par l'*oolithe ferrugineuse.*

Dans le Cher, on trouve des fossiles phosphatés au niveau même de l'oolithe ferrugineuse. Ces fossiles ressemblent à ceux du gault. Leur titre en phosphate varie de 50 à 55 %.

On trouve aussi dans l'oxfordien français des amas de phosphate qui sont déposés dans les crevasses du calcaire. Les gisements les plus importants sont ceux du Quercy ; ils ont été découverts en 1865 par M. Poumarède; ils sont très nombreux, mais malheureusement irréguliers ; ils s'étendent dans les départements du Lot, de l'Aveyron et du Tarn-et-Garonne. C'est dans les environs de Limognes, de Larnagol, de Caylus, que sont ouvertes les exploitations les plus importantes.

Le phosphate du Quercy est amorphe et concrétionné ; il a quelquefois la structure de l'agate ou du quartz résinite ; il est le plus souvent de couleur jaune, rougeâtre ou brun, bleu ou noir ; il est associé au carbonate de chaux et aux oxydes de fer et de manganèse.

Il se trouve parfois dans des poches qui peuvent produire 20,000 mètres cubes de phosphate ; dans ces poches, le phosphate est parfois accompagné d'une argile rougeâtre, plus ou moins chargée de phosphate de chaux. Le titre de ces gisements varie de 30 à 80 %.

Voici, d'après M. Nivoit, la composition d'un échantillon représentant à peu près la moyenne des gisements :

<pre>
Eau   5,31
Acide phosphorique   35,33
Chaux   48,72
Magnésie   0,08
Oxyde de fer . . . .   2,24)
   »   d'aluminium   . . . . .   2,78 } 5,02
Acide carbonique . . . . . .   3,42)
Silice et résidu insoluble. . . .   2,12
</pre>

Total . . . 100,00

Phosphate de chaux tribasique correspondant : 77,13.

Les gisements du Quercy ne paraissent pas appelés à un grand avenir. Leur étendue est d'environ 320 kilomètres carrés.

Dans le département de l'Hérault, près de la ville de Cette, il existe un gisement de phosphate de chaux qui a beaucoup d'analogie avec celui du Quercy. Les poches, crevasses ou fissures de remplissage sont quelquefois assez volumineuses pour donner lieu à une exploitation avantageuse ; le phosphate est généralement massif, assez dense, et disposé en couches concentriques affectant la forme rubannée ; rarement, il est terreux. La teneur en phosphate varie de 40 à 70 %.

M. Aguillon a trouvé dans les fissures du calcaire oxfordien, entre Frontignan et la montagne de la Gardelle, une masse argilo-calcaire, parfois ocreuse, contenant quelques nodules de fer hydroxydé et des rognons de phosphate ; la richesse de ceux-ci varie de 30 à 60 % de phosphate tribasique.

En Allemagne, on trouve, dans l'oxfordien inférieur, une zone riche de phosphate s'étendant dans la Franconie, le Wurtemberg, le Grand-Duché de Bade, l'Allgau, le Brunswick, etc., et jusque dans l'Himalaya ; ces nodules sont généralement disséminés dans une couche d'argile ; ils sont parfois assez nombreux pour permettre une exploitation avantageuse ; souvent le phosphate est associé à du minerai de fer et donne la vivianite et le cakoxène.

Cette matière phosphatée a été reconnue dans les environs d'Amberg, où elle forme une couche très irrégulière variant de 0ᵐ50 à 2ᵐ50. Ce phosphate contient jusque 44 % d'acide phosphorique. Certains minéralogistes lui ont donné le nom d'*ostéolite*, à cause de sa ressemblance d'aspect avec l'ivoire.

Cette matière parait avoir une origine geysérienne et, par

conséquent, toute différente de celle de la zone à *ammonites ornatus* de l'oxfordien inférieur.

BAJOCIEN. — L'étage bajocien de l'oolithique contient, dans le Calvados, un gisement assez étendu de phosphate de chaux ; il a été reconnu par MM. de Molon et Guillère dans un grand nombre de carrières et surtout dans celle de St-Vigo-le-Grand. Au-dessus de la *mâlière* (bajocien inférieur), se trouve un banc de phosphate de chaux ayant à peu près l'aspect du *tun* de la craie de Lille ; son épaisseur varie de 0^m15 à 0^m25. Au-dessus de ce banc, à la base de l'oolithe ferrugineuse, vient une couche de nodules d'une épaisseur de 0^m10 à 0^m15 La teneur de ces nodules n'est pas très élevée : elle dépasse rarement 35 %.

Dans l'Anjou, M. Dufet a observé à St-Maur, près d'Angers, une veine phosphatée verticale encaissée dans l'étage bajocien. Cette veine semble résulter d'une infiltration de phosphate de sables cénomaniens qui auraient rempli une crevasse du bajocien.

Période Liasique.

Après le terrain crétacé, c'est le liasique qui nous donne le plus de roches phosphatées ; non seulement on y rencontre le phosphate à l'état de couches régulières, mais on y rencontre l'acide phosphorique uni à la plupart des roches constituantes et surtout aux minerais de fer.

TOARCIEN. — M. Nivoit a découvert des rognons de phosphate dans la marne toarcienne des Ardennes, à Frenoy et à Petit-Verneuil.

On rencontre aussi, dans la roche métamorphique de Thetlaud, du minerai de fer contenant jusque 2 % d'acide phosphorique.

M. Janel, membre de la Société géologique de Belgique, a révélé la présence de nodules phosphatés dans la *marne de Grandcourt*, près de Virton. Le titre de ces nodules varie de 37 à 61 % de phosphate (analyse Petermann).

LIASIEN. — M. Janel a aussi découvert des nodules phosphatés dans le *macigno ferrugineux d'Aubange*. Le titre de ces nodules varie de 18 à 58 % de phosphate (analyse Petermann).

M. Nivoit a remarqué des rognons de phosphate de chaux dans le *calcaire ferrugineux de Pont-Maugis* et dans le *cal-*

caire marneux à belemnites clavatus, à Mohon et à Margut, dans le *calcaire sableux à gryphea cymbium*, à Mézières et à Moiry.

En Franconie et en Souabe, M. Gümbel a signalé la présence du phosphate de chaux à l'état noduleux dans le liasien. Des moules de fossiles ont donné jusque 40 à 45 % d'acide phosphorique. Ces phosphates n'ont pas suffisamment d'importance pour être exploités.

Sinémurien. — On observe dans le calcaire à *gryphés arqués*, dans le canton de St-Nicolas (Meurthe-et-Moselle), des taches grisâtres dans lesquelles la teneur en acide phosphorique atteint parfois 3 %.

On trouve dans la Côte-d'Or, dans la vallée de l'Auxois, du phosphate noduleux qui fait l'objet d'une exploitation.

Ce phosphate est de faible densité; sa cassure est mouchetée de gris avec quelques veinules noirâtres. La grosseur des nodules varie entre celle du poing et celle d'une noix. On les trouve à une profondeur de un à deux mètres. Ces nodules sont parfois empâtés dans du calcaire compact. L'épaisseur de la couche de phosphate varie de 0^m05 à 0^m40 ; épaisseur moyenne, 0^m12.

Le rendement en nodules après lavage est de 150 à 200 tonnes à l'hectare, titrant de 60 à 65 % de phosphate et 7 à 10 % de fer et d'alumine.

Le gisement s'étend sous les communes de Sémur, Epoisses, Aisy, Meilly, Mimeur, Musigny, Torcy, etc.

Hettangien. — M. Nivoit a trouvé des rognons de phosphate dans les marnes et calcaires *à Montlivaultia*, dans les villages d'Aiglemont et de St-Menges (Ardennes françaises).

Rhétien. — Des nodules blancs de phosphate sont signalés aux environs de Sémur, dans le liasique inférieur de la Côte-d'Or. Ces nodules sont disséminés en couches plus ou moins régulières de 5 à 45 centimètres d'épaisseur dans une argile ocreuse. Ils sont exploités depuis 1876.

D'après M. Collenaut, ils proviendraient, de même que l'argile dans laquelle ils sont noyés, de la dissolution des roches liasiques sous-jacentes.

Le rhétien anglais ou *bone-bed* est riche en débris de sauriens et de nombreux coprolithes. Ces ossements sont susceptibles d'exploitation.

Nous rencontrons ces mêmes couches sur le continent, dans le Cavaldos, dans le Jura, en Bourgogne, en Savoie, dans le Wurtemberg, en Souabe, etc.

Période Triasique.

KEUPÉRIEN. — Dans les calcaires et dolomies qui sont imprégnés de cinabre du gisement célèbre d'Idria, en Carniolles (Autriche), on rencontre des nodules noirs qui contiennent 40 °/₀ de fluophosphate de chaux (Berthier).

FRANCONIEN. — La présence des nodules phosphatés a été signalée près de Draguignan, dans le *muschelkalk*. Le titre de ces nodules varie de 40 à 45 °/₀ de phosphate.

VOSGIEN. — On trouve également des nodules phosphatés dans les *grès bigarrés* du Var, près de Roquebrune, Puget, Fréjus.

TERRAINS PRIMAIRES.

Permo-carbonifère

HOUILLER. — M. Dewalque, professeur à l'Université de Liége, a signalé la présence de concrétions phosphatées assez volumineuses, disséminées à la partie supérieure des argiles qui accompagnent les minerais de fer de Ramelot; ces concrétions seraient d'origine geysérienne et se seraient formées à l'époque crétacée; elles ne sont pas assez nombreuses pour donner lieu à une exploitation; leur titre en phosphate varierait de 65 à 70 °/₀.

M. de Thier a trouvé à Balen (Liége) un gisement analogue dans un dépôt ferrugineux au contact du calcaire condrusien. Le titre de ces concrétions est de 70 °/₀.

Dans le bassin de la Rhur, en Westphalie, on a découvert un gisement de phosphate assez important pour être exploité; le phosphate est à l'état de rognons noirâtres appelés *nieren packen* disséminés dans des argiles schisteuses correspondant au même niveau géologique que le minerai de fer houiller.

M. Panescorse a trouvé des nodules phosphatés dans le *grès houiller* du Var.

M. Berthier a signalé la présence de rognons phosphatés terreux noirâtres dans les argiles du terrain houiller de Fins (Allier). Le fer carbonaté lithoïde qui les accompagne est lui-même chargé d'acide phosphorique. Ces rognons titrent de 55 à 65 % de phosphate.

Il existe dans les environs de Noyant, Messarges, Souvigny (Allier), un calcaire gris, compact, alternant avec des schistes argileux et bitumineux. Ce calcaire est rempli de débris d'animaux; il titre de 3 à 7,50 % de phosphate.

On a découvert à Visé (Belgique) du phosphate de fer dans une roche phtanitique.

ANTHRACIFÈRE. — En Angleterre, à Burdi-House, près d'Edimbourg, on a rencontré dans le calcaire des concrétions de phosphate regardées comme coprolithes.

Dévonien.

Dans le Nassau, sur les bords de Lahn et de la Dille, on a découvert, dans le dévonien, des amas de phosphate susceptibles d'exploitation. Le phosphate se présente en rognons disséminés dans un dépôt argileux qui repose sur la dolomie ou sur les calcaires dévoniens; parfois aussi, cette substance phosphatée forme le ciment de certaines brèches. Sa teneur en phosphate varie de 60 à 70 %.

Ce dépôt semble appartenir au terrain tertiaire.

La teneur en fluor de ces phosphates est assez élevée et varie de 3 à 5 %.

La teneur en fer et alumine est relativement élevée : 4 à 8 %.

En Russie, dans le gouvernement de Novgorod, existe des traces abondantes d'une roche calcareuse dévonienne, formée par l'agglomération de débris fossiles et donnant à l'analyse de 5 à 25 % de phosphate de chaux. Cette roche est trop pauvre pour être exploitée industriellement, mais elle est utilisée par les cultivateurs du pays.

Dans l'*eifeilien* de l'assise dévonienne, on trouve, aux environs de Vireux-Molhain (Ardennes), de rares petits nodules gris pâle qui dosent environ 15 % de phosphate. Les *trilobites* de cette assise sont partiellement transformés en phosphate.

Silurien.

Au Canada, on a trouvé, à l'étage inférieur de ce terrain, des nodules et des coquilles contenant du phosphate de chaux.

En Russie, M. Yermolow signale la présence d'amas de coquilles et de concrétions phosphatées dans le *grès silurien* du gouvernement de St-Pétersbourg, près de Yambourg. Le titre de ces amas varie de 25 à 30 % de phosphate.

On a aussi rencontré, dans les schistes siluriens de la Podolie, des nodules sphériques fluophosphatés ; ils sont bruns ou noirâtres, à structure fibreuse, quelquefois ils sont creux, tantôt ils sont remplis par une matière terreuse ou par du carbonate de chaux ; leur diamètre varie de 2 à 18 centimètres.

En Angleterre, dans la partie septentrionale du pays de Galles, près de Llanfyllin, on exploite une couche de phosphate sur une étendue considérable; son épaisseur est de 0^{m}25 à 0^{m}45; elle est formée de concrétions, variant de la grosseur d'un œuf à celle d'une noix de coco, colorées en noir par du graphite. Le ciment qui réunit ces concrétions est aussi phosphaté. L'ensemble de la couche titre de 45 à 65 % de phosphate ; elle repose sur du calcaire qui, lui-même, est fortement phosphaté.

En France, on rencontre des nodules de phosphate épars dans les couches à *calymènes*, à Angers, aux environs de Mont-belle entre Hyères et Pierrefeu (département du Var).

Cambrien.

En Angleterre, dans le pays de Galles, on rencontre dans le terrain cambrien des fossiles représentés surtout par des *trilobites*; certaines couches contiennent jusque 10 % de phosphate de chaux et partout où elles affleurent, le sol est excessivement fertile.

Le cambrien de France et de Belgique est représenté par des *quartzites* et des *phyllades* qui n'accusent que 0,0045 à 0,020 de phosphate.

Les roches cristallisées, telles que les *porphyres* et les *diorites* qui sont intercalées entre ces couches sont plus riches ; elles contiennent de 0,35 à 0,70 de phosphate. En Belgique, dans les schistes cristallins du système salmien, on a trouvé, aux environs de Salm-Château, de petits grains d'apatite cristallisés et de quelques autres minerais phosphatés.

TERRAINS PRIMITIFS.

Dans le Nord de l'Amérique, au Canada, la période laurentienne qui se distingue par la formation du gneiss composé de pyroxène, de calcite, d'hornblende, de mica, de quartz, d'orthoclase, de spath-fluor, entremêlés plus ou moins d'apatite, de pyrite, de graphite, d'épidote, d'idocrase, de tourmaline, etc., etc.

Les deux districts dans lesquels l'apatite est exploitable comprennent Ottawa et County, dans la province de Québec : Leeds, Hanark, Frontenac, Addington, Renfrew, Countis, dans la province d'Ontario.

La composition de ces apatites est très variable.

Les principales mines de phosphate du Canada sont localisées là où se rencontre surtout le pyroxène ; l'apatite prédomine dans les affleurements ; on a remarqué que quand cette roche pyroxène, contenant de l'apatite, était associée soit au feldspath, au mica ou à la pyrite, la présence de l'apatite était régulière. Les phosphates du Canada, qui nous sont venus en Europe depuis quelques années, proviennent en grande partie des mines du comté d'Otawa, qui est arrosé par le fleuve Lievres River.

Il existe en Norwège, aux environs de Langerund, des filons d'apatite alliés à des minerais de fer. La teneur en apatite varie de 0 à 60 % d'apatite. L'apatite titre de 85 à 90 % de phosphate tribasique.

M. Reydellet a signalé, en 1873, la présence de la phosphorite à Belmez (Sierra Palacio, Espagne).

Cette phosphorite se trouve en filons ; elle serait formée par des eaux minérales.

M. de Luna a signalé la présence de l'apatite à Jumilla (province de Murcie, Espagne)

On trouve aussi à Cacérès du phosphate en filons généralement bien caractérisés, quelquefois en amas dans le granit et dans les terrains de transition.

Le phosphate s'y trouve à l'état d'apatite et à l'état de phosphorite.

Le titre de ces phosphates varie de 40 à 90 $^o/_o$.

Cette mine est aujourd'hui abandonnée.

Ce dernier gisement se retrouve dans l'Estramadure portugaise à Portalegre et à Morvao.

Des filons de phosphate ont été rencontrés aux environs d'Aïn Rebira et de Nedroma (province d'Oran, Algérie).

	Primaire				Secondaire			Tertiaire					Quaternaire		ÈRE
Cambrien	Silurien	Dévonien (Inférieur, Moyen, Supér')	Carboniférien	Triasique	Jurassique (Liasique, Oolithique)	Crétacé (Inférieur, Supérieur)		Paléocène	Éocène	Oligocène	Miocène	Pliocène	Quaternaire ancien ou diluvien	Quaternaire supérieur	ÉPOQUE / ÉTAGE
Cambrien	Silurien	Dévonien	Permocarbonifère	Triasique	Jurassique	Crétacé			Éocène		Miocène	Pliocène			SYSTÈME
Règne des poissons		Règne des Labyrinthodontes		Règne des Sauriens		Règne des Dinosauriens	Règne des Oiseaux reptiliens	Règne des Mammifères							VERTÉBRÉS
Règne des trilobites		Règne des ammonites, bellemnites, brachiopodes			Céphalopodes à tours déroulés et roulés			Gastéropodes et céphalopodes							INVERTÉBRÉS

Adoptée par M. de LAPPARENT.

OBSERVATIONS.

Dans les deux classifications, la division des systèmes et des étages n'est pas toujours en parfaite concordance.
Certains systèmes et certains étages ont été subdivisés, d'autres font défaut.
La première de ces classifications se rapporte tout spécialement à la géologie de la Belgique.
La seconde est plus générale.

CLASSIFICATION DES TERRAINS

ÈRE.	Adoptée par le Conseil de direction de la carte géologique de Belgique.		Adoptée par M. de LAPPARENT.				OBSERVATIONS.
	Système	ÉTAGE.	SYSTÈME.	ÉTAGE.	VERTÉBRÉS.	INVERTÉBRÉS.	
Quaternaire.	Quaternaire supérieur	Alluvions et Argiles? Tuts ? tf Tourbe ? t Dunes ? u Eboulis ? e		Tourbe. Renne.	Apparition de l'homme. Extinction des grands proboscidiens.	Faune actuelle.	
	Quaternaire inférieur ou diluvien.	Flandrien ? Q1 Hesbayen ? Q3 Campinien ? Q. Moséen ? Q1		Elephas primigenius. Id. antiquus			
	Plio-cène.	Scaldisien Sc Diestien D	Pliocène.	Astien. Messinien.	Proboscidiens.	Nassa. Pectunculus Pecten.	
	Mio-cène.	Boldérien ou Anversien. ?	Miocène.	Tortonien. Helvétien. Mayencien. Aquitanien. Tongrien.	Squales. Cétacés. Ruminants	Clypeaster. Scutella. Pyrula. Voluta. Murex.	
	Oligocène	oligocène Oligocène O ld. moyen Rupelien R ld. infér Tongrien Tg					

Notes marginales (verticales) : …mmifères. — …céphalés. — …ncordance.

CHAPITRE V

EXPLOITATION

PREMIÈRE PARTIE

SONDAGES

Avant de faire l'achat d'une concession phosphatée, on procède à sa reconnaissance.

Celle-ci se fait par sondages, ou par puits.

Les sondages consistent à percer les terrains recouvrant le phosphate et à prendre des échantillons de la matière phosphatée.

Le trou que l'on fore au travers des terres de recouvrement a généralement un diamètre de 0^m04 à 0^m07.

Les outils employés pour faire des sondages sont assez nombreux, suivant les difficultés que l'on rencontre :

1° La sonde la plus simple est *la tige d'acier* (fig. 1).

Elle a été surtout utilisée en Floride pour reconnaître la présence des bowlders; on s'en est servi aussi dans la Somme pour déterminer l'emplacement et le volume des poches.

2° Lorsque l'on veut retirer un échantillon de phosphate, la tige d'acier est terminée par une partie semi-cylindrique : c'est *la tarrière* (fig. 2).

Lorsque les terrains à sonder ne se laissent pas traverser par la tarrière, on a recours à des outils un peu plus compliqués.

3° *Le tire-bouchon* formé d'une lame d'acier ayant une forme héliçoïdale (fig. 3).

Il sert surtout à traverser les argiles dures.

4° *Le bonnet de prêtre* (fig. 4) est une tige d'acier dont la partie travaillante est une pyramide quadrangulaire légèrement évidée sur ses faces.

5° *La lance* est une tige d'acier terminée en forme de lance dont les arêtes sont un peu contournées dans le sens de la rotation du système (fig. 5) *a*, *b*.

6° *La louche* est un cylindre ouvert et légèrement fermé à sa base (fig. 6) *a*, *b*, *c*.

Ces divers outils trouvent leur emploi suivant la nature des terrains à traverser.

Lorsque ceux-ci ont une épaisseur supérieure à 2 ou 3 mètres, la tige est formée de plusieurs tronçons s'emboîtant l'un dans l'autre ; ils sont à *bout mâle* d'un côté et à *bout femelle* de l'autre (fig. 7).

Le pas de vis de ces tiges est sens inverse du mouvement de rotation dont sera animé le système de sonde.

Ces tiges sont carrées ou sont pourvues d'une partie carrée pour pouvoir retenir la ligne de tige pendant le vissage d'une tige nouvelle.

Pour le vissage ou le dévissage, on se sert de clefs spéciales (fig. 8) *a*, *b*, *c*.

Cette ligne de tiges est souvent guidée à sa partie supérieure par un trépied (fig. 9) ; elle se termine par une *tête de sonde* traversée par un gros bâton (fig. 10).

Quand on rencontre un banc de silex de peu d'épaisseur, on peut le désagréger par l'emploi d'un explosif que l'on descend au fond du trou de sonde.

Lorsque les terrains à traverser sont formés de sables mouvants, on est obligé de tuber le trou de sonde ; pour cela on y descend un tube en fer ou en zinc que l'on enfonce jusqu'à refus ; alors on continue ce travail en employant des outils d'un diamètre tel qu'ils puissent passer dans les tubes.

Quand les terrains de recouvrement sont très durs, silexéfères, par exemple, on est obligé de creuser des puits.

Ces puits de recherche ont de 0^{m}80 à 1^{m}20 de diamètre ; ils sont boisés si le terrain n'est pas suffisamment résistant ; ils permettent mieux que les sondages de faire l'exploration et la reconnaissance des gisements de phosphate.

On ne peut dire *a priori* quel est le nombre de trous de sonde à faire ou de puits à creuser pour reconnaître un terrain phosphaté.

Ce nombre dépend du mode d'achat de la matière phosphatée et surtout de la nature du gisement.

Nous ne pouvons trop engager les industriels à s'entourer de toutes les précautions possibles dans la reconnaissance d'un terrain phosphaté; la prise d'échantillons et l'examen de la couche ne peuvent être abandonnés qu'à son *factotum*.

Lorsque l'on fait l'exploration d'un gisement par des puits, il est bon de continuer ces recherches par le creusement de galeries dans des directions bien déterminées; par l'examen de celles-ci, on peut se rendre compte de l'allure, de la puissance et de la richesse probables de la couche.

Quand le minerai forme des poches irrégulières, disséminées dans le sol, on procède à leur reconnaissance par sondage et par puits.

Si l'on a rencontré la roche utile, on creuse en ce point un puits pour la reconnaître.

CHAPITRE V

EXPLOITATION

DEUXIÈME PARTIE

EXPLOITATION PROPREMENT DITE

L'exploitation des produits phosphatés se fait de différentes manières, suivant la nature, la situation, la disposition et la composition du gisement.

Deux genres d'exploitation sont en usage suivant la disposition du gisement.

L'exploitation à ciel ouvert et l'exploitation souterraine.

1° EXPLOITATION A CIEL OUVERT.

Si l'on rencontre le produit phosphaté à une profondeur en dessous de 4 à 7 mètres, l'exploitation se fait à *ciel ouvert* (fig. 11). Celle-ci est on ne peut plus simple : on enlève les terres de recouvrement lorsqu'il y en a et le produit est chargé généralement dans des wagonnets roulant sur rails, qui sont ensuite conduits à l'usine de traitement. Lorsque le minerai ne se laisse pas entailler par le pic, on le divise par l'emploi d'explosifs; tel est le cas pour la craie grise.

Quand le minerai phosphaté est recouvert de terrains livrés à la culture, on a soin de remettre toujours la terre arable au-dessus du terrain fouillé.

Pour ce genre d'exploitation, on emploie le plus souvent la pelle (fig. 12), l'escoupe (fig. 13) et la brouette (fig. 14).

Le transport des déblais se fait parfois au moyen d'un *transporteur* formé d'une chaine sans fin avec palettes en tôles d'acier courant dans une auge en tôle ou en bois (fig. 15) Les terres sont jetées directement dans l'auge et sont ainsi transportées mécaniquement. On peut se servir aussi de transporteur à courroie.

Lorsque les terrains de recouvrement ne sont pas trop compacts et qu'ils sont dépourvus de silex, ils peuvent aussi être détachés et enlevés mécaniquement; on fait alors usage de l'*excavatrice* (fig. 16).

Celle-ci se compose d'une locomotive portant latéralement une forte chaîne à godets que l'on élève et que l'on abaisse à volonté. Les déblais sont rejetés dans des wagons placés sur une voie latérale. Si le terrain est trop compact, les godets sont ornés de dents d'acier pour en retarder autant que possible leur destruction.

Cet appareil donne un effet utile considérable.

Dans certaines exploitations de la Floride, le transport des terres et du phosphate de la carrière aux dépôts se fait de la façon suivante :

La matière est chargée dans des baquets en tôle de 300 à 400 litres. Ils sont retirés de la carrière et conduits aux dépôts de terre par un chemin de fer aérien (fig. 17).

Le bac B étant rempli est attaché au crochet du palan P, puis est remonté verticalement hors de la carrière par un câble C s'enroulant sur un tambour du treuil T.

Quand le bac est à la hauteur voulue, par l'enroulement d'une seconde corde C' sur un autre tambour du treuil, il chemine vers un ponton A qui porte un système de voies ferrées. Là il est déversé dans des wagonnets qui sont dirigés vers l'usine ou vers les dépôts de terre.

La corde C' va d'un chevalet à l'autre de façon à permettre le transport aérien dans les deux sens.

L'extraction des *phosphates de rivière* se fait de la même façon que le dragage des cailloux roulés dans le lit de la Meuse.

On opère ainsi :

Un bateau-dragueur (fig. 18) est ancré au milieu de la rivière. La chaîne à godets ramène les nodules de phosphate, le sable et l'argile qui les accompagnent, puis les rejette sur une grille G inclinée, installée sur le bateau même et de façon à rejeter le refus de la grille, c'est-à-dire les nodules, dans des bateaux plats appelés *barges*, amarrés près du dragueur.

L'eau, l'argile et le sable passent au travers de la grille et retournent dans la rivière.

La chaîne dragueuse est quelquefois remplacée par une

pompe centrifuge P (fig. 19), construite de façon à pouvoir aspirer tout ce qui se trouve dans le lit de la rivière.

Le tuyau d'aspiration A de la pompe centrifuge P est relevé ou abaissé au moyen d'un treuil T placé sur le bateau (fig. 19bis).

L'effet utile de ces deux appareils est considérable; aussi le coût d'extraction des *phosphates de rivière* est inférieur à celui des *phosphates de terre*.

Un fait à remarquer, c'est que, dans les exploitations à ciel ouvert d'Europe, on ne met guère à contribution les moyens techniques que nous donne l'industrie; on ne fait usage, pour ainsi dire, que de la force musculaire de l'homme.

2° EXPLOITATION SOUTERRAINE.

L'exploitation souterraine n'est avantageuse que pour autant que les frais d'enlèvement de terrains de recouvrement et la redevance payée au propriétaire du terrain pour privation de jouissance soient plus élevés que ceux nécessités par le creusement de puits et de galeries, le boisage, l'éclairage, l'aérage et la surveillance des travaux souterrains.

Le mode d'exploitation dépend des circonstances locales, de la nature des terrains de recouvrement, de leur épaisseur, du taux de l'indemnité à payer au propriétaire du sol, du prix des bois de mine, etc.

L'exploitation souterraine se fait de deux façons différentes, suivant qu'on utilise exclusivement la force musculaire de l'homme, ou qu'on emploie des moyens mécaniques.

L'exploitation mécanique n'est possible que dans les conditions suivantes :

1° Le champ d'exploitation doit être assez vaste pour couvrir largement les frais de premier établissement par une diminution du prix de revient.

2° L'allure des couches de phosphate doit permettre l'établissement d'un système de galeries horizontales pour ramener la matière utile par voie ferrée au puits d'extraction.

A. Exploitation se faisant exclusivement par le bras de l'homme.

Elle est surtout en usage pour l'extraction des phosphates noduleux des Ardennes, du Boulonnais et de la Hesbaye.

Pour cela, on divise le terrain en parties rectangulaires

égales et contiguës et on exploite chacune d'elles au moyen d'un puits creusé au centre; généralement, ces puits sont à section carrée de 0^m85 à 1 mètre de côté ; ils sont garnis sur toute leur hauteur d'un boisage.

Dans notre pays, l'administration des mines exige que deux puits au moins soient en communication avant de faire toute exploitation et que l'un d'eux soit pourvu d'échelles.

Cette exigence a pour but de produire un aérage convenable dans la mine ; en second lieu, dans le cas d'éboulement à l'un des puits, il en existe toujours un pour la remonte des ouvriers ; de sorte que chaque exploitation possède un puits d'extraction et un puits de retour d'air.

D'autre part, la présence de l'acide carbonique dans la craie blanche de Hesbaye rend l'aérage des exploitations de phosphate assez difficile ; c'est pourquoi il est toujours nécessaire d'avoir deux puits en communication.

Le matériel de chaque puits est très simple : il se compose d'un *treuil à bras* (fig. 20) qu'on emploie à descendre et à remonter des paniers en osier, et mieux en tôle, dans lesquels on place le phosphate et parfois les déblais.

Dans les mines du Boulonnais, l'exploitation se fait par un seul puits ; pour produire l'aérage, on dispose dans le puits un tube ou conduit en bois descendant jusqu'à l'entrée des galeries et servant à la ventilation des travaux. Ce conduit, dont la section est carrée, s'élève à une certaine hauteur au-desssus de l'orifice du puits (fig. 21) ; quelquefois, il est terminé par un pavillon mobile, de façon à pouvoir le placer dans la direction du vent.

L'air froid et sec descend par le tube et refoule l'air chaud et humide de la mine.

Quelquefois, ce procédé est insuffisant ; on allume alors au bas du puits un feu dans un petit poêle dont on fait pénétrer le tuyau dans un conduit en bois, ou mieux en tôle ; alors le courant d'air est renversé, l'air chaud et humide monte par le conduit en tôle. Parfois aussi, ce poêle est placé à la surface. Ce premier mode d'aérage employé dans le Boulonnais est aussi en usage dans le bassin de Liége, mais pour les travaux de recherches seulement.

Les dimensions du rectangle afférent à un puits d'extraction varie, suivant les conditions locales, de 25 à 30 mètres dans le sens de la galerie principale, et de 25 à 40 mètres perpendiculairement à cette galerie.

Le creusement des puits se fait sans grande difficulté on les boise au fur et à mesure de l'approfondissement. Ils sont faits à peu de frais : le coût au mètre de profondeur varie de 5 à 6 francs.

Le boisage est formé d'une série d'encadrements distants d'un mètre environ les uns des autres ; des planches jointives, placées derrière ces encadrements, recouvrent les parois du puits.

Les encadrements se composent de quatre étançons en sapin de 8 à 12 centimètres de diamètre.

Le creusement des puits est arrêté de 0^m40 à 0^m50 en-dessous de la couche de phosphate.

On crée alors la galerie principale A B (fig. 22) réunissant le puits n° 1 au puits n° 2 ; cette galerie a généralement $1^m \times 1^m$. A égale distance des deux puits, on creuse la première galerie secondaire de $0^m80 \times 1^m00$ perpendiculairement à la galerie principale. Lorsque le mineur est entré de 0^m50 dans celle-ci, il ouvre une taille de chaque côté de sa galerie ; le front de taille a généralement 3 à 1^m50 de largeur. Lorsque l'allure de la couche et la nature du terrain de recouvrement le permettent, il faut prendre la plus grande largeur de taille possible.

Le boisage de la galerie principale et des galeries secondaires se fait avec des cadres (fig. 21 et 23) formés de pièces de sapin ou autre essence de 0^m08 à 0^m14 de diamètre, suivant les circonstances. Ces cadres sont réunis par des rondins, appelés *ralles* W dans le bassin de Liége, de 0^m03 à 0^m06 de diamètre ; elles sont recouvertes de branchages de bouleau, appelés *reloules* V dans le pays de Liége.

La nappe de terrain en contact avec la base de la couche de phosphate porte le nom de *mur* Z et la nappe touchant la partie supérieure le nom de *toit* T. Lorsque le toit de la couche est suffisamment compact, il est inutile de boiser les tailles ; mais, pour écarter tout danger, on y place souvent quelques pieds droits B, appelés *bois de taille* ; ils ont 0^m05 à 0^m08 de diamètre et comme longueur la distance entre le mur et le toit, c'est-à-dire l'épaisseur de la couche.

La galerie qui forme le centre de la taille devance toujours celle-ci d'un mètre environ, de façon à se servir des déblais provenant du creusement de la galerie pour le remblayage de la taille.

PLAN D'UNE TAILLE (fig. 23) :

C   Cadre de soutènement ;
aFb   Front de taille ;
B   Bois de taille ;
R   Remblais ;
abcd   est le vide résultant de l'enlèvement du
        phosphate.

Le système que nous venons de décrire est celui suivi dans le bassin de Liége ; dans le Boulonnais, on opère à peu près de la même façon ; seulement, l'épaisseur de la couche de phosphate étant très minime, les tailles deviennent des *recoupes*, c'est-à-dire des galeries boisées perpendiculaires aux galeries secondaires. Ces recoupes ont 2 mètres de large, 3^{m}50 de longueur de chaque côté de la galerie et 0^{m}80 à 1^{m}00 de haut.

Les déblais provenant du creusement des premières galeries sont remontés au jour, et ceux qui fournissent les recoupes servent au remblayage.

M. Olry donne le plan suivant d'une exploitation du Boulonnais (fig. 24) :

P   Puits d'extraction et d'aérage ;
AA'   Galerie principale ;
BB'   1res galeries secondaires creusées ;
1.2.3...1'2'3'... Recoupes ;
DD'   2e galerie secondaire ;
EE'   3e id.
FF'   4e id.

Certains exploitants de phosphates de la Hesbaye, après exploitation d'une certaine partie, font le retrait des bois de galeries. Cette pratique est excessivement dangereuse et devrait être condamnée.

Si le toit de la couche est suffisamment cohérent pour permettre de retirer une partie des bois, ils peuvent, dans ce cas, faire usage de bois de dimensions plus restreintes ; la dépense pour le boisage sera la même et ainsi ils n'iront pas au-devant d'accidents probables.

Pour ce genre d'exploitation, il est évident que les travaux s'exécutent au-dessus du niveau de l'eau ; s'il fallait abaisser le niveau des eaux pour permettre l'exploitation, il faudrait des engins mécaniques.

Dans le mode d'exploitation suivi en Hesbaye, la matière phosphatée est ainsi ramenée au jour :

Le phosphate abattu par l'ouvrier mineur est chargé à la taille dans des paniers en osier ou dans des bacs en tôle qui sont traînés jusqu'au puits. Il ne serait guère possible d'établir une voie ferrée dans les galeries, celles-ci suivent l'allure de la couche.

Les galeries secondaires sont creusées en entaillant tantôt le *toit* ou tantôt le *mur* de la couche, de façon à en redresser les sinuosités; mais, en général, le sol de ces galeries est tellement ondulé qu'on ne peut y installer de voie ferrée.

Le panier de phosphate est amené au pied du puits par un gamin de 14 à 18 ans; il accroche ensuite ce panier à l'un des brins de la corde enroulée sur le treuil (fig. 20).

Le treuil est manœuvré par deux femmes ou mieux par un homme; on amène ainsi le phosphate au jour où on en forme des tas par catégories.

Le hierchage et la remonte au jour du phosphate faits dans ces conditions sont évidemment très coûteux. D'une part, l'effet utile produit par les ouvriers faisant ce travail est très minime et, d'autre part, l'entretien du matériel est très onéreux.

B. Exploitation mécanique.

Les exploitations mécaniques de phosphate sont plus en rapport avec les progrès de l'industrie et permettent de faire l'extraction à un prix inférieur à celui des exploitations faites exclusivement à bras d'homme.

Ce mode d'exploitation n'est en usage :

1° Que là où la couche de phosphate est suffisamment régulière pour permettre l'établissement de voies ferrées au fond de la mine ;

2° Que pour autant que la concession soit assez grande pour compenser, par l'économie à réaliser, les frais de premier établissement qu'exige semblable installation ;

3° Que si l'extraction a une importance telle que les machines soient toujours en mouvement.

Une exploitation mécanique exige, comme travaux de premier établissement : le creusement d'un puits de deux à trois mètres de diamètre pour l'extraction et d'un puits d'un mètre ou plus de diamètre pour l'aérage, d'un bouveau de 1^{m}80 de large sur 1^{m}50 de hauteur sur une longueur de 20 à 30 mètres, à partir du puits et en prolongement, un bouveau ou galerie principale de 1m50 sur 1m50.

Ces dimensions pourraient être restreintes, mais elles sont nécessaires pour permettre à l'ouvrier de donner son maximum de travail avec le moindre effort. Dans une exploitation importante, les dimensions des bouveaux doivent permettre de faire, par cheval, la traction des chariots.

PUITS D'EXTRACTION.

Pour l'emplacement du puits d'extraction, on choisira autant que possible le point le plus élevé et le plus rapproché du centre de la concession.

Le puits étant situé au point le plus élevé, la manœuvre des wagonnets pleins pour la formation des trains sera plus facile ; d'autre part, en cas de grandes pluies, l'inondation des travaux est moins à craindre et, en outre, si on était dans l'obligation de faire une installation de triage sous eau ou d'enrichissement par voie humide, les parties les plus basses de la concession pourraient servir de bassin de décantation.

On doit, d'autre part, choisir pour l'emplacement du puits le point le plus rapproché du centre du terrain à exploiter, pour réduire les distances à parcourir au fond à leur strict nécessaire.

Une autre considération doit entrer en ligne de compte pour faire ce choix, le puits doit rencontrer la couche de phosphate au point le plus bas de la concession pour que toutes les voies de transport soient en pente douce vers lui. Ce n'est donc qu'avec une connaissance parfaite du gisement que l'on veut exploiter que l'on peut, judicieusement, faire ce choix.

Si les terrains traversés en creusant le puits sont compacts et cohérents, un simple revêtement en bois est suffisant ; s'ils sont aquifères et mouvants, le revêtement sera en fonte ou en maçonnerie ; dans tous les cas, la tête du puits est muraillée ; cette maçonnerie sert en même temps de fondation pour le *châssis à molettes* qui surmonte le puits.

Il peut être à section quadrangulaire ou circulaire, la deuxième forme étant celle de plus grande résistance sera préférée.

L'extraction, au lieu de se faire par puits, se fait parfois par *plans inclinés*.

Les wagonnets roulent sur rails et sont attachés au câble

du treuil placé au sommet du plan. Pour éviter les accidents qui pourraient résulter de la rupture d'une chaîne d'attache, les wagonnets portent à l'arrière une fourche qui, en cas de recul, s'arc boute dans le sol et fait stopper le wagonnet. (Disposition d'un plan incliné, fig. 25.)

REVÊTEMENTS.

Le revêtement en bois se compose d'une série de planches jointives, les plus longues possible, retenues tous les mètres par un cercle de fer plat en deux pièces (fig. 26).

Le revêtement en maçonnerie est formé d'un mur d'une à deux briques d'épaisseur avec mortier au ciment (fig. 26bis).

Le revêtement métallique ou *cuvelage* est formé de cylindres en une ou deux pièces ; ils sont reliés entre eux par boulons et cornières (fig. 26ter).

Le creusement du puits et le placement du revêtement peuvent présenter de très grandes difficultés lorsque l'on rencontre des bancs de sables mouvants. L'on fait alors usage du système utilisé dans les mines, dit par *tour pénétrante*. Ce système consiste à creuser la partie supérieure du puits sur un diamètre plus grand que celui assigné jusqu'à ce que l'on rencontre le terrain dont la traversée nécessite l'emploi de la tour ; sur le fond de cette excavation, on élève une tour en maçonnerie destinée à servir de revêtement au puits ; elle est armée à sa base d'un sabot tranchant en fonte ou en tôle ; l'ouvrier puisatier enlève la partie dure du terrain sous le sabot tranchant et provoque ainsi la descente de cette tour.

Ce procédé a été mis en usage dans les environs de Liége pour le creusement des puits des forts de la Meuse.

La maçonnerie est parfois remplacée par un cuvelage en tôle ou en fonte.

Une pompe placée à l'intérieur de la tour refoule les eaux hors du puits.

Les fonçages, à l'aide de l'air comprimé ou à niveau plein, n'ont pas été, jusqu'à présent, que je sache, utilisés pour le creusement de puits devant servir à l'extraction des phosphates.

GUIDONNAGES.

Comme pour l'exploitation des mines de charbon, différents systèmes sont en usage.

Dans les puits, dont les parois sont revêtues de planches, on place, tous les mètres, dans un même plan vertical et dans l'axe du puits, une pièce de bois à section carrée ou rectangulaire de 12 à 15 centimètres, encastrée dans ces parois (fig. 26).

Les deux demi-cercles qui retiennent le revêtement sont boulonnés sur ces traverses. Sur deux faces de ces traverses sont fixés verticalement deux rails de chaque côté servant de guide à la cage.

Ils sont fixés par crampons et par éclisses placés sous le patin du rail (fig. 27).

Ce guidonnage pourrait être fait plus économiquement par l'emploi de *câbles-guides* G tendus fortement par des vis de rappel V (fig. 28).

Dans les puits à revêtement en maçonnerie ou en fonte, les traverses peuvent être en fer.

Généralement le guidonnage se prolonge jusqu'au haut du *châssis à molettes*.

CHÂSSIS A MOLETTES.

Les *châssis à molettes* ou *chevalements* sont construits en fer (fig. 29), en fer et bois et le plus généralement en bois (fig. 30).

Ces derniers sont construits d'ordinaire de la façon suivante: deux châssis horizontaux A et B, de dimensions différentes, sont réunis par quatre montants entretoisés C, D, E, F ; le châssis supérieur est plus petit que l'inférieur.

Sur le châssis supérieur sont placées quatre pièces en bois G, H, I, J, portant les molettes ou poulies à gorge. L'inférieur porte les deux jeux de taquets.

La hauteur d'un châssis à molettes est de quatre mètres au minimum.

TAQUETS.

Les taquets (fig. 31) sont destinés à supporter les cages à la surface et à l'*accrochage*.

Ce sont des appareils très simples ; ils se composent d'ordinaire de deux arbres horizontaux tournant dans des paliers ; sur ces arbres sont placés les taquets qui sont fous en partie sur l'arbre. Ceux-ci portent une rainure r dans laquelle se trouve un bouton b fixé à l'arbre (fig. 31 bis). Les deux arbres sont mus par un même levier ; les taquets, dans leur position naturelle, sont toujours en saillie dans le puits ; pour que la cage puisse descendre, il faut les lever; cette manœuvre se fait par le levier à double action.

CAGES.

Les cages sont généralement à un seul étage et ne contiennent qu'un wagonnet. Elles sont formées de deux châssis en fer à **U** réunis par quatre montants verticaux entretoisés ; sur le châssis inférieur, qui est planchéié, se trouve deux fers **L** pour recevoir le wagonnet ; le supérieur est recouvert d'une tôle formant *parapluie* ; les quatre montants, terminés par un œillet, sont réunis au câble par quatre chaînons (fig. 32).

Pour éviter que les cages *montent à molettes* les guides sont resserrés à la partie supérieure et si, par une fausse manœuvre, elles montaient trop haut, elles se coinceraient entre les guides et s'arrêteraient.

Les cages pourraient être remplacées par des *étriers* auxquels est suspendu le wagonnet (fi. 32 bis) ; un pont mobile est jeté au travers du puits après le passage du chariot pour recevoir celui-ci.

CÂBLES.

Les câbles sont plats ou ronds, en aloës ou en fil d'acier ; ils s'enroulent sur une bobine et se déroulent simultanément sur l'autre. Lorsqu'il y a deux cages et deux bobines, il y a deux câbles distincts.

Lorsque l'enroulement se fait sur un tambour, il n'y a qu'un câble relié par ses extrémités aux deux cages.

Pour les extractions à petite profondeur, sa section est uniforme sur toute sa longueur. Son diamètre est déterminé par la résistance et la traction qu'il a à subir.

MACHINES D'EXTRACTION.

Quatre systèmes sont en usage :

1° Les bobines ou les tambours sont placés directement sur l'arbre moteur de la machine (fig. 33) ; c'est le système le plus en usage dans les charbonnages.

La machine est horizontale à un ou deux cylindres à détente.

Ce système est usité aux exploitations de phosphate de MM. Hardenpont, Maigret et Cie, à St-Symphorien.

2° Il se compose d'un ou de deux tambours (fig. 34 et 35) mus directement par un moteur à vapeur. Le tambour est muni d'un frein. C'est, en un mot, un treuil à vapeur à moteur dépendant.

Ce système était en usage à St-Symphorien, à la Société des Plouto-Phosphates

3° Le treuil est indépendant du moteur à vapeur. Le seul avantage de ce système sur le précédent est de n'avoir qu'une seule machine à vapeur lorsqu'il y a à la tête du puits d'autres appareils que le treuil à commander (fig. 36).

La commande se fait généralement par une locomobile : le travail est transmis par courroies ; la disposition du treuil est telle qu'au repos il fait toujours frein : ainsi le bris d'une courroie ne peut occasionner d'accident.

Ce système est en usage à Fexhe-le-Haut-Clocher.

4° Le moteur est à l'usine centrale et le travail est transmis au treuil, qui se trouve à la tête du puits, par un courant électrique (fig. 37) ; ainsi le treuil peut être déplacé à volonté et la machine motrice reste fixe.

Ce système a été employé par la Société anonyme des Phosphates de Ciply.

EXHAURE.

Certaines exploitations de phosphate riche et surtout celles de craie grise doivent être asséchées.

Des petits fossés se trouvant des deux côtés des galeries amènent les eaux dans un puisard où une pompe les reprend et les refoule au jour.

On emploie divers systèmes de pompe lorsque la hauteur d'aspiration dépasse six mètres environ :

1° La pompe est aspirante et foulante, le moteur qui en est dépendant se trouve au fond de la mine, tel est le système Tangye.

2° Le moteur est au fond de la mine et est indépendant de la pompe qui est commandée par courroie.

3° Le moteur est au jour ; la pompe est alors commandée par maîtresses-tiges ; le système est à deux corps de pompe ; l'arbre récepteur de mouvement porte deux *coudés* communiquant le mouvement aux maîtresses-tiges ; il peut recevoir son mouvement par courroie d'une transmission quelconque ou être mû directement par un moteur à vapeur ou autre.

VENTILATION.

On emploie généralement les mêmes appareils de ventilation que dans les mines de houille, pour autant, bien entendu, que l'étendue des travaux souterrains exige l'emploi d'engins mécaniques pour produire l'aérage.

ÉCLAIRAGE.

L'éclairage des mines de phosphate se fait, de la même façon que dans les mines de houille sans grisou, à la lampe et au crachet à l'huile grasse.

TENUE DES PLANS DE MINE.

Dans certains pays, et en Belgique entre autres, l'Administration des mines oblige les exploitants de phosphate à tenir un plan de mine.

Pour le dresser on se sert de la boussole, du niveau et de la chaine d'arpenteur.

SYSTÈMES D'EXPLOITATION SOUTERRAINE MÉCANIQUE.

Le choix du système d'exploitation dépend de la nature, de l'allure, de l'importance et de la valeur du gisement ; en tous cas, on doit s'efforcer à rendre l'abatage facile, chercher à réduire à son minimum le développement des galeries, à entretenir une bonne ventilation des travaux, concentrer ceux-ci autant qu'il est possible pour rendre la surveillance facile, conduire les travaux avec prévoyance, économie, etc.

La méthode choisie sera rigoureusement suivie. Le conducteur des travaux veillera tout spécialement au complet abatage ; les ouvriers abateurs sont généralement payés *à l'avancement*, aussi négligent-ils souvent d'extraire complètement la matière phosphatée.

Les méthodes d'exploitation en usage dans les mines de phosphate sont de deux sortes :

1° Méthode par remblais ;

2° Méthode par piliers abandonnés.

I. Méthode par remblais.

Dans la méthode par remblais, la matière utile du gîte est enlevée en totalité et le vide formé est remblayé complètement ou partiellement avec les roches stériles qu'il a fallu abattre pour permettre l'enlèvement de la matière phosphatée.

Cette méthode comprend divers systèmes :

> *a*) Par double équipe ;
> *b*) Par simple équipe ;
> *c*) Par gradins renversés ;
> *d*) Par gradins droits ;
> *e*) Méthode en travers.

a) SYSTÈME PAR DOUBLE ÉQUIPE. — Nous supposons que les travaux de premier établissement sont exécutés.

On laisse un *stot* autour du puits, c'est-à-dire un massif de terre qui reste intact pour protéger le puits.

Le cylindre formé par le stot varie de diamètre suivant la nature du terrain, de l'épaisseur et de la profondeur de la couche. (fig. 38)

Au niveau du bouveau B et à 10 mètres environ du puits, on creuse perpendiculairement, et de chaque côté, une première galerie G ; à une distance égale au développement du front de taille, on en creuse une seconde G, et ainsi de suite.

Ces galeries séparent la taille en deux parties égales, occupées chacune par un ou par deux mineurs.

Ces galeries ne sont pas toujours perpendiculaires au bouveau ; parfois, elles ont avec lui un angle suffisamment aigu pour permettre l'établissement d'une aiguille ; quand les fronts de taille sont parallèles au bouveau, le hiercheur doit tourner son wagonnet lorsqu'il y arrive ; on facilite cette manœuvre en plaçant à chaque intersection une plaque tournante ou plus simplement une tôle épaisse sur laquelle on fait glisser le chariot.

Le travail se divise en deux parties bien distinctes :

La première comprend : l'abatage de la roche, le boutage, le chargement et le hierchage des wagonnets.

Abatage. — L'ouvrier, pour effectuer ce travail, se sert de la *rivelaine* (fig. 39) et du *pic* (fig. 39bis). Lorsque la roche est très dure, il est parfois obligé de faire usage d'explosifs pour produire la désagrégation de cette roche. Pendant cette opération, l'ouvrier a soin d'écarter les matières stériles et de les rejeter dans les remblais ; dans certains bassins phosphatiers, l'ouvrier abatteur doit avoir une certaine habileté pour distinguer le phosphate des matières stériles ; ce travail doit être fait méticuleusement ; un ouvrier négligent peut faire perdre toute sa valeur à la matière qu'il abat.

Il existe, dans le bassin de Liége, certain *limé* d'argile ferrugineux qui touche la couche de phosphate ; si ce limé n'est pas séparé avec précaution, s'il est mêlé à la matière phosphatée, celle-ci peut être suffisamment riche en oxyde de fer pour rendre le phosphate invendable.

Boutage. — En même temps qu'il fait l'abatage, l'ouvrier pousse la matière abattue dans la galerie ; c'est le boutage et l'épaisseur de la couche qui, généralement, limitent la longueur de la taille.

Chargement des wagonnets. — Le wagonnet est amené à l'extrémité de la galerie, où il est chargé par l'ouvrier hiercheur.

Il se sert pour le chargement d'une pelle à court manche.

Hierchage des wagonnets. — Le wagonnet, étant chargé, est poussé ou tiré dans le bouveau. Pour faire la traction, les hiercheurs portent des bretelles qu'ils passent sur leurs épaules et qu'ils attachent au wagonnet à l'aide d'une chaînette (fig. 40).

La seconde partie comprend : le creusement de la galerie, le remblayage, l'enlèvement de l'excédent du déblais, le boisage, la pose de la voie.

Creusement de la galerie. — Le système d'exploitation que nous décrivons est employé exclusivement dans les gisements de formation sédimentaire dans lesquels la couche phosphatée est assez régulière.

Pour tenir la galerie de niveau, on est tantôt obligé d'entailler le toit, tantôt le mur, suivant l'allure de la couche.

Le creusement de la galerie se fait à peu près comme l'abatage ; il exige souvent l'emploi d'explosifs.

L'abatage devance la galerie du travail d'un jour.

Le creusement de la galerie, qui se fait la nuit et après l'abatage, doit donner le même avancement que celui-ci.

Remblayage. — Les matières stériles provenant de ce creusement servent pour le remblayage ; elles prennent la place du phosphate enlevé ; celles-là, par la désagrégation, augmentent de volume, elles *foisonnent;* c'est pourquoi, malgré l'enlèvement du phosphate, il arrive souvent qu'il y a un excédent de déblais.

Le coefficient de foisonnement est de 1,40 a 1,70, suivant la nature du terrain abatu.

Enlèvement des déblais. — L'excédent de déblais qui n'a pu être utilisé dans le remblayage de la taille est chargé dans les wagonnets et est utilisé dans une autre taille ou remonté au jour.

Pour permettre le déversement des terres dans une autre galerie, les wagonnets sont pourvus, à l'avant, d'une porte.

Boisage. — La galerie a une ouverture permettant le libre passage d'un wagonnet et le chargement de celui-ci.

Les dimensions des galeries varient donc avec les dimensions du wagonnet ; c'est un des motifs pour lesquels on emploie très peu les wagonnets culbuteurs au fond des mines ; généralement, celles-là ont 1^m20 de hauteur sur 1^m00 de large.

Les dimensions des bois sont en rapport avec celles de la galerie ; leur diamètre est proportionnel à la poussée des terres et aux dimensions de celle-là.

Les bois sont amenés au front de taille par le hiercheur.

On place généralement un cadre par mètre d'avancement quand la poussée n'est pas trop forte.

Les bois de voie ont de 0^m25 à 0^m45 de circonférence.

La *bêle* ou *chapeau* du cadre est généralement plus forte que les deux montants.

Les *bois de taille* ou *étais* sont un peu plus faibles ; ils ont comme longueur moyenne l'épaisseur moyenne de la couche.

Pendant l'abatage, l'ouvrier est souvent obligé de placer quelques étais pour éviter tout éboulement ; il prépare ces étais à la hache (fig. 41).

Les cadres sont reliés l'un à l'autre par les *bois de garnissage*.

Le garnissage se fait au moyen de bois appelés *wâtes* dans le bassin de Liége, *esclimpes* dans d'autres bassins, et de fascines appelées *veloutes* dans le dit bassin.

Le boisage se fait comme dans le *système d'exploitation se faisant exclusivement par le bras de l'homme.*

Pose de la voie. — Lorsque la galerie est boisée et débarrassée des terres, et lorsque l'avancement est suffisant, on pose la voie ; les rails ont généralement une longueur de 3^m00 à 3^m50.

Le système de voie le plus employé est celui à traversines métalliques avec rails Vignolle.

Il est préférable d'employer des rails en fer, qui se courbent, se redressent et s'entaillent plus facilement que ceux en acier.

Le poids du rail au mètre varie de 5 à 10 kil., suivant le poids des véhicules chargés.

b) SYSTÈME PAR SIMPLE ÉQUIPE. — Ce système ne diffère du précédent que par la division du travail.

Dans celui-là, c'est la même équipe qui fait le havage, le creusement de la galerie, le boisage et le transport.

Dans ce cas, les tailles ont moins de développement, 3 à 5 mètres, et il n'y a qu'un ouvrier abatteur par taille.

Quand il a fini son havage, il creuse sa galerie, puis il boise.

Le hiercheur fait le chargement, le transport des terres et du phosphate et ramène les bois nécessaires au boisage.

Ce système s'approprie mieux que le précédent aux couches de moindre épaisseur, seulement le mélange du phosphate et des terres y est plus à craindre ; le rendement est moindre et le produit phosphaté plus appauvri.

c) SYSTÈME PAR GRADINS RENVERSÉS. — Les deux systèmes d'exploitation que nous avons décrits s'appliquent surtout aux phosphates de formation sédimentaire ; les deux que nous allons décrire s'appliquent aux filons de 2^m50 d'épaisseur maximum.

Ils comportent tous deux un système de *traçage préalable* (fig. 42). Le gîte est recoupé par une série de galeries A B C à travers bancs qui divisent le terrain en étages de 15 à 30 mètres de hauteur verticale ; à chaque niveau, on chasse dans le filon, des deux côtés, des galeries en direction $g^1 g^2 g^3$. Ces galeries sont la base et le sommet de chaque étage.

On creuse dans le filon, et suivant son inclinaison, des voies montantes m^1, m^2 ; n^1, n^2 ; tel est le traçage préalable.

Dans le système par gradins renversés, l'attaque des massifs rectangulaires se fait par le bas : on prend d'abord en A une première taille t^1 qui a toute la largeur du filon et dont la hauteur est de 1^m30 à 2^m00. Le minerai phosphaté tombe sur le sol de la galerie g^1, où l'on fait un triage succinct ; les matières stériles sont rejetées sur un fort plancher P formant la voûte de la galerie g^1. Quand cette première taille t^1 est avancée de quelques mètres, on en commence une seconde t^2 au-dessus de la première. Le mineur se place sur les remblais de la première taille, le remblai est couvert de planches et la roche abattue glisse jusqu'au fond de la galerie g^1. La roche phosphatée est chargée dans des wagonnets et est conduite, par la galerie a, au puits d'extraction. Ce chargement peut se faire sans main-d'œuvre.

Une troisième taille est ensuite commencée et ainsi de suite.

On évite parfois de faire descendre la roche phosphatée de gradins en gradins en ménageant des cheminées h^1 h^2 dans les remblais. Les tailles t^1 t^2 peuvent aussi être ouvertes au milieu d'un massif, en B par exemple.

La vue des travaux en cours d'exploitation offre l'aspect d'un escalier qui serait vu par dessous; c'est ce qui justifie cette dénomination dite *par gradins renversés*.

d) SYSTÈME PAR GRADINS DROITS. — Dans la méthode *par gradins droits*, la première taille est ouverte au haut du massif, en C (fig. 43) et le sol de la taille t_1 est la roche phosphatée de la taille t_2; les remblais sont maintenus au-dessus de la tête du mineur par de solides planchers P^1; le minerai phosphaté descend de gradins en gradins, arrive dans une voie montante m^3, puis tombe dans la galerie à travers banc a, où il est recueilli dans des wagonnets et est conduit au puits d'extraction.

La vue de l'exploitation offre l'aspect d'un escalier droit; c'est pourquoi cette méthode est dite *par gradins droits*.

Ces deux méthodes ont toutes deux leurs avantages et leurs inconvénients. Si la matière phosphatée est dure, cohérente, on emploiera avec avantage la méthode à gradins renversés qui exige moins de bois et présente moins de danger pour le mineur. Il est toujours plus prudent d'avoir sous ses pieds des terres remuées que de les avoir au-dessus de la tête; la moindre faute dans l'établissement du plancher pourrait occasionner de graves accidents; c'est pourquoi cette méthode est préférée à celle dite à gradins droits.

La méthode *à gradins renversés* est celle préconisée par M. Grognard pour l'exploitation des phosphates du Canada.

e) MÉTHODE EN TRAVERS. — La méthode en travers s'applique aux filons qui ont plus de 2^m50 d'épaisseur et aux amas.

Elle consiste à enlever le minerai phosphaté par tranches successives et horizontales ayant la hauteur des galeries; après enlèvement du minerai, on remblaie complètement.

Nous supposons que le traçage est effectué.

Les étages sont pris comme d'ordinaire, en descendant, et les tranches sont prises en montant.

La largeur de ces tranches est limitée par des recoupes a b c d (fig. 43).

Des galeries en direction *g* réunissent les différentes recoupes ; chaque tranche est divisée en piliers allant du mur au toit. Ces piliers sont dépilés en battant en retraite ; ils forment une série de tailles horizontales qui sont immédiatement remblayées.

On exploite d'abord les tailles t^1, puis les tailles t^2, puis les tailles t^3. Chaque étage a environ 20 mètres de hauteur, divisé en 10 tranches horizontales.

Lorsqu'on a à faire l'exploitation d'un amas, on le contourne par une galerie, puis on fait le traçage et on opère comme ci-dessus.

II. Méthode par piliers abandonnés.

Cette méthode s'applique aux filons, aux amas et aux couches de grande épaisseur.

Elle trouve surtout son application dans l'exploitation de la craie grise qui est recouverte de plus de 7 à 9 mètres de *morts terrains*.

Dans le Hainaut, l'épaisseur de la couche de craie grise exploitable est d'environ 4^{m}50 ; elle est recouverte d'une couche de tuffeau très dur, ce qui facilite l'exploitation souterraine.

Les premières galeries ne prennent leur plein développement qu'à quelques mètres du puits. Ces galeries ont 4^{m}00 de large et ont, comme hauteur, l'épaisseur de la couche ; elles sont creusées à 6^{m}50 l'une de l'autre (fig. 44).

L'abatage de ce banc se fait en trois fois.

A 2^{m}50 du mur, on fait un havage sur toute la longueur de la galerie, soit 4^{m}00. Ce havage a une profondeur de 2^{m}00 ; il est creusé suivant un plan horizontal ; il a 0^{m}30 de hauteur. Lorsqu'il est terminé, on fait une coupure verticale à chaque angle de la galerie d'une profondeur d'environ deux mètres. Ces deux coupures sont parallèles et sont faites dans la direction de la galerie. Ce havage et ces coupures se font au pic. Le bloc n'est plus attaché à la roche que par deux faces (fig. 45).

Les deux coupures étant terminées, on fait un trou de mine *h* de deux mètres de profondeur dans lequel on place deux ou trois cartouches de poudre, suivant que la craie est plus ou moins dure. Le coup de mine divise le bloc de craie en plusieurs petits que l'on charge immédiatement dans des wagonnets.

On abat alors les parties fendillées au pic. Lorsque le gros bloc est complètement désagrégé, abattu et chargé, on attaque la partie supérieure C au moyen de pic et de coins, à moins, toutefois, que ce banc ne soit trop dur ; on opère comme pour le bloc B, puis on fore en *c* un trou de mine que l'on charge ; le coup de mine réduit le bloc C en morceaux et on peut alors le charger.

Après déblayage, il reste la partie A que l'on abat par le pic et à l'aide de coins, après avoir fait les deux coupures verticales et avoir fendillé la roche par quelques mines *a a' a''*.

Pendant que le déblayage de la galerie se fait, les ouvriers haveurs passent à la galerie n° 2.

Le mur qui sépare deux galeries a une épaisseur de 2^m50 à 3^m00, suivant la cohésion de la roche

Quand le creusement des galeries est terminé dans une parcelle ou dans une portion de terre, on fait le *trouage* en battant en retraite.

Cette opération consiste à faire dans les murs des ouvertures de 4^m00 en laissant entre chaque trouage une épaisseur de 2^m50 à 3^m00 de roche.

L'exploitation est représentée par la fig. 44.

Les piliers ont donc de 2^m50 à 3^m00 de côté ; ils sont abandonnés ; c'est ce qui justifie le nom de cette méthode dite par *piliers abandonnés*.

Par cette méthode, on perd environ 27,5 % de minerai ; elle ne s'applique donc qu'à des roches phosphatées de minime valeur.

Il existe d'autres systèmes d'exploitation de mine de phosphate, mais ils s'éloignent peu de ceux que nous avons décrits.

CHAPITRE VI.

TRAITEMENT MÉCANIQUE

Le phosphate venant de la mine ou résultant de l'enrichissement est séché, généralement moulu et mis en sacs.

SÉCHAGE.

Il est nécessaire d'avoir de grands hangars servant d'abri
dans les installations dans lesquelles les transports de
phosphate brut ne peuvent se faire au fur et à mesure des
besoins de l'usine de séchage.

Les systèmes de séchage utilisés dans les établissements de
phosphate sont très nombreux.

Nous les classerons en :

Séchoirs à flammes directes.	Fixes . . . A	Four à réverbère. / Id. à étages. / Séchage au bois.
	Mobiles . . B	Système Ruelle. / Id. Thonnar et Tixhon. / Id. à chicanes.
Séchoirs à flammes indirectes C		Séchoir à plaques. / Id. à tubes.

Description des différents séchoirs.

A. Séchoirs fixes à flammes directes.

1° FOUR A RÉVERBÈRE. — Ce séchoir se compose d'un foyer
et d'un bassin de 8 à 10 mètres de long sur 3 mètres de large
(fig. 46).

Il est construit en briques réfractaires et est recouvert d'une
voûte de mêmes matériaux ; des ouvertures O sont ménagées
dans les longs côtés pour remuer et sortir la matière.

Ces ouvertures sont en quinconce et sont fortement évasées. Dans la voûte se trouvent des portes de chargement P, P¹. La matière venant de la mine dans des wagonnets est culbutée dans le four par les trémies de chargement et étendue sur la sole S ; l'épaisseur de la couche est de 0ᵐ20 à 0ᵐ30 près de l'autel (A) et de 0ᵐ15 à 0ᵐ20 à l'extrémité du four (B).

Le foyer F est situé au centre d'un des petits côtés ; les grilles sont au même niveau que la sole ; le foyer a 0ᵐ60 de large et 0ᵐ80 de long.

En-dessous de la sole S formée de plaques réfractaires de 7 à 9 centimètres d'épaisseur, se trouvent quatre carneaux C¹, C², C³, C⁴ ; les murs de ces carneaux supportent les plaques composant la sole.

Les gaz résultant de la combustion en traversant le four sont réfléchis sur la matière ; ils reviennent ensuite vers le foyer par les deux carneaux extérieurs C¹ C⁴, puis sont reçus dans la cheminée C en passant par les deux carneaux intérieurs C² C³. La hauteur de ces carneaux est d'environ 0ᵐ60.

La distance entre la sole et la voûte de réverbération est de 0ᵐ70 au centre et 0ᵐ58 sur les côtés.

La production d'un semblable four est de 12 à 15 tonnes par journée de 24 heures ; il exige deux ouvriers pour les diverses manipulations.

Ce séchoir est peu avantageux ; la matière est séchée inégalement, les manipulations sont laborieuses ; le coût de séchage est cependant moins élevé que dans les fours à plaques; mais, en revanche, les frais de première installation sont plus élevés.

Une application de ce système est faite dans une usine d'Orville.

Ce four est identique à celui employé autrefois en Belgique pour le grillage des pyrites.

2° FOUR A ÉTAGES. — Ce four est formé de quatre étages en dalles réfractaires (fig. 47) ; leur écartement est de 0ᵐ25 environ ; la largeur utile est de 2ᵐ00, la longueur 2ᵐ50 ; sur la devanture et au niveau des dalles se trouvent deux séries d'ouvertures g, g, g', g', g", g", g'", g'" pour permettre les manipulations à l'intérieur du four.

Une autre ouverture V est pratiquée dans la voûte formant la chambre pour le chargement de la matière à sécher.

La marche de ce four est très simple ; la matière recouvre

les quatre dalles d¹, d², d³, d⁴ ; l'épaisseur de la couche est de
0ᵐ15 environ ; les gaz résultant de la combustion échauffent
d'abord la première dalle d¹, lèchent ensuite la matière déposée
sur cette dalle et en même temps échauffent la dalle supérieure d², et ainsi de suite jusqu'à la quatrième. Les gaz chargés
de vapeur se répandent par une cheminée C dans l'atmosphère.

La matière brute à sécher suit une marche absolument
inverse ; le séchage est donc *méthodique*.

Le phosphate recouvre le dessus du four en attendant l'en-
fournement ; il est ensuite jeté sur la dalle supérieure par
l'ouverture V ; par les ouvreaux g g, il est étendu sur la dalle d⁴ ;
la matière qui se trouve sur celle-ci est entraînée sur la dalle d³,
celle qui se trouve sur d³ est refoulée sur d², celle qui se
trouve sur d² est entraînée sur d¹ et celle qui se trouve sur d¹
est déchargée par les regards D existant dans la dalle d¹ et en
face des ouvertures g'''.

Le phosphate est reçu dans des wagonnets et est conduit aux
appareils de mouture.

Ce four a une grande production relativement à l'espace
qu'il occupe : il peut produire 15 à 20 tonnes par 24 heures ;
le travail manuel est fort laborieux ; les frais de première installation sont élevés ; les réparations sont difficiles et coûteuses.

Une application de ce système est faite dans une usine de
Doullens.

3° SÉCHAGE AU BOIS. — Le séchage au bois est surtout pratiqué dans les mines de phosphate de la Caroline et de la
Floride.

Il se fait en *meules* (fig. 48). Pour cela, on dispose sur le sol
une série de buches de 0ᵐ80 à 1ᵐ00 mètre de long.

Sur cette première ligne, on étend un lit de minerai noduleux ; au-dessus de ce lit de nodules, on place une deuxième
série de buches et ainsi de suite en alternant les lits de bois et
de minerai. Lorsqu'on a placé trois ou quatre séries de buches,
la meule est achevée avec du minerai ; on a soin de le disposer
de façon à permettre le passage des gaz résultant de la
combustion du bois. Ce procédé est très économique pour
l'Amérique, le bois ne coûtant pour ainsi dire que l'abatage ;
seulement, il ne peut être appliqué avantageusement que pour
des phosphates en roche.

Dans tous les cas, la main-d'œuvre est plus coûteuse que
dans le système de séchage mécanique.

B. Séchoirs mobiles à flammes directes.

Pour leur fonctionnement, les séchoirs mobiles exigent généralement la marche d'un moteur.

1° Séchoir mécanique, système Ruelle. — Le séchoir Ruelle (fig. 49) consiste en un double cylindre en forte tôle portant extérieurement, vers le milieu, un engrenage cylindrique. Une transmission par l'intermédiaire d'un pignon communique le mouvement aux cylindres. Ceux-ci tournent sur deux paires de galets dont les paliers sont logés dans deux semelles qui reposent sur le sol. A une extrémité du cylindre se trouve le foyer; à l'autre, la trémie de chargement. La matière première est jetée dans la trémie et tombe dans le cylindre intérieur. Par suite de la présence d'une hélice dans chacun des deux cylindres, la matière fait un premier parcours à pas inverse dans le cylindre intérieur et un second en sens inverse dans le cylindre extérieur.

Le tracé de l'hélice et la vitesse de l'appareil sont déterminés de façon à obtenir un séchage complet à la sortie de la matière; celle-ci reste environ 20 minutes dans l'appareil. Les gaz résultant de la combustion du charbon traversent le cylindre intérieur, rencontrent la matière première sur toute la longueur du cylindre, passent dans un récepteur où les poussières de phosphate, entraînées par les gaz et les vapeurs, se déposent. De là, ils se rendent dans la cheminée d'appel.

La distribution du calorique dans cet appareil est très bien comprise ; en effet, la combustion des gaz est achevée par une addition d'air chaud à la sortie du foyer.

L'air qui est produit par un ventilateur s'échauffe en traverversant les parois du foyer. Au fur et à mesure que les gaz s'en éloignent, ils rencontrent la matière première de plus en plus chargée d'eau. Ils se dépouillent donc de leur calorique. A leur entrée dans le récepteur, dit *chambre aux poussières*, ils ne marquent plus que 60° centigrades. D'autre part, le cylindre extérieur recueille le calorique perdu par rayonnement par le cylindre intérieur. Pendant sa course dans l'anneau cylindrique, la matière première se dépouille de son calorique et arrive à la porte de dégagement à une température de 40 degrés.

Ce cylindre extérieur sert donc à la fois de récupérateur de chaleur et de réfrigérant.

Les avantages et les inconvénients du séchoir mobile sont les suivants :

1° Le séchage et la production sont beaucoup plus réguliers que dans les systèmes que nous venons de décrire ;

2° Le séchoir Ruelle ne consomme pas moins de combustible qu'un séchoir à plaques bien construit, lorsqu'on tient compte, pour le premier, du charbon nécessaire à la force motrice ;

3° La main-d'œuvre est moindre que dans tous les systèmes de séchoirs fixes. Un ouvrier suffit pour l'alimentation de l'appareil lorsque la matière première est à sa portée ;

4° Dans le cas d'emploi de séchoir mécanique, l'atmosphère de l'usine est beaucoup plus hygiénique, celle-là n'étant pas chargée de poussières ;

5° Le séchoir Ruelle exige peu d'entretien ; cependant sa construction serait améliorée si l'engrenage, étant fixé sur les cylindres, avait passé au tour et s'il était commandé par une vis sans fin ;

6° Le phosphate est séché plus régulièrement que sur les plaques ; il n'atteint jamais une haute température, point essentiel pour éviter tout changement dans son état moléculaire et dans sa composition chimique.

On doit tenir compte de ces considérations pour l'attaque future par l'acide sulfurique ;

7° Cet appareil exige, par suite de son poids considérable, une force relativement grande pour être mis en mouvement.

Il est certainement le plus avantageux de tous ceux connus à ce jour.

2° SÉCHOIR THONNAR ET TIXHON. — Ce séchoir, breveté aux noms de MM. Thonnar et Tixhon, de Herstal, se compose d'une vaste chambre en maçonnerie dont le plafond est formé de plaques de fonte (fig. 50). Cette chambre comprend trois séries de cylindres en mouvement.

A l'extrémité de la série supérieure d, d, d... se trouve un premier broyeur à cylindres A ; à l'extrémité de la seconde série l, l, l..., tournant en sens inverse de la première, se trouve un deuxième broyeur à cylindres B. La troisième série de rouleaux l', l', l'... se termine par une ouverture O permettant la sortie de la matière séchée et moulue.

Le calorique est fourni à cette chambre par un foyer F en communication avec elle ; les produits de la combustion et la vapeur d'eau sont évacués par une cheminée E.

Le mouvement est communiqué aux divers cylindres, soit par courroies, soit par engrenages.

Marche de l'appareil. — Le phosphate est déversé sur les plaques de fonte formant le plafond de la chambre de séchage ; de là, il est jeté dans la trémie *a* et tombe dans une chambre de triage B. Les rouleaux *d* à ailettes de cette chambre rejettent le phosphate de l'un à l'autre, le désagrègent, et les parties plus dures, et par conséquent plus denses, reçoivent un mouvement de projection plus grand que les parties tendres et désagrégées ; celles-là sont lancées dans un récipient *g* et celles-ci redescendent le long d'un plan incliné K dans le premier broyeur à cylindres h h' h".

De la chambre de triage, le phosphate, débarrassé de corps durs (pierres, silex, etc.), après avoir subi une première mouture, tombe dans la chambre de séchage ; celle-ci peut comprendre deux ou plusieurs séries de rouleaux *l* à ailettes ou à broches ; ils sont séparés l'un de l'autre par une cloison métallique *i* de hauteur appropriée.

Les rouleaux *l*, animés d'une très grande vitesse et tournant tous dans le même sens, projettent d'une façon constante le phosphate dans le courant de gaz chauds qui traversent ce compartiment de la chambre ; le phosphate, tout en étant en suspension dans l'atmosphère chaude, chemine vers le foyer F, c'est-à-dire traverse le compartiment en sens inverse du courant gazeux ; vers le foyer se trouve un plan incliné *m* qui renvoie la matière séchée au second broyeur à cylindres B.

De là, le phosphate tombe dans le second compartiment T de la chambre, muni aussi d'une série de rouleaux *l* en mouvement et d'interrupteurs *i*.

Ces rouleaux tournent en sens inverse de ceux du compartiment supérieur L.

La matière, après cheminement à travers le compartiment T, tombe sur un plan incliné P, est tamisée, puis mise en sacs ; les refus sont réduits en poudre suffisamment fine par un broyeur ou par des meules horizontales.

La longueur de la chambre et la vitesse des rouleaux de projection dépendent du degré d'humidité de la matière phosphatée.

Les gaz chauds résultant de la combustion faite dans le foyer F sont reçus et distribués dans les deux compartiments de la chambre de séchage par un registre *g* mobile autour de son axe.

Ils entrent ensuite dans une chambre C à chicanes DD pour retenir les poussières entraînées et, de là, sont évacuées par la cheminée E.

Une application de ce système a été faite chez M. Thonnar, à Vottem (près de Liége).

3° Séchoir a chicanes.—Ce séchoir se compose d'une colonne à section cylindrique ou mieux rectangulaire (fig. 51), dans laquelle se trouve une série de chicanes C inclinées à un degré tel que la matière ne puisse s'y arrêter ; ces chicanes sont en fonte.

Le phosphate est amené par une chaîne à godets sur la plaque supérieure, puis tombe sur la seconde et ainsi de suite; il arrive alors sur un plan incliné P situé à la base du séchoir; de là, la matière est envoyée aux appareils de broyage et de blutage.

La dessiccation dans ce système est méthodique, mais n'est pas toujours régulière ; il arrive que des parties ne sont pas sèches et que d'autres sont calcinées.

Le calorique est produit dans un foyer placé à la base de la colonne ; les gaz chauds débouchent dans cette colonne par des ouvertures ménagées sur ses faces latérales.

Des regards sont disposés dans la maçonnerie pour suivre et pour aider au besoin la descente du phosphate.

Ce système est utilisé en Floride pour le séchage des *pebbles* ou nodules; mais l'appareil le plus généralement employé pour le séchage des phosphates noduleux de *rivière* est le séchoir rotatif dont la disposition est à peu près identique à celle du séchoir Ruelle que nous avons décrit.

MM. Lebrun et Fouarge viennent de faire breveter un séchoir (fig. 52) qui a quelque analogie avec le séchoir à chicanes que nous venons de décrire.

Les chicanes sont moins inclinées et l'entraînement du phosphate est produit par un système de leviers mus mécaniquement.

C. Séchoirs à flammes indirectes.

1° Séchoirs a plaques. — Ces séchoirs se composent d'une série de foyers F et de carneaux C recouverts de plaques de fonte P (fig. 53).

Les gaz résultant de la combustion sont appelés dans des

carneaux ayant de 0^m75 à 1^m00 de large sur 1^m20 de haut à l'entrée, près du foyer, et de 0^m20 à 0^m40 à l'extrémité.

Ces carneaux sont faits partie en maçonnerie réfractaire et partie en briques comprimées ; ils sont voûtés en maçonnerie réfractaire sur une longueur de 3 à 4 mètres et en briques comprimées sur une longueur de 5 à 6 mètres.

La longueur des carneaux est de 20 mètres environ.

La voûte en maçonnerie *v* est percée de petits trous *t* pour permettre aux gaz chauds d'échauffer les plaques.

Les pieds droits en maçonnerie *d* ont une brique d'épaisseur ; il y a deux carneaux par foyer.

Lorsque les plaques ont un mètre de longueur, elles sont souvent supportées en leur milieu par un mur d'une demi-brique d'épaisseur. L'épaisseur des plaques de fonte est toujours supérieure à 0^m018 ; celles qui sont près des foyers sont à nervures pour éviter leur gauchissement.

Plan d'une plaque ordinaire (fig. 54).

Plan d'une plaque à nervures (fig. 55).

Les plaques ont de 0^m80 à 1^m20 de longueur sur 0^m50 à 1^m00 de large ; elles doivent être coulées en châssis pour qu'elles soient bien planes ; elles sont à battées sur leur longueur ; le recouvrement est de 3 à 5 centimètres. Ces battées ont pour but d'empêcher le phosphate de passer dans le carneau.

Le rapport entre la surface de chauffe et la surface de grille varie de 15 à 40.

Le phosphate est étendu sur toute l'aire de fonte.

L'épaisseur de la couche varie de 0^m08 à 0^m15 ; elle est plus épaisse vers les foyers ; elle va en diminuant vers l'extrémité des carneaux. La matière à sécher est retournée deux ou trois fois à l'escoupe. Lorsque cette matière est argileuse, pendant la dessiccation, il se forme des pelottes d'argile que l'on brise au marteau de bois pour avoir un séchage complet.

La durée d'une opération varie de 10 à 12 heures. On compte généralement sur une production de 200 kil. au mètre carré et par jour ; cette quantité peut varier de 150 à 400 kil., suivant l'allure des foyers, l'humidité et la nature du produit à sécher.

La consommation de charbon varie de 5 à 12 % du poids de la matière séchée.

La surface de grille est calculée pour brûler environ 20 kil. de charbon par heure et par mètre carré.

A l'extrémité des carneaux se trouve un conduit collecteur B qui reçoit les gaz des différents foyers et les conduit à la cheminée D.

La section de ce collecteur doit être égale à la section totale des différents carneaux à leur extrémité.

La section de la cheminée est le cinquième de la section totale des foyers ; la hauteur doit être égale à 25 fois le diamètre intérieur, mais on se contente généralement de hauteur moindre, en forçant un peu la section.

Les avantages de ce système de séchage sont:

Il permet de sécher aussi peu que l'on veut; on peut n'allumer qu'un certain nombre de foyers ; il n'exige pas de force motrice, puisque tout le travail est manuel ; la dessiccation est plus parfaite, puisqu'on peut la prolonger jusqu'au moment où elle soit complète.

Ses inconvénients sont nombreux : la main-d'œuvre est élevée, les réparations sont longues et coûteuses, la consommation de combustible est généralement plus élevée que pour le séchage mécanique ; le séchage y est moins régulier, les parties les plus rapprochées des foyers étant plus vite sèches que celles qui sont près du collecteur.

L'atmosphère de l'usine est chargée de poussières ; elle est donc peut hygiénique pour l'ouvrier ; en outre, une partie de ces poussières est perdue.

Ces poussières de phosphate donnent souvent lieu à des réclamations de la part des voisins.

Ce mode de séchage convient pour tous les minerais.

2° SÉCHOIR A TUBES (fig. 56). — Le séchoir à tubes se compose d'un foyer ordinaire F et d'une série de tuyaux T T' en fonte de 0m15 à 0m20 de diamètre de forme spéciale.

Les gaz résultant de la combustion s'engagent dans la première ligne de tuyaux T et reviennent sur eux-mêmes par la deuxième ligne T' et, de là, se rendent à la cheminée C.

La longueur des tuyaux est de 3 à 4 mètres ; ils sont supportés en leur milieu par des poutrelles à double T pour éviter tout gauchissement.

Le phosphate est disposé sur ces tuyaux et, lorsque la dessiccation est suffisamment avancée, il s'émiette, descend sur la deuxième ligne et ensuite est reçu dans des wagonnets.

En-dessous de la deuxième ligne de tuyaux se trouve une grille mobile G que l'on agite lorsque le phosphate séché ne descend pas assez vite.

Par la disposition de ce séchoir, on comprend aisément que la matière à sécher doit être en grains très fins.

Ce séchoir convient très bien pour la dessiccation de craies grises enrichies et pour tout phosphate sableux ; son emploi doit être déconseillé pour le séchage des phosphates argileux.

L'argile, par la chaleur, se durcit et obstrue les vides formés par la disposition des tubes.

Le contact des gaz avec le phosphate est plus direct que dans le système précédent. Pour une même production, la consommation de charbon, la main-d'œuvre, les frais de réparations et les frais de premier établissement sont moindres ; il exige en outre moins de place.

La production journalière est de 10 tonnes par four de 4 mètres de large sur 6 mètres de long.

BROYAGE.

La matière desséchée est quelquefois soumise à un premier tamisage, mais généralement elle est dirigée vers les appareils de broyage.

Ces appareils se divisent en deux classes distinctes, suivant qu'ils réduisent la matière par projections ou par écrasement.

	A. — Réduisant par projection.	Désagrégateur Karr.
		Broyeur Vapar.
		Id. Carter.
		Id. Jamart.
		Id. Bourdais.
		Cyclone pulvérisateur.
Broyeurs		Moulin Sturtevant.
	B. — Réduisant par écrasement.	Moulin à cylindres horizontaux lisses.
		Id. id. dentés.
		Id. id. épicicloïdaux.
		Id. Excelsior.
		Meules verticales.
		Id. horizontales.
		Moulin à gobilles.
		Id. Griffin.

Dans le choix d'un broyeur, il faut tenir compte des considérations suivantes :

1º De la dureté du produit.

2º De la densité.

3º Du volume des fragments.

4º Du degré de finesse à obtenir.

Pour un produit dur, dense et en morceaux plus gros que le grain de millet, si la farine à obtenir ne doit pas être trop fine (moins de 75 % au tamis $0^{mm}17$), on choisira dans la classe des broyeurs *réduisant par projection*.

Si, au contraire, le produit est tendre et poreux, si on veut obtenir une farine assez fine (plus de 75 % au tamis $0^{mm}17$), le choix se portera sur un appareil *réduisant par écrasement*.

Dans une installation comportant plusieurs appareils de broyage, on pourra employer un spécimen de chacune des deux classes de broyeurs *A* et *B*, suivant qu'on veut produire du phosphate pour l'industrie des superphosphates ou pour l'agriculture.

Description des différents broyeurs.

A. Broyeurs réduisant par projection.

1° DÉSAGRÉGATEUR KARR. — Il est formé de deux cages $C^1 C^2$ (fig. 57) tournant en sens inverse à des vitesses différentes. Ces cages sont formées chacune d'un arbre horizontal $A^1 A^2$, portant vers le milieu la poulie réceptrice $P^1 P^2$ et à une extrémité un plateau $B^1 B^2$ muni de lignes annulaires de barreaux d'acier. Souvent ces barreaux sont reliés par un cercle d'acier. Les cages s'emboîtent l'une dans l'autre; elles sont donc de dimensions différentes (fig. 58.)

Elles sont enfermées dans une enveloppe légère E en tôle munie d'une trémie T pour l'alimentation.

Les cages peuvent être désemboîtées pour le nettoyage, après qu'on a enlevé l'enveloppe en tôle; une cage est montée sur un bâti à glissières.

La matière est introduite dans la trémie et tombe dans le tambour central. En vertu de la force centrifuge développée par les cages en mouvement, la matière est projetée vers l'extérieur, en traversant les quatre lignes de barreaux se mouvant, deux par deux, en sens inverse.

Cet appareil sert à la préparation des phosphates, mais il ne peut produire une désagrégation suffisante; il laisse trop de grumeaux. Lorsqu'il est de grande dimension, il donne de bons résultats dans le broyage du superphosphate.

Il est remarquable par les grands rendements qu'il donne.

Dans la construction de cet appareil, une cage est parfois

supportée des deux côtés du plateau ; un des arbres est creux, les deux poulies réceptrices sont alors d'un même côté ; cette disposition rend plus commode l'introduction de la matière dans le broyeur, par suite de l'absence de la courroie de commande près de la trémie ; mais la conduite de l'appareil en est plus difficile. Ce dispositif n'est pas à recommander (fig. 59).

2° BROYEUR VAPART. — Le broyeur Vapart est formé d'un arbre vertical A, sur lequel sont fixés horizontalement un, deux, trois ou quatre plateaux, suivant les besoins (fig. 60). Ces plateaux portent sur leur surface supérieure des palettes V en forme d'équerre, disposées suivant les rayons.

L'arbre repose en bas sur un grain de bronze G comme pivot et est guidé par deux crapaudines C à triple coussinets mobiles.

L'ensemble est enfermé dans une caisse cylindrique H munie de deux portes Q par lesquelles on peut visiter l'appareil. A l'intérieur de cette caisse et des portes sont fixés des segments dentés R vis-à-vis des plateaux, et des segments d'entonnoir S entre ces mêmes plateaux. Aux deux sorties de l'arbre, hors de la caisse, se trouvent deux boîtes à bourrages qui retiennent la poussière.

Son entretien est des plus faciles et des moins coûteux.

Les pièces qui s'usent le plus sont en fonte brute et en acier fondu, et peuvent être changées rapidement par l'ouvrier pendant les heures des repas.

Les parties frappées sont immobiles ; on peut donc leur donner toute la résistance voulue pour la pulvérisation des matières les plus dures.

Les segments d'entonnoirs et les segments dentés sont fixés contre la paroi de la caisse au moyen de boulons dont la tête est logée dans l'épaisseur de la pièce.

De sorte que dans le broyage des matières les plus dures, les boulons, ainsi protégés, ne s'usent pas et peuvent servir indéfiniment. Pour l'usage, l'arbre et les plateaux sont animés d'un mouvement de rotation autour de l'axe vertical.

Par l'ouverture supérieure O, on charge les matières à broyer ; elles tombent sur le premier plateau, s'y distribuent entre les palettes, et, par suite du mouvement de rotation indiqué plus haut, elles sont projetées contre la première couronne dentée, où elles se brisent. L'action de la pesanteur les conduit par le premier entonnoir au centre du second plateau ; elles sont projetées contre la seconde couronne dentée, retombent par l'entonnoir au centre du dernier plateau, pour être projetées contre la dernière couronne dentée, et tombent sous le troisième plateau, d'où les palettes ramasseuses les poussent par l'orifice de sortie O dans une chambre d'où une chaîne à godets les emmène, si besoin est, à une bluterie convenablement disposée.

Vitesse de l'appareil : 700 tours environ.

Rendement à l'heure : 3 à 5 tonnes de matière passant complètement au tamis $6^{m}/_{m}32$.

3° BROYEUR PULVÉRISATEUR CARTER. — Cet appareil se compose de deux parties (fig. 61).

Partie mobile : *a* Arbre.
     „   „   c Couronne sur laquelle sont fixés les bras.
     „   „   b Bras.
     „   „   P Poulie motrice.
Partie fixe :   g Grilles.
     „   „   d Dentelures latérales.
     „   „   B Barreaux.

Une couronne de fonte est calée sur l'arbre et dans laquelle sont encastrés six bras dont trois sont courbes.

Cette partie mobile est renfermée dans une enveloppe dont la partie supérieure est munie de barreaux B, la partie latérale de dentelures d et la partie inférieure occupée par les grilles g. Les barreaux et les dentelures forment surface brisante sur laquelle est projetée la matière à pulvériser.

La matière est introduite vers le centre de l'appareil en E, est projetée sur le pourtour et les faces latérales de l'enveloppe, puis tombe sur les grilles. Celle qui traverse est recueillie par une trémie et est tamisée ; la partie restante est reprise par les bras du broyeur jusqu'à ce qu'elle puisse traverser la grille.

Vitesse   — 1,700 tours par minute.
Diamètre —   80 centimètres.
Prix   2,400 francs.

Soit 3,000 fr. avec pièces de rechange : grilles, marteaux et dentelures.

Pour les phosphates du bassin de Liége, sa production est de deux à trois tonnes à l'heure, dont les deux tiers passent au tamis $0^{m}/_{m}32$. Le refus est envoyé aux meules.

L'usure des grilles, qui sont d'un prix élevé (60 à 70 fr. la paire), est assez rapide; elle demande une alimentation régulière, sinon les grilles sont obstruées et doivent être nettoyées.

4° BROYEUR JAMART. — Il se compose d'un bâti en fonte A (fig. 62) et d'une caisse cylindrique C de même métal, dans laquelle est logée un croisillon D, à 5 bras en fonte dure spéciale, fixé sur un arbre en acier M et tournant dans deux paliers P P¹. L'arbre porte deux poulies, fixe et folle B, B¹. La paroi interne et cylindrique de la caisse est garnie de segments dentés E; celle-ci possède une trémie de chargement F sur sa face latérale extérieure; elle débouche en dessous du centre de l'appareil. Ce broyeur sert surtout à la préparation des craies grises que l'on soumet au lavage.

La matière phosphatée et l'eau sont introduites dans l'appareil par la trémie F; la roche qui a été au préalable réduite en fragments, pouvant être introduits dans la caisse C, est projetée par le croisillon D sur les segments dentés E; lorsque le broyage est suffisant, la matière passe au travers d'une grille formée de barreaux d'acier occupant à la partie inférieure de la caisse C la place d'un segment à crémaillère.

Lorsque le croisillon à bosses D s'use, ce que l'on constate aisément par la diminution de rendement, on remplace les segments à crémaillères E par d'autres ayant les cannelures plus saillantes.

Ce n'est jamais le bris qui fait remplacer le croisillon D, mais l'usure.

Cet appareil donne de bons résultats pour le broyage des craies grises sous l'eau.

Il pèse environ 2,400 kil.; il tourne à une vitesse de 300 tours.

Son rendement à l'heure pour les craies grises est de 2 tonnes.

De nombreux broyeurs Jamart fonctionnent dans le Hainaut et dans la Picardie. Ils sont construits par M. Émile Fontaine, à Leval (Belgique).

5° BROYEUR BOURDAIS. — Cet appareil est utilisé le plus souvent pour le broyage des phosphates qui doivent être soumis à l'enrichissement par voie humide.

Il se compose de deux arbres : l'un creux A et l'autre plein B, tournant à l'intérieur du premier (fig. 63).

L'arbre plein B porte un plateau P muni sur son pourtour de 4 barreaux d'aciers a, a, a, a. Ce plateau P tourne dans le tambour T.

L'arbre creux A porte un tambour T dont le pourtour est

recouvert d'une tôle perforée R. Le diamètre des trous de la tôle perforée varie avec la nature du minerai traité ; pour les craies grises du Hainaut, le diamètre des trous est de 5 1/2 $^m/_m$. Sur le tambour T sont fixés une série de barreaux d'aciers $a'a'$... Ils servent en même temps d'entretoises pour relier les deux faces latérales du tambour.

Celui-ci tourne à une vitesse relativement faible, 15 à 30 tours par minute.

Les deux arbres tournent dans le même sens, mais à des vitesses très différentes.

L'appareil est recouvert d'une enveloppe qui se termine à la partie inférieure en forme d'entonnoir.

Une trémie V permet l'introduction de la matière et de l'eau dans l'appareil : celle-là reçoit immédiatement le choc des barreaux a, a... qui tournent à grande vitesse, 400 à 600 tours par minute ; la matière est lancée sur les barreaux a', a', a' et la partie suffisamment fine passe au travers de la tôle perforée R, les morceaux trop gros retombent sur les barreaux a, a, a... qui leur donnent un nouveau choc ; après un certain nombre de chocs répétés, la matière est réduite en bouillie et elle passe complètement au travers de la tôle perforée.

Cet appareil est construit de différentes grandeurs ; la production varie avec les vitesses, les dimensions de l'appareil et la nature du minerai.

Il est spécialement construit par la Société anonyme des Ateliers de Constructions des Haies de Gilly, près Charleroi.

Le broyeur Bourdais est parfois construit comme le représente la figure 64.

Le tambour est en porte à faux, et au lieu d'être commandé directement par poulie, il l'est par engrenages E.

Dans cette figure, l'appareil n'est pas pourvu d'enveloppe.

La matière boueuse tombe dans un chenal C et subit ensuite les traitements subséquents.

Le premier type aura la préférence.

Le broyeur Bourdais est surtout utilisé pour le concassage des craies grises du Hainaut, soumises à l'enrichissement par voie humide.

Le rendement pour le type le plus fort peut atteindre 4 tonnes à l'heure.

5° CYCLONE PULVÉRISATEUR. — Voici la description qu'en donne M. Gilon, professeur à l'Université de Liége, dans son

Rapport traitant de la préparation mécanique des minerais à l'Exposition universelle de Paris de 1889 :

» Le cyclone pulvérisateur, qui excitait une très vive curiosité dans le compartiment américain, procède évidemment de l'idée originale et hardie de réaliser par des moyens mécaniques les effets destructeurs des ouragans tournoyants qui dévastent parfois les régions équatoriales.

» On y parvient en créant, au moyen de deux moulinets M à ailettes hélicoïdales roulant à grande vitesse et logés dans une chambre C de broyage, deux violents tourbillons d'air qui marchent en sens inverse (fig. 65). Si dans l'intervalle entre les moulinets, on projette la matière à broyer, les fragments, violemment entraînés dans les deux sens, s'entrechoquent et se broient les uns contre les autres sans user notablement l'appareil. Dès que la matière ainsi désagrégée a atteint le degré de ténuité voulue, elle est enlevée par un ventilateur aspirant V dont la force d'aspiration est réglée selon le degré de pulvérisation que l'on cherche.

» L'appareil, qui était exposé dans la galerie des machines, présentait des moulinets à six ailettes montés sur des axes légèrement inclinés et mis en rotation rapide par deux courroies, l'une droite, l'autre croisée, passant sur des poulies à gorge et marchant ainsi en sens contraire ; mais on construit de préférence des moulins à deux ailettes sur axes horizontaux. On trouve que ces derniers mettent en mouvement un plus grand volume d'air et donnent un rendement plus considérable en absorbant moins de force ; d'autre part, l'horizontalité des axes rend la construction plus simple et le graissage plus facile, ce qui n'est pas à dédaigner avec des vitesses de 1,000 à 3,000 tours.

» Les moulinets se composent de deux parties : un moyeu U et les plaques P qui s'y fixent.

» Le moyeu est en acier coulé et bien recuit, afin de pouvoir le travailler à l'outil. Son alésage est légèrement conique et le montage sur l'arbre se fait sans clavetage au moyen d'un pas de vis formé au bout de l'arbre et d'un écrou. Les ailettes, qui pendant le travail viendront en contact avec la matière, sont en fonte *coulée en coquille*, de telle sorte que la partie extérieure se trouve être d'une grande dureté, tandis que l'autre partie qui s'applique sur le moyeu est en fonte ordinaire. Ce moulage spécial a pour but de leur donner une grande résistance à l'usure, tout en leur conservant une souplesse suffisante pour écarter toute chance de rupture. Ces plaques sont fixées sur les ailes du moyeu par trois boulons à tête fraisée, noyée dans l'épaisseur.

» De même que les hélices sont à plaques changeables, la paroi intérieure de la chambre de broyage est garnie de plaques de fonte P¹ amovibles fixées par un boulon et que l'on peut aisément remplacer lorsque le choc des matières les a détériorées.

» L'appareil s'alimente automatiquement La matière à pulvériser est préalablement concassée en masses assez faibles pour permettre leur entraînement par les tourbillons d'air. Un ouvrier chargeur, monté sur un plancher supérieur, l'envoie à la pelle par chenal incliné à deux trémies T de chargement placées latéralement, ou plus simplement à une seule trémie placée au milieu. Dans les trémies se trouve logé un cylindre distributeur U à cannelures, dont la rotation est réglée par poulie, tige, levier, roue à rochet et cliquet. En attachant les tiges en différents points des leviers, on fera varier la quantité de matière amenée dans la chambre de broyage par le cylindre d'alimentation. Une palette de retenue, qui s'applique, par l'action de contrepoids, contre les augets du cylindre distributeur, garantit le versage dans l'appareil du contenu des augets seulement. La matière en quantité ainsi mesurée tombe, dirigée par des plans inclinés, entre les deux moulinets animés d'une vitesse de 1,000 à 3,000 tours par minute; les fragments saisis par les deux tourbillons d'air sont violemment projetés les uns contre les autres et contre les parois, et se réduisent en poussière.

» Arrivée au degré voulu de pulvérisation, la matière est enlevée par un ventilateur aspirant, marchant à environ 3,000 tours par minute et dont la force d'entraînement doit être naturellement d'autant plus grande que la matière est plus dense et qu'on la veut en grains plus gros. On pourrait garder au ventilateur une vitesse constante dans tous les cas, et faire varier sa force d'aspiration en augmentant ou diminuant la quantité d'air admise dans la chambre de broyage, par le jeu de vannes placées sur les conduites d'adduction. En réalité, la force absorbée par le ventilateur étant faible, sa grande vitesse n'offre guère d'inconvénient et l'arbre ne s'échauffe pas. Cependant, pour un volume débité, la force absorbée est d'autant moindre que le ventilateur a des dimensions plus grandes, dans de certaines limites du moins, et il serait préférable d'user d'un ventilateur marchant à une vitesse moyenne de 1,500 tours, n'était la question de prix.

« Par le fait de l'aspiration du ventilateur, la matière broyée quitte la chambre des moulinets et se rend dans des chambres E de dépôt, munies de cloisons formant chicanes, où elle se précipite par des conduits verticaux sur des soupapes S équilibrées; celles-ci cèdent sous leur poids et le sable tombe dans une vis d'Archimède qui le mène mécaniquement jusqu'à un réservoir, dans lequel une noria le reprend pour l'élever à un étage supérieur, où se fait la mise en sacs.

« Après avoir traversé les chambres de dépôt, l'air, entraînant la folle farine, entre dans le ventilateur qui le chasse ensuite dans une caisse en bois, surmontée d'une série de chambres étroites dont les longs côtés sont formés d'étoffe de laine.

« La vitesse du courant s'y trouve sensiblement ralentie et les cloisons de laine, par leur rugosité, retiennent les poussières. De temps à autre on bat les cloisons, la poussière s'en détache et tombe par des parois inclinées dans la vis d'Archimède qui se trouve au-dessous. L'air sort de cette caisse par une conduite qui se bifurque, pour le ramener dans la chambre de broyage au-dessus des deux moulinets à hélices.

« Tel était l'appareil exposé dans la section américaine.

« Comme on le voit, il est entièrement fermé; rien ne se perd au dehors, aucune poussière n'incommode l'ouvrier. Cette disposition sera toujours recommandable lors du broyage de matières ayant une certaine valeur ou qui peuvent nuire à la santé des travailleurs.

« Lorsqu'il n'est pas nécessaire de clore l'appareil, on se dispensera de renvoyer l'air chassé par le ventilateur dans la chambre de broyage. Celle-ci recevra l'air qui lui est nécessaire par deux tuyaux dont l'ouverture libre sera garnie d'une maille afin d'éviter que des corps durs, tels qu'un boulon, un marteau, n'y tombent accidentellement. La quantité d'air sera réglée par des vannes à papillon placées sur ces conduites. Dans ce cas, l'air lancé par le ventilateur gagnera, avant de s'échapper définitivement, des chambres plus ou moins vastes, où des chicanes multiples, des parois de laine, des pluies d'eau ou tout autre moyen aideront à abattre la poussière impalpable, dont une faible partie se répandra au dehors.

« D'autres variantes sont encore possibles. Ainsi, comme nous l'avons déjà dit, au lieu de deux trémies d'alimentation à la chambre de broyage, on peut n'employer qu'une trémie unique.

adaptée sur la paroi du fond, qui alors sera verticale. Au contraire, la matière broyée pourra être enlevée par deux tuyaux placés sur les côtés de cette chambre, lorsque la pulvérisation sera facile.

» Lorsqu'il s'agira du broyage en *impalpable*, des dispositions spéciales seront prises. Dès leur sortir du broyeur, les matières entreront dans une boîte à chicanes, combinées de telle sorte que les grains qui ne pourront franchir ces obstacles redescendront dans la chambre de broyage pour y subir une pulvérisation complémentaire. Les caisses de dépôt seront agrandies pour diminuer la vitesse du courant et la chambre qui suit le ventilateur offrira un développement suffisant et un ensemble de chicanes ou d'autres moyens de retenue pour arrêter presque en totalité les plus fines poussières. Pour faire du *granulé*, le dépôt étant plus facile, toutes ces dispositions seront simplifiées.

» La vitesse des moulinets variera avec le poids et la dureté des fragments à pulvériser. Pour des minerais assez durs, le concassage préalable devra amener les morceaux au volume approximatif d'une grosse noix. Si la matière à broyer tenait incorporés des grains très durs, comme c'est le cas pour les scories, des cornues Thomas, qui renferment des grains d'acier, il serait bon de disposer au bas de la chambre de broyage, en-dessous des moulinets, un réservoir où se réuniraient ces grenailles que l'on pourrait enlever de temps à autre.

» La quantité broyée en un temps donné dépendra du volume des fragments chargés, de la dureté de la matière, du degré de ténuité à obtenir et de la vitesse des moulinets. D'autre part, le degré de ténuité sera réglé par la section et le volume des chambres de dépôt et par le mouvement du ventilateur aspirant, soit que l'on modifie la vitesse de celui-ci, soit, plus simplement, qu'on modifie la quantité d'air par le jeu des vannes à papillon.

» Cet intéressant appareil fonctionne depuis cinq ans en Amérique; il commence à se répandre en Europe.

» On en construit de trois modèles dans les conditions suivantes :

	No 1	No 2	No 3
Diamètre des hélices	0m305	0m570	0m820
Poids d'une hélice montée	8k500	30k	55k
Poids d'une plaque de rechange	1k300	6k	10k
Force motrice	6 à 15 chevaux	20 à 30 chevaux	35 à 50 chevaux

« Les dépenses d'entretien ne sont pas élevées et le remplacement des hélices peut se faire en moins de vingt minutes. Le remplacement des plaques de fonte qui garnissent la chambre de broyage se fait aussi sans difficulté.

« Le cyclone a été appliqué au broyage de nombreuses substances : chaux, ciments, phosphates, os, divers minerais, houille, coke, plombagine, mica, talc, borax, épices, maïs, etc.

« Son rendement à l'heure pour le n° 2 est de 1,000 kil. de phosphate ne donnant que 10 % de refus au tamis 0m/m24.

« On assure qu'on peut y passer, sans inconvénient, des matières contenant 20 % d'humidité et qui s'y dessèchent sous l'influence de l'air en mouvement. L'originalité du principe du cyclone en a fait une des curiosités de l'Exposition ; les résultats qu'il a donnés dans de nombreuses applications le signalent et le recommandent pour les broyages pulvérisants. »

7° BROYEUR STURTEVANT.—Cet appareil procède du paradoxe suivant : c'est la matière elle-même qui produit sa propre pulvérisation ; il évite ainsi l'usure rapide de la partie métallique qui provoque le broyage de la matière dans les différents systèmes autres que le précédent.

Le pulvérisateur est composé (fig. 66) de deux couronnes cylindriques C C' placées dans le même axe horizontal dans un tambour fixe A, pourvu d'une trémie d'alimentation T. Le tambour A porte sur sa périphérie intérieure une sorte de tamis à mailles G, plus ou moins serrées, à travers lequel la matière pulvérisée tombe dans une trémie inférieure S, auquel on peut fixer un peseur automatique.

Les couronnes C C' sont fermées par des plateaux B, B, qui sont fixés respectivement sur des arbres indépendants I, I, qui tournent en sens contraire dans des paliers spéciaux p, p, p', p', convenablement lubréfiés.

Les mouvements contraires sont communiqués aux deux

parties mobiles du système par l'intermédiaire des poulies P',P.

Le tambour A et les deux parties mobiles sont retenus à une plaque de fondation F boulonnée à une charpente élevée de la hauteur minimum d'un sac de phosphate.

Le tambour est fixé par boulons au bâti ; les paliers des deux parties mobiles sont fixés respectivement sur deux plaques LL' à glissières pouvant se mouvoir longitudinalement sur le bâti.

La pulvérisation s'opère ainsi : la matière phosphatée est amenée dans la trémie T de façon à tenir celle-ci constamment remplie ; l'appareil étant en mouvement, la matière arrivée dans la boite centrale A tend à se répandre dans les deux couronnes CC', mais, en vertu de la force centrifuge développée par la rotation de celle-ci, les fragments de matière phosphatée sont projetés dans des directions opposées ; le heurt est tellement violent que la matière se pulvérise.

L'originalité du système se manifeste par le fait suivant : quelques instants après la mise en marche de l'appareil, par suite du tassement de la matière pulvérisée dans les cuvettes CC', il se forme à l'intérieur de chacune de celles-ci un cône annulaire R, R' qui devient aussi dur que la matière à broyer. Après la formation de ces deux cônes R, R', la force centrifuge lance dans la direction des quatre flèches tracées en losange les fragments qui tendent à s'introduire dans ces cônes ; les parois des cuvettes CC' sont ainsi protégées et la force vive dont sont animés les fragments s'annihile. Le broyage se produit donc sans l'intervention directe de tout organe de l'appareil.

Pour éviter le dégagement de poussières, un ventilateur aspirant, relié par une conduite avec la trémie de décharge S, entraine les folles farines dans une chambre de dépôt ; il maintient en outre une basse température dans l'appareil, ce qui permet de broyer des phosphates sortant directement du séchoir et de les ensacher aussitôt.

On construit des pulvérisateurs Sturtevant de quatre numéros différents, de 0^{m}15, 0^{m}20, 0^{m}30 et 0^{m}50 de diamètre du corps principal. La vitesse respective de ces quatre appareils est de 2,600, 2,000, 1,300 et 850 tours.

Le broyage n'étant pas complet dans ces appareils, on y ramène les refus du tamisage ou ceux-ci sont pulvérisés par des meules horizontales.

Le rendement de ces pulvérisateurs est variable ; ils conviennent peu pour produire du phosphate impalpable et sont avantageux pour la production des phosphates industriels.

Ils sont employés dans la Caroline (Amérique du Nord).

B. Broyeurs réduisant par écrasement.

Moulins a cylindres horizontaux lisses ou dentés. — Ce moulin se compose d'une paire de cylindres lisses (fig. 67) ou dentés de diamètres différents et animés de vitesses différentes, de manière qu'ils ne roulent pas l'un sur l'autre, mais qu'ils glissent l'un contre l'autre.

La matière est ainsi écrasée et broyée simultanément.

L'arbre de l'un des cylindres porte la poulie réceptrice ; le mouvement est communiqué à l'autre cylindre par l'intermédiaire d'engrenages. Parfois, la commande se fait directement par engrenages.

Le cylindre non récepteur de mouvement est pourvu de deux ressorts qui permettent son écartement, lorsqu'un corps très dur accompagne la matière à broyer. Les cylindres sont surmontés d'une trémie.

Cet appareil n'est à recommander que pour la préparation de phosphate friable.

Quand on veut obtenir un produit mieux broyé, on dédouble et on superpose les cylindres (fig. 68).

On a aussi utilisé des cylindres épicicloïdaux ou à vis (fig. 69) ; par suite de leur configuration, la matière à broyer est plus longtemps en contact avec eux et donnent un broyage plus complet.

En général, l'emploi des cylindres n'est pas à conseiller. Ces appareils exigent beaucoup de force et donnent des rendements très faibles.

Moulin Excelsior. — Le moulin Excelsior se compose de deux disques annulaires verticaux en fonte durcie dont l'un D est fixé au corps du moulin et l'autre D' sur un arbre horizontal qui est mis en mouvement par une courroie (fig. 70).

Les disques portent sur leur partie plane des dents à section triangulaire, disposées en cercle concentrique, de telle sorte qu'entre chaque paire de cercles dentés se trouve ménagé un sillon également à section triangulaire. La matière à broyer tombe au centre de l'appareil et, par la force centrifuge développée, est rejetée entre les disques, où elle est broyée. Elle est ensuite projetée vers la circonférence externe des disques en suivant les rainures radiales et est ensuite recueillie.

Les dents tranchantes des disques, après avoir produit un certain travail, s'émoussent d'un côté ; on croise alors la courroie de commande, les plateaux tournent en sens inverse, les dents opposées sont encore tranchantes, tandis que, par ce mouvement, les premières s'aiguisent par l'usure inévitable des faces.

Si ce moyen ne suffit pas, on introduit de l'eau et du sable dans le moulin et, au bout de quelques minutes, les dents sont aiguisées. Les disques sont garnis de dents sur leurs deux faces ; ils peuvent donc être retournés.

Le degré de finesse du produit est réglé pendant la marche comme pour les meules de moulin ; il suffit d'agir sur le volant d.

Cet appareil donne de bons résultats ; mais, pour le broyage des phosphates, les disques s'usent très vite et leur remplacement est très onéreux ; en outre, il exige beaucoup de force.

On l'emploie aussi en laboratoire pour la préparation des échantillons de phosphate.

Meules verticales. — Cet appareil se compose de deux meules de moulin en pierre (fig. 71), disposées verticalement, dont l'une fixe M est assujettie sur le bâti de l'appareil à l'aide d'un plateau de fonte Q, et l'autre N fixée par un plateau Q' en fonte sur un arbre horizontal, tournant dans deux paliers p p placés du même côté de la meule ; de sorte que celle-ci tourne en partie à faux.

Entre les deux paliers se trouve la poulie P réceptrice de mouvement.

La meule fixe est percée d'un trou incliné T allant jusqu'au centre et faisant office de trémie. La matière est introduite dans la meule à l'aide d'une secoueur S, qui reçoit son mouvement de l'arbre A par un excentrique O et des tiges de connexion T.

La meule M peut, suivant le degré de finesse qu'on veut obtenir, se rapprocher ou s'écarter de l'autre, au moyen d'une vis V commandée par un volant R.

Un ressort à spirales S placé entre la meule fixe et la vis de réglage de monture permet à cette meule fixe de s'écarter de la meule courante, si un corps étranger très dur accompagnait la matière à broyer. Le plateau Q de la meule fixe est collé sur une tige creuse C à section carrée qui peut glisser dans des portées, venues de fonte avec le bâti, par la manœuvre de la vis V, ou par l'éloignement de la meule M de la meule N produit par le passage d'un corps dur étranger.

Le réglage des meules s'obtient par la manœuvre des vis de pression qui sont logées dans les plateaux en fonte Q, Q'.

Ces meules ne sont pas à recommander pour la monture des phosphates silexifères ; pour les phosphates sableux, leur emploi est à préconiser.

Leur production en Hesbaye est de 700 kil. à l'heure.

Le rhabillage doit se faire toutes les 40 à 50 heures, suivant la nature de la matière à broyer.

La monture ne peut être régulière que pour autant que la matière soumise au broyage soit bien homogène.

Ces meules sont construites par M Vilain, à Lille.

MEULES HORIZONTALES. — Les meules horizontales se composent de deux meules de 1^{m}30 à 1^{m}60 de diamètre, l'une est fixe et porte le nom de *gisante* G; l'autre mobile, celui de *courante* C (fig. 72).

La construction des moulins à meules est bien connue. Ce n'est que depuis quelques années qu'ils ne servent plus à la mouture du grain.

Ils se composent d'un bâti B en fonte portant à sa base la tracette T, sur laquelle tourne l'arbre de meule A.

La tracette est logée dans une caisse munie de trois vis v pour régler la verticalité de l'arbre des meules.

Sur l'arbre horizontal, sont fixés l'engrenage conique E et les poulies réceptrices (fixe F et folle F'). Cet arbre tourne dans deux paliers P P. Les poulies sont placées à l'extrémité de l'arbre et en dehors du bâti.

La meule *gisante* peut être supérieure ou inférieure ; cette dernière position est la préférée. Dans cette position, son horizontalité est obtenue par quatre vis de réglage *r* fixées à l'anneau supérieur S du bâti. Cet anneau repose sur quatre colonnes M en fonte assujetties au bâti. L'arbre vertical porte la meule *courante* par l'intermédiaire d'une pièce métallique appelée *anille* N.

La finesse de mouture dépend du rapprochement des meules.

Ce rapprochement s'obtient par l'intermédiaire d'un volant *h* agissant sur un jeu de leviers Z qui élèvent ou descendent la tracette sur laquelle tourne l'arbre vertical qui porte la meule courante C.

Les deux meules sont enfermées dans une enveloppe cylindrique en tôle K, appelée *archure*, qui porte un secoueur Y surmonté d'une trémie pour l'alimentation.

Le secoueur est mis en mouvement par la rotation d'un petit arbre vertical A s'emboîtant sur l'anille.

La meule courante porte sur sa face cylindrique des équerres en fer faisant l'office de ramasse-poussières O.

Le rhabillage des meules se fait après 50 ou 60 heures de travail. Dans une installation bien comprise, les meules courantes doivent être en double, de sorte que leur rhabillage n'amène aucune perturbation dans le travail. Le rhabillage de la meule gisante est très rapidement fait. Cette opération peut se faire les jours de repos.

Une paire de meules bien entretenues peut donner un rendement variant de 1,200 à 1,800 kil. à l'heure, suivant la dureté du phosphate à broyer.

Le déplacement de la meule courante se fait au moyen d'une potence (fig. 73).

Les meules tournent à la vitesse de 100 à 125 tours par minute.

Le coût d'une paire de meules varie de deux à trois mille francs.

Lorsqu'une installation de broyage exige l'établissement de plusieurs paires de meules, celles-ci sont placées soit *en cercle* (fig. 74), soit *en ligne* (fig. 75); ce dernier mode est préférable; chaque paire de meules doit être indépendante de sa voisine et la surveillance doit en être facile.

Dans la disposition en ligne, un même ouvrier peut surveiller trois paires de meules.

La force motrice exigée pour une paire de meules est d'environ un cheval par 100 kil. de phosphate produits à l'heure.

Plan d'une meule rhabillée (fig. 76).

Moulin a Gobilles. — Le moulin à gobilles à *alimentation et à dégorgement continus* se compose (fig. 77) d'un tambour rotatif, dont l'enveloppe ou le manteau est formé de barreaux de grille *b* en fonte durcie ou en acier et dont les parois principales en fer forgé, garnies à l'intérieur de plaques en fonte durcie *h*, sont reliées, par des disques à moyeu, à l'arbre en acier du moulin. Un nombre plus ou moins considérable de sphères ou gobilles en acier sont placées à l'intérieur, qui, pendant la rotation du moulin, brisent et écrasent la matière qui y a été introduite.

Au fur et à mesure de sa pulvérisation, la matière passe à travers les ouvertures de la grille, qui constitue l'enveloppe du tambour, sur un crible cylindrique C en tôle d'acier percée de trous qui entoure le tambour. C'est ce crible qui retient le gros gruau, tandis que le fin passe sur le tamis d formé d'un tissu métallique de $0^{m/m}32$ à $0^{m/m}24$. Ce tamis est également cylindrique et enveloppe le crible C. La farine, qui est arrivée au degré de finesse voulu, passe à travers ce tamis dans l'entonnoir de dégorgement d'une cage en tôle qui enveloppe tout le système et qui empêche tout dégagement de poussière. Cet entonnoir est muni d'un support auquel on peut appliquer un peseur automatique.

Les deux espèces de gruaux, le fin et le gros, qui se trouvent entre les tamis C et d et l'enveloppe du tambour, sont ramenées vers les canaux e, pratiqués dans six des barreaux de grille, par des palettes en tôle g qui s'étendent sur toute la longueur des tamis qui traversent des échancrures pratiquées dans l'enveloppe du crible C. Ces canaux font retomber la matière à l'intérieur du tambour, où elle est soumise de nouveau à l'action des gobilles.

L'alimentation de cet appareil fait l'objet d'un brevet en faveur de la Société du Grüsonwerk (Magdebourg-Buckau).

Cette alimentation se fait de la façon suivante : une échancrure est faite dans les plaques latérales. Dans cette ouverture se trouvent fixées sur l'arbre du moulin deux hélices qui, par leur rotation avec le tambour, obligent la matière à s'introduire dans le moulin. Dans la majeure partie des appareils broyeurs de ce genre, l'arbre de l'appareil est un obstacle à l'introduction de la matière ; dans le cas présent au contraire, la présence de cet arbre est mise à profit d'une façon très judicieuse pour amener la matière dans le moulin. Ces deux hélices, semblables aux hélices de navire, empêchent aussi les gobilles de sortir de l'appareil par l'entonnoir d'introduction.

Lorsque dans la matière soumise au broyage, il existe des corps étrangers, des morceaux d'acier ou de fer, une ouverture i pratiquée dans l'un des barreaux de grille permet de retirer ces produits hétérogènes ; il suffit de dévisser la plaque qui ferme cette ouverture et faire exécuter à la main quelques tours au moulin. Des trous d'homme donnent accès à l'intérieur de l'appareil.

Les parties de ce moulin qui sont exposées à s'user sont fabriquées *en acier* ; ce sont les gobilles, les barreaux de grille et les plaques latérales. Le grand avantage de ce moulin est le peu de frais qu'exige son entretien.

Il existe en Hesbaye des moulins à gobilles qui fonctionnent depuis plus d'un an et n'ont donné lieu à aucune réparation. Combiné avec un bluttoir, le rendement de cet appareil est en Hesbaye de 1,200 kil. de phosphate à l'heure, passant complètement au tamis $0^m/_m32$; pour les scories, le rendement est de 650 kil. passant complètement au tamis $0^m/_m28$ et donnant 15 °/₀ de refus au tamis $0^m/_m175$.

MOULIN GRIFFIN. — Dans ce moulin (fig. 78), la matière est écrasée par un rouleau A qui court sur la surface interne d'une cuve B. L'arbre C du rouleau A est mis en mouvement par une poulie D tournant horizontalement; la transformation de mouvement est obtenue par un joint de Cardan E.

Le rouleau est fixé sur l'arbre C qui se balance dans toutes les directions.

La cuve B est percée de trous F sur le côté, pour permettre l'évacuation du phosphate tamisé, et porte intérieurement un anneau G sur lequel tourne le rouleau A.

Ce dernier porte sur sa face inférieure deux palettes H qui jouent le rôle de ramasseuses; elles entraînent la matière qui pourrait se disposer au fond de la cuve et la rejettent contre l'anneau de celle-ci, et là, elle est broyée par le rouleau.

Au-dessus de la cuve se trouve une caisse I contenant le tamis J; la matière, après broyage, est rejetée par les ramasseuses sur les parois du tamis, puis passe au travers de celui-ci et tombe dans la vis d'Archimède K.

Les toiles du tamis sont nettoyées d'une façon constante par un éventail L fixé sur l'arbre C au-dessus du rouleau A.

La caisse contenant le tamis cylindrique porte un couvercle en tôle de fer M; sur ce couvercle est fixé un tronc de cône en tôle N à l'intérieur duquel passe l'arbre C.

La trémie d'alimentation est aussi fixée à ce couvercle et est tenue fermée par un papillon P, pressé par un ressort Q. Ce papillon ne s'abaisse que quand le poids de la matière détermine sur lui une pression supérieure à celle du ressort. Le tamisage et l'alimentation sont sollicités par un mouvement saccadé que l'arbre C communique à la caisse I par l'intermédiaire d'une came R placée en un point propice de l'arbre. La poulie de commande D tourne sur une partie conique S alésée qui repose sur la charpente T de l'appareil.

Deux des montants de la charpente se prolongent au-dessus de la poulie pour porter la fusée U autour de laquelle la poulie tourne ; l'intérieur de la fusée sert à l'introduction de l'huile par la *lubrifaction* du joint de Cardan et de la partie alésée sur laquelle tourne la poulie. Un ressort V empêche l'arbre de remonter brusquement pendant ses révolutions.

Le rendement de cet appareil est de quatre tonnes à l'heure, dont les 3/4 passent au tamis $0^m/^m28$.

Il est en usage dans la Caroline du Sud.

Concasseurs.

Certains moulins, tels que les meules horizontales et verticales, ne peuvent pulvériser la roche phosphatée que lorsque celle-ci est réduite en fragments de la grosseur d'une noix; cette roche doit donc, au préalable, subir l'action d'un concasseur.

Les concasseurs sont à simple ou à double effet et à simple ou à double mâchoire mobile.

Ils sont activés par courroie ou directement par la vapeur.

Le rendement de ces appareils doit, dans une installation bien comprise, être en rapport avec le rendement des moulins. Ils sont construits de différentes forces ; on choisira un numéro donnant le même rendement que tous les appareils de mouture réunis dans cette installation.

Concasseur à simple effet { à simple mâchoire mobile
                            { à double   "   "

Concasseur à double effet { à simple mâchoire mobile
                           { à double   "   "

Concasseur à simple effet, à simple mâchoire mobile.

Il se compose d'un arbre O (fig. 79) sur lequel sont calés une poulie P et un volant V. Un excentrique C reçoit son mouvement de l'arbre O. Le mouvement alternatif que reçoit la manivelle C est communiqué à la mâchoire A par l'intermédiaire des plaques D et D'. La mâchoire oscille autour de l'axe Q. Le bâti H et la mâchoire sont protégés par des pièces démontables B et B' qui s'usent assez rapidement.

A chaque tour de l'arbre O, la manivelle C monte et en se relevant rapproche la mâchoire mobile de la mâchoire fixe; celle-là est ramenée dans sa position primitive par un ressort R.

Le volume des morceaux concassés varie avec le rapprochement des deux mâchoires; cette variation est produite par le coin E qui est abaissé ou remonté par la manœuvre de l'écrou que porte le boulon M.

La vitesse de rotation de l'arbre O est de 200 à 250 tours par minute.

Cet appareil exige 8 à 10 chevaux de force.

Son rendement est de 5 à 8 tonnes à l'heure.

Concasseur à simple effet, à double mâchoire mobile.

Cet appareil diffère du précédent en ce que la seconde mâchoire A' est mobile. Elle est manœuvrée par un jeu de leviers x, y, z, qui rendent connexe le mouvement des deux mâchoires (fig. 80).

Concasseur à double effet.

Dans cet appareil (fig. 81), la tige d'excentrique C n'agit pas directement sur les plaques de pression D D' comme dans celui à simple effet; elle agit sur un levier à trois branches b b' b" qui oscille autour d'un axe horizontal. L'une des branches b est verticale et plus longue; elle est reliée à la tige d'excentrique. Les deux autres b' b" sont horizontales et plus courtes; elles forment, avec les deux plaques de pression, un double levier brisé.

C'est par le mouvement du levier à trois branches que la mâchoire mobile fléchit deux fois à chaque tour de l'excentrique.

Comme dans le concasseur à simple effet, si la mâchoire fixe était rendue mobile par un jeu de leviers se rattachant à l'autre mâchoire, on aurait un concasseur à double effet et à double mâchoire mobile.

Dans les différents concasseurs que nous venons de décrire, les mâchoires peuvent être lisses ou cannelées (fig. 82).

TAMISAGE.

La matière phosphatée à sa sortie du broyeur est généralement mise en sacs. Cette pratique doit être rejetée si le broyeur n'est pas pourvu de tamis; il faut que toute matière phosphatée ait subi un tamisage convenable avant d'être livrée au commerce.

Les avantages d'un bon tamisage sont les suivants :

Dans le cas de transformation du phosphate en super-phosphate, l'attaque est plus complète, il y a moins d'*inattaqué* et, par conséquent, le fabricant de superphosphate obtient un rendement plus grand ; il peut donc payer plus cher le phosphate.

Le fabricant de superphosphate doit préférer le phosphate tamisé au non tamisé, même le plus fin ; un grain régulier facilite la réaction de l'acide sur le phosphate et donne un plus bel aspect au superphosphate.

Dans le cas d'emploi direct en agriculture, nous avons démontré qu'un grain grossier exigeait beaucoup plus de temps pour s'assimiler qu'un grain fin; les gros grains seront écartés par le tamisage.

Les appareils employés dans l'industrie des phosphates pour faire le tamisage sont : les bluttoirs et les tamis à secousses.

Bluttoir.

Le bluttoir se compose d'un arbre en fer ou en acier, sur lequel sont fixés deux ou trois croisillons C réunis longitudi-nalement par des fers en **U**, en **L** ou plats.

Les croisillons sont construits de façon à rendre le bluttoir cylindrique (fig. 83) ou hexagonal (fig. 84). Le rayon du cylindre ou le côté de l'hexagone est de 0ᵐ35 à 0ᵐ45. La longueur de la partie tamisante d'un bluttoir varie de 2ᵐ00 à 2ᵐ50; on dépasse rarement cette dimension.

La toile métallique est cousue sur la carcasse du bluttoir ou est fixée par des embrasses boulonnées E.

Quand les longerons des bluttoirs sont en bois, la toile métallique est fixée par de petits clous sur ces longerons; la ligne de clous est recouverte d'une bande de toile qui est collée avec de la farine délayée.

L'arbre du bluttoir est légèrement incliné vers la sortie de la matière, la variation de cette inclinaison est obtenue par la manœuvre de la vis *x* (fig. 83).

Le bluttoir est enfermé dans une caisse en bois ou mieux en tôle munie d'ouvrants sur les faces latérales.

Par ces ouvrants, on fait le remplacement des toiles lorsqu'elles sont détériorées.

Le brossage des toiles peut se faire mécaniquement : une série de brosses mobiles sur l'arbre B font cette opération pendant la rotation du bluttoir; le rapprochement ou l'éloignement des brosses s'effectue par la manœuvre des vis V V.

Lorsque la matière phosphatée donne beaucoup de refus au tamisage, l'usure des toiles métalliques est assez rapide; pour obvier à cet inconvénient, on dispose à l'entrée du bluttoir une corbeille A formée d'une tôle perforée ou d'une toile métallique grossière ($0^{mm}95$) formant un tronc de côno bouché à sa petite base.

La matière phosphatée tombe dans la corbeille, où elle subit un tamisage sommaire ; les refus retournent aux appareils de broyage par le conduit M.

La matière qui a passé au travers de la tôle ou de la toile formant la corbeille est reçue dans le bluttoir proprement dit, où se fait le tamisage. Après avoir traversé la toile métallique, la matière tombe dans des entonnoirs ou est ramenée à ceux-ci par une vis d'Archimède placée dans la partie inférieure de la caisse du bluttoir; à ces entonnoirs sont fixés des peseurs automatiques qui font le pesage des sacs.

Les refus du bluttoir retournent aux appareils de broyage par le conduit N.

Les toiles de bluttoir ont généralement $0^{mm}175$, $0^{mm}20$, $0^{mm}24$, $0^{mm}28$ ou $0^{mm}32$; on descend rarement en-dessous de $0^{mm}32$.

On emploie quelquefois des toiles d'un degré de finesse supérieur à $0^{mm}175$; le tamisage a alors pour but de produire un enrichissement : tel est le cas, pour les *craies grises* (1).

____

(1) Voir ci-contre la *Table de concordance et de composition des Tissus métalliques en usage dans l'industrie des phosphates*.

Table de concordance et de composition des Tissus métalliques en usage dans l'industrie des phosphates.

CLASSIFICATION					DIAMÈTRE du fil en centièmes de millimètres.	COTÉ du carré de l'orifice en centièmes de millimètres.	NOMBRE de fils au centimètre linéaire.	OBSERVATIONS.
française. (1)	anglaise. (2)	des ponts et chaussées de France. (3)	Suisse. (4)	nouvelle proposée en cent.^mes de millim. (5)	(6)	(7)	(8)	
1	0,94	—	—	2207	500	2207	0,369	(1) La classification française résulte du nombre de fils parallèles au pouce linéaire français, soit sur 27 ^m/^m 07.
2	1,9	—	—	1093	260	1093	0,738	
2 1/2	—	—	—	853	230	853	0,923	
3	2,8	1,23	—	702	200	702	1,108	
3 1/2	—	—	—	593	180	593	1,292	(2) La classification anglaise résulte du nombre de fils parallèles au pouce linéaire anglais, soit sur 25 ^mm 4.
4	3,8	2,63	—	514	160	514	1,625	
5	4,7	—	—	411	130	411	1,847	
6	5,7	4,92	—	336	115	336	2,216	
7	6,6	—	—	286	100	286	2,595	
8	7,5	8,75	—	248	90	248	2,955	(3) La classification de l'administration des Ponts et Chaussées de France résulte du nombre de trous au centimètre carré.
9	8,5	—	—	219	82	219	3,324	
10	9,4	13,62	—	196	75	196	3,694	
11	10,4	—	—	177	69	177	4,063	
12	11,3	19,95	—	160	65	160	4,433	
14	13,2	—	—	136	57	136	5,171	(4) La classification suisse est la même que la classification française; mais les tissus les plus demandés forment la numération indiquée dans la 4me colonne.
16	15,0	—	—	119	50	119	5,836	
18	16,9	—	0000	106	44	106	6,648	
20	18,9	54,60	—	95	40	95	7,388	
22	—	—	—	86	36	86	8,127	
24	22,5	—	000	79	33	79	8,823	
26	—	—	—	74	30	74	9,604	

28	—	—	—	70	27	71	10,343
30	28,2	123	—	66	24	66	11,082
32	—	—	00	62	21,5	62	11,821
35	—	168	—	58	19	58	12,930
40	37,6	218	0	50	18	50	14,776
45	—	—	—	43	17	43	16,623
50	47,0	341	—	38	16	38	18,472
52	—	—	1	37	15	37	19,209
58	—	—	2	34	13	34	21,422
60	56,5	490	—	32	13	32	22,165
62	—	—	3	31	12	31	23,642
68	—	—	4	29	12	29	25,120
70	66,1	671	—	28	11	28	25,859
72	—	—	5	27	10,5	27	26,442
76	—	—	6	25,6	10,0	25,6	28,075
80	75,2	870	—	24	10,0	24	29,553
84	—	—	7	22	10,0	22	31,030
90	84,7	1110	—	20	10,0	20	33,247
92	—	—	8	19.4	10,0	19,4	33,908
100	94,1	1360	9	17,5	9,6	17,5	36,941
102	—	—	—	17,0	9,5	17,0	37,680
110	103,5	1650	—	15,5	9,0	15,5	40,635
112	—	—	10	15,0	9,0	15,0	41,374
120	112,9	1970	11	14,0	8,5	14,0	44,329
128	—	—	12	13,1	8,0	13,1	47,210
130	122,3	2300	—	12,8	8,0	12,8	48,023
132	—	—	13	12,5	8,0	12,5	48,762
140	131,7	2670	—	11,3	8,0	11,3	51,717
144	—	—	—	10,7	8,0	10,7	53,195
150	141,1	3064	—	10,5	7,5	10,5	55,411
160	150,5	3490	—	9,75	7,25	9,75	59,105
170	159,9	3950	—	9,00	7,00	9,00	62,800
180	169,3	4430	—	8,50	6,50	8,50	66,494
190	178,8	4940	—	8,25	6,00	8,25	70,183
200	188,1	5490	—	8,00	5,50	8,00	73,882

5) Dans les diverses classifications adoptées en France et en Angleterre, on ne tient compte que du nombre de fils dont se compose le tissu sur une longueur ou sur une surface déterminée : l'élément principal, c'est-à-dire l'orifice laissé libre par le croisement des fils, est négligé. Or, c'est le côté intérieur de la maille qu'il importe de connaître c'est lui seul qui déterminera le volume des grains passés au travers du tissu. Aussi c'est pour tenir compte de cette observation judicieuse qu'en Allemagne déjà on exige que les phosphates passent au travers d'un tamis dont les orifices carrés ont un nombre déterminé de centièmes de millimètres de côté.

Nous n'hésitons pas à engager les fabricants de tissus métalliques à abandonner ces classifications anciennes qui n'ont guère de sens, qui ne sont pas en rapport avec notre système métrique et qui sont difficilement compréhensibles pour ceux qui ne sont pas initiés.

La colonne 5 ou 7 représente le côté du carré formé par l'orifice pour des tissus assez forts en correspondance avec les différentes classifications.

Tamis à secousses.

Le tamis à secousses (fig. 85) est employé lorsque le tamisage à opérer est grossier ; il sert plutôt à faire une séparation qu'un tamisage.

Cet appareil exige peu de force et peu de place et est d'un prix moins élevé que le bluttoir.

Pour le bluttoir, la différence de niveau entre le point d'entrée et le point de sortie de la matière phosphatée est au moins de 1^{m}00 ; pour la table à secousses elle est à peine de 0^{m}30.

Dans l'appropriation d'une installation existante, cette considération peut avoir son importance dans le choix à faire entre le bluttoir et la table à secousses.

Cet appareil se compose d'un châssis en fer ou en bois C, dont le fond est formé d'une toile métallique ou d'une tôle perforée T. Ce châssis est suspendu par deux lames d'acier L à une charpente Q. Les secousses sont produites par deux excentriques R R qui prennent leur mouvement à un arbre O commandé par une poulie P. Le fond du châssis peut être formé de deux toiles ou tôles de numéros différents T T' ; alors le produit tamisé de la première toile passe sur la seconde. On obtient ainsi trois classifications.

S, S', S" sont les conduits de décharge.

Le rendement du tamis à secousses dépend de la mouture de la matière phosphatée, du numéro de la toile ou de la tôle et de la surface tamisante.

Le nombre de secousses à la minute varie de 200 à 300.

APPAREILS TRANSPORTEURS.

Les appareils servant au transport des phosphates dans les usines, se divisent en deux classes, suivant que la matière est en vrac ou contenue dans des récipients.

Appareils transporteurs	Matière en vrac	horizontaux A	Vis d'Archimède Transporteur p p d.
		verticaux B	Chaine à godets ou élévateur
	Matière contenue dans des récipients	horizontaux C	Ch. de fer aérien ou terrestre Brouette
		verticaux D	Monte-charges id. sacs.

A. **Appareils transporteurs horizontaux de matière en vrac.**

Vis d'Archimède ou vis transporteuse. — La vis transporteuse (fig. 86), ainsi que son auge, sont construites en acier, en fer ou en fonte, suivant que la matière à transporter est sèche et pulvérulente ou est humide et en gros fragments.

Dans ce dernier cas, on emploie la fonte dans le but d'éviter, autant que possible, l'usure et les effets de la rouille; la vis transporteuse se place le plus souvent horizontalement, mais son inclinaison peut parfois atteindre 60 degrés ; le rendement de la vis transporteuse varie en raison directe du diamètre et du pas de l'hélice, du nombre de tours de l'appareil et en raison inverse de son inclinaison; dans le cas de transport de matière humide, l'emploi de vis transporteuse n'est pas à conseiller.

Transporteur proprement dit. — Pour un même travail à produire, le transporteur exige beaucoup moins de force que la vis d'Archimède. Le plus employé dans les établissements de phosphates et d'engrais chimiques se compose (fig. 87) de deux tambours cylindriques sur lesquels passe une courroie en cuir, ou en coton, ou en chanvre.

Cette courroie est généralement *caoutchoutée* d'un ou des deux côtés ; elle est soutenue sur son parcours par de petits rouleaux intermédiaires (fig. 88); à l'endroit où la matière à transporter tombe sur la courroie, on place des *rouleaux d'angle* (fig. 89) qui ont pour but de ramener la matière au centre de celle-là ; ils servent aussi à régler sa marche. Les rouleaux de commande, les rouleaux intermédiaires et les rouleaux d'angle sont le plus généralement en tôle d'acier et quelquefois en bois ; ces derniers ne sont pas à recommander.

Par l'emploi des *chariots mobiles* que l'on adapte au transporteur, on peut déverser la matière à un endroit quelconque du parcours de l'appareil.

La fig. 90 représente un chariot qui peut se mouvoir à la main.

La fig. 91 représente un chariot qui se meut au moyen d'une manivelle M fixée sur un des essieux.

La largeur du transporteur varie avec la quantité à transporter ; elle est de 0^{m}25 à 0^{m}75.

Dans la construction des transporteurs à courroie, celle-ci est parfois portée et guidée par deux chaînes de Galles ou de

Vaucanson C C, s'enroulant sur une série de roues dentées r, r, r... r', r', r'... (fig. 92).

Certains transporteurs se composent d'une chaîne métallique (fig. 93) semblable à celles qui sont employées dans les élévateurs ; le godet est remplacé par une plaque en tôle légèrement cintrée, la chaîne se meut horizontalement dans une auge en bois, en fer ou en fonte, ou bien encore en bois avec fond doublé de tôle.

Les plaques en tôle ou palettes traînent sur le fond de l'auge et refoulent devant elles la matière phosphatée ; des roues dentées r r r... remplacent les rouleaux intermédiaires.

Lorsque la quantité de matière à transporter est considérable, on peut élargir les palettes ; alors la chaîne est dédoublée (fig. 94).

B. Appareils transporteurs verticaux ou inclinés de matière en vrac.

Ces appareils se divisent en deux classes bien distinctes, suivant que la matière est transportée dans des godets ou dans des récipients quelconques, tels que : wagonnets, paniers, sacs, etc.

A la première classe appartiennent les chaînes à godets et à la seconde les monte-charges.

CHAÎNE A GODETS OU ÉLÉVATEUR. — La chaîne à godets se compose de deux éléments essentiels :

1º Les godets ;

2º La chaîne ;

Les *godets* sont construits en tôle de fer ou en tôle d'acier ; ils peuvent être rivés ou estampés. Ces derniers sont toujours en tôle d'acier ; ils présentent plusieurs avantages sur les godets en tôle rivée. A poids égal de matière première, ils sont plus solides, se détériorent moins vite, puisqu'ils sont d'une seule pièce ; ils se vident plus facilement, les angles étant arrondis ; on peut leur donner une forme plus appropriée pour faciliter le déversement.

Forme des godets estampés (fig. 95).

Forme des godets rivés (fig. 96).

Leur contenance varie de un à trois litres ; l'épaisseur de la tôle varie de 1 1/2 à 3 millimètres.

Ils sont distancés l'un de l'autre de 0^m20 à 0^m50.

La *chaîne* est formée d'une courroie en cuir, en coton ou en chanvre ou est métallique.

Dans l'emploi de courroie (fig. 97), celle-ci est un peu plus large que le godet ; les poulies d'enroulement sont unies et quelquefois à rebords ; leur diamètre varie de 0^{m}60 à 0^{m}90. On ne peut guère descendre en-dessous de 0^{m}60 sans risquer d'avoir des glissements de courroie.

Les godets sont fixés sur la courroie au moyen de boulons à tête plate (fig. 98).

L'emploi des chaînes à godets *à courroie* tend à disparaître.

Les chaînes métalliques sont très nombreuses ; nous citerons les plus importantes :

1° La chaîne ordinaire composée de deux lignes de chaînons à maillons calibrés,   fig. 99 a. b.

2° La chaîne Vaucanson,   " 100.

3°   Id.   Ewart,   " 101.

4°   Id.   Galles,   " 102.

5°   Id.   Dodge,   " 103.

6°   Id.   Leye   " 104.

7°   Id.   Gray,   " 105.

8°   Id.   Standart,   " 106.

9°   Id.   Villain,   " 107.

Dans toutes ces chaînes, les maillons d'attache ont une forme permettant l'application du godet sur le maillon et l'enroulement de la chaîne sur les poulies. Celles-ci, suivant le système de chaîne, sont dentées, à empreintes, à gorge simple ou double, unies ou à pans.

Les chaînes sont souvent guidées par des fers à **U** ou autres, ou soutenues par des galets ; il est préférable de les guider.

Les chaînes à godets tournent généralement à la base dans une cuvette en fonte munie sur ses faces latérales d'appareils pour la tension des chaînes (fig. 108).

Le fond de la cuvette est en tôle d'acier. Près du fond, sur l'une des faces latérales, se trouve une petite porte qui permet la vidange, lorsqu'il y a engorgement.

La tête de la chaîne à godets est souvent recouverte d'un chapeau en fonte ou en bois ayant à peu près la même forme que la cuvette qui se trouve à la base (fig. 109).

Dans les chaînes à godets, la vitesse varie de 35 à 40 mètres à la minute.

Pour qu'une chaîne à godets fonctionne dans de bonnes conditions, elle doit être légèrement inclinée de 0^{m}15 à 0^{m}30 par mètre ; lorsque elle est inclinée, c'est le brin supérieur qui monte avec la charge. Plus une chaîne est inclinée, moins sa vitesse doit être grande.

Détermination de la production par heure d'une chaîne à godets en marche normale :

Supposons une chaîne composée de godets d'une contenance de 1 litre et placés à 0^m30 de distance; adoptons une vitesse de chaîne de 30^m00 par minute.

Il passera $\dfrac{30,00}{0,30} = 100$ godets par minute ; leur contenance étant de 1 litre, on peut compter qu'ils s'emplissent à demi à chaque passage, le volume transporté par heure sera donc de $60 \times 100 \times 0,5 = 3,000$ litres.

La densité du phosphate moulu étant de 1,20 en moyenne, le poids élevé à l'heure sera de 3,600 kilog.

Plan d'une chaîne à godets métallique guidée par fers à **U** (fig. 110).

Pour éviter l'engorgement des chaînes à godets, on peut employer un distributeur formé d'une trémie A (fig. 110bis), avec tablier mobile T.

Le mouvement est emprunté à l'arbre inférieur B de la chaîne à godets, au moyen d'une chaîne de Galles et communiqué au tablier T par une came C.

La trémie A est pourvue d'une vanne V dont l'ouverture règle la quantité de matière à distribuer.

A chaque mouvement du tablier, il tombe une quantité de phosphate déterminée dans les godets de la chaîne.

Cet appareil est identique au *secoueur* employé pour la distribution du phosphate dans les meules horizontales.

C. Appareils transporteurs horizontaux de matière contenue dans des récipients.

Pour ce mode de transport, on emploie le plus communément la brouette à sacs (fig. 111), lorsque, pour le roulage, on dispose d'un plancher.

Quand les transports se font toujours dans la même direction, on peut se servir d'un petit chemin de fer aérien ou terrestre.

Appareils transporteurs verticaux de matière contenue dans des récipients.

1° MONTE-CHARGES. — Dans les monte-charges, le récipient généralement employé est le wagonnet.

Ils se composent d'un châssis en bois ou mieux en fer, ayant comme hauteur utile minimum celle d'élévation de la charge ; ils sont à double ou à simple mouvement.

Le wagonnet est le plus souvent logé dans une cage ; celle-ci monte et descend le long des guides ; un câble ou une chaîne métallique s'enroulant sur un tambour et passant sur une poulie de renvoi entraîne la cage.

Le mouvement est communiqué au tambour par l'intermédiaire de cônes de friction ou d'engrenages avec embrayage, ou par courroies glissant sur poulies fixes ou folles ; on obtient ainsi l'enroulement du câble dans un sens ou dans l'autre ou l'arrêt.

Plan d'un monte-charges à double mouvement (fig. 112).

Il existe des monte-charges de construction beaucoup plus simple que ceux que nous venons de décrire assez succinctement.

Ils sont formés de deux chaînes métalliques C et C' s'enroulant chacune sur deux roues dentées R portées par un châssis composé de deux montants T.

Les chaînes sont éloignées l'une de l'autre de la largeur d'un wagonnet ; elles portent des attaches spéciales a, a, ... qui viennent s'engager dans les côtés des wagonnets munis d'œillets ; ces wagonnets sont élevés et déposés sur une trappe mobile M qui se soulève au passage et se referme aussitôt pour les recevoir (fig. 113).

Le mouvement est communiqué aux roues dentées par les mêmes moyens que ceux utilisés pour la commande du tambour des monte-charges ordinaires.

2° MONTE-SACS. — Ils sont de deux espèces, suivant que le câble est attaché directement au sac ou à une chaise sur laquelle il est placé.

Ceux de la première espèce se composent d'un châssis C en fer ou en fonte (fig. 114) portant un rouleau R sur lequel s'enroule le câble ou la chaîne de traction T ; sur l'arbre de ce rouleau est fixée une poulie P à rebords autour de laquelle tourne une courroie flottante F.

Une transmission intermédiaire I communique le mouvement au tambour R, lorsqu'on tend la courroie F par la manœuvre du tendeur D.

Cet appareil peut être utilisé en tous points de l'usine en faisant usage de poulies de renvoi pour la commande du tendeur et pour le passage du câble.

Dans les monte-sacs de la seconde espèce, le câble est attaché à une chaise M qui se meut entre deux guides G G (fig. 115). C'est sur la chaise que se place le sac.

Ces monte-sacs sont surtout utilisés pour élever les sacs à hauteur de chargement à dos d'homme.

En un point déterminé d'un des guides G, se trouve un taquet mobile R qui empêche la chaise de redescendre et permet à l'ouvrier de se charger commodément. On construit aussi ces derniers monte-sacs pour être mus à la main; le taquet mobile est alors remplacé par une roue à rochet placée sur l'arbre du tambour (fig. 116).

ENSACHAGE. — PESAGE.

La matière après tamisage est reçue ou est conduite dans les appareils d'ensachage et de pesage automatiques. Ces appareils sont de deux espèces.

Dans le premier cas, lorsque le sac est rempli, il est enlevé automatiquement; dans le deuxième, il doit être enlevé à la main.

Premier système. — Voici la description qu'en donne M. Loute dans le *Bulletin de l'Association des Ingénieurs sortis de l'École des Mines de Mons*, 3me série, t. II :

« Cet appareil se compose de deux distributeurs A, A' (fig. 117) en troncs de cône légèrement évasés vers le bas ($0^{m}02$ par mètre), afin d'éviter l'engorgement; ils portent les axes de deux balanciers B, B, — B', B', aux branches antérieures desquelles les sacs sont suspendus par des anneaux. Ces balanciers sont actionnés par les leviers C, C' des balances automatiques X, X', placées sous les distributeurs. Au-dessus de ceux-ci se trouve une trémie D pouvant pivoter autour d'un axe x, de manière à diriger les produits à ensacher alternativement sur chacun des distributeurs. Cette trémie est alimentée par un conduit E, qui se meut latéralement, poussée par la première.

« Le mouvement de bascule de la trémie D est obtenu de la manière suivante : à la partie inférieure de cette trémie est fixée une tôle G portant des rainures, dans lesquelles se déplacent verticalement des tiges H, H', munies d'embases; ces tiges, commandées par des leviers C, C', se lèvent alternativement à chaque fonctionnement des balances X, X', et font ainsi basculer la trémie tantôt à droite, tantôt à gauche.

» La trémie D est garnie à ses extrémités de clapets faisant office d'obturateurs, qui empêchent, grâce aux rouleaux I, I', les produits de tomber quand elle se relève.

» La matière à ensacher arrive donc par E et D, tombe dans le distributeur, celui de gauche, par exemple, le sac étant rempli, la balance X fonctionne, le levier C fait relever la tige H, dont l'embase vient buter le fond de la trémie D, la fait pivoter ainsi que le conduit E, de manière à les incliner vers la droite.

» Les sacs, en se déclanchant, sont reçus dans deux adducteurs courbes se raccordant en un seul. A partir de ce point, les sacs glissent dans le wagon par une trémie pouvant se mouvoir soit verticalement, soit horizontalement, comme dans les triages mécaniques. »

Second système. — Il consiste en un cylindre C en fonte muni d'un obturateur O (fig. 118) ; à ce cylindre est fixée une bascule dont le tablier est représenté par un empochoir E auquel est attaché, par une ceinture (fig. 118bis), le sac devant contenir le phosphate. La bascule peut être du type dit *romaine* ou *à plateaux* ou l'un et l'autre réunis.

Le principe de l'ensachoir automatique à bascule est le suivant : lorsque le sac contient un poids déterminé de matière, le fléau F de la bascule, en remontant, manœuvre un déclic D qui agit sur l'obturateur O ; celui-ci se ferme et arrête par conséquent l'arrivée du phosphate dans le sac. L'ouvrier préposé à la surveillance de cet appareil ouvre la ceinture de cuir qui fixe le sac sur l'empochoir ; le sac est enlevé et remplacé immédiatement par un autre ; la bascule est devenue libre et peut faire une nouvelle pesée. On relève l'obturateur en manœuvrant une petite manivelle M qui se trouve sur le côté du cylindre et la matière phosphatée continue à tomber dans le sac jusqu'au moment où une nouvelle pesée sera faite.

Comme il ne peut y avoir aucune liaison rigide entre le cylindre adducteur et l'empochoir, une toile légère T réunit ces deux pièces.

Ces appareils fonctionnent bien ; il faut les tenir constamment dans un état de propreté tel que le balancier puisse jouer facilement sur les couteaux et que l'obturateur puisse fermer convenablement le cylindre adducteur.

EMMAGASINAGE.

Le phosphate, après ensachage, est mis en magasin.

Le sol d'un magasin à phosphate doit être absolument sec ; toute trace d'humidité amènerait rapidement la pourriture des emballages.

Pour parer à cet inconvénient, on recouvre le sol d'une couche de cendrée et ensuite d'un treillis en bois (fig. 119) pour séparer le sac du sol et permettre le passage de l'air.

Dans le traitement mécanique des phosphates, on n'a pas toujours une uniformité parfaite dans les titres obtenus et, comme il est impossible de déterminer le titre du produit avant la mise en magasin, il arrive qu'un produit d'une classe est emmagasiné à côté d'un produit d'une autre classe.

Lorsque l'emmagasinage se fait par partie de dix tonnes, l'inconvénient que nous signalons n'a pas d'importance. L'échantillonnage se faisant de cette façon, l'emmagasinage doit se faire de même, si on veut éviter un remaniement des sacs après la connaissance du titre.

Disposition d'un magasin de phosphate par partie de dix tonnes ou de cent sacs (fig. 120).

Dans la confection d'une pile de sacs, l'ouvrier doit apporter beaucoup de soins pour qu'elle conserve bien sa verticalité si la pile voisine venait à être enlevée.

Dix tonnes de phosphate ainsi emmagasinées exigent au maximum une surface de quatre mètres carrés.

Les couloirs représentent le quart environ de la surface occupée par les sacs emmagasinés ; on peut donc dire qu'il faut 0^m50 de surface par tonne de phosphate ; pour emmagasiner mille tonnes, il faut au maximum un magasin de 500 mètres carrés et de 4^m50 de hauteur disponible en-dessous des fermes du bâtiment.

Les couloirs ont des dimensions telles qu'ils peuvent être remplis à leur tour, lorsqu'il n'y a plus de place disponible. Le plan (fig. 120) indique l'ordre dans lequel les piles sont disposées ; les n°s 21, 22, 23, 24, 25 et 26 remplissent les couloirs lorsque la place fait défaut.

Il est tenu un plan et un livre de magasin renseignant, le premier : les numéros d'ordre de fabrication, c'est-à-dire les numéros que portent les fiches plantées dans chaque pile ; le second indiquant les analyses des produits correspondant aux

numéros d'ordre de fabrication ; ces analyses donnent les
titres en phosphate de chaux, fer et alumine, le degré de
finesse et le degré d'humidité, lors de la mise en magasin.

Les échantillons devant servir à l'analyse sont formés par
l'ouvrier ensacheur par série de 100 sacs, correspondant à
chaque pile du magasin.

Quand un magasin est tenu comme nous venons de l'indiquer
et lorsque les prises d'échantillons et les analyses sont bien
faites, il n'est guère possible d'avoir des mécomptes dans les
expéditions.

Il faut bien le reconnaître, la renommée et, par conséquent,
l'avenir d'une maison dépendent de la façon dont elle exécutera
les ordres qu'elle aura reçus.

Un industriel soucieux de ses intérêts ou de ceux qui lui sont
confiés évitera, par sa vigilance, les difficultés sans nombre
qui ont pour origine la mauvaise tenue des magasins.

PLAN D'UNE USINE POUR LE SÉCHAGE ET LA MOUTURE DES PHOSPHATES (fig. 121).

A. Wagonnets amenant le phosphate brut à l'usine.
B. Monte-charges.
C. Transporteur pour l'alimentation du séchoir.
D. Séchoir mécanique avec chambre à poussières et ven-
      tilateur.
E. Distributeur de chaîne à godets.
F. Chaîne à godets métallique.
G. Concasseur.
H. Broyeurs (meules horizontales ou broyeurs à boulets).
I. Vis d'Archimède et chaîne à godets.
J. Bluttoirs circulaires.
K. Ensacheurs automatiques.
L. Emmagasinage mécanique.
M. Machines, chaudières, pompes, etc.

Les divers appareils que nous venons d'énumérer forment
généralement l'ensemble d'une usine de séchage et de mouture ;
mais il arrive que certains d'entre eux deviennent inutiles par
suite de la situation topographique spéciale de l'usine ou
surtout de la nature de la matière phosphatée.

CHAPITRE VII.

ENRICHISSEMENT DES PHOSPHATES.

L'enrichissement du phosphate de chaux est une des opérations de chimie industrielle qui a donné lieu à beaucoup d'études et de recherches.

Il a été pris en Belgique, seulement depuis 1875, plus de 250 brevets sur la matière (1).

La majeure partie de ces brevets sont frappés de déchéance (2) ; nous ne passerons en revue que ceux qui ont donné lieu à des essais ou à des exploitations industrielles.

Les procédés d'enrichissement se divisent en deux grandes catégories : les procédés physiques ou mécaniques et les procédés chimiques.

Jusqu'à présent, il faut bien le reconnaître, aucun procédé chimique n'a donné des résultats satisfaisants et la raison en est la suivante :

Les inventeurs, pour produire l'enrichissement des phosphates, ont recours à des produits chimiques d'un coût trop élevé, d'une valeur qui n'est pas en rapport avec celle de la matière enrichie ; la moindre perte, de l'élément produisant l'enrichissement, empêche le procédé d'être rémunérateur. D'autre part, les inventeurs ne se sont pas suffisamment attachés à obtenir du phosphate enrichi bi ou mono-basique, produit qui a une valeur triple ou quadruple du phosphate tribasique.

En un mot, un procédé chimique d'enrichissement des phosphates n'a de chance d'être appliqué industriellement que si les conditions suivantes sont remplies :

1° Séparation de l'acide phosphorique soluble des éléments inertes qui l'accompagnent ;

---

(1) Nous donnons, à la fin du chapitre, la liste de ces brevets.
(2) En général, 55 °/₀ des brevets sont frappés de déchéance après la première année pour non payement de l'annuité.
    10 °/₀ après la troisième.
    10 °/₀ après la quatrième.
    10 °/₀ restent debout après 10 ans.
    1 °/₀   id.   id.   15 ans.

2° Régénération à peu près gratuite de l'élément chimique ayant produit cette séparation ;

3° La matière résiduelle devra avoir une valeur industrielle :

4° Ou mieux encore, le phosphate enrichi est le résidu d'une autre fabrication ; on produit un sel à base de chaux qui a une valeur industrielle et l'acide phosphorique est le résidu.

Aucun des procédés chimiques connus ne possède ces qualités et c'est pour ces motifs qu'ils n'ont pu trouver d'application industrielle.

Les procédés mécaniques ont seuls donné des résultats satisfaisants.

L'élément produisant la séparation de la matière riche de la matière pauvre est l'eau ou l'air. Les procédés mécaniques reposent tous sur les propriétés physiques suivantes dont jouissent tous les corps : la divisibilité, la porosité, la pesanteur, le volume et la dureté ; c'est la mise à profit de ces différentes propriétés des corps qui forme la base de l'enrichissement mécanique.

Il est très difficile et il serait fastidieux de donner la description de tous les systèmes mis en usage dans les différents bassins phosphatiers du monde, parce que beaucoup ne diffèrent entre eux que par la disposition des appareils ou par certaines modifications locales qui leur sont apportées.

Théorie mécanique de l'enrichissement des phosphates

PAR VOIE HUMIDE

Nous allons examiner, au point de vue mécanique, les principaux cas sur lesquels reposent l'enrichissement mécanique des phosphates.

1° Chute libre d'un corps dans un liquide en repos ;

2° Chute d'un corps soumis à un courant liquide horizontal et de vitesse constante ;

3° Chute d'un corps dans un courant de liquide ascendant de vitesse constante ;

4° Action d'un courant d'eau en lame mince sur un corps reposant sur une aire plane.

Premier cas.

Soient a le côté d'un cube représenté par un grain de phosphate,

d — sa densité,

g = l'accélération de vitesse due à la pesanteur — 9^m8088,

r — la densité du liquide,

x — l'accélération à un moment donné de la vitesse de chute,

K — constante.

Le poids du grain de phosphate est   .   . $K\,d\,a^3$.

Sa masse sera   .   .   .   . $\dfrac{K\,d\,a^3}{g}$.

La force produisant l'accélération sera   . $\dfrac{K\,d\,a^3}{g}\,x$.

Cette force est égale au poids du corps dans le liquide, soit $K\,(d - r)\,a^3$ moins la résistance du liquide.

On sait que celle-ci est proportionnelle : au carré de la vitesse du corps, à la plus grande section du corps perpendiculairement à la direction du mouvement et ensuite à la densité du liquide. Cette résistance peut ainsi s'exprimer : $C\,r\,a^2\,u^2$. C constante, u vitesse limitée correspondant à une accélération, x égale à zéro.

On a donc :

$$\frac{K\,d\,a^3}{x} = K\,(d - r)a^3 - C\,r\,a^2\,u^2.$$

$$u = \sqrt{\frac{K\,a\,(d - r)}{C\,r}}$$

Cette vitesse u augmente avec la densité, c'est ce qui permet la séparation des grains de mêmes dimensions, mais de densités différentes.

Deuxième cas

Soit v cette vitesse constante :

Considérons le mouvement d'un grain de phosphate comme résultant de la superposition de sa chute verticale et d'un entraînement horizontal.

Cette force d'entraînement due au liquide est représentée par la formule : $C\,r\,a^2\,(v - u)^2$.

La vitesse maximum que pourra prendre le grain sera égale à la vitesse du liquide. Cette vitesse est indépendante de la densité ; les fragments se déposent donc à des distances variant avec leurs dimensions ; mais cet entraînement est troublé par la vitesse verticale, et pour des grains de dimensions différentes, en appelant l la distance horizontale à laquelle s'arrêteront les divers grains, on aura, d'après M. Gillon :

$$l = \frac{y\,C}{2,44\sqrt{D(v-1)}}$$

y = profondeur du chenal dans lequel la matière se dépose

C = vitesse du liquide.

D = diamètre des trous de la toile perforée par lesquels les grains ont passé.

Troisième cas.

Dans la formule ci-dessus, u est considéré comme vitesse absolue ; dans la suivante, nous prendrons la vitesse relative du grain que nous exprimerons par u $\times$ v. L'équation, en supposant le liquide au repos, devient

$$K\,(d-r)\,a^3 = C\,r\,a^2\,(u+r)^2.$$

Par cette formule, on voit que *la vitesse de chute est égale à celle qu'aurait acquis le corps en tombant dans un liquide en repos, diminuée de la vitesse du liquide.*

Suivant la valeur de *v*, la valeur de la vitesse pourra être positive, nulle ou négative.

Positive, le grain tombera.

Nulle, le grain restera en repos.

Négative, le grain suivra le liquide.

On peut donc conclure que si, dans un liquide animé d'un mouvement ascendant et de vitesse constante *r*, on laisse tomber des grains de phosphate, ceux qui auront acquis, dans le liquide supposé au repos, une vitesse supérieure à *r*, tomberont seuls ; ceux qui auront une vitesse égale resteront en suspension et ceux qui auront une vitesse inférieure suivront le courant ascendant.

Quatrième cas.

Dans ce cas, la nature du frottement dépend surtout de la forme arrondie des grains. Pour un courant d'eau en lame mince, la vitesse est très différente dans une même tranche verticale. Si l'eau n'était pas en lame mince, on retomberait dans le cas d'un corps soumis à un courant liquide horizontal, le courant frapperait partout les grains avec la même vitesse. On doit, pour le courant d'eau en lame mince, tenir compte de la considération de frottement ; c'est elle seule qui différencie ce cas du n° 2.

L'enrichissement des phosphates peut résulter de phénomènes soumis aux lois de la physique ou aux lois de la chimie; il peut se faire par voie humide ou par voie sèche.

ENRICHISSEMENT PHYSIQUE OU MÉCANIQUE
PAR VOIE HUMIDE.

Le produit phosphaté sortant de la mine doit généralement être désagrégé; si la matière emprisonnant le phosphate est dure, on doit la soumettre à un broyage; si elle est simplement argileuse, *noduleuse* ou accompagnée de silex, elle est soumise à une trituration.

Broyage.

Pour le broyage des phosphates à soumettre à l'enrichissement par voie humide, les appareils les plus employés sont : le broyeur Bourdais et le broyeur Jamart; on emploie aussi, mais très rarement, les meules horizontales.

Ces différents appareils ont été décrits dans le chapitre V.

Trituration.

Lavoir à bras.

Dans le Boulonais, pour faire la séparation des nodules de l'argile, on fait usage d'un lavoir (fig. 122) qui se compose d'un caisson trapézoïdal C, de 10 mètres de long environ et de 0^m40 à 0^m50 de profondeur; la largeur des caissons est de 1^m50 à la partie supérieure et de 1^m00 au fond; celui-ci est constitué par des plaques de fonte P jointives, ainsi que la paroi latérale qui se trouve du côté du plancher sur lequel les ouvriers se placent pour faire le lavage; l'autre paroi est formée de planches.

L'eau étant peu abondante, le lavage n'est pas continu. On opère par *éclusée*, c'est-à-dire qu'après avoir rempli d'eau le caisson et y avoir lavé les nodules, on évacue l'eau chargée d'argile en levant une petite vanne V située dans la paroi verticale d'aval du caisson.

On remplit alors celui-ci d'eau propre. Avant de faire le lavage, généralement on procède au *trempage*, c'est-à-dire que la matière phosphatée reste imbibée d'eau dans le caisson pendant quelques heures avant d'être remuée.

Pour opérer le lavage, les ouvriers se servent de *crocs à trois dents* (fig. 123) et de *rofles* (fig. 124 et 125).

Une opération dure 5 heures et exige quatre hommes et un gamin.

Cet appareil sert donc, d'une part, à faire la *trituration* du phosphate et, d'autre part, à faire la *séparation par densité* des nodules de l'argile.

Lorsque l'eau est en abondance, le lavage est continu. C'est le mode suivi dans les Ardennes et dans la Meuse.

Le caisson (fig. 126) est suivi d'une grille G qui permet de faire la *séparation par volume* des nodules de l'argile.

Les ouvriers se placent, pour faire la trituration, sur des planchers PP' disposés des deux côtés du caisson.

Celui-ci a une longueur variant de 3 à 9 mètres, une largeur variant de 0^m45 à 1^m00 et une profondeur de 0^m30 à 0^m40.

Le lavage est très simple : le phosphate et l'eau arrivent en *a* à l'entrée du caisson ; les ouvriers, munis de crocs, en font le mélange : les eaux chargées d'argile entraînent les nodules qui sont retenus sur la grille G, d'où ils sont repris d'une façon constante.

On fait parfois une opération préalable semblable à celle du trempage dans le Pas-de-Calais ; c'est le *dégraissage*, ainsi appelé dans la Meuse et dans les Ardennes.

On compte 3 mètres cubes de nodules comme production journalière d'un lavoir à bras.

Malaxeur horizontal.

Cet appareil (fig. 127) se compose de :

A. Poulies réceptrices fixe et folle.

B. Engrenages. La commande peut se faire soit par courroie, soit par engrenages.

C. Trémie pour l'introduction du phosphate.

D. Auge en fonte ou en tôle.

a.a.a. Palettes ou bras héliçoïdaux produisant le malaxage et l'avancement de la matière.

E. Ouverture de sortie de la boue phosphatée après malaxage.

F. Arbre portant les palettes et les poulies.

Le phosphate venant directement de la mine est jeté ou déversé dans la trémie C et est malaxé par des palettes héliçoïdales, qui entraînent lentement la boue phosphatée vers l'autre extrémité et l'expulsent au dehors par l'ouverture E. Cet appareil produit facilement la désagrégation des phosphates argileux ; le rendement varie avec les dimensions de l'appareil : plus son diamètre est grand, plus sa production est grande ; plus il est long, mieux le lavage est fait.

L'auge présente une légère inclinaison en sens inverse de la marche du minerai ; l'eau arrive à l'extrémité de l'appareil vers E, descend vers la trémie C de chargement et traverse une grille verticale *g* avant de sortir du caisson ; le lavage est *méthodique* ; les nodules débarrassés d'argile sont en contact avec de l'eau claire avant de quitter le malaxeur.

G est la grille sur laquelle se fait l'égouttage des nodules.

La vitesse de rotation est de 15 à 20 tours par minute.

Cet appareil est connu, dans les départements des Ardennes et de la Meuse, sous le nom de *lavoir mécanique*. Dans ces départements français, un appareil de 4^{m}50 de long et 0^{m}70 de diamètre donne, avec des phosphates noduleux ayant subi un premier criblage à sec et contenant alors 50 % de nodules, de 1,200 à 1,500 kil. de nodules à l'heure.

Vis d'Archimède excentrée.

Elle se compose (fig. 128) d'une série de tôles hélicoïdales réunies l'une à l'autre par des rivets ou fixées isolément sur l'arbre par vis de pression. Le pourtour de ces tôles est dentelé pour mieux diviser la matière.

Le système tourne dans une auge en fonte, mais il n'en occupe pas le centre ; il est excentré.

Cette disposition a pour avantage de permettre la trituration de certains phosphates contenant des silex ou des pierres dures ; la présence de ceux-ci ne dérangera pas le travail ; ils sont refoulés dans la partie libre et se poussent mutuellement vers la sortie.

Comme dans le système précédent, le lavage est *méthodique* : l'eau marche en sens inverse du phosphate.

La production de cet appareil varie avec ses dimensions.

Débourbeur.

Le débourbeur se compose (fig. 129) d'un tronc de cône ou d'un cylindre en forte tôle de 3 à 6 mètres de long et de 1 à

2 mètres de diamètre. La paroi intérieure est munie d'une cloison hélicoïdale entre les spires de laquelle sont fixés de forts clous en fer destinés à augmenter les frottements et, par conséquent, à produire le débourbage.

L'entrée de la matière et de l'eau se font par une trémie T débouchant dans le fond B de l'appareil; la sortie s'opère au moyen d'une roue à godets R placée à l'extrémité du débourbeur.

Quand il a plus de 3^m50 de long, il n'est plus porté par un arbre central A, tournant dans deux paliers; le cylindre tourne alors sur des galets G (fig. 129bis).

Le débourbeur tourne à une vitesse de 7 à 15 tours; il a donné de bons résultats dans le débourbage des silex phosphatés qui surmontent la couche de phosphate dans le bassin du Hainaut.

Trommel débourbeur et classeur.

Il existe plusieurs formes de trommels débourbeurs et classeurs; nous reproduisons celui qui est le plus en faveur et le plus répandu.

Ce trommel (fig. 130) consiste en un cylindre ou tronc de cône formé d'une tôle perforée de trous de 2 millimètres minimum, suivant la nature de la matière.

Cette tôle est portée par l'intermédiaire de croisillons de fer par un arbre en fer ou en acier.

Intérieurement, il règne une couronne hélicoïdale qui oblige la matière à avancer.

La paroi interne est parfois recouverte de clous en fer destinés à augmenter la trituration.

A l'extrémité existe une disposition permettant de ramener dans le conduit de sortie, qui se trouve au centre de l'appareil, le refus débourbé.

Le trommel est placé dans une caisse vide ou contenant de l'eau; dans le cas de débourbage sous eau, la caisse porte un trop-plein pour empêcher l'eau d'emplir celle-là.

Une trappe placée à la partie inférieure de la caisse règle la sortie de l'eau chargée de *schlamms*.

La longueur du trommel débourbeur-classeur varie de 2 à 4 mètres, son diamètre de 0^m70 à 1^m00.

Si le trommel est cylindrique, son axe est légèrement incliné pour faciliter l'avancement de la matière; s'il est conique, l'axe peut être horizontal.

La vitesse varie de 8 à 20 tours par minute.

L'un des fonds du trommel est fermé et il porte au centre une ouverture pour l'entrée du minerai.

Si le débourbage et le classement ne sont pas complètement terminés à la sortie d'un trommel, le refus peut être reçu dans un second, puis dans un troisième; on a alors la disposition en cascade (fig. 131).

Quelquefois, ces appareils sont à double enveloppe tamisante; ils produisent ainsi un double classement.

Cet appareil de trituration sert en même temps à produire la *séparation par volume*.

Lorsque la matière phosphatée a été broyée ou triturée suivant sa nature et sa composition, on en fait la séparation par un ou plusieurs des appareils que nous allons décrire, en mettant à profit les propriétés que possèdent les différents éléments composant la matière d'être de volume ou de densité différents.

Séparation par volume.

Grille.

Lorsque le débourbage est bien fait, on se sert parfois de la grille pour faire la séparation (fig. 132).

Dans le traitement des phosphates noduleux des Ardennes, la séparation se fait de cette façon.

La grille se compose d'une série de barres de fer rondes ou carrées fixées dans un encadrement de même métal. Les barreaux sont distants l'un de l'autre de 1 à 16 millimètres, suivant la composition du minerai phosphaté.

Le minerai est amené sur la grille mécaniquement et le refus est soumis à l'action d'un courant d'eau vertical, en même temps qu'un ouvrier le remue à la pelle pour faciliter le travail.

Le refus de la grille est repris à la main si celle-là est horizontale; si elle est légèrement inclinée, le refus peut être reçu dans des wagonnets.

Ce système de séparation n'est appliqué que dans de petites installations.

Dans les Ardennes, les barreaux sont espacés de 8 millimètres.

Trommel-Classeur.

Le trommel-classeur se compose d'un arbre en fer, en acier ou en fonte, portant deux croisillons formant le squelette de l'appareil (fig. 133).

La partie tamisante se compose ou d'une toile métallique ou d'une tôle perforée; l'une et l'autre ont leurs avantages et leurs inconvénients.

La toile métallique étant moins unie que la tôle empêche la matière de glisser trop rapidement; elle augmente donc le rendement en matière tamisée, mais d'autre part son usure est plus rapide. En outre, la surface tamisante est beaucoup plus grande pour la toile que pour la tôle. Le nombre de trous pour une même surface est beaucoup moindre pour la tôle.

Le choix entre la tôle et la toile dépendra de la dureté de l'aspérité des morceaux composant la matière à tamiser. La toile ou la tôle sont en fer ou en cuivre; le cuivre se conserve mieux dans l'eau.

Généralement, on dispose d'une série de trommels qui opèrent ainsi un classement aussi grand que l'on veut (fig. 131).

Le diamètre des trous ou des mailles varie de 1,2 millimètre à 10 millimètres.

La surface tamisante d'un trommel-classeur doit être de 1^{m2} par tonne de minerai traité par heure.

La vitesse est d'environ 20 tours par minute.

Par économie, on diminue le nombre de trommels en dédoublant la tôle ou la toile tamisante; cette pratique n'est pas à recommander parce que l'entretien du tamis intérieur est toujours difficile, et toute réparation exige une grande perte de temps.

Dimensions ordinaires d'un trommel :

Diamètre au centre	$0^m 80$
Longueur du tamis	$2^m 00$
Surface tamisante	$5^{m2} 00$

Quand la surface tamisante nécessaire dépasse 5^{m2}, il est préférable de multiplier les appareils.

Table à secousses.

La table à secousses (fig. 134) doit être employée à l'enrichissement des phosphates sableux à gros grains et à grains moyens.

Elle se compose d'une caisse rectangulaire A A en bois privée d'un de ses côtés. Cette table est suspendue vers ses quatre angles par des chaînes C. Celles de tête sont fixées à la charpente du système ; celles du pied s'enroulent sur un tambour horizontal T qui peut tourner à volonté.

On modifie l'inclinaison de la table par l'enroulement ou le déroulement des chaînes du pied.

Le tambour porte une roue à rochet pour empêcher le tambour de se dérouler.

Le nombre de secousses par minute sera d'autant plus grand que le phosphate sera plus fin ; le nombre varie de 15 à 80

Le gros grain est travaillé par secousses élastiques et le grain fin par secousses sèches ; plus le grain sera gros, plus l'amplitude de la secousse sera grande ; celle-ci varie de 0^{m}04 à 0^{m}17. L'inclinaison de la table varie de 2 à 8 %.

S'il faut faire une addition d'eau pour faciliter le travail, elle doit se faire dans le chenal R. Une trop grande quantité d'eau augmente la perte ; une trop faible quantité ralentit l'enrichissement.

On peut remplacer le tambour T par des tiges filetées fixées d'une part aux deux chaînes et d'autre part au madrier de suspension.

Les secousses sont produites de la façon suivante : La table dans sa position normale a une tendance à revenir en arrière ; sur sa tête vient s'appuyer une pièce a dont l'extrémité porte des trous qui permettent d'y assembler, au moyen d'une cheville r, un bras b fixé sur un arbre mobile M. Ce même arbre porte un second bras d que vient rencontrer une came K ayant un mouvement de rotation. La came soulevant le bras b oblige la pièce a à pousser la table en avant. Celle-ci, par sa suspension, fait l'office de balancier.

La pièce en agissant sur la table produit une première secousse ; à son retour, la table vient butter par une banquette C sur un madrier placé devant la table ; ce madrier est encastré par les deux bouts ; par son élasticité, il repoussera la table en arrière ; cette série de secousses se continuera jusqu'au moment où la came agira de nouveau.

L'élasticité du madrier faisant l'office de buttoir peut être modifiée en plaçant derrière lui une seconde pièce, et en intercalant entre elles un coin on réglera cette élasticité à volonté.

L'amplitude de la secousse varie avec le point de connexion

entre le levier *b* et la pièce *a* ; il suffit pour cela de déplacer la cheville *r*.

La table est généralement inclinée du pied à la tête ; cependant on travaille quelquefois avec le pied plus haut que la tête.

Les eaux boueuses arrivent par un chenal R sur un distributeur incliné D placé au-dessus de la tête de la table. Ce distributeur est formé d'une série de tasseaux de bois fixés sur son chevet ; par leur position ils distribuent la matière sur toute la longueur de la table. Chacun de ces tasseaux est mobile autour de la vis qui le fixe au chevet du distributeur.

En les faisant tourner à la main, on règle ainsi la distribution. Le phosphate se dépose par ordre de densité des grains sur la table. Les secousses et l'inclinaison de la table favorisent la séparation des parties riches des parties pauvres. L'ouvrier, à l'aide d'un râble en bois, ramène vers la tête de la table la matière qui serait trop vite entraînée.

Cet appareil ne marche que *par intermittence* ; quand la table est couverte de 0,10 à 0,20 à la tête de matière enrichie, on arrête le mouvement et l'arrivée des eaux boueuses ; on décharge la table après l'avoir divisée en différents numéros suivant la nature du produit qu'elle porte.

La longueur des tables à secousses varie de 2^{m}50 à 4^{m}50 et la largeur de 1^{m}00 à 1^{m}50.

Séparation par densité.

Laveur Fontaine.

Le laveur construit par M. Fontaine de Leval (fig. 135) consiste en une caisse C semi cylindrique en tôle, de 0,590 d'ouverture et de 3^{m}00 de longueur, dans laquelle tourne un arbre carré A portant trois croisillons F en fer superposés.

Sous le fond se trouve un robinet R pour la vidange de la matière après lavage.

A l'arrière de la caisse se trouve une vanne à crémaillière V.

Cet appareil est à action intermittente ; il est employé à l'enrichissement de la craie grise ; celle-ci, après broyage et tamisage sous eau, est amenée dans le laveur ; quand la caisse est suffisamment pleine, on fait une nouvelle addition d'eau ; on manœuvre la crémaillière V pour permettre l'écoulement des *eaux blanches* ; quand l'eau de lavage est devenue un peu limpide, on ouvre le robinet de vidange R pour expulser la craie enrichie.

La vitesse de rotation de l'agitateur est de 15 à 20 tours par minute.

Le rendement de l'appareil est d'environ 2 tonnes à l'heure, soit un traitement de 5 à 6 tonnes de matière brute.

Colonne Solvay.

Cette colonne (fig. 136) est une caisse en tôle cylindrique haute de 4 mètres, terminée à la partie inférieure par un tronc de cône P et portant un robinet K par lequel le phosphate enrichi s'écoule d'une façon continue. A la partie supérieure est disposée une rigole circulaire R, fixée contre la paroi cylindrique et dont le bord b intérieur est dentelé. Au centre se trouve un large tuyau T par lequel arrive la boue délayée sortant des *spitzkasten* ou d'autres appareils. Cette boue descend vers le fond de l'appareil, rencontre une pièce P en tôle en forme de cône renversé qui joue l'orifice de distributeur et sur la surface duquel elle s'étale. Au moyen d'un courant d'eau que l'on amène en cet endroit par un tuyau S, on relève de bas en haut les produits en suspension; les plus légers, les plus riches en carbonate de chaux remontent la colonne, passent par-dessus les bords dentelés de la rigole R et sortent de l'appareil à l'état de lait léger, tandis que les plus lourds, les plus riches en phosphate tombent au fond, d'où ils sortent par le robinet K continuellement entr'ouvert.

Avec cet appareil, on amène facilement à 40 % de phosphate les craies grises du Hainaut broyées, titrant de 20 à 25 %.

Classeur conique ou spitzkasten.

Cet appareil (fig. 137) se compose d'une caisse pointue en tôle ou en bois à section rectangulaire ou triangulaire, munie de deux robinets R. R'. La matière tamisée, à classer, arrive par un chenal A B dans la caisse ; les parties les plus denses se précipitent au fond de la caisse et sont évacuées d'une façon constante par le robinet R ; les parties plus légères sont entraînées par le courant ascensionnel produit par l'introduction d'eau dans la caisse par le robinet R' et sont évacuées par le chenal A B. Le réglage de cet appareil s'obtient par la manœuvre des robinets R.R'.

Ces appareils s'emploient rarement seuls; ils forment des batteries de 2, 3, 4 classeurs de mêmes dimensions ou à section croissante. Avec ces derniers, on obtient divers classements de phosphate.

Plus la section est grande, moins l'entraînement est grand et mieux le classement se fait. Le produit entraîné du premier passe dans le second et ainsi de suite.

Ce mode de classement présente certains inconvénients dus aux engorgements qui se produisent au robinet R ou à une arrivée trop forte de matière par le chenal A B.

De plus, comme leurs dimensions sont déterminées, si la quantité de minerais à travailler varie, il faut toujours le même volume d'eau total et, dès lors, les eaux chargées qui arrivent sur les appareils subséquents sont moins concentrées et par conséquent apportent des troubles dans le travail.

Pour éviter que le liquide boueux ne s'écoule trop vite par le robinet R, le tuyau au delà du robinet est recourbé.

On utilise surtout dans l'enrichissement des phosphates des caisses en forme de pyramide triangulaire renversée; ces dernières ont environ 2 mètres de profondeur et 1m80 de côté; on peut y faire passer par heure 3 tonnes de matière à classer.

Classeur Bouchez.

Cet appareil est breveté au nom de M. Bouchez, ingénieur à la Bouverie (Belgique).

Le principe sur lequel ce classeur est basé est le suivant :

« Si dans un liquide au repos, on laisse tomber sous l'action de la pesanteur, le long d'une surface inclinée de forme et de section transversales quelconques, de la craie phosphatée réduite en poudre, les grains de phosphate de dimensions moindres et de densité supérieure à ceux de chaux, gagnent la partie inférieure de la couche en mouvement et se séparent nettement de la craie. »

Cet appareil se compose (fig. 138) d'une cuve A remplie d'eau au repos; dans cette cuve est immergée une série de plaques inclinées B.

Les plaques sont toutes, vers la base, percées de fentes par lesquelles s'écoulent la craie séparée du phosphate de chaux.

Cette cuve A porte sur deux tourillons; elle est inclinée dans le sens de la largeur suivant un angle qui varie de 35 à 40 %, selon la nature physique de la craie qu'il s'agit d'enrichir.

La craie délayée, qui a déjà subi un premier lavage, arrive au sommet de l'appareil et le remplit tout entier. Les cloisons B sont au nombre de vingt ; elles sont dirigées parallèlement à la longueur de la caisse, et à cinq endroits équidistants percées de fentes. Au-dessous de chaque série de trous se trouve placé un collecteur en tôle pleine. La boue de craie phosphatée délivrée en tête de l'appareil se répand uniformément à la fois sur chacune des 20 cloisons ; les parties les plus lourdes, celles qui sont les plus riches en phosphate de chaux, se déposent les premières, traversent les trous des premières séries et se rassemblent dans les premiers collecteurs des 20 cloisons, tandis que les parties moins lourdes glissent toujours le long de ces plateaux, vont déposer à travers les trous des secondes séries et dans les seconds collecteurs les produits les plus denses qu'elles renferment, et ainsi de suite jusqu'à l'extrémité de l'appareil. Les collecteurs d'une même série communiquent entre eux et débouchent dans une buse placée au-dessous de l'appareil. Il y a cinq buses et, par elles, on peut tirer à tout instant du phosphate 55/60, 45/50, 40, 20 et 12 °/o.

Les derniers produits sont repris et repassés à l'appareil.

Classificateur ou Stromgerin.

Les produits dont les grains ont une grosseur inférieure à 1,5 à 2 millimètres sont passés au classificateur avant d'être traités soit au crible, soit à la table circulaire fixe.

Le classificateur (fig. 139) se compose d'une énorme caisse B à section transversale triangulaire de 12 mètres environ de longueur et dont la hauteur est à l'entrée de 0^{m}60 et à l'extrémité de 2^{m}20.

Cette caisse est logée dans une autre plus grande C ; la partie inférieure de la première est divisée en 16 compartiments dans lesquels se dépose le phosphate.

La matière boueuse arrive par un chenal r ; la caisse C est remplie d'eau fraîche. Cette eau arrive dans ce compartiment en quantité suffisante pour produire dans la caisse B un courant ascensionnel empêchant les matières légères de se déposer.

La matière enrichie qui se dépose dans les divers compartiments de la caisse C est dirigée par des conduites F vers d'autres appareils d'enrichissement.

La matière légère est entraînée par l'eau qui tombe en déversoir à l'extrémité de l'appareil.

Le classificateur remplace les spitzkasten dont il diffère très peu.

Dans le traitement des craies grises du Hainaut, le stromgerin donne trois sortes de produits : des schlamms et deux sortes de craies enrichies qui seront respectivement traitées aux cribles à secousses et aux tables fixes circulaires.

Crible continu.

Les cribles à bras ne sont guère employés aujourd'hui ; ils sont avantageusement remplacés par les appareils continus.

Le crible continu se compose d'une caisse en tôle ou en bois divisée en deux parties : dans l'une se meut verticalement un piston, dans l'autre est fixée une grille sur laquelle se trouve déposé un lit de grenailles métalliques ayant une densité intermédiaire entre les deux éléments à séparer formant le minerai. Cette grenaille est formée d'un alliage d'aluminium, de zinc, de plomb, ou de tout autre métal.

Un peu au-dessus de la grille se trouve un cylindre C, dans lequel débouche un tuyau d, qui reçoit le produit d'un classement déterminé.

Le minerai le plus léger s'écoule par-dessus le bord de la caisse dans une rigole.

Du minerai à traiter dépendent :

1° Le diamètre des trous du crible ou grille.

2° La hauteur du tuyau au-dessus de la grille.

3° La densité des grenailles métalliques.

4° Le nombre de coups de piston.

5° L'amplitude de la levée du piston.

Les cribles continus sont isolés ou accouplés, rectangulaires ou cylindriques.

Ils servent à la séparation des grains d'un volume déterminé.

La matière boueuse venant des trommels-classeurs est reçue sur la grille G, préalablement recouverte d'un lit de grenailles métalliques L (fig. 140).

L'appareil est rempli d'eau ; celle-ci arrive sous les tamis par le tuyau t.

Le piston P étant en mouvement, la matière la plus dense traverse la couche de grenailles et la grille, et est évacuée par le tuyau a dans un bassin de dépôt ; la matière de densité immédiatement supérieure à la grenaille s'échappe par le tuyau d dans un second bassin de dépôt. La matière légère s'écoulera par-dessus le bord de la caisse dans la rigole e. Ce dernier produit sera rejeté s'il est sans valeur, ou sera envoyé à l'enrichisseur de fines.

Dans le crible double (fig. 141), le produit léger passe sur un second crible semblable au premier; dans ce dernier, la grille est un peu plus basse que dans le premier.

Le nombre de coups de piston est de 50 à 80 par minute.

Les grilles peuvent être horizontales où légèrement inclinées. Dans les cribles doubles, triples.... les grilles sont en gradins.

M. Castelnau est l'inventeur d'un crible circulaire continu (fig. 142) qui a l'avantage de réunir dans un même appareil 7 ou 8 cribles; un piston central unique donne l'impulsion à tous les cribles à la fois; sur le tuyau d'arrivée de l'eau nécessaire au classement, se trouve placé une vanne de retenue pour empêcher l'eau contenue dans la caisse d'être refoulée dans ce tuyau.

Cet appareil est remarquable par sa simplicité et par le peu de place qu'il occupe.

D'après M. Castelnau, le diamètre du grain, le nombre de coups et l'amplitude de la course du piston varient suivant les chiffres pratiques ci-dessous :

Diamètre du grain en $^m/_m$.	Coups de piston par minute.	Course du piston en $^m/_m$.
10	200	50
8	220	40
6	240	30
4	260	20
3	270	15
2	280	10
1	290	5

Table de Brünton.

La table de Brünton est surtout employée pour le traitement des fines.

Elle divise celles-ci en deux classes. Elle se compose (fig. 143) d'une toile sans fin A. B. C. en caoutchouc s'enroulant sur deux rouleaux E et D et portée par un troisième H.

La matière boueuse arrive en A sur la toile, un diviseur K l'y répand uniformément; la distribution d'eau se fait en I, un tuyau perforé ou tout autre moyen oblige l'eau à s'étendre sur toute la longueur de cette toile.

En L tombe la matière légère entraînée par l'eau, en M la matière pesante entraînée par la toile; celle-ci plonge dans un baquet *c* mobile et rempli d'eau, les traces de phosphate encore adhérentes à la toile se détachent en passant dans le liquide.

Cet appareil est à action continue.

Transporteur-Classificateur Solvay.

M. Solvay a fait breveter un système de transporteur qui classe le phosphate en deux catégories.

L'appareil se compose (fig. 144) de deux poulies P et P' placées à des niveaux différents sur lesquelles tournent une courroie caoutchoutée. Le transporteur est logé dans une caisse formée de deux compartiments C et D. En B se trouve la trémie d'alimentation. Le transporteur est immergé en tout ou en partie, suivant la nature du minerai à traiter.

La matière phosphatée bien divisée est amenée dans la trémie B et de là, tombe sur la toile sans fin; le phosphate plus dense est entraîné par la toile qui a un mouvement ascensionnel et tombe ensuite dans le compartiment C; le carbonate qui est plus léger reste en suspension dans le compartiment D et se dépose enfin dans celui-ci.

En ouvrant les robinets *r*, *r'*, on recueille d'une part la craie enrichie et d'autre part le carbonate.

Décanteur Picard.

Cet appareil est utilisé en Picardie pour l'enrichissement des craies grises. Il est constitué par une caisse hémicylindrique en tôle, longue de deux mètres, profonde d'un mètre, portée sur deux tourillons; elle peut basculer pour déverser le produit qu'elle contient dans l'un ou l'autre des caniveaux placés à droite et à gauche de l'appareil.

Dans la caisse est disposé, soit un agitateur à bras, soit mieux encore un serpentin en cuivre percé de trous, par lequel on peut projeter, à l'intérieur de la caisse, de l'eau dans toutes les directions. Le liquide boueux est introduit dans la caisse, on l'abandonne quelque temps au repos, puis on décante en basculant l'appareil d'un côté.

On remet les produits lourds en suspension dans l'eau, soit en faisant arriver de l'eau dans la caisse et en mettant l'agitateur en mouvement, soit en envoyant de l'eau par le serpentin percé de trous; on décante encore les parties légères en inclinant la caisse du même côté et l'on recommence la même opération 6, 7 ou 8 fois, puis on remet une dernière fois le produit en suspension et l'on sort le phosphate enrichi en basculant la caisse; il tombe dans un réservoir d'où il est repris pour être séché.

On enrichit de cette façon à 50/55 de la craie qui titre à l'état naturel de 35 à 45 %.

Caisson et Labyrinthe.

Le caisson est destiné au classement des parties fines.

Il se compose (fig. 145) de deux caisses parallèles A et B placées au même niveau et appelées *caisses de rinçage*; elles ont de 0^m80 à 1^m20 de large et 6 à 10 mètres de long. A l'extrémité de chacune se trouve un barrage formé de morceaux de bois dressés que l'on introduit entre deux rainures ménagées dans les deux parois verticales.

Une troisième caisse *c* placée en prolongement ou en dessous des deux autres, suivant les dispositions de l'usine, reçoit les produits entraînés des caisses de rinçage.

Les sables sont d'abord reçus dans la caisse A, un ouvrier muni d'un râble en bois ramène la matière contre le courant; les parties légères qui auraient pu se déposer sont ainsi entraînées dans le labyrinthe *c*.

Celui-ci a généralement les mêmes dimensions que les caisses A et B; il porte aussi un barrage à son extrémité.

Le labyrinthe a pour but de retenir les parties riches qui auraient pu être entraînées des caisses A ou B; sa longueur atteint parfois 30 mètres.

Lorsque la caisse A est remplie, la matière boueuse est reçue dans la caisse B, et pendant l'emplissage de l'une on vide l'autre.

Un distributeur se trouve à la tête de chaque caisse pour bien répartir la matière sur toute sa largeur.

La troisième, qui ne s'emplit pas même une fois par jour, est vidée après la journée finie; si le travail devait être continu, la caisse *c* devrait être double.

La matière qui ne se dépose pas en *c* est sans valeur et à peu près stérile; on l'envoie dans des bassins de décantation.

Au fur et à mesure de l'emplissage des caisses de rinçage, l'ouvrier a soin de mettre les haussettes du barrage pour que l'inclinaison formée par le dépôt de matière reste bien uniforme.

Table fixe circulaire à balais mobiles.

Cet appareil sert au classement des fines ; il se compose (fig. 146) d'une table conique T T en bois ou en maçonnerie, établie dans un bassin B B en bois ou en maçonnerie. Une rigole existe autour de la table au fond du bassin et s'incline vers une issue a. Au centre se trouve un distributeur D pour répartir uniformément le minerai phosphaté sur la table. Un arbre vertical animé d'un mouvement de rotation porte deux bras d d auxquels sont suspendues les planchettes P P munies de brosses ou de bandes d'étoffe faisant l'office de balais.

La matière boueuse suffisamment étendue d'eau arrive par un chenal sur le distributeur D, la matière légère s'écoule rapidement dans le bassin B B et de là par l'issue a dans des bassins de dépôts ; cette matière est généralement sans valeur.

Les brosses adaptées aux planchettes P P, animées d'un mouvement circulaire, empêchent la formation de rigoles qui nuiraient au classement.

Lorsque la couche déposée sur la table est suffisamment épaisse, 0^m10 à 0^m15 environ, on la divise en différentes classes par zones concentriques. On arrête le mouvement des balais et on enlève le phosphate à la pelle.

Les inconvénients de cet appareil sont les suivants :

1° La main-d'œuvre est assez élevée.

2° Cet appareil n'est pas à action continue ; il exige par conséquent une grande surveillance.

3° L'épaisseur de la couche de phosphate ne se dispose pas uniformément sur la table ; elle est toujours plus épaisse en haut qu'en bas ; les matières soumises à l'enrichissement à la fin de l'opération, suivent une inclinaison plus forte par suite de cette inégalité de répartition de la couche phosphatique, les matières d'une densité déterminée sont entraînées plus loin ; par conséquent, l'enrichissement est irrégulier.

Le diamètre de la table varie de 3^m50 à 5^m00 ; la hauteur du cône est de 0^m30 seulement, soit une inclinaison de moins de 10 °/₀ ; elle varie avec la nature des fines à traiter.

Ces défauts ne se retrouvent ni dans la table Linkenbach, ni dans la table *tournante*.

Table dormante.

La table dormante opère le lavage des schlamms.

Elle se compose (fig. 147) d'un plan incliné A A dont les deux longs côtés sont garnis de rebords.

A la tête se trouve un distributeur B répartissant la matière sur toute la largeur de la table. Au pied du plan incliné se trouve un conduit D recevant le produit léger entraîné par les eaux. Des ouvertures transversales a. b. c. pratiquées dans la partie extrême de la table permettent l'écoulement des matières classées.

Cet appareil est à marche intermittente.

Les schlamms sont reçus sur le distributeur B et s'écoulent sur la table; les ouvertures a. b. c. sont fermées ; les parties légères sont entraînées dans le canal D.

Lorsque la table est complètement couverte, on ferme la vanne l d'arrivée de schlamms, on fait arriver l'eau claire par le déversoir S, on ouvre la fente c; l'ouvrier muni d'un râble en bois égalise la matière déposée, en enfonçant légèrement son outil dans la couche de phosphate; il remet ainsi en suspension les parties légères qui, entraînées par l'eau, s'écoulent par la fente c dans un bassin R. Quand ce premier lavage est terminé, l'ouvrier ferme la fente c et ouvre la fente b, et opère alors comme pour le premier lavage. Par la fente b s'écoule une matière un peu plus dense que celle qui s'est écoulée par c. On peut renouveler une troisième fois ce lavage en fermant la fente b et en ouvrant a.

On a donc ainsi divisé ces schlamms en cinq classes :

1° Le produit le plus dense qui est resté sur la table ;

2° Un produit un peu moins dense que le précédent et qui est reçu par la fente a dans un premier bassin ;

3° Un produit un peu moins dense que le précédent et qui est reçu par la fente b dans un deuxième bassin ;

4° Un produit un peu moins dense que le précédent et qui est reçu par la fente c dans un troisième bassin ;

5° Le produit le plus léger qui est reçu par le conduit D dans un quatrième bassin.

Ces bassins reçoivent le produit des différentes tables.

En supprimant les fentes a. b. c. le classement se réduit à deux catégories.

Les dimensions des tables dormantes sont très variables.

Largeur . . . . . . 1^m00 à 2^m50

Longueur . . . . . . 6^m00 à 10^m00

Dans les tables dormantes, le travail étant intermittent, le rendement est faible et la main-d'œuvre élevée

Table tournante.

Sur la table tournante, le travail est le même que sur la table dormante, mais dans celle-là le travail est mécanique et continu, tandis que dans celle-ci il est manuel et intermittent.

La table tournante se compose (fig. 148) d'un arbre vertical en bois a de 0^m30 à 0^m40 de diamètre, reposant sur une crapaudine fixée à une fondation ; à la partie supérieure, il est terminé par un bout d'arbre en fer portant un engrenage et tournant dans un palier. C'est par cet engrenage que le mouvement est communiqué à la table. A cet arbre en bois est fixée une charpente soutenant un plancher formant la table dont la surface est celle d'un cône à surface convexe.

L'inclinaison est de 5° à 6°. La base de ce cône a un diamètre de 4^m00 à 6^m00. Le plancher est double, celui en contact avec le minerai est chevillé, dressé et raboté. Tout autour de la table existe un chenal en tôle divisé en compartiments destinés à recevoir les produits classés. Le bord de cette table est garni d'une tôle verticale qui plonge dans le chenal ; elle a pour but d'y faire tomber les eaux.

Au sommet du cône et autour de l'arbre se trouve une nochère circulaire ff' divisée en deux compartiments dont l'un f a le quart du développement de la nochère ; il reçoit les schlamms à laver ; l'autre compartiment f' comprenant le reste de la nochère reçoit l'eau claire destinée au lavage ; quelquefois les eaux boueuses et les eaux de lavage ont chacune leur distributeur.

Le fond ou la paroi latérale de la nochère est percée de trous permettant l'écoulement des eaux des deux compartiments sur la table tournante.

La matière boueuse arrive par une conduite gg dans le compartiment f et se répand sur la table ; celle-ci étant en mouvement, sa surface est bientôt recouverte complètement.

L'eau claire qui s'écoule du compartiment f' rencontre la matière couvrant la table et la lave ; mais pour opérer un bon lavage, cette matière doit être remuée.

Autrefois on employait tout un système de brosses et de balais mis en mouvement par l'arbre moteur ; aujourd'hui on les remplace par des tuyaux T en fer portant une série de lances à distribution d'eau sous une certaine pression.

La matière entraînée de A à B n'a pas été remuée; c'est donc un produit très léger qui est rejeté s'il est sans valeur; il s'écoule par l'orifice O. La table continuant à tourner, la matière qui n'a pas été entraînée de A à B est soumise à l'action des lances à eau qui remuent la matière et la lavent; le produit entraîné de B à C s'écoule par l'orifice *r* et est reçu dans des réservoirs d'où il pourra être repris pour être soumis à un autre traitement ; il ne reste plus alors sur la table que la matière plus dense ; celle-ci est enlevée par un tuyau à lances d'eau et par un jeu de brosses. Arrivée en A, la table est donc complètement nettoyée suivant cette génératrice; mais elle se recharge immédiatement de matière amenée par le conduit *g g*.

Le rendement de la table tournante est à peu près triple du rendement de la table dormante.

Dans cette opération de lavage, l'eau doit être bien claire, parce qu'elle obstruerait les trous des lances.

La vitesse de rotation de la table est de 12 à 24 tours par heure; plus le phosphate est argileux ou ténu, plus la table doit tourner vite.

Table ronde système Linkenbach.

Cet appareil est destiné au classement des fines. Il se compose (fig. 149) d'une aire cimentée conique et convexe de 7m00 à 8m00 de diamètre. Au centre, s'élève un arbre creux A en fer, servant de conduite d'eau et portant par l'intermédiaire d'une légère charpente *p p* en fer quatre tuyaux T d'arrivée d'eau. L'un de ces tuyaux porte une série de lances *l, l....* Tout le système, sauf la table, est animé d'un mouvement de rotation ; ce qui est mobile dans la table tournante est fixe dans la table ronde et *vice versa*.

Au centre de la table se trouvent étagés deux chenaux CC' de distribution; le chenal supérieur C reçoit la matière à classer par un tuyau T et le chenal inférieur C' de l'eau de lavage par l'arbre creux en fer.

La paroi latérale de la nochère C, recevant la matière phosphatée, est percée de trous permettant l'écoulement sur la table fixe; le fond de la nochère à eau de lavage est ouvert. Les chenaux C et C' ne distribuent la matière boueuse et l'eau que respectivement sur la 1/2 environ et le 1/3 de leur circonférence. Cette distribution varie avec la nature des fines à classer.

La charpente en fer porte, outre la tuyauterie à eau et les deux chenaux, une nochère en tôle circulaire contournant l'aire cimentée; cette nochère N, divisée en autant de compartiments qu'il y a de classements, reçoit les différents produits de la table et les conduit simultanément dans chacune des rigoles r, r', r'', r''', d'où les produits s'écoulent par les conduites s, s', s'', s''' dans des réservoirs de dépôt ou sont envoyés à d'autres appareils.

Le fonctionnement du système se fait ainsi : La matière boueuse arrive dans le chenal C par un tuyau T', qui traverse la table fixe; le minerai tombe du chenal sur la table où il s'étend et se divise; la conicité de celle-ci entraîne les parties plus légères qui tombent dans l'un des compartiments de la nochère N; puis par les petits conduits a a a... tombent dans l'une des rigoles r, r', r'', r''' et de là se rendent aux bassins de dépôt par l'une des conduites s, s', s'', s'''.

Ensuite, l'eau du chenal C' se répand sur le minerai resté sur la table et entraîne les parties les plus légères qui suivent les précédentes, mais qui se rendent par d'autres rigoles dans des bassins différents. Le système continuant sa rotation, les lances l, l... viennent achever le classement et faire le nettoyage complet de la table en refoulant le phosphate dans les rigoles.

Une table Linkenbach peut traiter 7 à 10 tonnes de fines en 10 heures.

Enrichisseur de fines système Castelnau.

Le but de cet appareil est de faire le classement par densité du minerai phosphaté en grains de grosseur uniforme.

Ce système se compose (fig. 150) d'un bâti en fer portant deux rouleaux parallèles inclinés a a' qui reçoivent leur mouvement de rotation par une transmission h. Sur ces rouleaux tourne une toile sans fin caoutchoutée ou une tôle en acier, en zinc, en cuivre...; la moitié supérieure de la toile est soutenue par une série de galets b inclinés et parallèles.

L'inclinaison des rouleaux est rendue variable, par une crémaillère, suivant les besoins.

La matière boueuse ayant subi un tamisage est reçue dans une trémie *c*, d'où elle passe par un tuyau *e* dans un diviseur *f* et de là tombe sur la toile *m n*.

Le diviseur est formé d'une caisse triangulaire à petits rebords sur le fond de laquelle se trouve une série de petits blochets rendant uniforme la distribution de la matière sur la toile mobile.

L'eau est fournie par une tuyauterie *i* et ses branchements *l, l', l"*. Le premier branchement est placé de façon à amener l'eau près de la ligne de chute du minerai.

Ce petit tuyau *pisseur* est placé de façon à diriger les jets dans le sens de la largeur de la toile.

Le second *l'* porte à sa partie inférieure un tuyau *O* perpendiculaire à ce branchement. Ce tuyau porte une série de robinets *q*; l'eau venant de ces robinets entraîne la matière, qui est toujours ainsi animée de deux mouvements, l'un longitudinal et horizontal, l'autre transversal et incliné.

Le troisième branchement *l"* porte à sa partie inférieure un tuyau perforé *r*; l'eau venant de ce tuyau sert à balayer les dernières traces de minerai qui resteraient sur la toile.

Ces deux tuyaux sont placés parallèlement au plan de la toile.

Devant le brin supérieur de celle-ci se trouve une rigole S qui s'étend sur toute sa longueur. Cette rigole reçoit les différentes classes de phosphate qui sont dirigées dans des bassins de dépôt par des nochères *u, u'*, tandis que les schlamms sont dirigés par la nochère *u"* vers le bassin de décantation.

La matière étant sur la toile, chaque grain phosphaté est alors soumis à trois actions différentes :

La première résulte de la densité du grain ;

La deuxième, de la vitesse de la toile ;

La troisième, de la vitesse de l'eau d'entraînement.

Supposons au même point A de la toile (fig. 151) trois grains de phosphate de densité *d, d' d"*.

Le grain le plus dense, de densité *d* décrira l'arc A *r* ; le second de densité *d'* décrira l'arc A *y* ; le troisième de densité *d"*, l'arc A *x*.

Le grain A *r* se rendra dans la nochère *u*, le grain A *y* dans la nochère *u'* et le grain A *x* dans la nochère *u"*.

Cet appareil est à action continue : il peut produire 2 tonnes à l'heure ; la vitesse de la toile est de 0^{m}50 à 0^{m}60 par seconde.

Son rendement varie suivant les dimensions de la toile, la

nature du minerai et surtout avec le classement que l'on veut produire. Les dimensions de celle-là sont : longueur 4^m00, largeur 1^m00

Le tuyau qui amène la matière boueuse sur le diviseur doit avoir au moins une pente de 40 °/₀. Le rouleau a' repose sur des paliers à glissières, ce qui permet d'obtenir la tension de la toile. Celle-ci ne doit pas être trop tendue.

Pour le réglage de l'appareil, il faut bien se rendre compte de la quantité d'eau nécessaire, de la vitesse de la toile et de l'inclinaison de celle-ci.

Il importe qu'il n'y ait pas de chute de matière dans la rigole S dans la partie située à gauche du point h. Celui-ci et le point de chute du dernier jet de la clarinette d'arrosage sont deux points d'une parallèle aux axes des rouleaux ; s'il y avait entraînement de matière en avant de ce point h, malgré la faible quantité d'eau, c'est que la toile serait trop inclinée.

Il existe encore d'autres appareils de lavage ; mais ils n'ont pas fait suffisamment leurs preuves pour mériter une description.

ENRICHISSEMENT PHYSIQUE PAR VOIE SÈCHE.

Tous les appareils de classement par voie humide reposent sur la difficulté plus ou moins grande qu'ont les phosphates de se tenir en suspension dans un courant d'eau : certains appareils de classement par voie sèche reposent sur le même principe ; seulement, le milieu ambiant, au lieu d'être l'eau, est l'air.

Triage à la main.

Certains phosphates contiennent des matières stériles, telles que silex, pierrailles, etc., qu'il n'est possible d'enlever qu'à la main.

Cette opération se fait sur la toile sans fin (fig. 87) ou sur la table tournante (fig. 152).

Le premier appareil n'est autre que le transporteur décrit p. 201.

Il doit être placé à une certaine hauteur au-dessus du sol ; ce triage se fait généralement par des gamins ou par des femmes.

La table tournante est moins à préconiser que la toile sans fin, parce que ce mouvement de rotation est très fatigant pour la vue.

L'enlèvement des silex dans les phosphates qui en contiennent a pour double but d'enrichir la matière et d'enlever un élément qui, pour être réduit en farine, produit une forte usure des appareils de mouture ; il est même dangereux de laisser des silex un peu volumineux s'introduire dans les meules.

Criblage à sec.

L'enrichissement des phosphates noduleux peut se faire en passant la matière brute à la claie (fig. 153) ou au billard (fig. 154).

Dans les Ardennes, dans la Meuse et parfois en Hesbaye, cette méthode rudimentaire est appliquée. La matière est exposée à l'air pour sécher le sable argileux qui entoure le nodule ; celui-ci se débarrasse ainsi des matières inertes qui sont adhérentes.

Ce criblage peut se renouveler différentes fois ; dans les Ardennes et la Meuse, cette opération se répète au moins trois fois pour que le nettoyage soit suffisant.

Le séchage s'effectue en étendant la matière en couches minces sur le sol, on la retourne comme du foin, c'est de là que lui vient le nom de *fanage* donné à ce procédé.

Le fanage ne réussit que si la gangue est peu argileuse.

Dans le département de la Meuse, à Auzéville et à Montzéville, cette opération est suivie d'une manière courante. Les nodules sont volumineux et, avant d'être soumis au fanage, ils sont brisés à la *masse*.

Les claies utilisées pour ce criblage à sec ont leurs barreaux espacés de 8 à 10 $^{m}/m$; les billards ont des mailles de 5 à 20 $^{m}/m$. Le produit enrichi résultant du fanage est toujours moins riche que celui résultant du lavage.

Le fanage est peu pratique dans nos climats ; une industrie ne peut être à la merci des fluctuations du temps.

Bluttoir.

La séparation par volume s'obtient facilement au moyen d'une série de bluttoirs portant des toiles de numéros différents ; pour faire ce classement, on emploie des toiles dont le degré de finesse atteint parfois 8,00 centièmes de millim. (v. page 199).

Cette méthode d'enrichissement est appliquée dans les usines de craie grise du Hainaut et dans certaines usines de Hesbaye.

On retire l'argile ou la folle farine des phosphates en appliquant dans la caisse du bluttoir, hermétiquement fermée, une bouche à air en communication par une conduite avec un ventilateur.

L'argile ou la folle farine mise en mouvement est évacuée par une cheminée élevée sur le bluttoir. Les produits de la cheminée sont reçus dans une chambre où ils se déposent.

Cette application se fait parfois sur la chaîne à godets amenant la matière au bluttoir.

Trieur à vent.

Cet appareil ne reçoit que des produits tamisés.

Il se compose (fig. 154) d'un ventilateur V qui lance un fort courant d'air dans un long tube en tôle à section rectangulaire à angles arrondis. A l'entrée de ce conduit se trouve en *c* une fente par laquelle tombe, dans le courant, la matière phosphatée à classer. Le tube est divisé en un certain nombre de compartiments en tronc de pyramide. La matière peut être reçue directement dans les sacs.

A l'extrémité du tube se trouve un appareil appelé *cyclone* destiné à accumuler les poussières (fig. 155).

La vitesse du ventilateur varie de 600 à 800 tours. Pour obtenir un bon classement, sa marche doit être bien régulière.

Exemples d'installation pour l'enrichissement, par voie humide, des :

I

CRAIES GRISES DU HAINAUT.

1. A. Broyeur Bourdais.
    B. Trommel classeur.
    C. Stromgerin.
    D. Crible à secousses.
    E. Table Linkenback.
2. A. Broyeur Jamar.
    B. Trommel classeur.
    C. Spitzkasten.
    D. Caisson.
    E. Labyrinthe.

3. A. Broyeur Jamar.
    B. Trommel classeur.
    C. Spitzkasten.
    D. Colonne Solvay.
    E. Classeur Bouchez.

II

PHOSPHATES ARGILEUX (PERNES).

A. Grille.
B. Trommel débourbeur.
C.   „   classeur à double enveloppe.
D.   „   „   débourbeur.
E. Table de triage à rotation.
F. Crible à secousses.
G. Table Linkenback.

III

PHOSPHATES ARGILEUX DE LA SOMME.

A. Broyeur Bourdais ou Jamar.
B. Trommel classeur.
C. Spitzkasten.
D. Colonne Solvay ou caisson et labyrinthe.

ENRICHISSEMENT CHIMIQUE PAR VOIE SÈCHE.

Les procédés d'enrichissement par voie sèche ont surtout pour but de produire directement du phosphore. Si ces procédés étaient rendus pratiques et rémunérateurs, il serait toujours facile de brûler le phosphore pour en faire de l'acide phosphorique qu'on peut incorporer au sol sous une forme quelconque.

Procédé du haut-fourneau.

Le principe de ce procédé est le suivant : si on porte à une température suffisamment élevée un mélange dans des proportions déterminées de phosphate de chaux, de silice et d'un fondant, il se forme un silicate double de chaux et de la base ajoutée ; l'acide phosphorique est déplacé par la silice et est réduit en présence du charbon et le phosphore distille.

On opère comme pour la fabrication de la fonte ; le haut-fourneau est muni d'une tuyère pour l'injection de l'air ; le gueulard est fermé hermétiquement par une soupape conique qui n'est ouverte que lors du chargement. Au gueulard, l'atmosphère est réductrice pour éviter la combustion du phosphore qui distille.

Lorsque le mélange est en fusion, le silicate double fusible s'accumule dans le creuset du haut-fourneau et, comme pour le laitier de fonte, on en fait de temps en temps la coulée. Le phosphore, à l'état de vapeur, sort avec les gaz que l'on recueille comme dans la fabrication de la fonte ; des réfrigérants condensent le phosphore distillé.

Comme fondant, on a employé le carbonate de soude.

Ce procédé a été essayé en Franche-Comté par M. Serve et, d'après M. Georges Lemoine, on aurait réellement obtenu du phosphore et il serait, dit-il, probablement le procédé de l'avenir, à la condition, toutefois, d'opérer en grand comme en sidérurgie.

Procédé à la silice.

Il repose sur le même principe que le précédent ; seulement, on ne fait pas d'addition de base pour obtenir un silicate double aisément fusible. Ce procédé a été indiqué par Wöhler et décrit dans les *Annales de Poggendorff* (T. XVII).

Différents essais industriels ont été faits au moyen des appareils utilisés dans la fabrication ordinaire du phosphore, mais on a toujours été arrêté par la difficulté de produire une température capable de former les silicates. Les vases dans lesquels se faisaient les essais fondaient avant la distillation du phosphore.

D'après M. Readman, les phosphates de Liége et de la Somme exigeraient une addition de 50 % de silice et il faudrait seulement 20 % de combustible. Dans ces conditions, la scorie ne contiendrait que 1,35 de phosphore.

Procédé à l'argile.

Dans ce procédé, basé sur le même principe que celui dit *du haut-fourneau*, on s'attache surtout à obtenir un laitier ayant la composition et les qualités du ciment.

Pour atteindre ce résultat, le fondant est l'argile. Celle-ci étant essentiellement formée de silice et d'alumine, en présence de la chaux, il se forme un silicate double d'alumine et de chaux.

La composition de l'argile est dépendante de celle du phosphate à traiter.

Le laitier a une composition qui peut varier dans les limites suivantes :

$$Si\ O^2 \quad . \quad . \quad . \quad . \quad . \quad . \quad 20 \ \text{à} \ 26 \ ^0/_0$$
$$Al^2\ O^3 \quad . \quad . \quad . \quad . \quad . \quad 5 \ \text{à} \ 10$$
$$Ca\ O \quad . \quad . \quad . \quad . \quad . \quad . \quad 67 \ \text{à} \ 58$$
$$Fe^2\ O^3 \quad . \quad . \quad . \quad . \quad . \quad 2 \ \text{à} \ 6$$
$$Divers \quad . \quad . \quad . \quad . \quad . \quad 1 \ \text{à} \ 5$$

Ce procédé, breveté au nom de MM. Tamine et Deckers, n'a pas, jusqu'à présent, reçu d'application.

Procédé au fer.

Ce procédé ne diffère du précédent que par le fondant employé ; dans ce cas, c'est l'oxyde de fer qui donne, avec la silice et la chaux, un silicate double fusible.

L'oxyde ferrique est réduit à l'état ferreux par le charbon.

Procédé à l'électricité.

On fait passer un courant électrique dans la matière ; chauffés dans un four spécial, le sable, l'argile et la chaux sont éliminés à l'état de scories et l'acide phosphorique distille, mais il est réduit par le charbon avant sa sortie du four.

Procédé par calcination.

Celui-ci diffère des précédents, en ce qu'il donne, comme produit final, du phosphate tricalcique.

La calcination des phosphates crayeux a pour but de décomposer le carbonate de chaux en chaux et en acide carbonique qui se dégage ; par un lavage ou un traitement chimique subséquent, on enlève la chaux. Le phosphate crayeux est ainsi débarrassé d'un des principaux corps étrangers.

La durée de l'opération est assez variable : dans le four Lebel, on compte 50 à 55 heures. Il est préférable de prolonger la température que de la porter trop subitement à l'excès.

La calcination s'effectue dans des fours ordinaires ou spéciaux. Parmi ceux-ci, nous citerons le four Lebel, le four Maletra et le four Levy.

Les craies grises sont généralement formées de morceaux et de parties fines. La calcination de celles-ci étant assez difficile, on a proposé d'en faire des agglomérés en additionnant la craie en poudre de poussier de charbon et de brai.

Dans les différents essais de calcination qui ont été faits avec les craies grises du Hainaut, on a remarqué qu'une réaction secondaire empêchait la réaction principale de sortir complètement ses effets : quand la chaux passe à l'état caustique, elle se combine à la chaleur rouge, avec la silice ou décompose une partie du silicate d'aluminium et de chaux que l'on rencontre dans ces craies. On a constaté qu'une partie de silice *silicatisait* quatre parties de chaux.

Lorsque la calcination est suivie d'un traitement chimique, la chaux doit être à l'état caustique ; or, pendant le défournement et la mouture de la craie, il se produit une récarbonatation, assez importante, ce qui affaiblit le titre du produit final.

Si la calcination est simplement suivie d'un lavage à grande eau, la recarbonatation présente moins d'inconvénients parce que le carbonate de chaux précipité est entraîné avec la chaux hydratée.

Comme nous venons de le dire, la craie calcinée est réduite en poudre fine et est même tamisée avant de subir tout traitement. Cette mouture a pour but de rendre plus faciles les réactions à produire.

La calcination des craies est abandonnée aujourd'hui ; les produits qui en dérivaient n'étaient guère recherchés sur le marché par suite de la chaux libre qu'ils contenaient.

On comptait dans le Hainaut que la calcination d'une tonne de craie grise titrant 20 à 25 de phosphate tribasique et 60 à 75 p. c. de carbonate de chaux coûtait fr. 3,13, le combustible étant côté à 10 fr. la tonne. Pour calciner une tonne de craie brute, il faut 225 kilog. de combustible.

ENRICHISSEMENT CHIMIQUE PAR VOIE HUMIDE.

Dans l'enrichissement chimique des phosphates par voie humide, les inventeurs ne se sont guère occupés que de l'élimination du carbonate de chaux ; aussi la plupart des procédés que nous allons décrire, assez succinctement, ne s'appliquent-ils qu'aux phosphates crayeux appelés *craies grises*.

Procédé à l'acide chlorhydrique.

Ce procédé a reçu deux applications distinctes, suivant qu'on voulait obtenir du phosphate soluble ou du phosphate originel enrichi. Dans ce dernier cas, l'enrichissement consiste simplement à traiter la matière phosphatée par l'acide chlorhydrique très étendu, qui n'attaque ainsi que le carbonate de chaux et laisse à peu près intact le phosphate.

Le carbonate de chaux se décompose, en donnant de l'acide carbonique et du chlorure de calcium soluble dans l'eau, dont on se débarrasse difficilement.
Ce procédé n'a pas reçu d'application industrielle.

La seconde application de l'acide chlorhydrique est très suivie dans la dégélatinisation des os. Dans ce traitement, il se produit la réaction suivante : le phosphate tribasique et le carbonate de chaux sont décomposés en donnant de l'acide phosphorique libre ou du phosphate monobasique, de l'acide carbonique et du chlorure de calcium. L'acide phosphorique est précipité de la solution par l'addition d'un lait de chaux; il se forme du phosphate bibasique et parfois du tribasique ; c'est, en un mot, la fabrication du phosphate précipité que nous décrirons au chapitre VIII.

Dans ces deux procédés d'enrichissement, l'acide chlorhydrique marque respectivement de 2° à 5° et de 10° à 21° B.

La transformation et l'enrichissement industriels des phosphates par l'acide chlorhydrique n'ont pas donné de résultats rémunérateurs. Le *desideratum* serait de pouvoir transformer économiquement le chlorure de calcium (Ca Cl^2), produit en si grande quantité dans cette fabrication, en chlorure de chaux (CaO Cl. H^{2}O).

Dans ces procédés, la régénération de l'acide chlorhydrique peut être obtenue de la façon suivante :

1° Dans la concentration de la solution phosphorique et chlorhydrique de 32 à 38° B., si la température varie de 70 à 100° et si la masse se trouve dans une atmosphère humide, la réaction suivante se produit :

$$(PO^4)^2 \, Ca \, H^4 + Ca \, Cl^2 = 2 \, Ca \, H^2 \, (PO^4) + 2 \, H \, Cl.$$

2° En soumettant à une haute température un mélange de chlorure de calcium (Ca Cl^2) et de silice, tout en faisant réagir sur la masse incandescente de la vapeur d'eau, le chlorure de calcium se décompose, il se produit de l'acide chlorhydrique et un silicate double de chaux et d'alumine.

Procédé à l'acide sulfurique.

L'application de l'acide sulfurique à l'enrichissement des phosphates par voie humide donne lieu à la production finale d'un phosphate soluble appelé *phosphate double*. Cette fabrication sera décrite au chapitre VIII ; elle s'applique généralement à des phosphates siliceux.

M. Wiessinger a traité la craie grise par l'acide sulfurique pour obtenir comme produit final du phosphate bicalcique.

La craie est mise en contact avec de l'acide sulfurique ramené à 47° ou 48° B. ; cette matière boueuse est étendue d'eau et ramenée à 11° B., puis filtrée. Le liquide qui résulte de cette filtration se compose d'acide sulfurique resté libre, d'acide phosphorique, de phosphate monocalcique, de sulfate de fer et de sulfate d'alumine. Cette liqueur est traitée par de la craie vierge qui transforme l'acide sulfurique en sulfate de chaux insoluble, l'acide phosphorique en phosphate monocalcique soluble, les sulfates de fer et d'alumine en phosphates de fer et d'alumine insolubles. Une partie du phosphate monocalcique passe à l'état de phosphate bicalcique suivant la durée de l'opération. On arrête celle-ci quand la liqueur ne contient plus que des traces de fer, ce que l'on reconnaît au moyen du ferrocyanure de potassium.

Ce traitement se fait dans une *cuve-toupie* ; pour faciliter la réaction, on ajoute de la *folle farine* après une première addition de craie. On décante ensuite le précipité ; on procède à 3 ou 4 lavages de la craie enrichie occupant le fond de la cuve.

Le précipité est ensuite envoyé dans des filtres-presses à succion, puis séché ; il donne un produit un peu teinté et contenant 20 p. c. environ d'acide phosphorique.

La liqueur de filtration est précipitée par un lait de chaux à 12° B.; l'addition de chaux se continue jusqu'à ce que la liqueur marque 1,°5 B. à 2° B.

Ce second précipité est envoyé à son tour dans des filtres à succion ; il dose environ 40 % d'anhydride phosphorique ; il a un bel aspect cristallin et absolument blanc, puisque tout le fer et l'alumine se trouvent dans le précipité à 20 % d'acide phosphorique.

Le filtrat peut servir à la dilution de l'acide sulfurique et de l'acide phosphorique ; mais ces eaux de dilution formant un trop grand volume doivent être concentrées.

Ce procédé n'étant pas rémunérateur a été abandonné après les premiers essais industriels.

Procédé à l'acide carbonique.

Le principe de ce procédé est le suivant : Transformer le carbonate de chaux, insoluble dans l'eau qui accompagne le phosphate en bicarbonate soluble par l'action de l'acide carbonique sous pression.

Ce procédé n'a pas reçu d'application industrielle pour les deux motifs suivants : 1° le phosphate de chaux est légèrement soluble dans l'eau chargée d'acide carbonique, d'où il résulte une perte de produit enrichi ; 2° la lenteur de la réaction et le volume considérable d'eau chargée d'acide carbonique pour produire la dissolution du carbonate rendent ce procédé impraticable.

Procédé à l'acide sulfhydrique.

Ce procédé ne s'applique qu'aux phosphates ayant subi une calcination préalable.

Son principe repose sur la réaction suivante :

$$H^2S + CaO = Ca\,S + H^2O$$

Si l'on reprend par l'eau du phosphate calciné et si l'on fait barbotter dans le mélange de l'acide sulfhydrique, la chaux se dissout à l'état de sulfure de calcium. Par une simple filtration, le phosphate est séparé de la solution.

La régénération de l'hydrogène sulfuré ou acide sulfhydrique est obtenue par l'action, sur la liqueur filtrée, de l'acide carbonique provenant de la calcination du phosphate. Il se produit la réaction suivante :

$$H^2O + Ca\,S + CO^2 = Ca\,CO^3 + H^2S.$$

Il se forme du carbonate de chaux et de l'acide sulfhydrique qui peut servir indéfiniment en compensant les pertes inhérentes à tous les procédés industriels.

Procédé à l'acide nitrique.

Le phosphate de chaux moulu en présence de l'acide nitrique étendu à un degré convenable donne de l'acide phosphorique libre et du nitrate de chaux. On concentre la solution dont on a séparé, par filtration, les matières insolubles; par l'addition de phosphate vierge, on fait un superphosphate azoté qui reste pâteux.

Ce procédé ne peut avoir de succès que pour autant que les frais de fabrication de l'acide nitrique soient moindres que ceux de l'acide sulfurique ou de l'acide chlorhydrique.

On a proposé de régénérer l'acide nitrique par calcination, mais ce système ne permet de recouvrer qu'une partie de l'acide nitrique.

Procédé à l'anhydride sulfureux.

L'anhydride sulfureux est produit par le grillage des pyrites; la solution d'acide sulfureux est mise en contact avec la matière phosphatée que l'on veut débarrasser du carbonate de chaux qui l'accompagne; dans cette réaction, il se dissout un peu de phosphate de chaux et il se forme du sulfite de chaux insoluble dans l'eau (800 parties d'eau dissolvent une partie de sulfite); mais en présence de l'anhydride sulfureux, il est plus soluble.

M. Ortlieb propose de séparer le phosphate de chaux inattaqué du sulfite de chaux précipité par une simple lévigation, la différence de densité entre le sulfite précipité et le phosphate originel étant plus grande que celle qui existe entre le carbonate et le phosphate.

Lorsque la solution est trop chargée de sulfite de chaux, on peut transformer ce dernier en sulfate insoluble par l'addition d'acide sulfurique à 60°.

La solution qui contient l'anhydride sulfureux en excès et l'acide phosphorique dissout peut servir pour une nouvelle opération après addition d'anhydride; en présence du phosphate vierge, l'acide phosphorique dissout est précipité à l'état de phosphate bi ou tribasique.

Procédé au sucre.

Un essai de ce procédé a été fait par MM. Pellet et Lebel avec la craie grise du Hainaut.

Voici en quoi consiste le procédé :

A du phosphate calciné et hydraté, on additionne une solution de sucre de mélasse qui dissout la chaux en formant un sucrate de chaux soluble.

Après filtration, on obtient un phosphate titrant de 60 à 65 % et une solution de sucrate de chaux. On régénère le sucre en précipitant la chaux à l'état de carbonate de chaux par l'acide carbonique résultant de la calcination. Ce carbonate de chaux est filtré et le jus sucré contenu dans les tourteaux est enlevé par lavage.

Le phosphate calciné, avant d'être mis en contact avec la solution sucrée, doit être réduit en poudre et tamisé. Cette mouture a pour effet de briser la croûte de chaux recarbonatée qui enveloppe certains grains de matière.

Sans cette mouture préalable, on arrive difficilement à amener le titre du phosphate enrichi à 60 % ; en outre, la matière enrichie contient alors de la chaux libre qui la déprécie. Cette chaux libre reste englobée par la croûte de carbonate reformée et elle n'est pas mise en contact avec la solution sucrée. Ce procédé a été vérifié par des fabricants de sucre et des chimistes en renom ; ils l'ont trouvé parfaitement pratique.

Les deux points suivants, sur lesquels certains doutes existaient, furent rapidement dissipés :

1° le sucre en dissolution alcaline peut se conserver indéfiniment ; en cet état, il n'est sujet à aucune altération ;

2° les pertes en sucre sont très minimes, le tourteau de phosphate n'en contient que 0,05 % et le tourteau de carbonate 0,23 %. Sachant qu'une tonne de phosphate enrichi correspond à 1,380 kil. de tourteau de phosphate humide et à 1,530 kil. de tourteau de carbonate, la perte en sucre à la tonne de phosphate obtenu est de :

$$\frac{1,380 \times 0.05}{100} + \frac{1,530 \times 0.23}{100} = 4 \text{ kil. } 21 \text{ de sucre.}$$

Le produit sucré employé dans ce système est la mélasse, contenant en moyenne 9,50 % de sucre.

Les eaux de lavage sont concentrées dans des appareils dits à *triple effet*, par la vapeur provenant de la décharge des machines à vapeur.

Les frais d'établissement et le prix de revient étant trop élevés, ce procédé n'a pas reçu d'application.

Procédé au soufre.

Ce procédé ne peut s'appliquer qu'aux phosphates calcareux préalablement calcinés et moulus.

On fait la dissolution de la chaux vive par une addition d'eau surchauffée et de soufre; on malaxe fortement la bouillie formée et la réaction suivante se produit :

$$P^2O^5.3\,CaO + 4\,CaO + 8\,S = 4\,CaS^2 + 4O + P^2O^5.3\,CaO.$$

Il se forme donc du bisulfure de calcium soluble et de l'oxygène qui se dégage. On filtre et on obtient en traitant des craies à 20 %, du phosphate titrant en moyenne 60/65

Les eaux chargées de bisulfure sont recueillies et traitées par l'acide carbonique provenant du four à chaux pour faire la régénération du soufre.

$$4\,CaS^2 + 4\,H^2CO^3 = 4\,CaCO^3 + 4\,H^2S + 4\,S.$$

L'acide sulfhydrique produit est régénéré à son tour en le faisant traverser par un courant d'acide sulfureux produit en brûlant du soufre :

$$4\,H^2S + 2\,SO^2 = 4\,H^2O + 6\,S.$$

Le soufre mélangé au carbonate de chaux en est séparé soit par lévigation, soit par distillation.

Ce procédé a été breveté au nom de M. Nicolas, de Paris.

M. Dumonceau a proposé tout simplement de faire une addition de 5 % de soufre à la craie calcinée; celle-ci est ainsi enrichie, après malaxage et séparation, de 30 à 40 % du titre initial.

Procédé au chlorure ammonique.

Comme le précédent, ce procédé ne peut s'appliquer qu'aux phosphates calcareux préalablement calcinés et moulus. La dissolution de la chaux vive est obtenue par une solution de chlorure ammonique; cette dissolution donne lieu à la réaction suivante :

$$Ca^3(PO^4)^2 + CaO + 2(H^4N)Cl = 2\,CaCl^2 + H^2O + 2\,H^3N + Ca^3(PO^4)^2$$

Après filtration, on obtient comme résidu du phosphate riche titrant 60/65 et une solution de chlorure de calcium et de l'ammoniaque.

La régénération du chlorure ammonique est obtenue par un barbottage d'acide carbonique, venant des fours à calciner, dans la solution ammoniacale.

Les réations suivantes se produisent :

$$H^2 O + 2 H^3 N + C O^2 = Am^2 C O^3 \ (1).$$
$$Am^2 C O^3 + Ca Cl^2 = 2 Am Cl + Ca CO^3.$$

Il se forme du bicarbonate d'ammoniaque ($Am^2 C O^3$) qui précipite le chlorure de calcium en donnant du carbonate de chaux insoluble et du chlorure ammonique qui reste en solution.

Pour que ces réactions se produisent aussi complètement que possible, les solutions doivent être chauffées à une température variant de 50 à 60° centigrades.

Il existe encore d'autres procédés chimiques d'enrichissement des phosphates, tels sont ceux : au perchlorure de fer, au chlorure de magnésium, etc.

$Am = H^4 N.$

LISTE DES BREVETS D'ENRICHISSEMENT DE PHOSPHATE

PRIS EN BELGIQUE DEPUIS 1875

42567. — Société Pilter.   Saint-Josse-ten-Noode, 1875.

Traitement des phosphates minéraux par l'acide sulfureux en vase clos sous une pression élevée ou en vase ouvert à la pression atmosphérique.

43607. — G. Coquerel.   Bruxelles, 24 novembre 1877.

Superphosphates enrichis obtenus par le phosphate d'alumine qui est traité par l'acide sulfurique et précipité par l'ammoniac.

45130. — Mœrman-Laubuhr.   Bruxelles, 13 mai 1878.

Perfectionnement pour l'épuration et la concentration des phosphates par l'acide chlorhydrique.

45393. — Müller, Packard et Cⁱᵉ.   Bruxelles, 11 juin 1878.

Fabrication de l'acide phosphorique et du superphosphate double.

46731. — Rissmuler et Wiesinger. Bruxelles, 25 novembre 1878.

Traitement des os pour la fabrication du superphosphate. Dissolution des os dans l'acide sulfurique à 48° B. à une température de 80° C. pendant 48 heures.

46940. — Solvay et Dewilde.   Ixelles, 17 décembre 1878.

Traitement des minerais calciques par l'acide chlorhydrique et régénération de celui-ci.

47136. — de la Roche.   Schaerbeck, 11 janvier 1879.

Décarbonatation des phosphates de chaux par calcination de la craie, séparation de la chaux par dissolution de celle-ci seulement, dans l'acide chlorhydrique ou l'acide pyroligneux.

47259. — Beck.   Bruxelles, 28 janvier 1879.

Fabrication des phosphates précipités assimilables par l'acide sulfureux.

47493. — Houzé.   Schaerbeck, 21 février 1879.

Obtention industrielle de l'acide phosphorique. — Traitement des phosphates par l'acide chlorhydrique, précipitation de la chaux à l'état de sulfate par le sulfate de soude.

La liqueur restant contient du chlorure de sodium, du phosphate de soude et de l'acide phosphorique libre.

Le chlorure de sodium peut être séparé par la cristallisation.

47636. — Van Haecht et Verbert.
Saint-Josse-ten-Noode, 13 mars 1879.

Traitement des phosphates par l'acide sulfureux, par voie sèche ou par voie humide, qui attaque le calcaire seul.

49855. — de la Roche.
Saint-Josse-ten-Noode, 19 novembre 1879.

Production directe de l'acide phosphorique par la fabrication du verre.

50337. — Hasenbach.   Bruxelles, 21 janvier 1880.

Production du superphosphate à un degré élevé par l'action des acides sur le guano, le noir animal, etc.

51856. — Aubertin.   Saint-Josse-ten-Noode, 25 juin 1880.

Modifications pour la production de l'acide phosphorique, séparation de la chaux du phosphate par l'emploi d'acide sulfurique étendu et à la température de 100°.

52501. — Bernard.   Mons, 7 septembre 1880.

Appareils destinés à épurer les phosphates (four à calciner et lavoir).

53817. — Closson.   Saint-Josse-ten-Noode, 10 février 1881.

Enrichissement des phosphates naturels et basiques par le sucre ou les mélasses

53891. — Briart et Cornet.   Mons, 21 février 1881.

Calcination, porphyrisation des craies grises, puis lavage.

53978. — Solvay.   Bruxelles, 2 mars 1881.

Emploi des phosphates calcinés, lavés ou non pour la régénération de l'ammoniaque dans la fabrication industrielle de la soude et de la potasse.

53990. — Solvay.   Bruxelles, 3 mars 1881.

Formation d'agglomérés. puis calcination; utilisation de l'acide carbonique dégagé.

54003. - - Solvay.   Bruxelles, 4 mars 1881.

Traitement des phosphates naturels basiques dans la fabrication de la soude et de la potasse par l'ammoniaque.

54241. — Briart et Cornet.   Mons, 28 mars 1881.

Suite au brevet nᵒ 53891. Porphyrisation de la craie.

54856. — Meurice.   Marcinelle, 9 juin 1881.

Classement par richesse des phosphates par un appareil à vent.

54881. — Daudenart.   Ixelles, 18 juin 1881.

Calcination, dissolution de la chaux par une solution de chlorure ammonique de 15° à 30° B.

55337. — Solvay.   Bruxelles, 2 août 1881.

Calcination, hydratation de la chaux et séparation par lavage.

56420. — Solvay.   Bruxelles, 6 décembre 1881.

Suite au brevet 55337. Hydratation par de l'eau chaude de la craie calcinée.

56668. — Daudenard.   Ixelles, 4 janvier 1882.

Décarbonatation des phosphates.

57191. — Solvay.   Bruxelles, 28 février 1882.

Traitement par l'eau et l'acide carbonique des craies calcinées.

57186. — Closson.   Saint-Josse-ten-Noode, 30 mars 1882.

Traitement par l'acide carbonique des craies calcinées: le carbonate est à l'état précipité et se sépare facilement par le lavage.

57488. — Boblique.   Bruxelles, 30 mars 1882.

Traitement par l'acide phosphorique dilué.

57762. — Daudenard.   Bruxelles, 29 avril 1882.

Hydratation des phosphates par la vapeur d'eau.

57956. — Neujean et Porasinsky.   Liége, 19 mai 1882.

Extraction de l'acide phosphorique contenu dans les scories basiques par l'acide chlorhydrique, puis par l'acide sulfurique.

58718. — Masson.   Antheit, 8 août 1882.

Superphosphates provenant des scories.

58779. — Solvay.   Bruxelles, 16 juillet 1882.

Laveur ou colonne Solvay.

58803. — Daudenard.   Bruxelles, 19 août 1882.

Séparation par l'eau de mer de la chaux, des phosphates préalablement décarbonatés. L'eau agit par les sels magnésiens.

58828. — Grandfils et Brasseur.   Bruxelles, 22 août 1882.

Séchoir à tubes.

59013. — Masson.   Antheit, 13 septembre 1882.

Séparation de l'acide phosphorique du fer avec élimination du soufre dans les scories ferrugineuses.

59014. — Grandfils et Brasseur.   Bruxelles, 13 septembre 1882.

Perfectionnement au n° 58828.

59245. — Manet   Nimy, 10 octobre 1882.

Séchoir mécanique.

59511. — Courtois et Van Roy.

Saint-Josse-ten-Noode, 8 novembre 1882.

Calcination et séchage continus. Lavage par agitation provoquée par introduction d'un courant d'air sous pression.

59571. — Solvay.   Bruxelles, 14 novembre 1882.

Perfectionnement du four à calciner ; la grille du four est rendue mobile.

59645. — Walter.   Bruxelles, 23 novembre 1882.

Enrichissement en enlevant le carbonate de chaux par le chlorure de chaux.

59804. — Courtois et Van Roy.

Saint-Josse-ten-Noode, 11 décembre 1882.

Perfectionnement au n° 59511. Suppression de la grille ; les produits de la combustion suivent une marche inverse.

60112. — Rolland.   Saint-Josse-ten-Noode, 9 janvier 1883.

Séchoir mécanique.

60117. — Briart et Cornet.   Mons, 9 janvier 1883.

Hydratation de la chaux par la vapeur.

60249. — Winkelhafer.   Bruxelles, 25 janvier 1883.

Élimination de la chaux par le sucre.

60447. — Courtois et Van Roy.

Saint-Josse-ten-Noode, 14 février 1883.

Four à sécher.

60491. — G. Lhoir. Mons, 19 février 1883.
Épurateur de phosphate.

60532. — Courtois et Van Roy.
Saint-Josse-ten-Noode, 22 février 1883.
Four à sécher et à calciner. Perfectionnement au n° 60447.

60596. — Nihoul. Nimy, 28 février 1883.
Four à sécher.

60711. — Boblique. Saint-Josse-ten-Noode, 10 mars 1883.
Dissolution des matières azotées par l'acide phosphorique et traitement de certains sulfures par l'acide phosphorique.

60768. — Nihoul. Nimy, 15 mars 1883.
Four à sécher les phosphates. Perfectionnement au n° 60596.

60858. — Grandprez. Schaerbeek, 23 mars 1883.
Four à calciner.

60966. — Lebrun. Nimy, 3 avril 1883.
Dessiccateur pour phosphates.

60994. — Houzeau de Lehaie. Mons, 5 avril 1883.
Séparation des corps de densités différentes

61032. — Nihoul. Nimy, 9 avril 1883.
Perfectionnement au brevet n° 60596.

61070. — Solvay. Bruxelles, 12 avril 1883
Déchargement après calcination. Perfectionnement du four à calciner.

61231. — Houzeau de Lehaie. Hyon, 5 avril 1883.
Séparation des corps de densités différentes.
Perfectionnement au brevet n° 60994.

61393. — Letellier. Moustier-sur-Sambre, 15 mai 1883.
Traitement par le perchlorure de fer qui dissout le carbonate de chaux sans attaquer le phosphate.

61422. — Lambert de Bouquet.
Saint-Josse-ten-Noode, 19 mai 1883.
Fabrication du superphosphate par réaction du sulfhydrate de chaux.

61461. — Marchand.   Ciply, 23 mai 1883.

Appareil pour enrichir la craie phosphatée.

61463. — Crespel et Martin.   Bruxelles, 24 mai 1883.

Remplacement par la phosphorite de la craie employée pour la fabrication de la soude.

61881. — Houzeau de Lehaie.   Hyon, 29 juin 1883.

Appareil à secousses servant à enrichir la craie.

62104. — Crespel et Martin.   Bruxelles, 26 juillet 1883.

Perfectionnement du n° 61463

62205. — Hardenpont.   Mons, 3 août 1883.

Décanteur.

62239. — G. Lhoir.   Mons, 7 août 1883.

Four à calciner.

62250. — Nihoul.   Nimy, 7 août 1883.

Four à sécher mécanique. Brevet principal n° 60596.

62444. — Nihoul.   Nimy, 29 août 1883.

Four à sécher. Brevet principal n° 60596.

62458. — Passelecq.   Ciply, 15 août 1883.

Laveur décanteur.

62609. — Solvay.   Bruxelles, 17 août 1883.

Sécheur transporteur.

62645. — Barbe.   Bruxelles, 20 août 1883.

Précipitation de l'acide phosphorique par la chaux à l'état de phosphate bicalcique cristallisé.

62700. — Solvay.   Bruxelles, 25 septembre 1883.

Perfectionnement au brevet n° 58779.

62768. — Bernard.   Mons, 3 octobre 1883.

Sécheur.

62941. — Crismer.   Bruxelles, 22 octobre 1883.

Traitement par des vapeurs de chlorure ammonique; régénération du chlorure ammonique par le chlorure de calcium produit.

62960. — Brandt.   Bruxelles, 23 octobre 1883.

Extraction des phosphates contenus dans les scories.

63088. — Cox.   Saint-Josse-ten-Noode, 3 novembre 1883.

Transformation du carbonate de chaux en phosphate soluble.

63117. — Mirland.   Frameries, 5 novembre 1883.

Laveur continu.

63118. — Squallart et Lebrun.   Mons, 5 novembre 1883.

Séchoir.

63149. — Cox.   Saint-Josse-ten-Noode, 7 novembre 1883.

Transformation du carbonate en phosphate de chaux par l'action de l'acide phosphorique. Perfectionnement au n° 63088.

63252. — Mond.   Bruxelles, 19 novembre 1883.

Fabrication de superphosphate de chaux et d'ammoniaque.

63376. — Cornez.   Bruxelles, 29 novembre 1883.

Séchoir mécanique.

63421. — Hanarte.   Mons, 3 décembre 1883.

Calcination après mise en briquettes.

63449. — Barbe.   Bruxelles, 5 décembre 1883.

Production d'un phosphate de chaux soluble non déliquescent.

63465. — Hanarte.   Mons, 7 décembre 1883.

Enrichissement par l'acide carbonique régénéré.

63545. — Walter.   Bruxelles, 14 décembre 1883.

Dissolution des phosphates par l'acide chlorhydrique dans des cylindres tournants. Emploi du fer pour réduire les solutions. Précipitation par un lait de chaux.

63573. — Sloet van Oldruitenborgh. Liége, 17 décembre 1883.

Fabrication de phosphates basiques assimilables par broyage, tamisage et grillage des scories.

63609. — Hanarte.   Mons, 21 décembre 1883.

Perfectionnement au n° 63465.

63674. — Crismer.   Bruxelles, 27 décembre 1883.

Perfectionnement au n° 62941. Remplacement du chlorure de calcium par le chlorure de sodium.

63713. — Hardenpont, Maigret et Cie.
                              Saint-Symphorien, 29 décembre 1883.

Perfectionnement au n° 62205.

63714. — Manet.   Nimy, 31 décembre 1883.

Blutoir avec aspirateur.

63822. — Brunin.   Mons, 14 janvier 1884.

Classificateur à chute libre.

63939. — G. Lhoir.   Mons, 21 janvier 1884.

Appareil à sécher ou à calciner.

63961. — Schliwa.   Bruxelles, 26 janvier 1884.

Fabrication d'un superphosphate provenant de la déphosphorescence de fers basiques.

63978. — Brandt.   Bruxelles, 29 janvier 1884.

Extraction des phosphates des scories Thomas. Perfectionnement au n° 62960.

63980. — Nihoul.   Nimy, 28 février 1883.

Perfectionnement au brevet n° 60596.

64023. — Bouchez.   La Bouverie, 2 février 1884.

Séparateur.

64069. — P. Dietrich.   Bruxelles, 6 février 1884.

Traitement des phosphates de fer, de manganèse et d'aluminium au moyen des chlorures alcalins et alcalino-terreux.

64095. — Passelecq.   Ciply, 8 février 1884.

Séchoir à tubes.

64119. — Rolland.   Bruxelles, 11 février 1884.

Appareil à calciner à chicanes.

64120. — Gérimont.   Mons, 11 février 1884.

Traitement dans des fours par le chlorure sodique.

64399. — Daudenart. Ixelles, 6 mars 1884.

Traitement par le sucre des craies calcinées.

64445. — Girard. Bruxelles, 10 mars 1884.

Fabrication de phosphates de chaux solubles combinés au chlore, etc.

64570. — De Wilde. Bruxelles, 20 mars 1884.

Traitement des phosphates de chaux naturellement mélangés avec le carbonate de chaux.

Opérations : A) calcination du phosphate ; B) pulvérisation du produit calciné ; c) lavage du phosphate pulvérisé ; D) épuration au moyen d'un liquide sucré ; E) lavage du phosphate épuré ; F) dessiccation, et G) saturation ou régénération du liquide sucré.

64625. — Daudenard. Ixelles, 25 mars 1884.

Traitement par la magnésie et l'anhydride sulfureux.

64754. — Dreyfus. Bruxelles, 5 avril 1884.

Addition de chlorure de sodium après ou avant le traitement par l'acide sulfurique des phosphates contenant du fer et de l'alumine pour obtenir un superphosphate sec sans *gruau* et ne rétrogradant pas.

64770. — Keun. Molenbeek-Saint-Jean, 8 avril 1884.

Enrichissement des phosphates de chaux par double calcination.

64821. — De Wilde. Bruxelles, 15 avril 1884.

Perfectionnement dans le traitement des phosphates de chaux mélangés avec le carbonate de chaux. Perfectionnement au brevet n° 64570.

64960. — Cajot. Frameries, 28 avril 1884.

Appareil pour le lavage des phosphates.

64965. — De Wilde. Bruxelles, 28 avril 1884.

Traitement par le sucre des phosphates après calcination et lavage. Perfectionnement au brevet n° 64570.

65009. — Barbe. Bruxelles, 2 mai 1884.

Production d'un phosphate de chaux soluble. Perfectionnement au brevet n° 63449.

65021. — Kessler. Marcinelle, 2 mai 1884.

Appareils mélangeurs destinés à la fabrication des superphosphates.

65264. — Nihoul. Nimy, 25 mai 1884.

Perfectionnement au brevet n° 60596. Four à sécher et à calciner les phosphates.

65410. — De Ville-Chatel. Bruxelles, 6 juin 1884.

Hydratation des phosphates calcinés.

66415. — Quintens. Frameries, 7 juin 1884.

Enrichissement des phosphates par voie humide.

65461. — Bouchez. Frameries, 13 juin 1884.

Perfectionnement au brevet n° 64023.

65548. — Thomas. Saint-Josse-ten-Noode, 21 juin 1884.

Fabrication des phosphates solubles par le traitement de chlorures alcalins dans un convertisseur à garniture basique ou neutre.

65563. — Pellet. Mons, 23 juin 1884.

Séparation par le sucre.

65640. — Marteau et Passelecq. Ciply, 1er juillet 1884.

Four à gaz pour dessiccation et calcination.

65714. — Manet. Nimy, 7 juillet 1884.

Perfectionnement au brevet n° 63714. Blutoir avec aspirateur.

65897. — Bouchez. Frameries, 29 juillet 1884.

Appareil pour la séparation du carbonate du phosphate de chaux. Perfectionnement au brevet n° 64023.

65965. — Cahen. Bruxelles, 11 août 1884.

Moyen destiné à produire à bon marché les phosphates riches par l'emploi de l'acide carbonique sous pression.

65972. — Pellet. Mons, 8 août 1884.

Application des craies phosphatées calcinées dans les sucreries.

65973. — Pellet. Mons, 8 août 1884.

Enrichissement par le sucre.

65997. — Cahen. Bruxelles, 11 août 1884.

Procédé industriel pour dissoudre, par le chlorure de calcium, la chaux des phosphates calcinés.

66011. — Harris.   Bruxelles, 12 août 1884.

Traitement des substances phosphatées par l'eau ou par une solution phosphorique, azotique ou potassique, pour obtenir un engrais.

66079. — Courché.   Bruxelles, 28 août 1884.

Fabrication de superphosphate en employant la bauxite et le kaolin en remplacement de l'acide sulfurique.

66402. — Schliwa.   Bruxelles, 21 septembre 1884.

Extraction, de phosphates solubles dans l'eau, des laitiers de hauts-fourneaux par la fusion avec la soude ou la potasse.

66470. — De Wilde.   Bruxelles, 1ᵉʳ octobre 1884.

Emploi des phosphates pauvres calcinés dans la fabrication du sucre.

66610. — Letelié.   Moustier-sur-Sambre, 14 octobre 1884.

Vis d'archimède pour le lavage des craies phosphatées.

66653. — Lebel.   Bruxelles, 21 octobre 1884.

Four à calciner la craie grise.

66685. — Gérimont.   Mons, 24 octobre 1884.

Calcination et lavage ou non du carbonate, puis dissolution par l'acide chlorhydrique.

67081. — Cahen.   Bruxelles, 2 décembre 1884.

Dissolution du phosphate d'os par l'acide carbonique à haute pression.

67119. — Solvay.   Bruxelles, 6 décembre 1884.

1° Four pour la calcination des craies grises; 2° mélange de craies grises en poudre et de combustible avant de soumettre à la calcination.

67205. — Daudenart.   Ixelles, 13 décembre 1884.

Suite au brevet n° 58803. Séparation, du phosphate et de la magnésie hydratée, par l'anhydride sulfureux.

67525. — Le Mat.   Bruxelles, 15 janvier 1885.

Transformation des phosphates insolubles en phosphates solubles.

67583. — Galesloot.   Saint-Symphorien, 20 janvier 1885.

Séchoir à phosphates muni d'un racleur mécanique.

67714. — Galesloot.   Mons, 31 janvier 1885.

Appareil débourbeur et laveur à phosphates.

68210. — Keun.   Saint-Josse-ten-Noode, 7 mars 1885.

Utilisation des résidus à base alcaline pour la transformation des phosphates insolubles en phosphates solubles.

68250. — Impératori.   Bruxelles, 20 mars 1885.

Fabrication de l'acide phosphorique par la fusion du ferro-phosphore avec des sulfates et des sulfites alcalins, etc.

68382. — Barbe.   Bruxelles, 31 mars 1885.

Solidification de l'acide phosphorique par des corps poreux (silice, sciure de bois...)

68720. — Solvay.   Ixelles, 1er mai 1885.

Procédés et appareils servant à la conversion des phosphates naturels et autres en produits assimilables par les végétaux et en sous produits de valeur, en calcinant le phosphate après addition de silice ou d'alumine en quantité convenable.

68824bis. — Impératori.   Bruxelles, 9 mai 1885.

Fabrication de phosphate de soude ou de potasse, par la fusion avec du sulfate de soude des scories Thomas.

69154. — Hanisch et Dr Schrœder.   Liége, 6 juin 1885.

Procédés et appareils pour la désagrégation du phosphate de chaux et autres parties constituantes qui l'accompagnent, par l'anhydride sulfureux à froid, puis à chaud.

69256. — Passelecq.   Ciply, 12 juin 1885.

Blutage des phosphates, augmentation de rendement par addition dans le bluttoir de corps assez durs.

70171. — Fehlen,   Bruxelles, 11 septembre 1885.

Production de phosphate de soude ou d'ammoniaque au moyen du phosphure d'hydrogène extrait des minerais de fer dont on captive l'acide phosphorique par le nitrate de soude ou l'acide nitrique.

70277. — Impératori.   Bruxelles, 22 septembre 1885.

Perfectionnement dans la fabrication du phosphate de soude ou de potasse Perfectionnement au brevet 68824bis.

70369. — Tamine. Mons, 1er octobre 1882.

Procédé destiné à l'enrichissement par l'électricité des produits du gisement des phosphates de chaux.

70777. — Tamine. Mons, 2 novembre 1885.

Perfectionnement au précédent.

70805. — Fehlen. Bruxelles, 5 décembre 1885.

Production de phosphate de soude ou d'ammoniaque.

70885. — Pellet. Mons, 17 novembre 1885.

Perfectionnement au brevet principal n° 65973. L'enrichissement comporte 8 opérations : 1° cuisson ; 2° hydratation ; 3° tamisage ; 4° enrichissement ; 5° filtration ; 6° régénération de la liqueur sucrée ; 7° deuxième filtration ; 8° conservation et évaporation.

71115. — Tamine et Deckers. Mons, 5 décembre 1885.

Enrichissement par l'acide sulfurique.

71210. — Tamine et Deckers. Mons, 14 décembre 1885.

Perfectionnement au précédent.

71557. — Delhaye. Bruxelles, 9 janvier 1886.

Procédé économique de préparation des phosphates solubles ou insolubles au moyen des phosphorites calcaires, en traitant par l'acide chlorhydrique ou nitrique, après transformation de la chaux carbonatée par l'acide sulfurique.

71609. — Passelecq. Ciply, 13 janvier 1885.

Lavoir décanteur.

71641. — Delhaye. Bruxelles, 16 janvier 1886.

Préparation des phosphates solubles ou insolubles au moyen des phosphorites calcaires.

71699. — Duvieusart. Bruxelles, 20 janvier 1886.

Traitement des phosphates par l'acide sulfureux.

72244. — Pescatore et Fehlen. Bruxelles, 5 mars 1886.

Fabrication de phosphate d'ammoniaque très soluble, extraction de l'acide phosphorique des phosphates naturels, régénération partielle de l'ammoniaque.

72261. — Delhaye.   Bruxelles, 6 mars 1886,

Perfectionnement au brevet n° 71557.

72266. — Bouchez.   La Bouverie, 4 mars 1886.

Perfectionnement au brevet n° 64023. Séparateur.

72376. — Tamine et Deckers.   Mons, 16 mars 1886.

Perfectionnement au brevet n° 71115.

72385. — Hanuise.   Mons, 17 mars 1886.

Système de traitement des phosphates bruts minéraux par le mélange d'acide
sulfurique et chlorhydrique.

72425. — Delhaye.   Bruxelles, 16 janvier 1886.

Perfectionnement au brevet n° 71641.

72516. — E. Rolland.   Bruxelles, 26 mars 1886.

Enrichissement des phosphates de la craie brune dite Ciply par le broyage
des grains blancs tendres et en laissant intacts les grains bruns durs.

73101. — Impératori.   Bruxelles, 31 mai 1886.

Fabrication de l'acide phosphorique en fondant du ferro-phosphore avec du
sulfate de soude ou de potasse. Perfectionnement au brevet n° 68824 bis.

73130. — Delhaye.   Mons, 15 mai 1886.

Perfectionnement au brevet principal n° 71641.

73146. — De Wilde.   Bruxelles, 17 mai 1886.

Procédé servant à transformer les phosphates minéraux en engrais directement assimilables, par la fusion d'un mélange de phosphate, de sable ou de
silicate et ensuite *étonner* la matière en fusion.

73708. — De Wilde.   Bruxelles, 3 juillet 1886.

Perfectionnement au brevet précédent. Addition de sulfate de potasse.

73714. — Solvay.   Ixelles, 3 juillet 1886.

Fabrication simultanée de phosphate assimilable et de phosphate d'ammoniaque.

73732. — Passelecq.   Bruxelles, 5 juillet 1886.

Application aux craies phosphatées des appareils laveurs-séparateurs à
piston.

73918. — Delhaye. Mons, 22 juillet 1886.

Séparation de l'acide phosphorique à l'état de phosphate de soude soluble, puis régénération de la soude par la précipitation de l'acide phosphorique.

73919. — Delhaye. Mons, 22 juillet 1886.

Préparation du phosphate bi-tricalcique en s'appuyant sur la propriété que possède le silico-aluminate de chaux d'être relativement insoluble dans l'acide chlorhydrique étendu.

74047. — Delhaye. Bruxelles, 31 juillet 1886

Fabrication de la soude par l'acide phosphorique et le chlorure de sodium.

74097. — Scouflaire. Flénu, 3 août 1886.

Appareils d'enrichissement.

74134. — Mirland. Frameries, 6 août 1886.

Appareils pour l'enrichissement des phosphates.

74205. — Chevalet. Bruxelles, 12 août 1886.

Procédé de fabrication du phospho-guano neutre.

74723. — Muller, Packard et Cie. Bruxelles, 4 octobre 1886.

Fabrication de sels doubles en faisant réagir de l'acide phosphorique liquide sur les sulfates alcalins neutres, en augmentant la température.

74930. — Scouflaire. Flénu, 22 octobre 1886.

Appareils pour l'enrichissement du phosphate.

75222. — Flamache. Bruxelles, 13 novembre 1886.

Traitement, par voie sèche, des phosphates par les sels ammoniacaux.

75694. — Merck et Cie. Bruxelles, 23 décembre 1886.

Procédé de préparation des sulfates phosphatés d'ammonium et de potassium par l'action de l'acide phosphorique concentré et bouillant sur du sulfate neutre d'ammonium ou de potassium, à l'état solide et pulvérisé.

75825. — Daudenard. Bruxelles, 4 janvier 1887.

Fabrication industrielle du phosphate précipité au moyen d'un phosphate quelconque.

76456. — Solvay. Bruxelles, 23 février 1887.

Traitement des phosphates calcareux par l'acide sulfureux et obtention de phosphate soluble au citrate.

76469. — Solvay.   Bruxelles, 24 février 1887.

Perfectionnement au brevet n° 76456. Production de mono-sulfite en employant une quantité d'eau inférieure à celle nécessaire pour dissoudre le bisulfite.

76769. — Scouflaire.   Flénu, 19 mars 1887.

Perfectionnement au brevet n° 74930.

76971. — Tamine et Deckers.   4 avril 1887.

Distillation du phosphore par la fusion du phosphate avec charbon, argile, silice, etc.

77180. — Solvay.   Ixelles, 23 avril 1887.

Perfectionnement au brevet principal n° 76456.

79062bis. — G. Dufrane.   Frameries, 1er octobre 1887.

Appareil pour le lavage des craies phosphatées.

79568. — Bazin.   Bruxelles, 16 novembre 1887.

Procédé de transformation par la chaleur des phosphates naturels en thermophosphates.

79723. — Denys.   Bruxelles, 29 novembre 1887.

Appareil destiné à l'enrichissement des phosphates (table tournante).

79887. — Salomonson et Taubheimer.
                    Saint-Josse-ten-Noode, 12 octobre 1887.

Système de machine à broyer les superphosphates.

80568. — Tamine et Deckers.   21 décembre 1887.

Fabrication de l'acide phosphorique.

81119. — Le Breton.   Mons, 21 mars 1888.

Système de séchoir à phosphates ou autres matières

81635. — Manoury.   Bruxelles, 1er mai 1888.

Nouvelle méthode de fabrication de l'acide phosphorique pur en combinaison avec la baryte. L'acide phosphorique, débarrassé de l'acide sulfurique, peut être employé en sucrerie.

82276. — Boblique.   Bruxelles, 21 juin 1888.

Procédé de production industrielle du phosphate de soude, calcination d'un mélange de phosphate, d'alumine, de sulfate de soude et de charbon.

83199. — Winssinger.   Bruxelles, 8 septembre 1888.

Fabrication du phosphate bicalcique.

83502. — Reymondier.   Bruxelles, 6 octobre 1888.

Fabrication et application du sulfate de fer phosphaté par la réduction des
scories des fours à puddler.

83558. — Delaunay et Cⁱᵉ.   Bruxelles, 11 octobre 1888.

Système de lavage des argiles phosphatées pour la séparation du phosphate
de l'argile.

84003. — Winssinger.   Bruxelles, 20 novembre 1888.

Procédé pour la fabrication du phosphate bicalcique. Perfectionnement au
brevet principal nᵒ 83199.

84027. — Winssinger.   Bruxelles, 20 novembre 1888.

Procédé pour la fabrication du phosphate bicalcique. Perfectionnement au
brevet principal nᵒ 83199.

84032. — Delhaye.   Mons, 22 novembre 1888.

Méthode d'utilisation de la craie grise dans le traitement des minéraux
phosphatés pour l'obtention du phosphate bicalcique.

84433. — Passelecq.   Bruxelles, 27 décembre 1888.

Procédé économique de transformation des phosphates naturels en phosphates
pyrogénés assimilables, en utilisant la chaleur des laitiers sortant du haut-
fourneau pour la transformation des phosphates en scories basiques.

84520. — Daudenard.   Koekelberg, 3 janvier 1889.

Fabrication du phosphate bicalcique hydraté, dit *phosphate précipité*, par
l'emploi du sulfure de sodium pour transformer le phosphate bicalcique
en phosphate acide de soude, puis en phosphate neutre.

84758. — Daudenard.   Koekelberg, 26 janvier 1889.

Modification apportée au brevet nᵒ 84520.

85081. — Scouflaire.   Flénu, 20 février 1889.

Perfectionnement de malaxeur. Brevet principal nᵒ 74930.

85558. — Gabet.   Bruxelles, 27 mars 1889.

Procédés de séparation des principes immédiats des os : acide phosphorique
chaux, osséine, graisse, par l'emploi de l'acide phosphorique.

85559. — Gabet.   Bruxelles, 27 mars 1889.

Procédé de préparation du phosphate ammoniaco-calcique.

85870. — Daudenard.   Kockelberg, 17 avril 1889.

Perfectionnement au brevet n° 75825.

85871. — Daudenard.   Kockelberg, 17 avril 1889.

Perfectionnement au brevet n° 84520.

85952. — Daudenard.   Koekelberg, 24 avril 1889.

Perfectionnement au brevet n° 84520.

86132. — Passelecq.   Ciply, 6 mai 1889.

Procédé pour la transformation des phosphates naturels en phosphates
assimilables par les plantes.

86649. — Gendebien.   Bruxelles, 15 juin 1889.

Mode d'enrichissement des phosphates de chaux à gangue calcareuse par le
perchlorure de fer.

86950. — Daudenard.   Kockelberg, 11 juillet 1889.

Perfectionnement au brevet n° 75825.

87536. — Delahaye.   Bruxelles, 27 août 1889.

Procédé d'enrichissement des craies phosphatées en les utilisant dans la fabrication des soudes Solvay.

87988. — De Graef.   Anvers, 5 octobre 1889.

Procédé pour la production économique de phosphates solubles par l'acide
chlorhydrique.

88077. — Brasseur.   Bruxelles, 15 octobre 1889.

Procédé pour la séparation du carbonate et du phosphate de chaux par
le chlorure ou le nitrate ammonique et de la vapeur d'eau à 150°.

88187. — Nicolas.   Bruxelles, 19 novembre 1889.

Procédé pour extraire, par le soufre, le phosphate de chaux de la craie
phosphatée et autres minerais analogues.

88586. — De Graef.   Anvers, 23 novembre 1889.

Procédés et appareils pour l'enrichissement de la craie grise.

89157. — Lorenzen, Stuhr et Heinz.

Procédé perfectionné pour obtenir d'un phosphate d'alumine, l'acide phosphorique et l'alumine séparément.

89497. — Dumonceau   Molenbeek, 12 février 1890.

Enrichissement des craies phosphatées par le soufre.

89560. — Daudenard.   Koekelberg, 12 février 1890.

Enrichissement des phosphates à grande teneur de carbonate de chaux. Perfectionnement au brevet principal n° 56668.

89594. — Mamoury.   22 février 1890.

Utilisation du soufre pour l'enrichissement des calcaires phosphatés pauvres.

89677. — Veuchet.   Mons, 1er mars 1890.

Enrichissement des craies phosphatées.

90475. — Pichon.   7 mai 1890.

Traitement des craies phosphatées

90645. — Aubertin.   21 mai 1890.

Traitement et épuration des phosphates de chaux carbonatés

90719. — Decuyper.   Mons, 28 mai 1890.

Calcination des minerais de phosphate de chaux.

90790. — Delahaye.   Mons, 5 juin 1890.

Enrichissement des craies phosphatées et autres phosphates calcaires

91556. — Houzeau de Lehaye.   Mons, 5 août 1890

Système de laveur séparateur de phosphates.

91586. — Buttgenbach.   Liége, 9 août 1890.

Méthode de lavage de phosphate de chaux spécialement applicable aux phosphates de chaux de la Hesbaye.

91679. — Folie-Desjardins.   15 octobre 1890.

Fabrication simultanée du phosphore et de silicates alcalins par le traitement des phosphates minéraux de chaux ou d'alumine ou de la cendre d'os.

92442. — Mond.   31 octobre 1890.

Traitement des minerais phosphatés.

92372. — Levy.   15 novembre 1890.

Enrichissement des craies et des argiles phosphatées.

92532. — Cajot.   15 novembre 1890.

Appareil de lavage et de décantation destiné à l'enrichissement des phosphates de chaux et des craies phosphatées, etc.

92671. — Fullarton.   30 novembre 1890,

Traitement et épuration des minerais phosphatés.

92714. — Simpson.   30 novembre 1890.

Perfectionnement au traitement de certains minéraux ou des scories contenant du phosphate de chaux.

92817. — De Cuyper.   30 novembre 1890.

Enrichissement des minerais de phosphate de chaux.

92986. — Lévy.   31 janvier 1891.

Enrichissement des craies et argiles phosphatées.

93316. — Lissignol.   31 janvier 1891.

Fours nouveaux à calciner la craie phosphatée et autres minerais.

93361. — Cajot.   1891.

Appareil de lavage et de décantation destiné à l'enrichissement des phosphates de chaux et des craies phosphatées ainsi qu'à la préparation des ciments, des marnes et des amidons.

93409. — Vauhees.   16 février 1891.

Four de séchage mixte à réverbère et à plaques pour le traitement des phosphates minéraux, noir animal, superphosphates, etc...

93680. — Dumonceau.   28 février 1891.

Enrichissement des craies phosphatées par le soufre.

93730. — Jacquemin et Briart.   Mariemont, 28 février 1891.

Procédé d'enrichissement des phosphates calcaires.

94122. — Daudenard.   Koekelberg, 31 mars 1891.

Procédé de fabrication de phosphate dit précipité.

94236. — De Wilde.   Bruxelles, 30 avril 1891.

Procédé d'utilisation de l'appareil Weldon à la fabrication des phosphates précipités avec utilisation éventuelle de l'acide carbonique dégagé.

94526. — Braconier. Liége, 30 avril 1891.

Procédé pour convertir les phosphates naturels bruts en phosphates purs.

94636. — Thonnar et Tixhon. Liége, 15 juin 1891.

Procédé et appareil pour la préparation mécanique des phosphates et de toutes matières devant être rapidement moulues ou pulvérisées.

95100. — Glaser. 15 juin 1891.

Traitement des phosphorites et d'autres matières phosphatiques.

95114. — Cajot. 15 juin 1891.

Perfectionnement au brevet n° 93353.

96153. — Solvay. 15 juin 1891.

Appareil destiné spécialement à l'enrichissement des craies grises phosphatées de Ciply et de ses similaires.

96190. — Rolland. 30 septembre 1891.

Procédé et appareil pour la séparation du fer et de l'alumine des phosphates.

96377. — American Phosphate et Chemical C°. 1891.

Art ou procédé de fabrication d'acide phosphorique au moyen de matières phosphatées.

96472. — Aubertin. 16 novembre 1891.

Production simultanée du glucose ou de l'alcool et des phosphates précipités.

96924. — Ruelle. 16 novembre 1891.

Laverie pour enrichissement des phosphates.

96930. — Brünner et Zanner. 16 novembre 1891.

Fabrication du nitrate d'ammoniaque avec la faculté de produire du phosphate enrichi ou du phosphate précipité.

97686. — Braconier. 15 décembre 1891.

Préparation industrielle de l'acide phosphorique au moyen des phosphates naturels.

98028. — Roux. 30 janvier 1892.

Enrichissement des craies phosphatées par calcination dans un courant fluide.

98255. — Brünner et Zanner. 30 janvier 1892.

Fabrication du sulfate de soude neutre avec faculté de produire simultanément du phosphate de chaux précipité.

98299. — Albert H. et E. 30 janvier 1892.

Fabrication des phosphates alcalins, au moyen des sulfates alcalins, neutres ou acides.

98571. — Société Union Fabriek Chemischer prodùkte.
15 mars 1892.

Extraction du phosphate de calcium soluble dans le citrate d'ammoniaque, ainsi que du carbonate de calcium précipité, des dissolutions de chlorure de calcium renfermant du phosphate calcique.

98863. — Delacourt. 31 mars 1892.

Enrichissement des craies phosphatées par calcination.

98882. — Wurgler. 31 mars 1892.

Appareil classificateur pour l'enrichissement des phosphates et craies phosphatées.

99135. — Aubertin. 16 mai 1892.

Traitement des craies phosphatées.

99502. — Libedeff. 31 mai 1892.

Élimination du phosphate et de l'arsenic des métaux qui en contiennent.

99635. — Braconier. Liége, 15 juillet 1892.

Enrichissement des phosphates naturels.

100299. — Roux. 15 juillet 1892.

Enrichissement des craies phosphatées par lavages à chaud.

100329. — Boutmy.

Laveur, séparateur de phosphate des craies phosphatées.

100371. — Moison. 16 août 1892.

Procédés et appareils propres à la séparation du carbonate de chaux et de l'argile des phosphates minéraux et des craies phosphatées.

100778. — Baussart. 31 août 1892.

Appareils pour le classement des minerais phosphatés.

100876. — Delacourt. 30 septembre 1892.

Épuration et enrichissement des phosphates de chaux naturels.

101106. — Bourgeois de Meroy. 15 octobre 1892.

Enrichissement des phosphates de chaux au moyen d'une simple opération de tamisage.

101873. — Société Pilou frères et Buffet. 30 novembre 1892.

Traitement des phosphates alumineux ayant pour but de se rendre solubles dans le citrate d'ammoniaque.

102051. — Helson. 15 décembre 1892.

Appareil pour enrichir les phosphates de chaux par le lavage.

102247. — Fouarge. 15 décembre 1892.

Lavoir à phosphate.

102436. — Ruelle. 15 décembre 1892.

Laverie pour enrichissement des phosphates.

102473. — Helson. 15 décembre 1892.

Procédé pour enrichir les phosphates de chaux.

CHAPITRE VIII

FABRICATION DES DIFFÉRENTS ENGRAIS

A BASE D'ACIDE PHOSPHORIQUE

Dans ce chapitre, nous donnerons la description de la fabrication des engrais à base d'acide phosphorique, ainsi que la théorie des différentes réactions auxquelles cette fabrication donne lieu.

Ces principaux engrais sont :

   I. Superphosphate ordinaire ;
   II. Acide phosphorique ;
   III. Superphosphate double ;
   IV.   Id.   triple ;
   V. Phosphate précipité minéral ;
   VI.   Id.   d'ammoniaque et phosphate de potasse ;
   VII.   Id.   basique ;
   VIII.   Id.   d'os :
   IX.   Id.   minéral.

Théorie de la fabrication du superphosphate ordinaire.

Nous avons vu que la fabrication du superphosphate résulte du traitement, par l'acide sulfurique du commerce, d'un phosphate minéral ou organique à base de chaux.

Il existe dans notre globe terrestre des phosphates à base de fer, de zinc, de manganèse, de magnésium, d'aluminium, d'uranium, etc., qui, s'ils étaient trouvés en quantités suffisantes, pourraient être l'objet d'une transformation, par un acide minéral, pour être rendus rapidement assimilables. Jusqu'à présent, les phosphates à base de chaux n'ont pas fait défaut à l'industrie des engrais ; aussi n'a-t-on pas cherché dans les entrailles de la terre un autre élément phosphaté.

Nous ne nous occuperons donc que de la transformation du phosphate de chaux.

Détermination du choix de l'acide minéral pour la transformation des phosphates.

Des trois acides minéraux que l'on trouve avec facilité dans l'industrie :

Acide sulfurique,
» chlorhydrique,
» nitrique,

le premier seul peut servir à la fabrication du superphosphate, parce qu'il donne, avec la chaux, du sulfate de chaux, sel insoluble ; or, pour obtenir un superphosphate suffisamment sec, l'obtention d'un sel de chaux insoluble est une condition *sine qua non*.

On a cependant, dès le début de la fabrication du superphosphate, employé comme agent chimique un mélange d'acide sulfurique et d'acide chlorhydrique. Cette pratique a été rapidement abandonnée, le superphosphate obtenu étant trop boueux.

Il n'en est pas de même pour la fabrication de l'acide phosphorique pour laquelle les différents acides minéraux et même l'anhydride sulfureux ont été essayés.

Sauf les cas spéciaux dans lesquels l'acide phosphorique n'est qu'un résidu de fabrication, l'acide sulfurique a encore l'avantage sur ses congénères pour les motifs suivants :

1° La quantité en poids pour la transformation d'un même phosphate est moindre que pour les deux autres acides minéraux ;

2° L'acide sulfurique est d'un prix moins élevé que les deux autres ;

3° Les résidus de fabrication par l'emploi de l'acide sulfurique trouvent seuls des débouchés dans le commerce ;

4° L'acide sulfurique, par ses propriétés chimiques, rend la fabrication plus facile qu'avec les autres acides.

Pour calculer les quantités respectives d'acide pour la production de l'acide phosphorique, nous supposerons, telle que la pratique nous l'enseigne, que l'acide phosphorique en dissolution soit moitié à l'état phosphate monocalcique et moitié à l'état d'acide phosphorique libre.

Prenons comme exemple un phosphate lavé de Liége dont voici la composition :

Matières inertes et non dosées . . .   18,33
Phosphate tribasique   68,74
Fer   1,10
Alumine   0,33
Carbonate de chaux   11,50

Nous admettons, pour simplifier les calculs, que tout l'acide phosphorique est à l'état de phosphate tricalcique, que le fer et l'alumine sont à l'état d'oxyde ferrique Fe^2O^3 et d'oxyde aluminique Al^2O^3 et que les autres éléments non dosés n'exigent pas d'acide.

$$\text{Poids moléculaires:} \begin{cases} \text{Phosphate tricalcique} . & Ca^8(PO^4)^2 & = 310 \\ \text{Oxyde ferrique} . . . & Fe^2O^3 & = 160 \\ \text{Oxyde aluminique} . . & Al^2O^3 & = 103 \\ \text{Carbonate calcique} . . & CaCO^3 & = 100 \\ \text{Acide sulfurique} . . . & H^2SO^4 & = 98,75 \\ \text{Acide chlorhydrique} . & HCl & = 36,457 \\ \text{Acide nitrique} . . . . & HNO^3 & = 63,044 \\ \text{Eau} . . . . & H^2O & = 18 \end{cases}$$

Réaction produite par l'acide sulfurique.

$$A) \left(\frac{68,74}{310}\right) \text{ou } 0,222\ Ca^3(PO^4)^2 + \left(\frac{1,10}{100}\right) \text{ou } 0,011\ Fe^2O^3 + \left(\frac{0,33}{103}\right)$$

$$\text{ou } 0,0032\ Al^2O^3 + \left(\frac{11,50}{100}\right) \text{ou } 0,115\ CaCO^3 + 0,7126\ H^2SO^4$$

$= 0,111\ P^2O^5$ (acide phosphorique) $+\ 0,111\ CaH^4(PO^4)^2$ (phosphate monocalcique) $+\ 0,115\ CO^2$ (acide carbonique) $+\ 0,4906\ H^2O$ (eau) $+\ 0,011\ Fe^2(SO^4)^3$ (sulfate de fer) $+\ 0,0032\ Al^2(SO^4)^3$ (sulfate d'alumine) $+\ 0,670\ CaSO^4$ (sulfate de chaux).

Le poids moléculaire de l'acide sulfurique étant de 98,075, les 0,8236 molécules pèseront :

$$98,075 \times 0,7126 = 69,89.$$

Le poids d'acide sulfurique nécessaire à la dissolution de 100 kil. de phosphate 65/70 de Liége est donc de 69^k·89 d'acide monohydraté (66° B.), soit $\dfrac{69,89 \times 128}{100} = 89,45$, soit en chiffre rond 90 kil. d'acide sulfurique à 60° B. (vitriol). (Voir à la fin de ce chapitre : TABLE DES SOLUTIONS D'ACIDE SULFURIQUE.)

Réaction produite par l'acide chlorhydrique.

$$B)\left(\frac{68,74}{310}\right) \text{ou } 0,222\, Ca^3(PO^4)^2 + \left(\frac{110}{100}\right) \text{ou } 0,011\, Fe^2O^3 + \left(\frac{0,33}{103}\right) \text{ou}$$

$$0,0032\, Al^2O^3 + \left(\frac{11,50}{100}\right) \text{ou } 0,115\, CaCO^3 + 1,4252\, HCl$$

$$0,111\, P^2O^5 + 0,111\, CaH^4(PO^4)^2 + 0,115\, CO^2 + 0,4906\, H^2O$$

$$+ 0,011\, Fe^2Cl^6 \text{ (chlorure ferrique)} + 0,0032\, Al^2Cl^6 \text{ (chlo-}$$

rure aluminique) + 0,670 $CaCl^2$ (chlorure calcique).

Le poids moléculaire de l'acide chlorhydrique étant de 36,457, le poids d'acide chlorhydrique nécessaire à la dissolution de 100 kil. du dit phosphate sera donc :

$$1,4252 \times 36,457 = 51,97.$$

La solution d'acide chlorhydrique du commerce ou acide muriatique à 20°B. contient environ 32,00 % de gaz acide chlorhydrique ; le poids d'acide sera donc :

$$\frac{51,97 \times 100}{32,00} = 152 \text{ kil. à } 20° B.$$

L'acide chlorhydrique du commerce marque de 19 à 21°B., soit une moyenne de 20°. (Voir à la fin de ce chapitre : TABLE DES SOLUTIONS D'ACIDE CHLORHYDRIQUE.)

Réaction produite par l'acide nitrique.

$$C)\left(\frac{68,74}{310}\right) \text{ou } 0,222\, Ca^3(PO^4)^2 + \left(\frac{110}{100}\right) \text{ou } 0,011\, Fe^2O^3 + \left(\frac{0,33}{103}\right) \text{ou}$$

$$0,0032\, Al^2O^3 + \left(\frac{11,50}{100}\right) \text{ou } 0,115\, CaCO^3 + 1,4252\, HNO^3 =$$

$$0,111\, P^2O^5 + 0,111\, CaH^4(PO^4)^2 + 0,115\, CO^2 + 0,4906\, H^2O$$

$$+ 0,011\, Fe^2(NO^3)^6 + 0,0032\, Al^2(NO^3)^6 + 0,670\, Ca(NO^3)^2.$$

Le poids moléculaire de l'acide nitrique étant de 63,044, le poids d'acide nitrique nécessaire à la dissolution de 100 kil. du dit phosphate sera donc de :

$$1,4252 \times 63,044 = 89,85.$$

L'acide nitrique du commerce, connu sous le nom *d'eau forte ordinaire*, marque de 36 à 40°B., soit un degré moyen de 38° B.

A ce degré, l'eau forte contient 57,30 % d'acide nitrique. (Voir à la fin de ce chapitre : TABLE DES SOLUTIONS D'ACIDE NITRIQUE.)

Il faudra donc pour produire cette réaction :

$$\frac{89,85 \times 100}{57,30} = 158 \text{ kil. d'eau forte à } 38^\circ \text{ B.}$$

Les quantités respectives d'acide sulfurique, chlorhydrique et nitrique nécessaires à la transformation d'un même phosphate (65/70 de Liége) sont donc dans la proportion suivante :

$$90 : 152 : 158 :$$

L'acide sulfurique est donc le plus avantageux comme quantité.

La valeur des acides minéraux du commerce est, en Belgique :

Acide sulfurique   à 60° B.,   fr.   3,50 environ les 100 kil.
   »   chlorhydrique   20° »   »   4,50   »   »
   »   nitrique   38° »   »   18,00   »   »

Soit une dépense de $\dfrac{90 \times 3,50}{100} =$ fr. 3,15 d'acide sulfurique.

   Id.   id. $\dfrac{152 \times 4,50}{100} =$ fr. 6,84   »   chlorydrique.

   Id.   id. $\dfrac{158 \times 18}{100} =$ fr. 28,44   »   nitrique.

Dans ce cas encore, c'est l'acide sulfurique qui serait le plus économique.

Les liqueurs résiduelles résultant du traitement des phosphates par les acides chlorhydrique ou nitrique, après précipitation par la chaux, ne pourraient donner lieu à un traitement chimique rémunérateur pour justifier l'emploi de ces deux acides.

On produit cependant de l'acide phosphorique au moyen de l'acide chlorhydrique dans le traitement des os, mais cette fabrication a pour but principal la production de la gélatine ; l'acide phosphorique n'est qu'un produit secondaire.

Si la liqueur résiduelle tenant en dissolution le nitrate de chaux était demandée par l'agriculture, l'emploi de l'acide nitrique pour la transformation des phosphates pourrait se justifier.

Depuis quelques temps, on préconise en agriculture l'emploi de l'azote nitrique en solution dans l'eau ; l'azote du nitrate de chaux ayant la même valeur que l'azote du nitrate de soude, l'emploi de la liqueur nitrique résiduelle répondrait à ce *desideratum*.

Par ses propriétés chimiques, l'acide sulfurique est encore préféré aux deux autres ; ces derniers tiennent en dissolution des gaz délétères qui rendent l'atmosphère de l'usine dangereuse et insalubre ; aucun métal *industriel* ne leur résiste complètement. Les frais d'entretien sont donc considérables. L'acide sulfurique à 60° attaque très peu le fer et la fonte ; le plomb lui résiste.

De l'examen de ces diverses considérations, il résulte donc que l'acide sulfurique peut seul être employé avantageusement pour la production directe de l'acide phosphorique.

Dans la détermination du poids et du choix de l'acide pour la transformation du phosphate, nous avons pris comme base de cette transformation la réaction suivante :

$$2\,Ca^3\,(PO^4)^2 + 5\,H^2SO^4 = Ca\,H^4\,(PO^4)^2 + P^2O^5 + 5\,CaSO^4 + 3\,H^2O,$$

équation dans laquelle nous n'avons pas tenu compte de l'influence de l'eau.

Dans l'établissement de l'équation (A), nous avons admis que l'acide du phosphate tribasique était transformé moitié en acide phosphorique libre et moitié en phosphate monocalcique.

Cette constatation a été faite par l'analyse chimique sur différents échantillons de superphosphate fraîchement fabriqué.

Voici, à notre avis, comment les choses semblent se passer :

Le phosphate tribasique est tout d'abord transformé en phosphate monocalcique ; celui-ci, par la chaleur produite par la réaction, est en partie décomposé en acide phosphorique libre et en phosphate bibasique.

$$2\,Ca\,H^4\,(PO^4)^2 = 2\,Ca\,HPO^4 + P^2O^5 . 3\,H^2O.$$

La moitié de l'acide phosphorique du phosphate monobasique devient libre et l'autre moitié passe à l'état bicalcique.

Ce phosphate bicalcique est à son tour décomposé par l'acide sulfurique qui est encore libre et donne :

$$2\,Ca\,HPO^4 + 2\,H^2SO^4 = Ca\,H^4\,(PO^4)^2 + CaSO^4$$

et, pour la raison énoncée ci-dessus, le phosphate monocalcique se décompose à son tour par la chaleur en acide phosphorique et en phosphate bicalcique.

Ces réactions semblent ainsi se continuer jusqu'à consommation complète de l'acide sulfurique.

Il est à remarquer que si on mêle de l'acide sulfurique en égale partie à du phosphate monocalcique, bibalcique ou tricalcique, c'est le plus instable, c'est-à-dire le *monocalcique*, qui se décomposera le premier ; ensuite, l'acide se reportera sur le bicalcique et ensuite sur le tricalcique quand les deux autres seront décomposés.

Il est bien entendu que ces réactions ne se produisent que pour autant que le véhicule qui permet de mettre ces éléments en présence, c'est-à-dire l'eau, ne fasse pas défaut.

Pendant cette première phase de la réaction principale, d'autres réactions se sont produites ; tout d'abord, le carbonate de chaux a été transformé en sulfate de chaux :

$$Ca\,CO^3 + H^2 S\,O^4 - Ca\,SO^4 + CO^2 + H^2O.$$

Le phosphate de fer et le phosphate d'alumine ont donné naissance à du sulfate de fer et à du sulfate d'alumine.

Les matières organiques sont aussi décomposées par l'acide sulfurique ; la magnésie est transformée en sulfate de magnésie ; le fluorure de calcium est décomposé en acide fluorhydrique et en sulfate de chaux ; le chlorure de calcium est décomposé en acide chlorhydrique et en sulfate de chaux.

Ces divers éléments ne se rencontrent pas toujours dans les phosphates.

La seconde phase de la réaction principale est la suivante :

Le phosphate tribasique, resté intact, est attaqué par l'acide phosphorique libre formé dans la première phase ; le sulfate de chaux achève son hydratation et, si l'eau était insuffisante, il décomposerait le phosphate monocalcique et l'on aurait ainsi un produit contenant peu d'acide phosphorique soluble dans l'eau.

Cette seconde phase de la réaction est plus lente que la première, l'acide phosphorique étant moins énergique que l'acide sulfurique ; la durée de cette seconde partie dépendra de la dureté et de la grosseur du grain de phosphate ; si le phosphate est tendre et fin, les deux phases de la réaction se suivront de si près qu'elles n'en formeront qu'une et alors, par suite de la rapidité de la réaction, le calorique développé sera si considérable qu'il y aura formation de pyrophosphate. Si, au contraire, le phosphate est dur, la seconde phase de la réaction sera lente et incomplète, le produit restera longtemps pâteux et dense ; l'acide phosphorique libre étant déliquescent attirera l'humidité de l'air et le produit conservera toujours un aspect gras, malgré sa dessiccation, qui sera très difficile.

C'est pourquoi un phosphate, pour être de bonne qualité pour la fabrication du superphosphate, ne doit pas toujours être finement moulu ; son degré de finesse doit être en raison directe de sa dureté.

Ne fait-on pas du très beau superphosphate soluble dans l'eau avec du noir en grains ?

On peut dire que l'échelle de dureté des phosphates organiques est l'ordre chronologique suivant lequel ils se sont formés.

Plus un phosphate est tendre, moins sa formation est ancienne.

En général, le produit phosphaté résultant du traitement par l'acide sulfurique est formé des éléments suivants :

1° Acide phosphorique libre ;
2° Phosphate monocalcique ;
3°   „   bicalcique ;
4°   „   tricalcique ;
5° Sulfate de fer et sulfate d'alumine ;
6°   „   de chaux ;
7° Acide sulfurique libre ;
8° Eau ;
9° Matières insolubles dans les acides.

Si la matière première contient de la magnésie, du fluorure de calcium, ou si l'attaque par l'acide sulfurique a été mal faite, on peut encore y retrouver les éléments suivants :

10° Sulfate de magnésie ;
11° Phosphate de magnésie, de fer, de chaux tribasique ;
12° Fluorure de calcium ;
13° Carbonate calcique ; et même
14° des pyrophosphates.

Ces derniers ne peuvent se former dans la fabrication de l'acide phosphorique liquide, la dissolution étant trop étendue ; mais, dans la fabrication du superphosphate ordinaire, si l'eau en présence est insuffisante, il peut se produire une température atteignant 211° et donner naissance à des pyrophosphates.

Lorsque dans la fabrication de l'acide phosphorique liquide, la première dissolution se fait sans avoir, au préalable, produit du superphosphate, la liqueur filtrée contient la plus grande partie du fer et de l'alumine à l'état de sulfate de fer et de sulfate d'alumine.

Dans la fabrication du superphosphate double, comme dans la fabrication du superphosphate ordinaire, ce sont ces sulfates de fer et d'alumine qui produisent ce phénomène chimique particulier auquel on a donné le nom de *rétrogradation*.

On entend par rétrogradation le retour à l'état insoluble dans l'eau d'une partie de l'acide phosphorique solubilisé par l'acide sulfurique.

Dans les premiers temps de la fabrication du superphosphate ordinaire et aujourd'hui encore en Allemagne et en Angleterre, l'acide phosphorique coté dans les engrais devait être soluble dans l'eau ; or, on a remarqué que des superphosphates contenant du fer et de l'alumine subissent la rétrogradation : une partie de l'acide phosphorique devient insoluble et par conséquent est non coté.

Les réactions suivantes se produisent :

$$Fe^2(SO^4)^3 + 3\,CaH^4(PO^4)^2 = Fe^2(PO^4)^2 + 3\,CaSO^4 + 2\,P^2O^5 + 6\,H^2O$$
$$Al^2(SO^4)^3 + 3\,CaH^4(PO^4)^2 = Al^2(PO^4)^2 + 3\,CaSO^4 + 2\,P^2O^5 + 6\,H^2O$$

Les sulfates de fer et d'alumine, en présence du phosphate monocalcique, sont transformés en phosphates ferrique et aluminique insolubles dans l'eau et solubles dans le citrate d'ammoniaque alcalin ; il y a en outre précipitation du sulfate de chaux et formation d'acide phosphorique libre ; cette formation nouvelle d'acide phosphorique libre n'expliquerait-elle pas le phénomène suivant qui a été constaté par bien des fabricants de superphosphate, à savoir que le quantum d'acide phosphorique *insoluble* dans l'eau et dans le citrate d'ammoniaque diminuait par le séjour du superphosphate en magasin ?

L'acide phosphorique libre, rencontrant du phosphate tribasique, ramènerait celui-ci à l'état bibasique.

DILUTION DE L'ACIDE SULFURIQUE. — Le degré de dilution de l'acide sulfurique, avant le traitement, dépend de la nature du produit que l'on veut obtenir.

Le superphosphate servant à la fabrication de l'acide phosphorique, doit contenir au minimum 14 % d'humidité. Ce titrage est fait à une température inférieure à 110°, température à laquelle la déshydratation du plâtre commence. Ce produit doit pouvoir se délayer facilement dans l'eau sans donner de grumeaux ; il ne peut durcir.

Ce durcissement se produit lorsque, dans la réaction de l'acide sur le phosphate, la température a dépassé 120° et a produit la déshydratation du plâtre ; celui-ci reprend petit à petit son eau, se durcit et transforme le phosphate monocalcique en acide phosphorique libre et en phosphate bicalcique.

Il faut donc, dans le mélange de l'acide et du phosphate, éviter une production de chaleur atteignant 120°.

Pour le superphosphate ordinaire devant subir une dessiccation, le taux d'humidité peut varier de 10 à 14 %.

Pour le superphosphate ordinaire ne devant pas subir de dessiccation, le taux de l'humidité ne peut dépasser 12 %, sans quoi on s'expose à avoir un produit boueux qui ne serait pas marchand.

Le sulfate de chaux, pour se former, a besoin de deux molécules d'eau ; sa formule est la suivante :

$$Ca\,SO^4 . 2\,H^2O.$$

D'après l'équation chimique (A) ci-dessus, les 0,670 de sulfate de chaux, pour s'hydrater, exigent :

$$0,670 \times 36 = 24,12 \text{ d'eau.}$$

D'après M. Joulie, l'existence du phosphate monocalcique nécessite l'hydratation suivante :

$$CaH^4 (PO^4)^2 + 2\,H^2O.$$

D'après l'équation (A), les 0,111 de $CaH^4 (PO^4)^2$ exigent :

$$0,111 \times 36 = 3,996 \text{ d'eau.}$$

Le sulfate ferrique exige l'hydratation suivante :

$$Fe^2 (SO^4)^3 + 9\,H^2O.$$

D'après l'équation (A), les 0,011 de sulfate ferrique exigent :

$$0,011 \times 162 = 1,78 \text{ d'eau.}$$

Le sulfate d'alumine, formé par la réaction de l'acide sulfurique sur le phosphate d'alumine, pour subsister, exige l'hydratation suivante :

$$Al^2 (SO^4)^3 + 18\,H^2O.$$

D'après l'équation (A), les 0,0032 de sulfate aluminique exigent :

$$0,0032 \times 324 = 1,04 \text{ d'eau.}$$

Théoriquement, la quantité d'eau nécessaire pour que la réaction (A) se produise est donc de :

$$24,12 + 4,00 + 1,78 + 1,04 = 30^k94 \text{ d'eau.}$$

Les 69^{k}·89 d'acide sulfurique monohydraté à 66° B. devront être étendus de 30^{k}·94 d'eau pour permettre aux réactions chimiques de se produire ; il faut en outre tenir compte de la quantité d'eau que peuvent absorber les matières inertes que l'on trouve dans le phosphate.

Elles peuvent absorber 15 % d'eau, sans pour cela rendre le superphosphate boueux ; ces matières inertes étant de 15 %, dans le phosphate faisant l'objet de notre essai, l'eau absorbée sera de :

$$15 \times 0,15 = 2,25.$$

Pour le traitement du phosphate lavé de Liége 65/70, il faut donc, en supposant que les réactions se produisent suivant la théorie que nous venons de développer :

70 kil. d'acide sulfurique à 66°   90 kil. d'acide à 60°
33 » d'eau   13 » d'eau

c'est-à-dire qu'il faut ramener l'acide à 54° B.

Mais, en pratique, l'addition d'eau doit être majorée, sinon le superphosphate s'empâterait dans le malaxeur ; la détermination de cette quantité d'eau ne peut s'obtenir que par la pratique et après quelques tâtonnements ; dans l'exemple présent, l'acide a été ramené à 50° B., soit une addition d'eau de 22 kil. à l'acide à 60°.

Pour nous résumer, la détermination du poids d'acide sulfurique pour la transformation du phosphate en superphosphate soluble dans l'eau s'obtient :

			Acide sulfurique	
			à 60°	à 53°
En multipliant la teneur en phosphate tribasique par			1,01	1,14
Id.	id.	fer (1/2), alumine 1,2 »	2,87	3,34
Id.	id.	carbonate de chaux »	1,25	1,46
Id.	id.	non dosé	0,10	0,12

Nous adoptons 0,10 comme multiplicateur du *non dosé* pour tenir compte de certains éléments qui, pour se transformer, exigent de l'acide sulfurique, tels que : matières organiques, fluorure de calcium, chlorure de calcium, etc.

S'il s'agit de la transformation du phosphate en superphosphate soluble dans le citrate, le poids total d'acide sulfurique pourra être diminué de 5 à 10 %.

Dans ce cas, le multiplicateur du phosphate devient 0,90 à 0,95, en supposant que 25 % de l'acide phosphorique restent combinés à deux molécules de chaux.

L'excès d'acide sulfurique donne lieu aux inconvénients suivants :

1° Perte d'acide sulfurique et par conséquent surélévation du prix de revient ;

2° Production en excès d'acide phosphorique libre qui rend le produit pâteux, déliquescent, et par conséquent difficile à sécher.

L'acide sulfurique employé en trop minime quantité donne un produit qui sort difficilement du malaxeur, laisse trop de phosphate tribasique inattaqué, d'où surélévation du prix de revient.

L'emploi des quantités d'acide sulfurique et d'eau résultant des calculs ci-dessus ne suffisent pas pour obtenir un superphosphate ayant les qualités recherchées dans le commerce. Le choix du phosphate joue aussi un très grand rôle ; on peut dire, d'une façon générale, qu'un phosphate peut donner un beau superphosphate lorsqu'il contiendra au moins 8 $^{0}/_{0}$ de carbonate de chaux et moins de 4 $^{0}/_{0}$ de fer et d'alumine. Lorsque le carbonate manque dans un phosphate, il est indispensable de faire une addition de phosphate calcareux, soit de la craie grise ; c'est le levain du fabricant du superphosphate. La présence du carbonate de chaux dans le phosphate rend le superphosphate plus spongieux ; il est rempli d'alvéoles, *il ressemble à du pain bien revenu.*

C'est le départ de l'acide carbonique qui produit ces alvéoles ; celles-ci rendent le séchage beaucoup plus rapide et permettent d'obtenir un produit plus poudreux et qui reprend moins l'humidité.

Les conditions dans lesquelles le contact du phosphate et de l'acide sulfurique s'établit sont bien déterminées.

Si l'acide, étendu au degré voulu, arrive en excès sur le phosphate, il y aura une trop grande production d'acide phosphorique libre, le superphosphate sera pâteux ; si l'inverse se produit, le phosphate sera incomplètement attaqué. Il est indispensable que les quantités d'acide et de phosphate en présence soient toujours dans des proportions bien déterminées. La fabrication du superphosphate, comme elle se pratique dans un grand nombre d'usines, ne permet guère de remplir ces conditions ; ce travail ne peut être intermittent et l'alimentation doit être constante. Nous verrons, dans la description des appareils servant à cette fabrication, comment on peut, pratiquement, satisfaire à cette obligation.

Rendement des superphosphates.

Pendant la réaction du phosphate et de l'acide, il y a dégagement d'acide carbonique par la décomposition du carbonate et évaporation d'eau par suite de l'élévation de température produite par le mélange ; d'autres gaz nuisibles s'échappent aussi pendant cette réaction : les gaz nitreux qui sont en solution dans l'acide sulfurique, le chlore, l'acide fluorhydrique, etc. Le poids du superphosphate obtenu est donc égal au poids du phosphate et de l'acide, diminué du poids des gaz qui s'échappent. Le rendement varie donc avec le poids de ces gaz ; il est généralement de 90 à 95 °/₀ du poids total d'acide et de phosphate.

Dans l'exemple que nous avons pris, nous obtenons comme poids total de superphosphate :

Phosphate. . . . . 100 kil. titrant acide phosph. 31ᵏ49

Acide sulfur. ramené à 50° B. 112 " . . . $\begin{cases} \text{acide } 60° . . 90\ 00 \\ \text{eau} . . . . 22\ 00 \end{cases}$

Total . . . 212 kil.

Le poids de superphosphate obtenu est de 201 kil. avant dessiccation, soit un rendement de 94,81.

Ce superphosphate titre :

Acide phosphorique soluble dans l'eau. . . . 14,31
Total. . . . 15,60
Perte . . . 1,29

soit une perte de 8,27 °/₀ du poids total d'acide phosphorique.

Description et fonctionnement des appareils

servant à la fabrication du superphosphate ordinaire.

L'acide sulfurique servant à la fabrication des superphosphates est reçu dans des wagons-citernes. Dans une installation complète, l'acide sulfurique doit être fabriqué sur place.

WAGONS-CITERNES (fig. 156). — Les wagons-citernes se composent d'un train ordinaire agréé par l'État et par les Compagnies de chemins de fer ; sur ce train est assujetti un réservoir cylindrique en tôle de fer de 10 à 12 millimètres, terminé par deux calottes aplaties. On sait que l'acide sulfurique à 60° attaque très peu le fer.

Le cylindre en tôle est aménagé de façon à recevoir dans la partie la plus basse une soupape de vidange ; il serait bon que ces soupapes fussent placées verticalement pour pouvoir les rendre libres par suite d'une obstruction quelconque ; il faudrait évidemment pourvoir le dessus du récipient d'une ouverture en regard avec la soupape.

Le récipient porte en outre à la partie supérieure : un trou d'homme, une tubulure munie parfois d'un robinet pour l'introduction de l'air, un tuyau-plongeur en plomb antimonieux ou en fer étiré de 25 à 40 millimètres ; celui-ci est fixé aux parois, descend verticalement jusqu'au fond de la citerne et est coupé en biseau à son extrémité inférieure. Le tuyau en plomb naturel se gauchit par la pression.

Certaines citernes sont munies de diaphragmes les divisant en plusieurs compartiments ; ces derniers sont mis en communication par des soupapes placées sur le dessus du réservoir.

Le but de cette division est de contenir, par suite de chocs, les mouvements du liquide et surtout, en cas de fuite, de limiter la perte au compartiment atteint.

En cas d'avarie en cours de route, il est bon de couvrir, intérieurement, la partie corrodée de cendres de houille. Les cylindres sont recouverts extérieurement et intérieurement d'une forte couche de goudron pour les préserver contre la corrosion de l'acide ; celle-ci se fait surtout sentir en présence de l'air. La vidange des citernes se fait à l'air libre ou par pression.

Lorsque la vidange se fait à l'air libre, l'acide est reçu dans un monte-jus ou un récipient quelconque, d'où il est refoulé dans le réservoir d'alimentation de l'usine par pression d'air ou par une pompe foulante.

Lorsque les citernes sont en bon état et bien aménagées, la vidange directe par pression d'air est plus simple et plus rapide. Le dernier avantage doit être pris en grande considération pour les établissements qui font une grande consommation d'acide sulfurique.

Plan d'une citerne en vidange : 1° à air libre (fig. 157) ; 2° à air comprimé (fig. 158).

La mise en vidange se fait de la façon suivante :

VIDANGE A AIR LIBRE. — L'ouvrier commis à ce travail ouvre le robinet à air, adapte un tuyau de caoutchouc, avec spirales noyées, à la soupape de vidange et ouvre celle-ci. L'acide s'écoule dans un réservoir.

La vidange se fait avec lenteur, surtout si le producteur
d'acide sulfurique n'a pas soin de faire le nettoyage des citernes
à chaque retour ; cette vidange est parfois très laborieuse et il
en résulte souvent pour l'industriel, par suite des retards, des
frais de chômage à payer aux administrations de chemins
de fer.

MONTE-ACIDE (fig. 159). — Si l'ascension de l'acide dans le
réservoir d'alimentation se fait par pression d'air, l'acide est
reçu dans un récipient en fer fermé appelé *ballon* ou *monte-acide* ;
si l'acide est refoulé par une pompe (fig. 160), le récipient peut
être en bois doublé de plomb de 5 millimètres au moins.

RÉSERVOIR A ACIDE SULFURIQUE (fig. 161). — L'armature du
réservoir d'alimentation doit être en fer. Les tirants passant
au-dessus du réservoir doivent être doublés de plomb ; les
émanations produites par l'acide sulfurique corroderaient
rapidement le fer s'il était à nu.

Le réservoir d'alimentation est en bois doublé de plomb.
On évite autant que possible de placer des tubulures sur ce
réservoir, car la moindre fuite est irréparable jusqu'au moment
où il sera vide.

Dans la pratique, il est bon cependant d'avoir au point le
plus bas un robinet en plomb durci pour permettre le nettoyage
du réservoir ; pour être certain que ce robinet n'occasionnera
pas de fuite, on le bourre, en dedans du réservoir, de cendres
fines de charbon.

Dans toute usine bien installée, ce réservoir doit être double
pour parer à toute éventualité.

SIPHON. — L'extraction de l'acide du réservoir d'alimentation
se fait par siphon.

Il en existe deux sortes :

1° Le siphon *s* est formé par le prolongement du tuyau de
distribution *a* (fig. 162).

Dans ce cas, la conduite de distribution est munie d'une
soupape P placée en dessous du niveau du fond du réservoir
pour pouvoir arrêter l'écoulement de l'acide en cas d'avarie à la
tuyauterie au delà de la soupape ;

2° Le siphon *s* est indépendant de la tuyauterie de distribution (fig. 163) ; une caisse en plomb *c*, de même hauteur que le
réservoir, reçoit la seconde branche du siphon ; à la partie
inférieure de cette caisse, se trouve le tuyau de distribution *a*.

Dans ce cas, le siphon est muni à chaque extrémité d'une

pochette p pour rendre son amorçage plus facile, il porte à la partie supérieure une tubulure en forme d'entonnoir, munie d'un robinet (fig. 164).

L'amorçage du premier siphon se fait par la vapeur ; on lance un jet de vapeur dans la tuyauterie de distribution jusqu'au moment où cette vapeur barbotte dans le réservoir et a suffisamment échauffé la tuyauterie. L'ouverture de la soupape à vapeur doit se faire progressivement et avec lenteur ; une trop brusque dilatation des tuyaux de plomb occasionnerait des fuites toujours pénibles à réparer.

Lorsque la tuyauterie est suffisamment échauffée, on ferme brusquement l'arrivée de vapeur ; le vide se fait par suite de la condensation de la vapeur et l'acide monte, puis descend dans la tuyauterie.

Ce mode de procéder est très facile ; aussi il est à conseiller à MM. les industriels.

L'amorçage d'un siphon indépendant de la tuyauterie est toujours pénible et difficile à obtenir.

La robinetterie et la tuyauterie en contact avec les acides sulfurique et phosphorique sont en plomb antimonieux.

VIDANGE PAR PRESSION. — On adapte le tuyau en caoutchouc d'arrivée d'air comprimé sur la tubulure a et celui à acide sur la tubulure b (fig. 158) ; on ouvre le robinet à air comprimé et l'acide est refoulé dans le réservoir d'alimentation.

La fin de l'opération s'annonce par le passage d'air au lieu d'acide dans le tuyau de refoulement ; il se produit alors un sifflement que l'ouvrier reconnaît aisément.

Le préposé tourne alors le robinet à trois voies qui se trouve placé sur la conduite à air comprimé ; l'air de la citerne s'échappe et l'on met ensuite celle-ci en état d'être retournée à la fabrique d'acide sulfurique.

BRISE-JET. — A l'extrémité du tuyau de refoulement se trouve un brise-jet : c'est un petit réservoir en plomb qui a pour but de briser le jet de l'acide avant sa chute dans le réservoir d'alimentation ; cette précaution est nécessaire, la moindre éclaboussure d'acide pouvant causer un accident funeste (fig. 165).

t tuyau de refoulement.

r récipient.

a tuyau d'échappement d'air (hauteur 1m50).

v tuyau en communication avec le réservoir à acide.

Le diamètre du tuyau *a* doit être au moins triple du tuyau *t* et le diamètre de *v* quadruple de *t*.

Le récipient *r* doit être fait en plomb très épais pour résister à la légère pression qui pourrait se produire dans ce récipient. On emploie aussi comme brise-jet le dispositif suivant (fig. 165bis) : Le tuyau *t* crache sur un tamis en plomb T suspendu dans un cylindre en plomb à jour C ; l'air s'échappe par l'intervalle existant entre le couvercle F et le cylindre C.

L'acide sulfurique en vrac est aussi transporté par bateau.

M. Kuhlmann fils, de Lille, a adopté la construction indiquée par la fig. 166.

L'acide sulfurique se transporte aussi en touries (fig. 167), mais ce moyen n'est plus guère utilisé aujourd'hui pour l'alimentation des usines à superphosphates.

Un industriel soucieux de ses intérêts doit peser les citernes à l'entrée et à la sortie de l'usine et déterminer la densité de l'acide, en tenant compte de la température.

DENSITÉ DE L'ACIDE SULFURIQUE. — La densité des liquides variant avec la température, les aréomètres ne fournissent d'indications exactes qu'à la température pour laquelle ils ont été construits.

Pour avoir la densité réelle de l'acide sulfurique, il faut, si la température est supérieure ou inférieure à 15° C, augmenter ou diminuer de 1/20 de degré les indications de l'aréomètre.

(Voir à la fin du chapitre la table des densités.)

Correspondance de quelques aréomètres avec l'aréomètre Baumé pour des densités déterminées :

Aréomètre centigrade de Gay-Lussac. . . . . $d = \dfrac{100}{100 + n}$

$+$ pour les liquides plus légers que l'eau
—   id.   id.   id. pesants   id.

Aréomètre Brix adopté par le gouvernem[t] prussien $d = \dfrac{400}{400 - n}$

Id.   officiel hollandais . . . . $d = \dfrac{144}{144 - n}$

Id.   Twaddle usité en Angleterre . . . . $d = \dfrac{n + 200}{200}$

$d =$ densité.

$n =$ degré de l'aréomètre

PLAN GÉNÉRAL D'UNE INSTALLATION DE VIDANGE ET D'UNE
DISTRIBUTION D'ACIDE SULFURIQUE DANS UNE FABRIQUE
DE SUPERPHOSPHATE (fig. 168).

W   Wagon-citerne ;
A   Tuyauterie à air comprimé ;
T   "   de refoulement de l'acide ;
B   Brise-jet ;
R   Réservoir à acide sulfurique ;
S   Siphon ;
U   Tuyauterie de distribution de l'acide ;
r, r' Soupapes de retenue et de distribution.

Jaugeage de l'acide pour la fabrication du superphosphate.

JAUGEUR. — Le jaugeage de l'acide pour la fabrication du
superphosphate ordinaire ou double se fait dans un récipient
de forme cylindrique ou prismatique. Le récipient est généralement formé d'une feuille de plomb très épaisse, 6 millimètres
au moins ; une échelle est gravée dans le plomb à l'intérieur
du réservoir (fig. 169).

Le fond porte une pochette pour que la vidange se fasse
toujours jusqu'au niveau de celle-là.

Le bac de jauge porte quelquefois extérieurement un tube
indicateur pour contrôler plus facilement l'acide.

Lorsque le jaugeage est extérieur, le récipient est fermé et
le couvercle porte deux tubulures, l'une pour l'échappement
de l'air et l'autre pour l'introduction de l'acide.

Lorsque le jaugeage est intérieur, le récipient est ouvert et
le tuyau d'arrivée d'acide plonge dans le fond du bac pour
éviter les éclaboussures, qui sont toujours très dangereuses.

Le bac porte à sa base une soupape de retenue ; il suffit de la
lever pour vider le jaugeur.

D'autres fois, le jaugeur porte à sa base une tubulure empri-
sonnée dans un tuyau de caoutchouc très mou et fermé par
une pince à crémaillère (fig. 170).

Le jaugeage de l'acide sulfurique se fait aussi par pesée
(fig. 171).

L'acide est ensuite conduit par un tuyau de plomb dans le
malaxeur.

Pour la fabrication du superphosphate ordinaire, le degré

de l'acide doit être abaissé de 60° à 54° et quelquefois même à 48°, suivant la nature et la composition du phosphate.

Cette dilution doit se faire mécaniquement et avant l'introduction de l'acide dans le jaugeur.

Dans la fabrication *continue* du superphosphate ordinaire, on emploie comme jaugeur la chaîne à godets ou le *flotteur-régulateur* Ce dernier système se compose d'un balancier B (fig. 172) qui porte suspendu à une branche un flotteur F et à l'autre une soupape à boulet S. Le réservoir d'acide M est en communication avec une bâche E par un tuyau T ; l'acide du réservoir peut passer dans la bâche E lorsque la soupape S se lève.

Dans la bâche E, le niveau de l'acide est rendu constant par le mouvement automatique du balancier B ; si le niveau monte en E, la soupape S descend et ferme le tuyau de communication T. L'écoulement de l'acide par le robinet R est ainsi rendu constant, la pression restant la même dans la bâche d'alimentation E. Pour faire varier le débit du robinet R, on diminue ou on augmente la pression sur ce robinet ; pour cela, on leste ou on vide plus ou moins le flotteur F : on fait ainsi varier le niveau dans la bâche d'alimentation (1).

---

(1) Pour raccorder les pièces de plomb composant les différents appareils que nous venons de décrire, on a recours à la soudure autogène.

Celle-ci s'effectue au moyen d'un chalumeau (fig. 172) alimenté d'air et d'hydrogène par deux tuyaux de caoutchouc aboutissant aux deux branches d'un tuyau en cuivre munies de robinets. A la troisième branche, portant aussi un robinet, est fixé un tuyau en caoutchouc, conduisant au chalumeau le mélange d'air et d'hydrogène.

Ces robinets a, b, c sont munis de longues clefs qui permettent à l'ouvrier de régler avec facilité l'intensité des courants gazeux et obtenir ainsi la flamme réductrice desirable.

L'hydrogène est produit par un appareil spécial représenté par la fig. 173 et se composant d'une caisse cylindrique en plomb de 6 à 7 $^m/_m$ d'épaisseur, divisée horizontalement en deux compartiments. Le compartiment inférieur A est en communication avec le supérieur B par un tuyau T qui atteint à peu près le fond du premier ; celui-ci est généralement ouvert et reçoit l'acide sulfurique étendu qui produit la réaction sur le zinc. Le compartiment inférieur est muni de deux portes, dont l'une D pour l'introduction du zinc et l'autre H pour la vidange de l'appareil.

Le gaz hydrogène produit par la réaction de l'acide sur le zinc s'accumule à la partie supérieure du compartiment A et refoule l'acide en B par le tuyau T : le compartiment A est mis en communication avec le chalumeau par le tuyau de plomb R qui, lui aussi, porte un robinet. Par ce dispositif, la production du gaz est rendue méthodique. En effet, le gaz produit en A refoule l'acide en B et ce refoulement peut être tel que le contact avec l'acide n'existe pour ainsi dire plus. On dispose parfois entre le tuyau R et le robinet à clef b un vase en plomb V contenant une solution de chaux. Pour épurer le gaz produit, l'air nécessaire est envoyé par le soufflet (fig. 174) que manœuvre un apprenti.

L'ouvrier plombier exécute deux sortes de soudure : la soudure plate et la soudure montante.

Pour la première, il fait déborder l'une des deux feuilles sur l'autre de 4 à 5 centimètres. Il décape au grattoir la surface à couvrir de plomb, puis dirige le dard du chalumeau sur la partie à souder ; en même temps, il plonge dans la flamme une baguette de plomb qui, en fondant, fait la soudure des deux feuilles A et B (fig. 175).

Ce travail exige beaucoup d'aptitudes de la part de l'ouvrier, car il doit relever son chalumeau juste au moment où les deux feuilles de plomb commencent à fondre et avant, bien entendu, qu'elles soient percées. Afin d'être certain que la soudure est bonne, le plombier la repasse.

La soudure montante (fig. 176) est encore plus délicate. Le plombier ne fait pas usage de la baguette de plomb ; la soudure est obtenue par une série de coups de dard de chalumeau dirigés sur les parties à réunir.

Chaque coup de dard détermine une gouttelette qui doit être consolidée avant la production d'une nouvelle venant s'asseoir sur la précédente.

Un ouvrier plombier peut faire 5 à 6 mètres de soudure plate ou 2,50 à 3 mètres de soudure montante à l'heure. On conçoit aisément que l'apprentissage d'un tel métier soit long, laborieux et le travail bien rémunéré.

Malaxage du phosphate avec l'acide.

Cette opération se fait de différentes façons ; tantôt l'opération est continue, tantôt elle est intermittente.

OPÉRATION CONTINUE. — Le malaxage s'effectue dans une espèce de pétrin mécanique à axe horizontal (fig. 177).

Les palettes sont disposées de façon à obliger la matière, tout en se mélangeant, à se diriger vers l'orifice de dégagement.

L'axe et les palettes sont en fonte ; ils sont rapidement corrodés par l'acide et par le phosphate ; l'usure dépend essentiellement du degré de dilution de l'acide sulfurique et du degré de finesse du phosphate.

Plus l'acide est dilué et plus le phosphate est grossièrement moulu, plus l'usure est rapide.

La caisse de cet appareil se compose de la caisse proprement dite et du couvercle ; pour éviter une usure trop rapide de ces deux parties, qui sont en fonte, il est bon de les garantir intérieurement par une maçonnerie en briques réfractaires très cuites ; cette précaution permettra d'utiliser cet appareil pendant plusieurs années, sans avoir à remplacer la caisse.

Pour conserver l'arbre et les palettes, on a essayé de les doubler de plomb, mais la chose n'était pas pratique ; d'une part, le plomb n'adhérait pas suffisamment aux palettes et, par la force centrifuge développée, il était lancé vers les parois du récipient ; d'autre part, quand l'adhérence du plomb sur la palette était suffisante, celui-ci étant très tendre, en très peu de temps le sable du phosphate l'avait ramené à l'épaisseur d'une feuille de papier.

Pratiquement, il n'y a pas à chercher le moyen d'éviter cette usure rapide ; la métallurgie n'a pas encore trouvé un métal propre à la construction mécanique et résistant aux acides ; ce métal ou cet alliage rendrait de très grands services dans toutes les industries chimiques.

L'agitateur marche à une vitesse d'au moins 50 tours par minute.

MARCHE DE L'OPÉRATION. — Le phosphate et l'acide sont amenés tous deux par une chaîne à godets commandée par des cônes différentiels montés sur un même arbre et sont déversés dans les entonnoirs ménagés à l'entrée du pétrin.

La chaîne amenant le phosphate est en fer et celle amenant

l'acide est en gutta-percha ; cette dernière pourrait être remplacée par le jaugeur à flotteur-régulateur décrit ci-dessus.

La marche de ces deux chaînes doit être réglée avec précision, si l'on veut obtenir un superphosphate ayant les qualités requises ; ce genre de fabrication est peu pratique. Lorsqu'elle est réglée pour un phosphate déterminé, il faut que la composition et la densité de ce dernier soient invariables, sinon les proportions de phosphate et d'acide ne sont plus les mêmes ; il faut aussi que l'acide possède toujours la même température et la même densité.

Si l'un des deux éléments, acide ou phosphate, varient, il faut de nouveau régler les chaînes à godets.

Ce travail continu trouve une utile application dans les grands établissements où l'on fabrique 30,000 à 50,000 tonnes de superphosphate annuellement.

A chaque fabrication de superphosphate d'un titre déterminé, est réservée une installation.

OPÉRATION INTERMITTENTE. — Ce mode d'opérer est le plus en usage. Chaque opération comprend le traitement de 100 à 500 kil. de phosphate ; celui-ci se trouve généralement en sacs de 100 kil. L'acide correspondant au phosphate à traiter est amené dans le bac mesureur, où il est jaugé ou pesé.

Pour le superphosphate ordinaire, l'opération ne dure que quelques minutes.

Pour le superphosphate double, l'opération dure de 20 à 30 minutes.

Il existe plusieurs sortes de malaxeurs pour faire le mélange de l'acide et du phosphate :

1° Le malaxeur est à axe horizontal et à double ailette, tournant dans un plan vertical ; la caisse est quadrangulaire et garnie intérieurement de clous ; l'ouverture de sortie est munie d'une porte autoclave qui doit se manœuvrer facilement (fig. 178) ;

2° Le malaxeur est à axe vertical (fig. 179) avec palettes fixées directement sur l'arbre, la cuve est cylindrique, elle est fermée par un couvercle portant les entonnoirs pour l'introduction du phosphate et de l'acide, un trou d'homme y est aussi ménagé pour la visite de l'appareil ; un carneau en fonte, doublé intérieurement de maçonnerie réfractaire, réunit le dessus de la cuve à la chambre de coulée pour permettre l'évacuation des gaz au moment de la réaction. Le fond de la cuve est troncoïque, la base est fermée par une porte autoclave.

La hauteur de la cuve est d'environ deux mètres et le diamètre intérieur de 1m50 ;

3° Le malaxeur est à axe vertical sur lequel se trouve fixée une ailette portant les palettes ; celles-ci sont placées de façon à décrire chacune horizontalement un cercle différent (fig. 180).

On introduit le phosphate et l'acide simultanément, en ayant soin de ne pas verser avec trop de précipitation ; l'introduction du phosphate et de l'acide étant faite, on ferme les portes des entonnoirs, on laisse le malaxage se continuer pendant deux ou trois minutes, puis on évacue dans la chambre de coulée.

Généralement dans ces malaxeurs toute la partie métallique est en fonte.

Les couvercles de ces appareils doivent être légers et facilement démontables pour pouvoir remplacer rapidement et avec aisance l'axe et ses palettes.

Il arrive aussi que, par suite de la négligence d'un ouvrier, le malaxeur soit arrêté dans sa marche avec le contenu d'une opération ; il faut alors pouvoir vider la cuve ; ce travail est très pénible ; un couvercle aisément démontable facilite cette besogne. La partie la plus délicate dans la construction d'un malaxeur est la porte de coulée ; il faut qu'elle puisse s'ouvrir à distance et qu'elle ferme hermétiquement. La fermeture et l'ouverture doivent se faire promptement.

Un reproche que l'on peut faire au travail à « opérations intermittentes » est la difficulté de rendre pratique la manœuvre de la porte autoclave.

Chambres en maçonnerie.

Le superphosphate encore liquide à sa sortie du malaxeur tombe dans d'immenses chambres en maçonnerie ; l'entrée en est fermée par des portes en fer recouvertes intérieurement de maçonnerie réfractaire (fig. 181).

Les chambres doivent être au minimum au nombre de trois : la première est à l'emplissage, la deuxième à la vidange et la troisième au repos ; elles portent chacune leur malaxeur.

La contenance de chaque cave sera égale à la production de trois jours, sachant qu'il faut bien trois jours avant d'aborder la vidange d'une chambre.

Les chambres doivent avoir une hauteur double de celle réellement nécessaire. Lorsque l'ouvrier abat la roche de superphosphate, la chambre s'emplit de vapeur ; celle-ci est ensuite aspirée par la cheminée. L'espace libre de la chambre sert de régulateur à l'évacuation des gaz.

La longueur et la largeur de ces chambres ne dépassera pas 20 mètres ; le superphosphate pourrait faire prise avant d'atteindre l'extrémité.

Les caves se remplissant par couches liquides horizontales et étant attaquées pour être vidées par couches verticales successives, on obtient ainsi un mélange de matières et par conséquent une grande égalité dans le titrage.

La vidange des chambres se fait à la main ; l'ouvrier abat le superphosphate, le charge dans une brouette ou dans un wagonnet et le conduit au séchoir.

Aspirateur.

Le traitement de certains phosphates minéraux donne naissance à des vapeurs délétères qui dévastent les champs et les immeubles avoisinant l'usine.

Aussi, pour éviter les réclamations des voisins, est-on obligé de débarrasser l'atmosphère de ces gaz nuisibles.

Pour cela, on établit une ou plusieurs colonnes à coke ou à silex (fig. 182) au haut desquelles on amène de l'eau bien divisée ; les gaz venant des chambres sont aspirés par un fort ventilateur placé au delà des colonnes, ils montent dans celles-ci, se trouvent en contact avec l'eau divisée, se débarrassent de leur acide et arrivent ensuite au ventilateur qui les refoule dans la cheminée centrale qui est très haute (30 à 40 mètres).

Ce refoulement d'air dans la cheminée centrale produit un courant qui entraîne les vapeurs produites pendant la vidange de la chambre.

La cheminée centrale n'est donc en communication avec les chambres que pendant la vidange de celles-ci.

Ces tours ont 7 à 8 mètres de haut ; elles sont formées de cylindres ou de segments de 1 à 2 mètres de diamètre. Les cylindres ont 1 mètre de haut et sont assemblés l'un dans l'autre ; ils sont hermétiques. Les silex, le coke ou le bois sont disposés de façon à laisser libre la base des colonnes. Une colonne peut servir au traitement de 10 tonnes de phosphate par jour.

Les eaux acides résultant de cette opération peuvent être neutralisées par la chaux.

D'après **M.** Morisson, il faut bien se garder d'injecter de la vapeur dans le canal d'échappement des gaz ; il faut, au contraire, les refroidir plutôt que de les échauffer.

On établit dans ce canal des chicanes pour obliger la silice gélatineuse de se déposer.

Lorsque la réaction de l'acide sulfurique sur le phosphate se produit, il y a dégagement de vapeurs blanches qui sont chargées de silice gélatineuse.

Les gaz, en se refroidissant ou en ralentissant leur allure, déposent des grains blancs de silice gélatineuse chargés d'acide sulfurique, fluorhydrique, etc.

Les carneaux réunissant les citernes aux tours de condensation doivent être disposés de façon à pouvoir faire facilement l'enlèvement de ces dépôts.

Pour assainir les fabriques de superphosphates de l'agglomération parisienne, la préfecture de police a imposé les prescriptions suivantes :

« Les vapeurs qui se dégagent par l'attaque en vase clos du phosphate par l'acide sulfurique sont l'acide carbonique, la vapeur d'eau, les carbures d'hydrogène, les acides sulfureux et sulfurique, l'iode et le fluorure de silicium.

» Elles sont aspirées dans les malaxeurs et leurs caves par un ventilateur du système Macé, de 0^m80 de diamètre d'ailes, faisant 550 tours par minute, qui les oblige à parcourir des condenseurs de 40 mètres de longueur, aboutissant à une paire de colonnes de lavage ayant chacune 8 mètres de hauteur et 5 mètres carrés de section.

» A l'entrée du conduit, on lance un jet de vapeur qui décompose le fluorure de silicium en silice gélatineuse et en acide hydrofluosilicique, faciles à condenser tous les deux, et qu'on peut recueillir pour certains emplois.

» Les colonnes de lavage sont garnies à l'intérieur de nombreuses lames en bois de pitch-pine de 7 centimètres de largeur superposées en chicane, de façon à multiplier considérablement le contact des gaz et de l'eau froide distribuée par un tourniquet à la partie supérieure.

» Une couche de coke de 1 mètre de hauteur répartit uniformément cette eau et produit un contact tout à fait intime entre les liquides et les gaz qui passent au travers.

»Les gaz se rendent d'une colonne dans l'autre, puis traversent des foyers où se brûlent certaines matières organiques très odorantes qui ont échappé à l'action de l'eau.

» Les ventilateurs fonctionnent constamment, même pendant l'enlèvement du superphosphate des caves, afin de débarrasser les ouvriers des vapeurs et de leur procurer de l'air frais

» Les superphosphates ont souvent besoin d'être séchés pour devenir pulvérulents. Les vapeurs acides qui se dégagent dans les séchoirs sous l'action de la chaleur sont aspirées par un ventilateur et refoulées dans deux colonnes d'épuration analogues à celles des malaxeurs où elles subissent un lavage énergique.

» Après avoir traversé toutes ces colones, les gaz épurés sont envoyés dans un égout, d'où ils sortent au milieu de l'usine à la surface du sol, sans produire d'action sensible sur les végétaux du voisinage. L'absence de cheminée permet de contrôler constamment l'odeur des gaz et leur degré de purification.

» L'eau qui sort des colonnes d'épuration est à peine acide. »

Séchage des superphosphates.

Le séchage des superphosphates ordinaires ne date guère que de 1888.

L'emploi du semoir mécanique se répand de plus en plus en agriculture ; or, celui-ci exige, pour permettre son bon fonctionnement, des produits bien secs à distribuer.

On sait qu'une distribution d'engrais et de semence régulièrement faite peut augmenter le rendement du sol de plus de 10 %.

C'est cet avantage qui répandit l'emploi du semoir mécanique et par suite celui du superphosphate séché.

Le séchage se fait dans des chambres fermées et chauffées à feu nu ou couvert (fig. 183).

Le foyer se trouve en contre-bas du sol de la chambre et la cheminée d'appel à l'extrémité ; la cheminée s'ouvre à la partie inférieure de la chambre pour obliger les gaz chauds à descendre avant leur sortie. Les gaz résultant de la dessiccation traversent aussi les colonnes d'épuration. Le superphosphate est chargé dans des wagonnets à étages (fig. 184) qui sont ensuite introduits dans les chambres de séchage; un truc roule à l'arrière et à l'avant des chambres. L'introduction des wagonnets doit se faire du côté du foyer. Cette précaution a pour but d'éviter la *rétrogradation* du superphosphate.

Du superphosphate humide porté à une haute température, chimiquement ne se modifiera pas ; mais s'il était débarrassé de son eau d'hydration, il se transformerait ; sous l'influence de la chaleur, il perdrait de sa solubilité dans le citrate.

D'autre part, on a remarqué dans les superphosphates résultant du traitement des phosphates du Canada et de la Floride, qu'un léger séchage diminuait le *quantum* d'acide phosphorique *insoluble dans l'eau et dans le citrate*.

Le retrait des wagonnets se fait au moyen d'un treuil et d'une chaîne qui passe en dessous d'eux et qui est accrochée au dernier.

Parfois, cette manœuvre se fait mécaniquement, une chaîne sans fin prend les wagonnets chargés de superphosphate humide et les fait passer dans la chambre. Leur marche est telle que quand ils sortent, le superphosphate est sec ; dans ce cas, les chambres doivent avoir une assez grande longueur, au moins 20 mètres ; si la dessiccation n'était pas complète, on peut arrêter momentanément la chaîne ou réintroduire le wagonnet chargé de superphosphate insuffisamment desséché.

L'accrochage des wagonnets se fait généralement par le dessus ; il est préférable de le faire par le dessous pour leur donner plus de stabilité.

Les dimensions de ces wagonnets sont de 1 mètre de large, 1^m50 à 2^m00 de haut ; la distance des étages est d'environ 0^m20.

Un grand inconvénient de ce mode de dessiccation est le suivant : le superphosphate n'étant pas en mouvement, il s'ensuit que l'extérieur de la masse est desséché avant l'intérieur.

La dessiccation est donc inégale.

Pour obvier à cet inconvénient et supprimer complètement la main-d'œuvre qu'exige encore le mode précédent, on fait usage d'un procédé employé dans les fabriques d'amidon.

Ce système consiste en une série de transporteurs placés de telle façon que le produit transporté par l'un, tombe sur celui immédiatement inférieur et ainsi jusqu'en bas ; ils sont au nombre de 5 à 7 ; les numéros pairs marchent d'un sens, les numéros impairs en sens inverse ; la longueur de ces transporteurs est de 12 mètres environ, et la largeur de 2 mètres ; ils sont supportés par des rouleaux intermédiaires.

Le transporteur proprement dit consiste en une série de tôles réunies par charnière et d'une largeur égale à celle des pans des rouleaux de renvoi de mouvement (fig. 185).

Le premier transporteur reçoit son mouvement de la transmission de commande et le communique par engrenages au suivant et ainsi jusqu'au dernier. Le produit sortant de la chambre de coulée est jeté dans une chaîne à godets qui alimente le transporteur supérieur de la chambre de dessiccation.

La dessiccation se fait aussi au moyen du séchoir Ruelle (voir page 170).

Cette opération enlève environ la moitié de l'eau hygrométrique que contient le superphosphate, soit 6 à 8 % de son poids; on brûle 1 à 3 % de charbon, suivant le mode de dessiccation.

Le superphosphate desséché est amené dans un broyeur par wagonnets, par transporteur ou par séchoir rotatif.

Au point de vue chimique, la dessiccation est une opération délicate. Elle doit être conduite avec prudence et avec modération.

Il faut être certain, quel que soit le mode de séchage employé, que le superphosphate n'est pas complètement déshydraté à la fin de cette opération, car s'il y a déshydratation, le produit devient insoluble dans le citrate d'ammoniaque et il y aura toujours contradiction dans les analyses faites sur un tel produit qui manque d'homogénéité.

Une dessiccation mal faite peut faire perdre tout le bénéfice qu'on peut retirer de cette fabrication.

Il ne faut point perdre de vue que le superphosphate peut se déshydrater à une température inférieure à 100°; c'est donc la fin de l'opération qu'il ne faut pas dépasser plutôt qu'une température déterminée.

Broyage.

Différents systèmes de broyeurs sont employés à cet effet :

Lorsque le superphosphate ne s'agglutine pas par le broyage, on peut employer le broyeur Karr ; dans certaines usines de Paris, ce broyeur est légèrement modifié : le cercle en fer ou en acier réunissant les branches d'un même plateau est supprimé; l'empâtement de l'appareil, par cette heureuse modification, se fait plus difficilement et, d'autre part, le nettoyage en est plus facile (fig. 186).

On emploie aussi très avantageusement le concasseur à cylindres dentés (fig. 187).

Le superphosphate, à la sortie du broyeur, est repris par une chaîne à godets et conduit aux appareils de tamisage.

Ceux qui donnent les meilleurs résultats, comme fonctionnement, comme durée et comme rendement, sont les blutoirs à 6 pans formés d'une grille dont les barreaux, de 5 à 6 $^{m/m}$ de diamètre et distants l'un de l'autre de 4 $^{m/m}$, sont reliés par des fils d'acier placés à 0^{m}10 de distance.

Le diamètre des bluteries est de 0^{m}90, leur longueur de 2 mètres ; elles donnent 2 à 3 tonnes de rendement à l'heure.

Les refus des blutoirs retournent dans les broyeurs.

Le produit bluté est reçu dans des sacs et pesé automatiquement, ou bien il est reçu dans des wagonnets culbuteurs que l'on déverse en magasin ; l'emmagasinage ne peut se faire en sacs, le superphosphate détruisant les tissus en moins d'un mois.

Parfois, l'emmagasinement se fait mécaniquement par transporteur (fig. 92).

Cette disposition est à deux fins ; elle peut, en outre, servir pour ramener en un point central les produits emmagasinés qui doivent être ensachés pour en faire l'expédition.

Dans une usine bien installée, tous ces appareils doivent être en double et toujours entretenus en état de bonne marche.

Tous les appareils en usage dans les fabriques de superphosphate sont très sujets à dérangement et exigent beaucoup d'entretien.

Le superphosphate, étant une matière corrosive, attaque tous les corps qu'il touche, surtout lorsqu'il est imparfaitement desséché.

Fabrication du superphosphate ordinaire.

Cette fabrication a pour but de transformer le phosphate tribasique en phosphate soluble dans l'eau seulement, ou en phosphate soluble dans l'eau et le citrate d'ammoniaque alcalin.

Elle consiste à mélanger du phosphate d'un titre et de qualité déterminés avec de l'acide sulfurique ramené à un degré de dilution convenable ; suivant que le phosphate sera pur ou non de fer et d'alumine, on obtiendra un superphosphate soluble dans l'eau ou un superphosphate soluble dans l'eau et dans le citrate.

Ce mélange se fait généralement mécaniquement dans un pétrin ou dans un malaxeur ; il donne naissance à un produit suffisamment liquide pour s'écouler du pétrin ou du malaxeur dans d'immenses citernes, où il fait prise presque aussitôt.

Après un certain repos, il est enlevé des citernes et mis en magasin; souvent on le sèche, le broye, le tamise avant la mise en magasin.

II

Théorie de la fabrication de l'acide phosphorique concentré.

Nous avons vu, dans la théorie de la fabrication du superphosphate ordinaire, comment l'acide sulfurique se comporte vis-à-vis du phosphate. Si la dissolution de l'acide phosphorique se fait par l'attaque directe de l'acide sulfurique ramené à 16 à 20° B., la seconde phase de la réaction dans la fabrication du superphosphate ordinaire ne peut se produire dans ce cas par suite de la présence de l'eau en grand excès, et la liqueur a la composition suivante :

Acide phosphorique libre,
Phosphate monocalcique,
Sulfate de fer et alumine,
Acide sulfurique libre,
Sulfate de chaux et silice soluble.

Si la dissolution de l'acide phosphorique est obtenue par l'hydratation d'un superphosphate ordinaire qui a rétrogradé, cette solution contiendra les éléments suivants :

Acide phosphorique libre,
Phosphate monocalcique,
Acide sulfurique libre,
Sulfate de chaux et silice soluble.

La solution phosphorique résultant de l'hydratation d'un superphosphate ordinaire est plus pure que celle provenant de l'attaque directe du phosphate par l'acide sulfurique étendu ; le fer et l'alumine sont éliminés par la réaction produite par la rétrogradation ; l'acide sulfurique libre est en quantité moindre, il a continué à se neutraliser ; le sulfate de chaux n'étant plus à l'état naissant, il est devenu moins soluble dans les solutions phosphoriques ; la silice est devenue plus réfractaire.

La liqueur phosphorique résultant de l'attaque par l'acide sulfurique à 16 à 20° B., ou de l'hydratation du superphosphate, marque de 8° à 12° B. et titre de 5 à 9 p. c. d'anhydride phosphorique, soit un *coefficient de pureté* variant de 50 à 68 % (1). On purifie cette liqueur phosphorique en la portant dans la cuve de dissolution même à une température supérieure à 80° et la précipitation qui se produirait dans le four à concentrer sera faite dans la cuve de dissolution.

Cet acide dilué est ensuite soumis à la concentration.

Nous savons que l'acide phosphorique, dans la liqueur diluée, est moitié à l'état d'acide phosphorique libre et moitié à l'état de phosphate monocalcique, que le phosphate monocalcique se décompose par la chaleur en acide phosphorique libre et en phosphate bibasique, que le phosphate bibasique chauffé à une température supérieure à 120° se déshydrate, se transforme en pyrophosphate insoluble dans l'eau et dans le citrate d'ammoniaque.

Nous retrouvons ces phénomènes dans la concentration de l'acide phosphorique. La quantité d'acide phosphorique qui passe à l'état de pyrophosphate varie de 6 à 10 p. c. de l'acide introduit dans le four.

Cette perte varie suivant les conditions de dissolution et de concentration.

Les sels que l'on retrouve dans les fours de concentration contiennent environ 15 °/₀ d'acide phosphorique insoluble dans l'eau; ces sels sont formés de sulfate de chaux, de phosphate de chaux, de silice.

Admettons un coefficient de pureté de 55 °/₀ pour la liqueur diluée à 10° ; celle-ci contient donc 45 °/₀ de sels dissous.

L'acide à 10° titre 9,36. (voir table, page 37).

La composition de l'acide dilué est donc :

$$9,36 \times 0,55 \quad 5,15 \quad P^2 O^5.$$
$$9,36 \times 0,45 \quad 4,21 \quad \text{sels et bases.}$$

Nous avons constaté que les 3,5 environ de ces sels étaient précipités par la concentration et par la chaleur, et qu'ils contenaient 15 °/₀ environ d'acide phosphorique.

La perte en acide phosphorique par la précipitation est donc, dans ce cas :

$$\frac{4,21 \times 3 \times 15}{5 \times 100} = 0,375$$

$$\text{soit} \quad \frac{0,375 \times 100}{5,15} = 7,2 \text{ °/₀ de perte.}$$

---

(1) On entend par coefficient de pureté d'une solution phosphorique le rapport pour cent entre l'anhydride phosphorique contenu dans la dite solution et celui contenu dans la solution chimiquement pure d'un même degré B. (voir page 37).

La liqueur phosphorique, après précipitation dans le four à concentrer, se trouve ainsi décomposée :

Acide phosphorique $\Big\{ 5,15 \Big\{$ Restant en dissolution . . 4,775
Précipité. 0,375

Sels et bases . . . $\Big\{ 4,21 \Big\{$ Restant en dissolution . . 1,68
Précipité. 2,53

La liqueur contient donc, après précipitation et filtration :

$$P^2 O^5 . . . . . . 4,775$$
$$\text{Sels et bases} . . . 1,68$$

Le coefficient de pureté de 55 % qu'il était, passe à 74 °/₀

Le degré de concentration varie entre 48° et 58° B.

Au degré moyen de 55° B., la solution concentrée titrera :

$$55 \times 74 = 40,70 \text{ d'acide phosphorique,}$$

ce que l'analyse confirme.

Ces 40,70 % d'anhydride phosphorique sont, pour les 3/4 environ, à l'état d'acide phosphorique libre, le 1/4 restant est à l'état monocalcique, bicalcique et tricalcique. Il ne faut pas perdre de vue que l'acide concentré contient beaucoup de sels en suspension, une minime partie seulement en est retirée; de sorte que le titre réel de l'acide est d'environ 38 °/₀ d'acide phosphorique.

Fabrication de l'acide phosphorique.

Cette fabrication se divise en cinq opérations.

Son principe est le suivant :

Remplacer l'acide phosphorique dans sa combinaison avec la chaux par l'acide sulfurique, qui donne naissance à du sulfate de chaux et met l'acide phosphorique en liberté.

Première opération : DISSOLUTION. — Le phosphate finement moulu, tel qu'il existe dans le commerce, est transformé en superphosphate boueux par l'acide sulfurique ramené à un degré variant de 45° à 50° B. suivant la nature et la richesse du phosphate employé.

On laisse séjourner en tas le superphosphate ainsi fabriqué jusqu'au jour où toute rétrogradation est à peu près terminée, c'est-à-dire lorsque tout le sulfate de fer et le sulfate d'alumine seront transformés en phosphates de fer et d'alumine insolubles dans l'eau.

Ce superphosphate est ensuite repris et additionné d'eau de lavage; on ramène la dissolution à un degré variant de 8° à 15° B.

Plus le phosphate traité est pauvre, moins le degré de dilution est élevé.

Généralement, plus une liqueur phosphorique a un degré Baumé peu élevé, plus son coefficient de pureté est élevé.

La dissolution de l'acide phosphorique se fait parfois à la sortie du superphosphate du malaxeur. Dans ce cas, le malaxage dure environ une heure. Parfois aussi elle est obtenue par l'attaque directe de l'acide sulfurique ramené à 14° à 20° B. Dans ce cas, on chauffe la solution boueuse par une injection de vapeur.

Dans ces deux cas, le coefficient de pureté est toujours moindre qu'en opérant comme il est dit ci-dessus, mais la perte en acide phosphorique est moins grande.

La dissolution directe de l'acide phosphorique paraît plus rationnelle à première vue; mais elle donne une solution moins pure et présente plus de difficultés pratiques : l'échauffement, résultant du mélange de l'eau et de l'acide sulfurique et surtout l'attaque du minerai phosphaté, amènent une usure rapide du matériel, les malaxeurs se disloquent, les tuyaux, les pompes, les monte-jus, les filtre-presses, les serviettes occasionnent des fuites et rendent le travail pénible et très dispendieux.

Il y aurait cependant possibilité de supprimer ces inconvénients pratiques en faisant la dissolution avec une grande lenteur; il suffit d'avoir un matériel de dissolution assez grand

D'autre part, les gaz résultant de l'attaque par l'acide sulfurique étendu restent en dissolution dans la liqueur phosphorique et produisent leurs effets corrosifs sur tous les objets avec lesquels cette liqueur sera en contact pendant la durée des opérations et, somme toute, ils seront toujours rejetés dans l'atmosphère.

Dans le cas de transformation préalable en superphosphate, les gaz délétères sont immédiatement déversés dans l'atmosphère.

Dans le cas de dissolution directe, ils sont rejetés lors de la concentration.

Au point de vue hygiénique, la dissolution directe présente moins de danger; mais aujourd'hui, dans les fabriques de superphosphates bien conçues, les gaz provenant de la fabrication du superphosphate sont épurés avant d'être abandonnés dans l'atmosphère.

Enfin, le grand avantage de la transformation préalable en superphosphate est l'obtention de liqueur phosphorique à coefficient de pureté plus élevé, ce qui permet de fabriquer des superphosphates titrant de 40 à 45 % d'acide phosphorique.

Deuxième opération : FILTRATION. — La dissolution étant faite, le liquide boueux, après malaxage, est repris par des pompes ou mieux par des monte-jus et refoulé dans des filtres-presses pour séparer la partie liquide de la partie solide.

La composition chimique de cette boue est la suivante :

Partie solide :
- Sulfate de chaux.
- Phosphate inattaqué et rétrogradé.
- Sable et matières insolubles.

Partie liquide :
- Eau.
- Acide sulfurique libre.
- Id. phosphorique.
- Phosphate monocalcique.
- Sulfate de fer, d'alumine.
- Silice, sulfate de chaux, etc.

Ce liquide est de couleur jaune-paille.

Troisième opération : CONCENTRATION. — Cette opération est la plus difficile et la plus délicate de la fabrication de l'acide phosphorique.

Le liquide filtré résultant de l'opération précédente est reçu dans un très grand récipient, où il se refroidit complètement en déposant les quelques impuretés qui ont pu être entraînées par suite d'une filtration défectueuse.

Il est ensuite envoyé au four à concentrer.

Une bonne concentration doit remplir les conditions suivantes :

1º Consommer le moins possible de combustible.

2º Évaporer à la plus basse température possible pour éviter la formation de méta et de pyrophosphates.

3º Être continue, pour ne pas amener le refroidissement brusque du four. Ces refroidissements, étant tout d'abord une perte de calorique, amènent rapidement la dislocation du four et la destruction des appareils y afférents.

Pour 1 kil. de phosphate traité, on obtient environ 3 kil. de liquide filtré.

1 kil. de charbon évapore 6 à 10 kil. d'eau, suivant le système de concentration. L'acide, à son entrée dans le four, marque de 8° à 15° et à sa sortie de 50° à 60°. L'acide concentré est légèrement boueux, par suite de la précipitation par la chaleur du phosphate monocalcique et de certaines matières étrangères en dissolution.

Au delà de 50° B., l'acide phosphorique industriel devient sirupeux, et à 60° il ne coule plus à froid.

La durée de la concentration dépend du système de four adopté.

L'acide ainsi obtenu est mis en fûts ou est employé directement à la fabrication du superphosphate double.

Quatrième opération : LAVAGE DU RÉSIDU INSOLUBLE ET DILUTION DE L'ACIDE SULFURIQUE OU DU SUPERPHOSPHATE. — Le produit solide resté dans les cadres des filtres-presses est soumis à un lavage à l'eau.

Ce lavage est terminé lorsque le liquide qui s'écoule de la presse marque de 0° à 0",2 B.

Ces eaux de lavage marquent en moyenne 4°.

Elles servent à la dilution de l'acide sulfurique ou du superphosphate.

Le mélange de l'eau et de l'acide sulfurique doit être très intime.

Le lavage doit être conduit de façon à donner toujours le même volume d'eau pour une quantité de phosphate donnée et d'un titre déterminé.

Cinquième opération : SÉCHAGE ET MOUTURE DES SULFATES. — Le produit solide des presses est séché, soit à l'air, soit dans des fours spéciaux, puis est broyé et mis en sacs.

Le sulfate, à sa sortie des presses, contient de 40 à 50 % d'eau, dont 20 à 30 % d'eau hygrométrique qui doivent être enlevés par séchage.

La dessiccation artificielle enlève même une partie de l'eau combinée ; le sulfate devient anhydre.

Ce sulfate de chaux est employé utilement en agriculture, mais la consommation en est très restreinte.

Les liqueurs phosphoriques diluées et concentrées ont un coefficient de pureté variant de 50 à 75 %, suivant la richesse du phosphate.

Les eaux de lavage titrent de 1 à 1,50 % d'anhydride phosphorique et les plâtres ou sulfates de chaux de 1 à 3 % d'anhydride phosphorique.

Description et fonctionnement des appareils servant à la fabrication de l'acide phosphorique.

Nous avons donné la description et le fonctionnement des appareils pour la distribution de l'acide sulfurique dans une fabrique de superphosphate.

L'acide sulfurique nécessaire à une opération étant jaugé, on l'introduit dans l'une des cuves de dissolution.

Dissolution.

La cuve de dissolution des phosphates se compose :

1° De la cuve proprement dite ;

2° Du mouvement mécanique.

La cuve a généralement 2^m50 à 3^m00 de diamètre extérieur et 1^m80 à 2^m00 de hauteur, soit une contenance de 10^{m3} environ.

Lorsque l'attaque du phosphate se fait directement dans les cuves de dissolution, cette hauteur est nécessaire pour contenir la masse considérable de mousse qui se produit.

Quand le phosphate est attaqué, au préalable, dans un malaxeur placé au-dessus des cuves de dissolution, celles-ci peuvent contenir un poids double de produit phosphaté.

Dans le premier cas, la quantité de matière phosphatée traitée est de 1,000 kilog.; dans le deuxième cas, elle pourra recevoir le superphosphate correspondant à 2,000 kilog. de phosphate.

Les cuves sont en bois de pitch-pine ou de chêne; ce sont les deux essences qui résistent le mieux aux acides. Dans leur confection, il faut rejeter toute pièce de bois qui contiendrait le moindre défaut : aubier, nœuds, lignes noires...

De très forts cercles en fer, placés à 0^m30 environ l'un de l'autre, resserent les douves; la cuve est légèrement conique, ce qui permet de produire le serrage de ces douves en faisant descendre les cercles (fig. 188).

Une tubulure en plomb est fixée à la partie inférieure de la cuve ; cette tubulure porte une soupape en plomb antimonieux ; par la manœuvre de celle-ci, on opère la vidange de la cuve. Sur le dessus de celle-ci est fixé un châssis en bois portant le mécanisme.

Celui-ci se compose d'un arbre vertical en chêne de premier choix muni de deux palettes dentées ; l'arbre en bois s'emboîte dans un arbre en fonte terminé par une douille ; celui-ci tourne dans deux tourillons assez distancés l'un de l'autre pour permettre une rotation parfaite du système.

L'emploi du fer ou de tout autre métal dur, pour la construction du mélangeur, doit être banni ; le bois seul résiste un certain temps.

Le système que nous venons de décrire permet le remplacement rapide de l'arbre en chêne quand il est hors d'usage.

Entre les deux tourillons se trouve l'engrenage conique qui reçoit son mouvement d'un pignon fixé sur un arbre horizontal mis en mouvement par poulies.

La vitesse de rotation de l'agitateur est de 12 à 15 tours par minute.

La durée d'une opération est de 3 à 4 heures.

Il faut une heure environ pour l'introduction du phosphate dans la cuve à dissolution ; toute précipitation dans le chargement amène aussitôt le débordement de la cuve

Les cuves sont placées en série et réunies l'une à l'autre par des tuyaux de plomb placés au-delà des soupapes de vidange. Au-dessus des cuves se trouve un plancher servant à leur chargement ; une trémie sert à l'introduction du phosphate.

Pendant le malaxage, on porte le mélange boueux à une température supérieure à 80° pour précipiter le phosphate monocalcique ; on ménage à cet effet, le long des parois de la cuve, un tuyau percé de trous par lequel une injection de vapeur peut se faire.

Le phosphate bicalcique précipité est, avec le plâtre, retenu dans le filtre-presse.

On peut, pour arrêter la formation de la mousse, placer à 0^{m}30 environ du dessus de la cuve et perpendiculairement aux parois de celle-ci un tuyau à vapeur percé de trous ; il échauffera le liquide et par sa position il coupera les bulles d'acide carbonique qui sont entraînées par le mouvement de l'agitateur.

Filtration.

La matière boueuse, après malaxage, est reçue dans un ballon ou monte-jus (fig. 189).

Il comprend :

Un cylindre en fonte avec un fond hémisphérique de 6 à 7 $^{m}/_{m}$. L'autre partie du cylindre est fermée par un couvercle de fonte en forme de calotte : le tout est doublé de plomb.

C'est sur le couvercle que sont placés le robinet adducteur d'air à trois voies, le robinet adducteur de la matière boueuse, le robinet de trop-plein et la tubulure de refoulement.

Dans une installation complète, il y a au moins deux monte-jus pour le chargement des filtres-presses ; ils sont reliés ensemble et peuvent instantanément se remplacer mutuellement Le couvercle est fixé par boulons sur le cylindre ; le joint est formé par les deux feuilles de plomb de recouvrement du cylindre et du couvercle.

Dans le couvercle, on ménage souvent un trou d'homme pour faire la visite interne de l'appareil, sans être obligé de démonter toute la série de boulons formant le joint.

L'emploi des monte-jus en tôle n'est pas à recommander, parce que les rivures laminent rapidement le plomb ; en outre, le contact de la tôle rivée à la feuille de plomb ne s'établit pas aussi bien qu'avec la fonte, qui est complètement unie.

Le tuyau plongeur est en plomb très dur et très fort, parce que sous l'influence de la pression il pourrait se tordre.

Ce tuyau est coupé en sifflet pour éviter toute obstruction dans le cas où il toucherait le fond de l'appareil.

L'expulsion de la matière boueuse se fait par l'air comprimé.

Pour le chargement des filtres-presses, on emploie aussi les pompes à membranes (fig. 190), mais elles ne sont pas à recommander, quoiqu'elles soient cependant construites exclusivement pour déplacer les liquides acides.

Elles se composent :

D'un cylindre avec piston en fonte ; sur le fond du cylindre percé de trous et fortement évasé se trouve une membrane de caoutchouc enveloppée d'une boîte lenticulaire en plomb anti-monieux ; sur cette boîte se trouvent au-dessus et en dessous les soupapes à boulets de refoulement et d'aspiration, toutes deux en plomb durci.

L'entretien de ces pompes est très coûteux, les membranes se détériorent rapidement.

Le système est monté sur un bâti vertical ou horizontal portant un arbre coudé qui communique le mouvement au piston.

Vitesse : 40 à 50 tours par minute.

Les ballons ou les pompes sont réunis aux cuves de dissolution par une tuyauterie en plomb.

Ils doivent être en contre-bas des cuves.

FILTRE-PRESSE. — Cet appareil (fig. 191) se compose généralement de 30 plateaux rectangulaires en bois de pitch-pine et rainurés verticalement.

(Fig. 192) coupe des rainures en grandeur naturelle.

Ces plateaux sont munis de poignées en fonte ; ils peuvent ainsi glisser sur les deux longerons en fer sur lesquels ils reposent.

Le bâti est formé de deux pieds en fonte reliés par les longerons.

L'un des pieds est venu de fonte avec le plateau ; à celui-ci est fixé un autre plateau en bois rainuré.

Le plateau de fermeture est en fonte couvert intérieurement de bois rainuré.

Ces plateaux sont percés de deux trous munis de chaque côté de bagues en bois très dur C.

Deux rainures a et b perpendiculaires aux autres favorisent et permettent l'écoulement du liquide filtré ; la rainure b est en communication avec un robinet d'écoulement r ; ces robinets sont en bois de frêne. Entre chaque plateau se trouve un cadre en bois de chêne.

Les plateaux sont recouverts sur leurs deux faces d'une serviette en tissu mi-chanvre, mi-coton.

La matière boueuse arrive par le conduit H, se répand dans chacun des cadres et, soumise à la pression de l'air comprimé, se filtre au travers des serviettes, le liquide s'écoule par les rainures et de là va aux robinets r.

Quand les cadres sont pleins, ce que l'on remarque par la cessation de l'écoulement des robinets, on ferme la soupape V d'arrivée de matière et les robinets des plateaux percés d'un trou O.

On ouvre la soupape à eau V' pour effectuer le lavage des tourteaux de plâtre.

L'eau est refoulée par une pompe, pénètre dans la presse par le conduit K et se répand par les trous O' entre la serviette et les plateaux de bois 1, 5, 9, 13... sur toutes les deux surfaces rainurées, traverse les serviettes, puis les tourteaux logés dans les cadres 2, 4, 6... et s'écoule par les robinets *r'* des plateaux 3, 7, 11... Le lavage s'effectue aussi au moyen d'un ballon dont l'eau est expulsée par l'air comprimé; les ballons à eau sont en tôle et en tous points semblables à ceux de sucrerie.

Lorsque le lavage est terminé, on desserre la presse, un ouvrier muni d'un levier fait tourner le volant Q qui porte sur son moyeu un pignon agissant sur l'engrenage fixé sur la vis de serrage S.

Il existe un autre mode de serrage qui n'est pas à recommander (fig. 194); avec le levier, on agit directement sur un volant Q fixé sur la vis S; dans ce cas, il faut deux ou trois ouvriers pour produire un serrage convenable.

Quand la presse est desserrée, deux ouvriers font tomber les tourteaux dans les wagonnets qui peuvent circuler entre les pieds des presses. Le plâtre est alors soumis à un séchage sur plaques (système décrit page 173).

Pendant le chargement des presses, de légères fuites d'acide se produisent; on recueille cet acide en recouvrant d'une feuille de plomb le plancher supportant les presses, et le liquide s'écoule dans une *nochère* en fer doublée de plomb.

Généralement, la chambre des presses se trouve à l'étage.

Cette disposition (fig. 195) a pour avantage de mettre facilement en tas le plâtre qui sera soumis au séchage.

Les ballons de lavage doivent être au minimun au nombre de deux; l'un s'emplit quand l'autre se vide

Quand l'eau de lavage marque 0°, on arrête l'arrivée d'eau vierge, puis on fait passer de l'air comprimé pour dessécher les tourteaux.

Concentration.

La liqueur s'écoule des presses avant lavage, est reçue dans des réservoirs et de là, est envoyée dans des fours à concentrer.

Il existe différents systèmes de concentration de l'acide phosphorique; nous décrivons les 4 principaux :

1º La concentration par la vapeur.
2º   id.   dans des cuviers avec foyer inférieur.
3º   Id.   dans des fours à reverbère avec gazogène.
4º   Id.   dans des fours à bassin munis d'agitateurs.

1º Concentration par la vapeur.

La concentration par la vapeur (fig. 196) se fait dans des réservoirs en bois doublés de plomb de 7 à 8 $^m/_m$; ces réservoirs ont 4 mètres de long et 1^{m}50 de large environ ; une série de serpentins montés sur des châssis en plomb durci sont placés dans ces réservoirs.

Ces serpentins ont 0^{m}80 à 1 mètre de diamètre ; ils sont tous réunis à une même tuyauterie d'admission de vapeur et à une même tuyauterie d'écoulement d'eau de condensation.

Sur cette dernière tuyauterie et à chacun des reservoirs se trouve un purgeur automatique.

La vapeur est admise à pression constante par un régulateur de pression.

Les tuyaux de plomb formant les serpentins ont 0^{m}01 d'épaisseur et un diamètre intérieur de 0^{m}025.

Une hotte placée au-dessus de chacun des réservoirs reçoit les vapeurs produites.

Le principal inconvénient de ce système est l'incrustation des tuyaux de plomb par la concentration de l'acide ; le sulfate de chaux et les autres sels qui se précipitent par la chaleur et la concentration se fixent sur les tuyaux et arrêtent toute ébullition.

On compte qu'un kil. de charbon transforme 4 à 5 kil. d'eau en vapeur, c'est-à-dire qu'il faut à peu près 2 kil. de vapeur produite par le générateur pour évaporer 1 kil. d'eau de la solution acide.

Un développement de tuyau de serpentin de 60 mètres peut concentrer par jour 2,000 kil. d'acide phosphorique à 52º.

Ce procédé est aussi employé dans la fabrication du sulfate d'ammoniaque.

On pourrait aussi appliquer à la concentration de l'acide phosphorique le système de concentration à la vapeur par serpentin employé dans les fabriques d'acide sulfurique.

2° Concentration dans des cuviers avec foyer inférieur.

Dans ce système, on emploie une série de cuviers de forme carrée. Par cette disposition, si l'un d'eux est hors de service, le travail n'est pas arrêté; ceux qui sont près du foyer et qui contiennent l'acide concentré se détériorent beaucoup plus vite que les autres.

Ils sont en plomb de 10 $^m/_m$. Leur disposition est variable; ils peuvent être de niveau, ou placés en gradins avec siphon ou à bec.

Dans le premier cas (fig. 197), l'acide passe d'un cuvier dans le suivant par l'intermédiaire d'un siphon à poches. Pour obliger celui-ci à prendre l'acide le plus concentré, on dispose dans chaque cuvier un barrage ouvert par le bas.

Dans le second cas, les siphons sont relevés lorsque le niveau monte trop fort dans l'un des cuviers (fig. 198).

Dans le troisième cas, le siphon est remplacé par un *bec venu de plomb* (fig. 199).

Les cuviers reposent sur des plaques en fonte couvrant des carneaux par lesquels passent les gaz résultant de la combustion.

Celle-ci est produite dans un foyer ordinaire.

Les plaques de fonte, au-dessus et dans le voisinage du foyer, sont protégées par une voûte en briques réfractaires.

C'est, en un mot, un séchoir à plaques recouvert de cuviers en plomb.

La production de vapeur par kil. de charbon est à peu près la même que dans le système *par la vapeur*.

Il présente, en outre, le même inconvénient: les sels se fixent sur le fond des cuviers, arrêtent tout rayonnement de chaleur et, au bout de très peu de temps, le plomb surchauffé se fond et l'acide se perd.

Ce système n'est pas à recommander.

3° Concentration dans des fours a réverbère.

Ces fours sont semblables à ceux employés dans la concentration de l'acide sulfurique.

Ils se composent (fig. 200) : d'un immense bassin en maçonnerie ordinaire de 12 mètres de long, de 2 mètres de large et 0^{m}60 de haut, sur lequel est jetée une voûte fortement surbaissée en briques réfractaires; il est recouvert de feuilles de plomb de 4 à 8 $^m/_m$, soudées ou repliées.

Le plomb est préservé par des dalles en terre réfractaire ; près de l'autel, il est protégé par une circulation d'eau ou par un passage d'air froid.

Les dalles ou briques réfractaires sont distancées du plomb, de 25 $^m/_m$ pour que celui-ci ne soit pas surchauffé et qu'il soit toujours mouillé par l'acide.

Pour préserver les rebords, on peut laisser dans la maçonnerie extérieure de petits vides en relation avec l'air ambiant.

Des ouvreaux sont ménagés dans la voûte et dans les parois verticales pour voir ce qu'il se passe dans le four et au besoin pour l'enlèvement des sels qui ne sont pas entraînés par l'écoulement de l'acide concentré.

La chaleur nécessaire à l'évaporation est produite par un foyer ordinaire ou par des gazogènes.

L'acide dilué est admis dans le four près de l'autel ; le tuyau d'admission doit être en terre réfractaire et non en poterie.

La décharge de l'acide concentré se fait d'une façon continue à l'extrémité du four.

Une même disposition que pour les cuviers du système précédent permet à l'acide concentré de sortir par trop plein.

La production d'eau évaporée par kilog. de charbon est de 6 à 9 kil.

Ce système de concentration présente la difficulté suivante : l'acide à l'entrée du four est trop surchauffé, il se forme à la surface une croûte qui se durcit et qui arrête tout rayonnement de calorique.

La formation de cette croûte a, en outre, pour inconvénient de transformer une partie d'acide orthophosphorique soluble en pyrophosphate insoluble.

Pour éviter ce surchauffement à l'entrée du four, on jette immédiatement au-dessus du liquide une voûte en briques réfractaires, et les produits de la combustion se déversent plus loin dans le four, après avoir perdu de leur chaleur.

Les gaz résultant de la combustion et la vapeur d'eau sont évacués, par une cheminée, dans l'atmosphère.

Dans un four semblable, on peut évaporer de 5 à 6 hecto-litres d'eau à l'heure, soit une production en acide concentré de 100 kil. environ pour une consommation de 85 à 90 kil. de charbon.

On règle l'évacuation de l'acide concentré par l'alimentation du four et par l'allure du foyer.

Certains fours à réverbère sont à retour de flammes pour chauffer le dessus de la sole.

4° Concentration dans des fours a bassin munis d'agitateurs

Les fours à bassin (fig. 201) ne diffèrent des fours à réverbères que par leur hauteur; dans ceux-là, cette hauteur peut atteindre deux mètres; ils sont de même construction.

L'alimentation et la vidange se font de la même façon.

A 4 mètres de l'autel et à quelques centimètres au-dessus du niveau constant de l'acide, se trouve un agitateur formé d'un arbre creux en fonte et d'ailettes en fer, le tout perforé d'une multitude de trous; l'arbre et les palettes sont alors recouverts de plomb coulé en châssis.

Quand les palettes sont fixées sur l'arbre par une soudure autogène, on couvre de plomb la pièce en fer qui sert au calage.

Cet agitateur repose sur deux paliers logés dans les parois du four; l'arbre porte une poulie fixe et une poulie folle et tourne à une vitesse de 150 tours par minute.

Les ailettes plongent de 5 à 6 centimètres dans le liquide; elles développent dans leur rotation une circonférence extérieure de 0^{m}50 de diamètre; elles sont à 4 branches (fig. 202) et au nombre de quatre sur cet arbre.

A 4 mètres de ce premier agitateur, il s'en trouve un second établi dans les mêmes conditions; il est à trois ailettes seulement, dont la position sur l'arbre est en alternance avec les ailettes de l'autre agitateur.

La forme des ailettes doit être telle que le liquide projeté ne puisse toucher la voûte du four.

Par la rotation rapide de ces agitateurs, le liquide est fortement divisé et est réduit en pluie fine; celle-ci est traversée par les gaz chauds résultant de la combustion et il se produit une vive évaporation.

La projection du liquide se fait vers l'avant du four.

Un inconvénient est inhérent à ce système et au précédent: la vapeur produite entraîne des particules d'acide.

On peut obvier à cet inconvénient en établissant des chicanes dans le carneau qui conduit, les vapeurs du four, à la cheminée.

Le sol de ce carneau est couvert de chaux et de phosphate qui fixent l'acide phosphorique entrainé.

Par ce système de concentration, 1 kil de charbon évapore 10 à 14 kil. d'eau, soit une production d'acide concentré de 100 kil. pour une consommation de 70 kil. de charbon.

III

Fabrication du superphosphate double.

Dans la fabrication du superphosphate double, on remplace l'acide sulfurique, employé pour le superphosphate ordinaire, par l'acide phosphorique concentré.

Le degré de concentration de l'acide phosphorique varie de 48° à 58° B.

Le malaxage du phosphate et de l'acide, au lieu de ne durer que quelques minutes, comme dans la fabrication du superphosphate ordinaire, exige par opération une durée de 15 à 25 minutes; le malaxeur seul peut être employé; le pétrin à marche continue ne peut trouver application dans ce cas.

Le superphosphate double exige aussi plus de temps pour *faire prise*; l'acide phosphorique étant moins énergique que l'acide sulfurique, les réactions se font avec plus de lenteur.

Le superphosphate double ne doit être enlevé des citernes qu'après quelques jours de repos; il est alors soumis à une dessication, puis est broyé et mis en sacs ou en magasin.

Détermination du poids d'acide phosphorique concentré nécessaire pour transformer en superphosphate double un poids déterminé de phosphate.

Le phosphate que nous prenons comme exemple dans nos calculs est du *phosphate lavé* de Liége, donnant à l'analyse :

Phosphate tribasique	68,74
Oxyde de fer et oxyde d'alumine . .	1,43
Carbonate de chaux	9,50
Non dosé.	20,33
Total. . .	100,00

L'acide phosphorique nécessaire pour la transformation du phosphate tribasique en phosphate monobasique est ainsi déterminé :

1° Une molécule de phosphate tricalcique exige deux molécules d'anhydride phosphorique pour produire du phosphate monocalcique :

$$Ca^3 (PO^4)^2 + 6 H^2 O + 2 P^2 O^5 = 3 Ca H^4 (PO^4)^2$$

$$\frac{68,74 \times (142 \times 2)}{310} = 68,74 \times 0,8115 = 55,78$$

310 étant le poids moléculaire du phosphate tricalcique et 142 le poids moléculaire de l'anhydride phosphorique.

2° Nous supposons que les oxydes de fer et d'alumine sont représentés par moitié dans l'exemple ci-dessus et qu'ils donnent avec l'acide phosphorique les composés suivants :

$$F^2 O^3 + 6 H^2 O + 3 P^2 O^5$$
$$Al^2 O^3 + 6 H^2 O + 3 P^2 O^5$$

$$\frac{1,43}{2} \times \frac{426}{160} = 0,715 \times 2,66 = 1,90$$

$$\frac{1,43}{2} \times \frac{426}{103} = 0,715 \times 4,13 = 2,95$$

160 étant le poids moléculaire de l'oxyde ferrique et 103 celui de l'oxyde aluminique.

3° Une molécule de carbonate exige, pour se transformer en phosphate monocalcique, deux molécules d'anhydride phosphorique :

$$Ca CO^3 + 2 P^2 O^5 + 2 H^2 O = Ca H^4 (PO^4)^2 + CO^2$$

$$\frac{9,50 \times 142}{100} = 9,50 \times 1,42 = 13,49$$

100 étant le poids moléculaire du carbonate de chaux.

Les multiplicateurs sont donc :

Pour le phosphate tricalcique. 0,8115
Id.   l'oxyde ferrique. 2,66
Id.   id.   aluminique 4,13
Id.   le carbonate calcique. 1 42

soit pour l'exemple ci-dessus : 74,12 % d'anhydride phosphorique ; l'acide concentré titrant environ 37 %, il faudra 200 kil. au minimum d'acide pour 100 kil. de phosphate 65/70 ; mais pour que cette réaction se produise complètement, il faut un grand excès d'acide concentré; on dépasse parfois 300 kil.

M. Wyatt donne dans son ouvrage, *Phosphates of America*, pages 129 et suivantes, cette description de la fabrication des superphosphates de haut grade :

« Le phosphate servant à la dissolution par l'acide sulfurique est généralement du 55/60; celui servant à l'attaque par l'anhydride phosphorique est du 70,80.

» Le poids d'acide sulfurique est déterminé de façon à former complètement de l'acide phosphorique libre.

» Pour faire la dissolution, on ramène l'acide sulfurique à 14° B.; la durée de l'attaque est de 4 heures.

» Dans les cuves de dissolution, on injecte de la vapeur d'eau pour précipiter les éléments étrangers que la liqueur pourrait retenir, tels que : chaux, sulfate de chaux, sels de fer et d'alumine, etc.

» La liqueur filtrée ne marque plus que 12° B.; elle est d'un jaune-paille; les tourteaux des filtres-presses sont lavés et les eaux jusque 5° B. sont recueillies avec la liqueur à 12°. Les eaux de lavage en dessous de 5° B. servent à la dilution de l'acide sulfurique.

» La concentration de l'acide phosphorique s'effectue dans des bacs-cuviers placés en série comme pour la fabrication de l'acide sulfurique. On chauffe par le dessus ou par le dessous; dans ce cas, les cuviers reposent sur des plaques de fonte ou de fer.

» On concentre aussi par la vapeur.

» Dans la concentration par cuviers chauffés par le dessous pour une surface couverte de 118 pieds carrés (1), celle du foyer étant de 6 1/2 pieds, on obtient 8 tonnes d'acide à 45° B. par 24 heures. Le poids du combustible brûlé est de 12 à 14 °/₀ du poids de l'acide obtenu. Ce dernier titre 42 °/₀ d'acide phosphorique anhydre; le coefficient de pureté est donc de

$$\frac{42,00}{44,95} = 93,40.$$

---

(1) Voir à la fin du volume la table des poids et des mesures anglaises.

» Pour déterminer le poids d'acide phosphorique à 45° B., nécessaire pour produire du superphosphate de haut grade, on multiplie les teneurs en :

	Obtention du superphosphate soluble dans l'acide.	Obtention du superphosphate soluble dans l'eau.
Phosphate de chaux par	0,625	2,310
Carbonate de chaux	1,690	3,380
Oxyde de fer	2,112	
Id. d'alumine	3,270	

» Ainsi pour un phosphate titrant :

		Acide phosphorique.
Phosphate de chaux	$75,00 \times 0,625 =$	16^k88
Carbonate de chaux	$7,50 \times 1,690 =$	12^k68
Oxydes de fer et d'alumine	$3,00 \times 2,691 =$	8^k07
Il faut pour 100 kil. de phosphate		67^k63

» Pour produire une tonne d'acide concentré à 42 % d'anhydride phosphorique, il faut deux tonnes de 55/60.

» Le mélange d'une tonne de phosphate 70/80 et d'une tonne d'acide phosphorique concentré à 45° B. donne, après dessiccation faite à l'air chaud, environ 1,725 kil. de superphosphate titrant de 40 à 45 % d'anhydride phosphorique soluble dans l'eau et dans le citrate d'ammoniaque. »

Prix de revient :

1° Du superphosphate ordinaire séché (production journalière : 30 tonnes.)

Une tonne de phosphate 60/65 à 0 fr. 70 l'unité (62,50).	fr. 43,75
0,8 » acide sulfurique à 60° à 3 fr. 50 les 100 kil.	» 28,00
Main-d'œuvre (chargement compris)	» 500
Combustible, force motrice et séchage	» 1,50
Sacs de 100 kil. — 19 × 0 fr. 26 =	» 4,95
Total.	fr. 83,20

Perte : 8 %.
Rendement : 1,900 kil. Titre : 13.86 %.
Prix de revient à l'unité : 0 fr. 32.

Dans ce prix de revient ne sont compris ni les frais généraux, ni l'intérêt du capital, ni son amortissement.

Si ce produit était du superphosphate soluble dans l'eau, la perte serait de 12 %, le titre de 13,25 et le prix de revient de 0 fr. 35.

2° De l'acide phosphorique (production journalière : 10 tonnes.)

L'acide phosphorique concentré 50/55° B.
titrant 35 à 40 °/₀ d'acide phosphorique.

Une tonne de phosphate 55/60 (57,50 à 0 fr. 60)	fr.	34,50
0,75 » acide sulfur. à 60° à 3 fr. 50 les 100 kil.	»	26,25
Main-d'œuvre	»	6,65
Combustible, 900 kil. à 12 fr. la tonne (force motrice et concentration)	»	5,40
Entretien	»	3,50
Total.	fr.	76,30

Perte : 15 %, 1/2 dans le plâtre, 1/2 dans la concentration.
Nombre d'unités obtenues : 263,4 × 0,85 = 223,9.
Rendement : 550 à 650 kil.

Soit un prix de revient de 0 fr. 34 l'unité d'acide phosphorique.

Dans ce prix de revient ne sont compris ni les frais généraux, ni l'intérêt du capital, ni son amortissement.

Nous comptons le plâtre comme ayant une valeur égale aux frais qu'il exige pour être rendu marchand.

3° Du superphosphate double 40/45 (production par 20 heures : 20 tonnes.)

350 kil. phosphate 70/75 à 0 fr. 90 l'unité	fr.	22,84
1,000 kil. acide phosphorique à 38 °/₀ d'acide phosphorique à 0 fr. 34 l'unité	»	129,20
Main-d'œuvre	»	6,00
Combustible, force motrice et séchage	»	2,00
Entretien	»	1,00
Sacs, 10 à 0 fr. 30	»	3,00
Total.	fr.	164,04

Nombre d'unités obtenues : 380 + 116 = 496.
Perte : 5 %.
Rendement : 1,000 kil. à 1,200 kil.

Soit à l'unité $\dfrac{164,04}{496} = 0$ fr. 36.

Dans l'établissement de ces prix de revient, nous supposons :

1° Que l'acide et le phosphate ne supportent pas de frais de transport ;

2° Que les usines sont reliées au chemin de fer ou sont à proximité d'un canal.

IV

Fabrication du phosphate triple.

(Procédé BARBE.)

La fabrication du phosphate triple consiste à brasser de l'acide phosphorique concentré avec de la chaux hydratée, du carbonate de chaux finement moulu ou du phosphate de chaux précipité.

Le magma se solidifie immédiatement.

100 parties d'acide phosphorique concentré titrant de 48 à 50 °/₀ d'anhydride phosphorique sont immédiatement solidifiées par l'addition de 20 à 23 parties de chaux hydratée.

Le produit ainsi obtenu est séché à l'air et titre de 48 à 50 °/₀ d'anhydride phosphorique ; la chaux remplace donc l'eau ; pendant la réaction, il y a effectivement une forte production de vapeur.

Pour que cette solidification se produise, il y a plusieurs conditions difficiles à remplir :

1° L'acide concentré doit être pur ;

2° Le mélange de l'acide et de la chaux doit être très intime ;

3° L'élévation de température, au moment de la réaction, doit être assez forte pour produire la dessiccation du produit ;

4° La chaux doit aussi être très pure.

La solidification de l'acide phosphorique ne réussit pas si l'une de ces conditions n'est pas remplie.

Ce procédé n'a pas trouvé d'application industrielle.

V

Fabrication du phosphate précipité minéral.

L'acide phosphorique dilué, résultant de l'attaque directe des phosphates par l'acide sulfurique étendu ou de l'hydratation du superphosphate, est reçu dans des cuves munies d'agitateurs en bois, tournant à une vitesse de 10 à 15 tours par minute.

Dans ces cuves, on fait arriver en quantité déterminée un lait de chaux marquant 15° B. ; cette addition doit se faire avec lenteur et doit être arrêtée avant la neutralisation, si on ne veut obtenir que du précipité à l'état bibasique ; si la solubilité du phosphate précipité est indifférente, l'addition de chaux se continue jusqu'à précipitation complète de l'acide phosphorique.

Préparation du lait de chaux.

Dans une cuve en bois, munie d'un agitateur, on place autant de fois 17 kil. de chaux qu'elle contient d'hectolitres; on arrose alors cette chaux pour en faire l'extinction ; quand elle est suffisamment pulvérulente, on remplit la cuve d'eau et on met l'agitateur en mouvement. Quand le lait de chaux est formé, on fait couler par le robinet de vidange, placé à quelques centimètres du fond, sur un crible en tôle, ou mieux sur une grille en fonte dont les barreaux sont espacés de 2 millimètres environ. Ce crible ou cette grille sont destinés à retenir les petites pierres et les portions de chaux mal délayées.

Après ce criblage, le lait de chaux est reçu dans une cuve munie d'agitateurs pour tenir la chaux en suspension.

Il est bon d'avoir deux cuves préparatoires, de façon à faire l'extinction de la chaux dans l'une, tandis que le lait se forme dans l'autre.

La richesse d'un lait ne peut guère se déterminer *a priori* par la densité, parce que celle-ci varie avec la nature de la chaux.

Lorsqu'on se sert toujours de chaux de même nature on peut, par différents titrages, établir la richesse moyenne d'un lait à des degrés différents.

Tableau indiquant la richesse moyenne d'un lait de chaux, suivant le degré Baumé ou la densité à 15° centigrades.

Degrés Baumé.	Densités.	Chaux dans 1 hectolitre de lait.	Degrés Baumé.	Densités.	Chaux dans 1 hectolitre de lait.
10	1,0744	13ᵏ3	21	1,1702	23ᵏ3
11	1,0825	14 2	22	1,1798	24 0
12	1,0907	15 2	23	1,1896	24 7
13	1,0990	16 1	24	1,1994	25 3
14	1,1074	17 0	25	1,2095	25 8
15	1,1160	18 0	26	1,2198	26 3
16	1,1247	18 9	27	1,2301	26 7
17	1.1335	19 8	28	1,2407	27 0
18	1,1425	20 9	29	1,2515	27 4
19	1,1516	21 6	30	1,2624	27 7
20	1,1608	22 4			

Pour déterminer la quantité de chaux utile dans un lait, on en prend, à l'aide d'une pipette, 10 centimètres cubes que l'on verse dans un ballon contenant 200 grammes d'eau sucrée au 1/4; on agite pendant deux minutes, puis on filtre; la chaux bien délayée se dissout dans cette solution, tandis que celle mal délayée et les impuretés restent sur le filtre; on lave celui-ci et on mesure l'alcalinité après addition de teinture de tournesol ou d'acide rosolique neutralisé par l'acide sulfurique normal.

Après précipitation, la solution phosphatée est envoyée aux filtres-presses, d'où on retire le phosphate précipité; celui-ci est alors soumis à la dessiccation; si l'on veut éviter la transformation du phosphate bicalcique en pyrophosphate insoluble, la température ne doit pas dépasser 200°.

Le mode de séchage sur plaques en fonte chauffées par le dessous doit être rejeté. Le moyen de dessiccation le plus convenable est d'user d'un violent courant d'air chaud et mettre la matière à sécher en mouvement. (Voir le séchage des superphosphates.)

M. E. Thonnart, de Liége, construit un système de séchoir (fig. 203) permettant de sécher le précipité à une température inférieure à 80°.

Détermination de la chaux nécessaire pour précipiter complètement l'acide phosphorique de sa solution.

Dans la liqueur phosphorique, l'acide est généralement moitié à l'état libre et moitié combiné à une molécule de chaux ; pour obtenir du phosphate bicalcique, il faut produire la réaction suivante :

$$2\,H^3\,PO^4 + Ca\,H^4\,(PO^4)^2 + 3\,Ca\,O = 4\,Ca\,H\,PO^4 + 3\,H^2O$$
$$= 2(2\,Ca\,O.\,H^2O.\,P^2O^5) + 3\,H^2O.$$

Si, par exemple, une solution à 9° B. contient 6 % d'anhydride phosphorique, il faudra multiplier l'anhydride de l'acide phosphorique par $\dfrac{41,176}{52,206} = 0,79$ et multiplier l'anhydride du phosphate monocalcique par $\dfrac{23,93}{60,68} = 0,39$; soit, pour cet exemple, $3 \times 0,79 + 3 \times 0,39 = 3,54$ de chaux anhydre.

Dans la fabrication du phosphate précipité, le lait de chaux contient généralement 16 % de chaux.

Pour précipiter 1,000 litres de cette solution phosphorique à 9° B., il faudra donc $\dfrac{1,000 \times 1,075 \times 3,54 \times 100}{100 \times 16} = 237$ litres de lait de chaux.

VI

Fabrication du phosphate d'ammoniaque et du phosphate de potasse.

M. Lagrange prépare le phosphate d'ammoniaque de la façon suivante :

L'acide phosphorique à 25° B. est débarrassé de son acide sulfurique par le carbonate de baryum.

On ajoute alors de l'ammoniaque qui précipite la chaux à l'état de phosphate neutre.

Dans la liqueur filtrée, qui marque environ 20° B., on ajoute de l'ammoniaque à 22°, de façon à avoir 1,5 d'ammoniaque pour 1 de phosphate d'ammoniaque.

Le phosphate intermédiaire se précipite alors en une masse cristalline. On presse cette masse et les eaux de dégouttement sont distillées pour en recueillir l'ammoniaque.

M. Meyer prépare le phosphate d'ammoniaque et le phosphate de potasse, en mettant en présence du sulfate d'ammoniaque ou du sulfate de potasse et de l'acide phosphorique.

Cette réaction peut être représentée par l'équation suivante :

$$Am^2 SO^4 + H^3 PO^4 = Am\ HSO^4 + KH^2 PO^4$$

$$K^2 SO^4 + H^3 PO^4 = K\ HSO^4 + Am\ H^2 PO^4.$$

Dans les circonstances ordinaires, la même réaction n'a pas lieu entre le sulfate de soude et l'acide phosphorique.

Ces deux sels contiennent :

Le premier, 25 % d'acide phosphorique et 10 % d'azote.

Le second , 25 %   id.   id.   et 25 % de potasse.

Ces mélanges de sulfate et de phosphate d'ammoniaque ou de potasse donnent au sol moins d'acide sulfurique que le mélange de superphosphate et de sulfate d'ammoniaque ou de potasse.

Ces produits sont très solubles dans l'eau.

La fabrication du phosphate d'ammoniaque ne peut être avantageuse qu'à la condition de remplacer l'acide sulfurique dans la fabrication du sulfate d'ammoniaque par l'acide phosphorique. En effet, dans le sulfate ammonique, l'ammoniaque seule est cotée ; l'acide sulfurique ne l'est pas.

En outre, ce produit contient sous un poids minime deux éléments de fertilisation ; il est donc, par ce fait, destiné à l'exportation.

Il existe d'autres produits phosphatés résultant de la combinaison de l'acide phosphorique et d'une base ou d'un sel permettant le déplacement de sa base, tels sont :

Le phosphate de magnésie et le phosphate ammoniaco-magnésien.

Ils sont aussi assimilables que les autres phosphates solubles, mais jusqu'à présent il n'existe pas de dissolvant reconnu pour en déterminer leur assimilabilité.

Le phosphate ammoniaco-magnésien a l'avantage de renfermer une haute teneur en acide phosphorique (50 %) et en azote ammoniacal (10 %).

C'est donc un engrais riche par excellence.

On le produit par l'action du phosphate de magnésie sur une solution ammoniacale quelconque.

Le phosphate ammoniaco-magnésien est insoluble dans l'eau et dans le citrate d'ammoniaque alcalin; il se présente en poudre cristalline.

Le phosphate de magnésie s'obtient par l'action de l'acide phosphorique sur la magnésie ou sur le carbonate de magnésie.

VII

Fabrication du Phosphate basique

La fabrication de l'acier Bessemer consiste à transformer la fonte en acier sans faire un usage direct de combustible. Bessemer enlève le carbone de la fonte en faisant passer au travers de celle-ci en fusion un très grand nombre de minces jets d'air fortement comprimé. Cette opération se fait dans une sorte de creuset appelé *convertisseur*.

Le convertisseur peut contenir de 8 à 15 tonnes de matière.

Il est formé de trois pièces distinctes :

Le chapeau, la cuve et la boîte.

La forme de ce récipient est la suivante (fig. 204).

Le chapeau et la cuve sont formés d'une armature en forte tôle doublée intérieurement d'un garnissage de 0,25 à 0,30 d'épaisseur.

La boîte constitue le fond du récipient; elle est reliée à la cuve par des boulons facilement démontables, et sert de réservoir à l'air comprimé qui est transmis au bain de fonte par l'intermédiaire de tuyères.

Celles-ci, au nombre de 8 à 12, qui elles-mêmes forment une série de conduits, sont réunies en une seule masse au moyen d'un pisé semblable à celui qui forme le garnissage de la cuve et du chapeau.

Jusqu'en 1878, les minerais de fer qui donnaient des aciers contenant plus de 0,15 % de phosphore ne pouvaient être utilisés; la découverte de MM. Thomas et Gilchrist permet l'emploi de minerais, remarquables par leur bas prix, et constituant des gites d'une étendue considérable.

Les modifications qu'ils apportaient au procédé Bessemer étaient les suivantes :

1° Remplacement de l'argile réfractaire par la *dolomie*, dans la confection du garnissage, substance avantageuse, tant au point de vue de la résistance à la désagrégation qu'au point de vue de la résistance de la composition de la scorie basique.

2° Addition considérable de chaux éteinte ayant pour but de maintenir la scorie très basique pendant toute la durée de l'opération.

3° Sursoufflage, produisant la combustion rapide des restes du phosphore.

Les fontes employées pour la fabrication de l'acier Bessemer par le procédé acide ne peuvent contenir plus de 0,07 % de phosphore, tandis que par le procédé basique cette teneur dépasse même 2,60 %.

Une constation très importante à faire est la suivante : les aciers obtenus par le perfectionnement apporté par MM. Thomas et Gilchrist sont plus malléables et sont de plus en plus recherchés pour la fabrication des tôles et des essieux, et dans un avenir prochain ils remplaceront les fers de qualité supérieure.

Marche des Opérations

La fonte est fournie soit directement par les hauts-fourneaux ou est refondue à l'atelier même dans des cubilots. Dans le premier cas, la fonte en fusion est reçue dans des poches de coulée élevées au haut de l'atelier par un élévateur hydraulique et ensuite déversées dans des rigoles qui la mènent dans l'un ou l'autre des convertisseurs.

Dans le second cas, la fonte sortant du cubilot s'écoule directement dans les convertisseurs.

Ordinairement on introduit en même temps que la fonte environ 8 % de son poids de chaux éteinte.

Aussitôt l'insufflation d'air sous pression commence et l'affinage de la fonte se manifeste par la production d'étincelles accompagnées de flammes jaunâtres que l'on voit sortir du col du convertisseur ; au début, le bruit du vent est à peine sensible, mais après quelques minutes les flammes blanchissent et deviennent de plus en plus éclairantes ; le bruit du vent traversant le métal s'accentue et il se produit un bouillonnement violent au sein de la masse. Le vase subit de fortes secousses.

Cette période ne dure que quelques minutes; ensuite il y a apaisement de la masse, le bouillonnement est remplacé comme par un roulement continu. L'intensité lumineuse des flammes s'affaiblit.

C'est dans la première période que les scories se forment.

Dans la troisième le phosphore brûle rapidement; on brûle aussi plus de fer que dans les deux autres périodes.

Par l'examen d'une prise d'essai, faite en plongeant un ringard dans le bain métallique, et par la couleur des flammes on arrive avec une certaine habitude à conduire avec sûreté le travail fait au convertisseur.

Pendant cette opération, on a fait des additions successives de chaux éteinte pouvant atteindre au total 16 % de la fonte en fusion.

Parfois, l'opération a été poussée trop loin volontairement ou involontairement; il y a alors dans le bain métallique un excès d'oxygène qui doit être éliminé par une addition de matières réductives, telles que le carbone, le manganèse.... Cette addition se fait soit par la cornue, soit dans la poche de coulée; dans tous les cas, elle doit être faite avec précaution.

Parfois on juge utile de verser hors la cornue la plus grande partie de la scorie phosphorique avant de faire l'addition finale dont les effets sont discutés.

Nous arrivons à la coulée, c'est-à-dire à la vidange du convertisseur.

L'acier en fusion et les scories qui flottent au-dessus sont reçus dans une vaste poche ou chaudron qui les répartit ensuite entre les lingotières. Ce chaudron renferme parfois plus de 10,000 kil. de matière en fusion ; son emploi a pour but de permettre une séparation aussi complète que possible du métal, de la scorie. Cette séparation, qui est très facile par suite de la différence de densité des deux produits, laisse le temps à l'acier bouillonnant de se calmer avant l'introduction dans la lingotière.

Cette scorie, après refroidissement, est mise en tas ou envoyée aux usines de broyage.

Celle qu'on enlève avant l'addition est reçue dans des wagonnets en tôle, qui roulent sur une voie souterraine et sont ensuite conduits au dehors.

Cette disposition a l'avantage d'empêcher une élévation

inutile de température dans l'atelier, la scorie n'y séjournant pas.

Elle se compose de fragments noirs boursoufflés et de granules de fer d'un poids spécifique plus élevé que le sien.

On en retire le fer métallique, puis on la concasse et la broie en une poudre aussi fine que possible.

Le retrait du fer métallique se fait à la main ou mieux au moyen d'un appareil magnétique (fig. 205).

Le concassage et le broyage s'effectuent respectivement par les concasseurs décrits pages 194 et 195 et par le broyeur Vapart (voir page 178), par le broyeur à gobilles (v. page 191) ou par de fortes meules horizontales.

COMPOSITION D'UNE FONTE AVANT LE TRAITEMENT :

Carbone	3,00 %
Silice	1,30
Manganèse	1,50 à 2,00
Phosphore	2,50 à 3,00
Soufre	0,20

COMPOSITION DU GARNISSAGE DU CONVERTISSEUR :

Chaux	53,00 %,
Magnésie	35,00
Silice et alumine	7,00

COMPOSITION DE L'ACIER RÉSULTANT DU TRAITEMENT :

Carbone	0,43 %
Silicium	traces
Manganèse	0,76
Phosphore	0,02
Soufre	0,30

COMPOSITION DE LA SCORIE :

Silice	12,00 %
Chaux et Magnésie	54,00
Oxyde de fer et de manganèse	11,00
Acide phosphorique	16,00
Alumine-chrôme	traces.

VIII

Phosphate d'os.

Les os des vertébrés, par suite des différents traitements qu'on leur fait subir, donnent naissance aux produits suivants :

<table>
<tr><td rowspan="8">Phosphate d'os.</td><td>1° Os verts ;</td></tr>
<tr><td>2° Poudre d'os dégraissés ;</td></tr>
<tr><td>3°   id.   dégélatinés (phosphate d'os) ;</td></tr>
<tr><td>4° Phosphate d'os précipité ;</td></tr>
<tr><td>5° Noir animal ;</td></tr>
<tr><td>6° Cendres d'os ;</td></tr>
<tr><td>7° Poudre fertilisante ;</td></tr>
<tr><td>8° Poudre d'os de poissons.</td></tr>
</table>

1° Os verts.

Les os bruts ou verts viennent des clos d'équarrissage, des boucheries et des ménages, ou des gisements de cadavres d'animaux contemporains accumulés en certains points du globe. Les premiers, qui ne sont pas suffisamment durs pour être employés à la fabrication de divers ustensiles, subissent le traitement suivant :

a) Broyage. — Après le triage, les os sont généralement soumis à un broyage.

Les principaux appareils employés pour cette opération sont :

1° *Le broyeur Karr* décrit ch. V, page 177.

2° *Moulin à noix* (fig. 206).

C'est un des plus anciens moulins employés pour la trituration des os. Comme principe, cet appareil diffère peu de la meule de moulin, sauf que les parties travaillantes sont en métal au lieu d'être en pierre.

Dans le moulin à noix, les deux parties triturantes affectent approximativement la forme d'un tronc de cône, l'une mobile et pleine, appelée *noix*; l'autre fixe et concentrique à la première, portant le nom de *couronne*. Les organes qui composent cet appareil sont :

A. Arbre vertical sur lequel est fixé la *noix* ;

B. *Noix* pouvant se déplacer verticalement sur l'arbre A ; elle a la forme d'un tronc de cône, est cannelée et est en fonte coulée en coquille ;

C. Partie travaillante concentrique à la noix ; elle est de même cannelée et est aussi en fonte coulée en coquille.

La noix et la couronne sont généralement formées chacune de deux pièces vissées entre elles pour que la partie inférieure, de forme cylindrique et munie d'une cannelure plus fine et qui s'use plus rapidement que la partie supérieure, puisse être échangée.

Pour régler la finesse du produit, il suffit de manœuvrer un petit volant à main D situé au dessus ou en dessous de l'appareil, suivant que la commande se fait par le haut ou par le bas.

L'arbre vertical tourne dans une crapaudine E reposant sur le bâti F de l'appareil et dans une boîte à bourrage G fixée sur le couvercle H de l'enveloppe I de la couronne ; au-dessus de la noix B se trouve fixée, sur l'arbre vertical, une pièce J en acier appelée *briseur* et formée d'un moyeu muni de saillie ; le briseur sert à préparer les fragments avant de les introduire entre les surfaces triturantes.

La commande se fait par poulies et le mouvement est communiqué à l'appareil par engrenages coniques ; pour faciliter la marche de cet appareil, l'arbre vertical est parfois équilibré.

L'alimentation se fait par une ouverture pratiquée dans le couvercle H. On construit différents numéros de moulins à noix. On compte qu'un moulin, dont la couronne a 0^m65 de diamètre, produit environ 2,500 kil. d'os broyés à l'heure et exige pour ce travail une force motrice de quatre chevaux environ.

La Société de Grusonwerk à Magdebourg-Buckau construit des moulins à noix dont le diamètre de la couronne atteint jusqu'à 1^m25 et dont le rendement peut atteindre 20 tonnes à l'heure.

3° *Broyeur-granulateur Weidknecht* (fig. 207).

Les organes composant cet appareil sont :

A. Arbre horizontal portant à ses deux extrémités deux poulies par lesquelles le mouvement lui est communiqué ; cet arbre porte une série de marteaux mobiles qui frappent à la volée la matière à broyer ; le produit, après avoir subi les coups de marteaux, passe au travers d'une grille C en acier inclinée ; le refus est projeté sur le plafond D de l'appareil et les gros morceaux sont retenus par une barre fixe appelée *parachoc*.

Si un produit volumineux, dur et résistant, se trouvait mélangé aux os à broyer, les marteaux, par suite de leur mobilité, oscilleraient sur leurs axes et éviteraient ainsi toute chance de rupture. L'inclinaison de la grille peut varier à volonté.

Cet appareil exige une force motrice relativement faible, par suite de la mobilité des marteaux sur leurs axes.

Il existe dans l'industrie d'autres broyeurs ayant cette même destination

Les os verts, avant même de subir le broyage, sont quelquefois employés directement en agriculture. Cette pratique doit être absolument abandonnée. Ils doivent au moins être réduits en poudre pour produire un effet utile. Ainsi des os verts concassés mirent cinq ans environ à produire tout leur effet, tandis que de la rapure d'os ne persistait que pendant deux ans.

100 kil. d'os verts donnent :

Os proprement dits (phosphate, carbonate de chaux...).   65

Gélatine 28

Graisse 7

$$\overline{100}$$

Soit en acide phosphorique.   20 %

    » en azote. . . . . . . 5 à 6 %

De par leur composition, les os verts s'assimilent difficilement dans le sol.

La graisse protège le tissu osseux contre les actions dissolvantes de certains éléments du sol ; ce tissu organique disparait avec lenteur. On retrouve souvent des matières organiques dans des os qui ont séjourné pendant des siècles dans le sol.

C'est pour faire disparaître ce tissu que les os sont dégraissés ; on a observé que des os verts n'avaient perdu que 8 % de leur poids après un séjour d'un an dans le sol, tandis que des os dégraissés avaient perdu, dans les mêmes conditions, 25 %.

La présence de la graisse dans les os ne permet pas de les réduire en poudre suffisamment fine pour être employés directement en agriculture.

2° Poudre d'os dégraissés.

La poudre d'os dégraissés est ainsi obtenue :

a) DÉGRAISSAGE PHYSIQUE.

Les os verts sont concassés en morceaux de la grosseur d'une noix par les appareils que nous venons de décrire ; ils sont ensuite placés dans des paniers percés de trous et plongés dans de l'eau bouillante. L'ébullition est produite par un foyer ou par un jet de vapeur.

On opère le dégraissage dans un récipient ouvert généralement et à double fond perforé (fig. 208).

Après environ deux heures d'ébullition, la graisse est fluidifiée. On laisse refroidir ; elle se solidifie et se rassemble à la surface où on la recueille. Le liquide qui a servi à cette opération est de nouveau employé au second épuisement, parce qu'étant chargé de gélatine, il en dissoudra moins à la seconde opération ; il y aura donc une perte moindre de gélatine et, par suite, d'azote. On sait que la gélatine est très soluble dans l'eau chaude, très peu dans l'eau froide et qu'elle contient, d'après M. Schützenberger, 17,05 d'azote. Si la digestion des os dans l'eau bouillante chargée de gélatine se renouvelle ou se prolonge, l'extraction de la graisse sera presque complète.

Cette graisse peut être utilisée après purification ; la solution de gélatine est employée à l'engraissement des porcs ou à la fertilisation du sol.

b) Dégraissage chimique.

Le dégraissage chimique des os se fait en employant des dissolvants de la graisse, tels que le sulfure de carbone, la benzine, etc. ; mais, dans ce cas, les os ne peuvent plus servir à la fabrication de la gélatine, car la matière organique se modifie par l'action des dissolvants. Ces os sont très propres à la fabrication de la poudre d'os et du noir animal.

Cette opération se fait de la façon suivante :

Les os bruts ou mieux les concassés sont placés dans une cuve hermétiquement close, à double paroi, appelée *autoclave* (fig. 209).

Ils sont d'abord soumis à une dessiccation pour enlever toute trace d'humidité qui diminuerait le pouvoir dissolvant de la benzine ou du sulfure de carbone ; pour cela, on fait arriver de la vapeur dans le double fond et une pompe aspire l'air humide contenu dans l'autoclave. Quand les os sont secs, on laisse refroidir l'autoclave en arrêtant l'arrivée de vapeur. Le produit carboné entre dans la cuve par aspiration et dissout la graisse après avoir séjourné quelque temps sur les os; on retire la solution de l'appareil en ouvrant le robinet R et on l'envoit à la distillation pour récupérer le dissolvant qui ainsi peut servir à une nouvelle opération.

On dessèche ensuite les os par une injection de vapeur dans le faux fond ; on chasse ainsi les dernières traces de dissolvant. Cette opération-ci porte le nom d'*étuvage*.

Par ce procédé chimique, l'extraction de la graisse est à peu près complète ; il n'en reste guère plus de 1 % dans les os.

Après dégraissage, ils sont pulvérisés, soit au broyeur Karr, soit au moulin à noix et ensuite livrés à l'agriculture.

Les os dégraissés, d'après MM. Müntz et Girard, ont à peu près la composition suivante :

Eau	6,0 à 10,0
Azote	3,5 à 4,0
Acide phosphorique . .	20,0 à 26,0
Potasse	0,2 à 0,3
Chaux	30,0 à 0,32
Magnésie . . . , . .	1,0 à 1,5

Ils peuvent donc être considérés comme engrais phosphatés et azotés.

La conservation de la poudre d'os dégraissés se fait assez difficilement ; elle fermente et il se produit une déperdition d'ammoniaque.

Pour éviter cette perte, on provoque la fermentation par un arrosage de la matière en tas.

Cette poudre, après fermentation, contient 20 à 30 % d'eau, d'où il résulte un abaissement du taux de l'acide phosphorique et de l'azote.

Cette matière s'assimile très rapidement.

3° Poudre d'os dégélatinés.

L'extraction de la gélatine se fait par l'un des procédés suivants :

   a) PAR SIMPLE ÉBULLITION ;

   b) PAR L'EMPLOI DE LA VAPEUR.

Cette opération est motivée par l'augmentation de valeur de la matière azotée des os quand elle est extraite sous forme de gélatine.

La poudre d'os n'est que le résidu de la fabrication de la gélatine.

Ce résidu, débarrassé de la matière azotée, n'est plus qu'un engrais simplement phosphaté ; il a donc pour l'agriculture beaucoup moins de valeur que la poudre d'os dégraissés.

Extraction de la gélatine.

a) PAR SIMPLE ÉBULLITION.

Les os bruts ou verts sont triturés par l'un des appareils que nous avons décrits plus haut.

La poudre grossière est placée dans une chaudière en cuivre s'emboîtant dans un fourneau en briques ; on ajoute de l'eau de façon à noyer complètement les os. On chauffe à l'ébullition pendant une douzaine d'heures, puis on enlève la chaudière et on laisse refroidir. Après un repos de quelques heures, la liqueur est devenue claire, on décante, et on recommence cette opération avec de l'eau fraîche. La première solution de gélatine est concentrée à une douce chaleur, la deuxième est filtrée sur de la toile ; le filtrat est mélangé au premier et le résidu séché et employé comme poudre d'os dégélatinés.

Si cette poudre n'est pas suffisamment fine, il est bon de la moudre avant de la livrer à la consommation.

Ce procédé de fabrication est primitif; aussi lui a-t-on substitué le suivant :

b) PAR L'EMPLOI DE LA VAPEUR

C'est Papin, en 1681, qui le premier traita les os par la vapeur, mais c'est à la fin du XVIIIe siècle que ce système fût employé industriellement : il servait à produire de la gélatine pour l'alimentation humaine.

Dans ce procédé de production de la gélatine, les os verts concassés sont introduits dans un panier A ou réseau métallique cylindrique, qu'on place ensuite dans un autoclave B ou cylindre que l'on peut fermer hermétiquement (fig. 210).

Avant de placer le couvercle C, on introduit la vapeur dans le cylindre pendant au moins une demi-heure. On le ferme alors, et pour que la solution s'écoule, on ouvre le robinet P de vidange de telle façon que la vapeur ne puisse s'échapper.

Au début de l'opération, la graisse est fluidifiée et s'écoule avec l'eau de condensation; après refroidissement, elle est recueillie.

On est parfois obligé de faire dans le cylindre une injection d'eau par le tuyau D, pour amener la solution à un degré de dilution convenable.

La pression de la vapeur varie de 1 1/2 à 2 1/2 atmosphères; pour 100 kil. d'os, il faut environ 60 kil. de vapeur.

Sous la pression de la vapeur, l'osséine est transformée en gélatine qui entre en dissolution.

Lorsque les os sont complètement dégélatinés, on enlève le couvercle, on retire le panier, et les os, après refroidissement, sont soumis à un broyage. A leur sortie de l'autoclave, ils sont plus cassants, plus friables; la matière osseuse se modifie chimiquement et physiquement; la chaux n'est plus dans la même proportion vis-à-vis de l'acide carbonique et de l'acide phosphorique.

100 kil. d'os verts donnent environ 65 kil. d'os dégélatinés.

D'après MM. Müntz et Girard, la composition des os dégélatinés est la suivante :

Eau	6 à 12
Sable	1 à 3
Phosphate de chaux . . .	60 à 70
Carbonate.	3 à 6
Azote	0,9 à 1,80

La poudre d'os dégélatinés est employée quelquefois directement en agriculture, mais le plus souvent elle sert de matière première dans la fabrication du superphosphate d'os.

4° Phosphate d'os précipité

L'extraction de la gélatine par l'action des acides minéraux laisse comme résidu une liqueur phosphorique qui, par addition de chaux, donne du phosphate précipité.

Les os dégraissés par un des systèmes que nous avons décrits sont traités dans de grandes cuves en bois par de l'acide chlorhydrique étendu, marquant environ 5° Baumé.

L'acide dissout la matière minérale de l'os, et la matière animale reste insoluble et conserve la forme de l'os ; cette matière insoluble est de l'osséine. Cette opération est méthodique et très longue : la liqueur coule successivement dans une série de cuves et, étant de plus en plus concentrée, passe sur des os de moins en moins dissous. On décante.

L'osséine est ensuite lavée à l'eau, ou chaulée pour enlever les dernières traces d'acide ; quand on fait le chaulage, l'osséine est lavée mécaniquement pour enlever les dernières traces de chaux ; elle est ensuite transformée en gélatine.

On sait que si on ajoute des fragments d'osséine dans de l'eau maintenue à l'ébullition, cette substance se modifie lentement et se dissout en se transformant en gélatine.

Les liqueurs soutirées des cuves marquent environ 20°; elles sont reçues dans des bacs en bois, d'où on en précipite l'acide phosphorique par un lait de chaux.

A la première dissolution des os par l'acide chlorhydrique, les réactions suivantes se produisent :

$$Ca^3 (PO^4)^2 + 6\ H\ Cl = 3\ Ca\ Cl^2 + 2\ H^3\ PO^4\ et$$
$$Ca\ CO^3 + 2\ H\ Cl = Ca\ Cl^2 + H^2O + CO^2.$$

Cette solution agissant sur des os non complètement dissous, l'acide phosphorique passe à l'état de phosphate monocalcique.

$$Ca\ CO^3 + 2\ H^3\ PO^4 = Ca\ H^4\ (PO^4)^2 + H^2O + CO^2\ ou$$
$$Ca^3 (PO^4)^2 + 2\ H^3\ PO^4 = Ca\ H^4\ (PO^4)^2 + 2\ Ca\ H\ PO^4$$
$$Ca\ H\ PO^4 + H^3\ PO^4 = Ca\ H^4\ (PO^4)^2.$$

L'addition de lait de chaux a produit la réaction suivante :

$$Ca\ H^4\ (PO^4)^2 + CaO = 2\ Ca\ H\ PO^4 + H^2O$$

La liqueur surnageante contient en dissolution du chlorure de calcium.

Pour obtenir du phosphate bicalcique, la précipitation doit se faire dans une solution acide; pour retirer les dernières parties de phosphate monocalcique, il faut précipiter avec un excès de chaux.

Si on veut deux espèces de phosphates précipités, bicalcique et tricalcique, il faut scinder la précipitation.

L'addition de lait de chaux se fait en quantité telle que la liqueur reste acide; après précipitation, on filtre et le précipité de phosphate bicalcique est envoyé au séchoir, où la température ne peut dépasser 100° C.

Le filtrat est reprécipité par de la chaux en léger excès de façon à entraîner les dernières traces de phosphate monocalcique. Le produit obtenu est du phosphate tricalcique pour la plus grande partie. Après dessiccation, il est soumis à un broyage et ensuite mis en sacs.

Les os ayant toujours à peu près la même composition, on emploie toujours pour leur traitement la même quantité d'acide chlorhydrique.

Détermination du poids d'acide chlorhydrique à 21° Baumé nécessaire au traitement de 100 kil. d'os verts.

Nous avons vu que les os que l'on trouve dans le commerce donnent par calcination environ 65 % de cendres et que ces cendres titrent de 60 à 70 % de phosphate tribasique et 7 à 9 % de carbonate de chaux.

La composition moyenne des os verts est donc :

$$\text{Phosphate tricalcique} \quad \frac{65 \times 65}{100} = 42,25, \text{ soit en chaux } 22,89$$

$$\text{Carbonate calcique} \quad \frac{65 \times 8}{100} = 5,20 \qquad \text{id.}$$

$$\text{Poids moléculaires} \begin{cases} \text{phosphate tricalcique } 310 \\ \text{carbonate calcique} \quad . \ 100 \end{cases}$$

Réaction produite dans ce traitement :

$$\frac{42,25}{310} = 0,1363 \ Ca^3 (PO^4)^2 + \frac{5,20}{100} = 0,052 \ Ca \ CO^3$$

$$+ 0,6492 \ H \ Cl = 0,3246 \ Ca \ Cl^2 + 0,1363 \ Ca \ H^4 (PO^4)^2$$

$$+ 0,052 \ CO^2 + 0,052 \ H^2O.$$

Le poids moléculaire de l'acide chlorhydrique étant de 36,457, le poids de l'acide chlorhydrique pour traiter 100 kil. d'os verts est donc de :

$$36,457 \times 0,6492 = 23,70.$$

L'acide du commerce à 21° Baumé contient environ 33 % de gaz acide chlorhydrique en dissolution; les 23 kil. 70 de gaz correspondent donc à :

$$71,80 \text{ d'acide chlorhydrique à } 21°.$$

Comme nous n'avons tenu compte dans nos réactions que du phosphate et du carbonate, nous portons à 80 kil. le poids d'acide chlorhydrique nécessaire pour transformer 100 kil. d'os verts.

Pour 100 kilos d'os dégraissés, il faut $\dfrac{80 \times 100}{93} = 86$ kil.

sachant que les os verts contiennent 7 % de graisse.

Ces quantités théoriques sont souvent majorées dans la pratique pour être certain d'avoir une réaction complète; on emploie généralement poids égal d'acide et d'os dégraissés.

La détermination de la chaux nécessaire pour précipiter le phosphate monobasique de sa solution a été faite précédemment.

5° **Noir animal.**

L'emploi de cette matière tend à disparaître en sucrerie, mais comme elle est encore utilisée en raffinerie, nous devons examiner quelles opérations elle subit avant de faire retour à l'agriculture.

Le noir animal est le résidu de la calcination des os verts en vase clos. C'est en somme un mélange de charbon et de phosphate de chaux.

L'emploi du noir animal en sucrerie et en raffinerie se justifie par les propriétés décolorantes et absorbantes qu'il possède.

Ces propriétés sont mises à profit pour produire la décoloration et la purification des jus et des sirops.

Elles dépendent beaucoup de la densité et de la porosité du produit. Un noir dense sera peu décolorant, un noir léger sera plus absorbant.

Un bon noir doit présenter les qualités suivantes : être bien calciné, être de teinte mate, happer fortement à la langue, être très poreux et par conséquent peu dense.

On reconnaît qu'un noir a été mal calciné à sa teinte ; il est d'un brun roux s'il est trop peu calciné et gris blanchâtre s'il l'est de trop.

La composition d'un noir animal vierge est la suivante (Charpentier) :

Phosphate de chaux	75
Carbonate „	9
Sulfure „	4
„ de fer	3
Carbone	9
	100

L'action du noir a pour résultat d'enlever au sirop de 25 à 30 % des matières colorantes qui y sont contenues, et 1,5 à 2 % du poids du noir des matières minérales, surtout de carbonate de chaux.

La décoloration et la purification du jus ou du sirop se font dans un grand cylindre contenant le noir et appelé *filtre à noir*.

Description de cet appareil (fig. 211) :

A. Cylindre en tôle fermé ou ouvert, souvent enveloppé de calorifuge pour éviter le refroidissement et empêcher la fermentation ;

B. Trou d'homme pour l'enlèvement du noir ;

H. Faux-fond retenant le noir ; ce faux-fond est une tôle perforée recouverte d'un tissu légèrement serré ;

K. Fond du cylindre recevant le liquide filtré, décoloré et purifié ;

F. Noir animal ;

I. Tuyau d'écoulement du liquide filtré ;

R. Robinet pouvant arrêter cet écoulement ;

D.   »   servant à la vidange du filtre ;

S.   »   d'arrivée du sirop à filtrer ;

J.   »   »   du jus   »

E.   »   »   d'eau pour le lavage du noir et du filtre ;

P. Plancher de chargement du noir.

Par la description de l'appareil, on comprend la marche de l'opération. Après le lavage du noir à l'eau chaude, on fait arriver le jus ou le sirop par les robinets J ou S, il traverse la couche de noir F en se décolorant, il se filtre alors au travers de la toile placée sur le faux-fond H, remplit le fond du cylindre K et remonte par le tuyau I.

Connaissant la composition du jus ou du sirop et le pouvoir absorbant du noir, on peut déterminer aisément la quantité de jus qui peut passer efficacement sur ce filtre.

Quand le noir a perdu ses qualités décolorantes et absorbantes, il doit être dégraissé et revivifié.

Le dégraissage est un lavage à l'eau qui s'effectue dans le filtre à noir.

La revivification est une opération qui a pour but de rendre au noir ses propriétés premières.

Elle se fait par fermentation alcoolique, puis lactique et ensuite par calcination.

La fermentation peut être sèche ou humide.

Dans le premier cas, le noir est abandonné en tas, au centre duquel on fait arriver un jet de vapeur ou d'eau pour arroser la masse quand la fermentation est trop rapide.

La fermentation humide se produit en noyant le noir dans des citernes. Cette opération est remplacée par le lavage à eau ou débourbage.

Les appareils les plus utilisés pour effectuer ce lavage sont :

1° La vis d'Archimède légèrement inclinée avec tuyau d'arrosage (fig. 212).

2° Le laveur Klusemann (fig. 213).

3° Le laveur Barbet (fig. 214).

4° Le laveur autrichien (fig. 215).

5° Le laveur universel rotatif (fig. 216).

Ce dernier pourrait être employé aussi au débourbage des phosphates.

Une application se rapprochant de ce système existe aux usines de MM. Hardenpont, Maigret et Cⁱᵉ, à Saint-Symphorien; cet appareil a des dimensions beaucoup plus fortes que celles du laveur universel.

Le lavage se fait parfois aussi avec de l'eau acidulée.

Après ce lavage, le noir est envoyé au four à revivifier dont les principaux systèmes sont :

1° Le four Derrien.

2°   id.   Lecointe et Villette.

3°   id.   Schreiber.

4°   id.   Crespel-Delize.

5°   id.   tournant.

Un noir peut être revivifié de 20 à 25 fois, puis il fait retour à l'agriculture ou à l'industrie des phosphates.

Il a alors la composition suivante :

$$
\begin{array}{lll}
\text{Phosphate de chaux} & . \ . \ . & 65 \text{ à } 75 \\
\text{Carbonate} & \quad . \ . \ . & 15 \text{ à } 25 \\
\text{Eau et un peu d'azote} & . \ . \ . & 5 \text{ à } 10 \ \% \\
\end{array}
$$

Quand il est livré directement à l'agriculture, il doit être finement moulu.

Transformé par l'acide sulfurique, il donne un beau superphosphate d'os bien poreux, parce qu'il contient plus de carbonate de chaux que les os dégraissés ou dégélatinés.

Le noir animal est employé en raffinerie pour le clairçage et la filtration du sirop.

La clarification du jus en sucrerie et la filtration du sirop en raffinerie se font dans le filtre à noir que nous avons décrit.

La clarification ou le clairçage du sirop en raffinerie se font de la façon suivante dans une chaudière à déféquer :

Le sucre est additionné d'eau suffisamment chaude de façon à former un sirop à 32° Beaumé, et à la température de 40°, on ajoute du noir animal et du sang de bœuf. Le tout est brassé et chauffé à l'ébullition. Il se forme à la surface une écume renfermant de l'alumine et de l'hématoglobine coagulées et emprisonnant le noir et les impuretés du sucre. On passe alors aux filtres Taylor. Le gâteau sorti du filtre, après lavage, a une composition qui varie entre les limites suivantes :

Azote . . . .   1.5 à 2 °/₀
Phosphate de chaux . . .   55 à 65
Carbonate   id.   . . .   5 à 12
Matières insolubles   . . .   3 à 15
Eau . . . .   20 à 40

Ce résidu est mis en tas pour subir une fermentation, qui donne à l'acide phosphorique et à l'azote un pouvoir d'assimilation plus rapide.

Après cette fermentation, il est livré à l'agriculture.

Le sirop clarifié est alors dirigé sur le filtre à noir semblable à celui que nous avons décrit.

Ce noir est, comme celui de sucrerie, revivifié un certain nombre de fois, puis fait directement retour à l'agriculture ou au préalable est transformé en superphosphate

6° Cendres d'os

Les cendres d'os résultent de la calcination des os de ruminants, qui forment des gisements assez considérables le long de la chaîne des Andes (Amérique du Sud).

Ces os servent de combustible dans certaines usines de la Plata. Après broyage, les cendres d'os sont transformées par l'acide sulfurique en superphosphates solubles dans l'eau.

COMPOSITION DES CENDRES D'OS (BOBIERRE)

	I	II
Charbon et matière organique. . .	3	3,5
Résidu siliceux	21	8,5
Phosphate de chaux et de magnésie.	66	78,2
Carbonate de chaux	10	9,8

7° Poudre fertilisante

Fabrication de la Compagnie Liebig à Fray-Bentos.

La fabrication de l'extrait de Liebig donne lieu à une production journalière qui atteint parfois 40 tonnes de poudre fertilisante.

L'abatage annuel est de 150,000 à 200,000 animaux.

Cette farine d'os est ainsi obtenue :

Après l'abatage et le dépeçage des animaux, on fait le désossement, et de la viande on retire l'Extrait de Liebig.

Les os couverts de déchets de viande et les organes internes : poumons, foie, estomac et intestins vidés, sont jetés dans d'immenses réservoirs en fer appelés « digesteurs » ; ils peuvent contenir les dépouilles de plus de cent têtes de bétail. Pendant six heures, ces dépouilles sont soumises à une pression de trois atmosphères pour en exprimer le suif; lorsque celui-ci est complètement fondu, on le fait déborder des réservoirs en faisant une rentrée d'eau par le bas; quand l'évacuation du suif est complète, on décante l'eau; il reste dans les réservoirs une masse molle et humide, on la retire et on la fait sécher au soleil, puis elle passe dans des broyeurs d'os et ensuite dans des meules et des blutoirs, puis est mise en sacs.

Les gros os, après dessiccation, sont séparés et moulus pour en faire de la poudre d'os.

8º Poudre d'os de poissons

Les guanos de poissons sont formés de débris de sardines, de harengs, de morues, de baleines, d'écrevisses et de crabes.

Un certain nombre d'usines sont installées dans ce but aux îles Loffoden, sur les côtes de Norvège.

Les guanos de poissons sont ainsi fabriqués :

Les poissons sont coupés en morceaux et soumis à une pression à froid à l'aide de presses hydrauliques pour en extraire l'huile.

Le tourteau passe ensuite dans des chaudières où l'eau bouillante achève la séparation de l'huile; cette opération est semblable à celle du dégraissage des os que nous avons décrit.

L'extraction de la gélatine se fait comme pour les os d'animaux ; le résidu est alors séché légèrement sur un séchoir à *plaques*. Cette opération rend le produit plus friable; il est alors broyé et est livré au commerce sous le nom de poudre d'os de poissons.

Les guanos de poissons sont aussi traités par l'acide sulfurique; ces produits sont pâteux et trouvent peu d'amateurs sur le marché.

Cette transformation n'est pas à recommander.

Les guanos de poissons devraient être réduits en poudrette, après avoir été débarrassés de leur huile, et livrés ainsi à l'agriculture sans avoir subi de transformation chimique.

La poudre d'os de poissons dégélatinés a la même composition que le phosphate d'os de mammifères.

Si l'on ne fait pas l'extraction de la gélatine, on obtient un engrais azoté dont la composition varie dans les limites suivantes :

Acide phosphorique .   5 à 14 °/₀
Azote . . . .   8 à 11 °/₀
Potasse. . . . . .   1 °/₀

IX

Phosphate minéral

Le phosphate minéral est depuis quelques années beaucoup employé en agriculture. Comme assimilabilité, il ne diffère du superphosphate que par son état moléculaire ; dans ce dernier, la dissociation est atteinte par l'action de l'acide sulfurique ; dans le premier, on tend vers ce but par la division mécanique. Celle-ci doit varier avec la dureté du phosphate : plus il est dur, plus le degré de finesse doit être grand.

L'assimilabilité des phosphates minéraux varie en raison inverse de leur dureté et en raison directe de leur degré de finesse.

On emploie généralement le tamis de $0^{mm}17$ (voir table p. 199) pour la détermination de la finesse d'un phosphate.

Les phosphates minéraux employés *directement* en agriculture doivent avoir un degré de finesse tel que 75 °/₀ au moins de la matière passent au tamis de $0^{mm}17$ avec une tolérance de 5 °/₀.

Les appareils à recommander pour produire cette fine mouture sont les broyeurs réduisant par écrasement (voir p. 190).

Jusqu'en ces derniers temps et aujourd'hui encore, les phosphates des *grès verts* ont été fort recherchés en agriculture. Cette préférence non justifiée accordée à ces phosphates a engagé certains industriels à donner à des produits d'une autre provenance l'aspect et l'apparence des phosphates des grès verts.

La coloration en vert s'obtient par les verts d'aniline.

Les phosphates de la Picardie, du Hainaut et de la Hesbaye servent parfois à la sophistication des guanos et des scories basiques. Ces minerais, pour prendre la couleur des guanos, sont fortement séchés et sont portés à une température assez élevée. Ils se colorent ainsi en brun.

Le succédané des scories est obtenu par la dessiccation du phosphate mélangé de charbon minéral en poudre; on peut employer des schlamms résultant du lavage des charbons.

Le séchoir Ruelle se prête fort bien à ces diverses préparations.

Les phosphates verdis et noircis peuvent toujours se reconnaitre à la trace qu'ils laissent au toucher.

On trouve dans le commerce un phosphate chaulé remplaçant les scories Thomas.

On pense que l'assimilabilité du phosphate basique est activée par la présence de la chaux libre; partant de cette idée, certains industriels ont additionné les phosphates minéraux de 15 à 20 % de chaux vive.

Ce nouveau produit est aujourd'hui très demandé sur le marché.

On emploie aussi en agriculture de la craie grise calcinée à laquelle on a donné le nom de *thermophosphate*; on le fabrique dans le Hainaut.

Densités des solutions aqueuses d'acide sulfurique à + 15° (J. Kolb)

Degrés Baumé	Densités	100 parties en poids contiennent				Un litre contient en kilogramme			
		SO3 p. 100	H2SO4 p. 100	Acide à 60° Baumé	Acide à 53° Baumé	SO3	H2SO4	Acide à 60° Baumé	Acide à 53° Baumé
0	1,000	0,7	0,9	1,2	1,3	0,007	0,009	0,012	0,013
1	1,007	1,5	1,9	2,4	2,8	0,015	0,019	0,024	0,028
2	1,014	2,3	2,8	3,6	4,2	0,023	0,028	0,036	0,042
3	1,022	3,1	3,8	4,9	5,7	0,032	0,039	0,050	0,058
4	1,029	3,9	4,8	6,1	7,2	0,040	0,049	0,063	0,074
5	1,037	4,7	5,8	7,4	8,7	0,049	0,060	0,077	0,090
6	1,045	5,6	6,8	8,7	10,2	0,059	0,071	0,091	0,107
7	1,052	6,4	7,8	10,0	11,7	0,067	0,082	0,105	0,123
8	1,060	7,2	8,8	11,3	13,1	0,076	0,093	0,120	0,139
9	1,067	8,0	9,8	12,6	14,6	0,085	0,105	0,134	0,156
10	1,075	8,8	10,8	13,8	16,1	0,095	0,116	0,148	0,173
11	1,083	9,7	11,9	15,2	17,8	0,105	0,129	0,165	0,193
12	1,091	10,6	13,0	16,7	19,4	0,116	0,142	0,182	0,211
13	1,100	11,5	14,1	18,1	21,0	0,126	0,155	0,199	0,231
14	1,108	12,4	15,2	19,5	22,7	0,137	0,168	0,216	0,251
15	1,116	13,2	16,2	20,7	24,2	0,147	0,181	0,231	0,270
16	1,125	14,4	17,3	22,2	25,8	0,159	0,195	0,250	0,290
17	1,134	15,1	18,5	23,7	27,6	0,172	0,210	0,269	0,313
18	1,142	16,0	19,6	25,1	29,2	0,183	0,224	0,287	0,333
19	1,152	17,0	20,8	26,6	31,0	0,196	0,233	0,306	0,357
20	1,162	18,0	22,2	28,4	33,1	0,209	0,258	0,330	0,385
21	1,171	19,0	23,3	29,8	34,8	0,222	0,273	0,349	0,407
22	1,180	20,0	24,5	31,4	36,6	0,236	0,289	0,370	0,432
23	1,190	21,1	25,8	33,0	38,5	0,254	0,307	0,393	0,458
24	1,200	22,1	27,1	34,7	40,5	0,265	0,325	0,416	0,486
25	1,210	23,2	28,4	36,4	42,4	0,281	0,344	0,440	0,513
26	1,220	24,2	29,6	37,9	44,2	0,295	0,361	0,463	0,539
27	1,231	25,3	31,0	39,7	46,3	0,311	0,382	0,489	0,570
28	1,241	26,3	32,2	41,2	48,1	0,326	0,400	0,511	0,597
29	1,252	27,3	33,4	42,8	49,9	0,342	0,418	0,536	0,625
30	1,263	28,3	34,7	44,4	51,8	0,357	0,438	0,561	0,654
31	1 274	29,4	36,0	46,1	53,7	0,374	0,459	0,587	0,684
32	1,285	30,5	37,4	47,9	55,8	0,392	0,481	0,616	0,717
33	1,297	31,7	38,8	49,7	57,9	0,411	0,503	0,645	0,751

Densités des solutions aqueuses d'acide sulfurique à + 15° (J. Kolb)

Degrés Baumé	Densités	100 parties en poids contiennent				Un litre contient en kilogramme			
		SO^3 p. 100	H^2SO^4 p. 100	Acide à 60° Baumé	Acide à 53° Baumé	SO^3	H^2SO^4	Acide à 60° Baumé	Acide à 53° Baumé
34	1,308	32,8	40,2	51,1	60,0	0,429	0,526	0,674	0,785
35	1,320	33,8	41,6	53,3	62,1	0,447	0,549	0,704	0,820
36	1,332	35,1	43,0	55,1	64,2	0,468	0 573	0.734	0,856
37	1,345	36,2	44,4	56,9	66,3	0,487	0,597	0,765	0,892
38	1,357	37,2	45,5	58,3	67,9	0,505	0,617	0,791	0 921
39	1,370	38,3	46,9	60,0	70,0	0,525	0 642	0,822	0,959
40	1,383	39,5	48,3	61,9	72,1	0,546	0,668	0,856	0,997
41	1,397	40,7	49,8	63,8	74,3	0,569	0,696	0,891	1,038
42	1,410	41,8	51,2	65,6	76,4	0,589	0,722	0,925	1,077
43	1,424	42,9	52,8	67,4	78,5	0,611	0,749	0,960	1,108
44	1,438	44.1	54,0	69,1	80,6	0,634	0,777	0.994	1,159
45	1,453	45,2	55,4	70 9	82,7	0,657	0,805	1,030	1,202
46	1,468	46,4	56,9	72,9	84,9	0,681	0,835	1,070	1,246
47	1,483	47,6	58,3	74,7	87,0	0,706	0,864	1.108	1,290
48	1,498	48,7	59,6	76,3	89,0	0,730	0,893	1,143	1,330
49	1,514	49,8	61,0	78,1	91,0	0,754	0,923	1,182	1.378
50	1,530	51,0	62,5	80,0	93,3	0,780	0,956	1,224	1,427
51	1,546	52,2	64,0	82,0	95,5	0,807	0,990	1,268	1,477
52	1,563	53,5	65,5	83,9	97,8	0,836	1,024	1,311	1,529
53	1,580	54,9	67,0	85,8	100,0	0,867	1,059	1,355	1,580
54	1,597	56,0	68,6	87,8	102,4	0,894	1,095	1,402	1,636
55	1,615	57,1	70,0	89,6	104,5	0,922	1,131	1,447	1,688
56	1,634	58,4	71,6	91,7	106.9	0,954	1,170	1,499	1,747
57	1,652	59,7	73,2	93,7	109.2	0,986	1,210	1,548	1,804
58	1,672	61,0	74,7	95,7	111,5	1,019	1,248	1,599	1,863
59	1,691	62,4	76,4	97,8	114,0	1,055	1,292	1,654	1,928
60	1,711	63,8	78,1	100,0	116,6	1,092	1,336	1,711	1,995
61	1,732	65,2	79,9	102,3	119,2	1,129	1,384	1,772	2,065
62	1,753	66,7	81,7	104,6	121,9	1,169	1,432	1,838	2,137
63	1,774	68,7	84,1	107,7	125,5	1,219	1,492	1,911	2,226
64	1,796	70,6	86,5	110,8	129.1	1,268	1,554	1,990	2,319
65	1,819	73,2	89,7	114,8	138.8	1,332	1,632	2,088	2,434
66	1,842	81,6	100,0	128,0	149,3	1,523	1,842	2,358	2,750

Densités des solutions d'acide chlorhydrique à + 15°.

Degrés à l'aréomètre Baumé	Densités	100 p. contiennent en gaz H Cl
0-1	1,0020	0,408
	1,0040	0,816
	1,0060	1,224
1-2	1,0080	1,631
	1,0100	2,039
	1,0120	2,447
2-3	1,0140	2,854
	1,0160	3,262
	1,0180	3,670
	1,0200	4,078
3-4	1,0220	4,486
	1,0239	4,893
	1,0259	5,301
	1,0279	5,701
4-5	1,0298	6,116
	1,0318	6,524
	1,0337	6,632
5-6	1,0357	7,340
	1,0377	7,747
	1,0397	8,155
	1,0417	8,563
	1,0437	8,971
6-7	1,0457	9,379
	1,0477	9,768
	1,0497	10,194
	1,0517	10,602
7-8	1,0537	11,010
	1,0557	11,418
	1,0577	11,824
	1,0597	12,233
8-9	1,0617	12,641
	1,0637	13,049
	1,0657	13,156

Degrés à l'aréomètre Baumé	Densités	100 p. contiennent en gaz H Cl
9-10	1,0677	13,363
	1,0697	14,271
	1,0718	14,679
	1,0738	15,087
10-11	1,0758	15,494
	1,0778	15,902
	1,0798	16,310
	1,0818	16,718
11-12	1,0838	17,126
	1,0859	17,534
	1,0879	17,941
	1,0899	18,349
12-13	1,0919	18,757
	1,0939	19,162
	1,0960	19,572
	1,0980	19,980
13-14	1,1000	20,388
	1,1020	20,796
	1,1041	21,203
	1,1061	21,611
14-15	1,1082	22,019
	1,1102	22,426
	1,1123	22,834
	1,1143	23,242
15-16	1,1164	23,650
	1,1185	24,058
	1,1206	24,466
	1,1226	24,874
16-17	1,1247	25,282
	1,1267	25,690
	1,1287	26,098
	1,1308	26,505
17-18	1,1328	26,913
	1,1349	27,321
	1,1369	27,728
	1,1389	28,136
	1,1410	28,544

Degrés à l'aréomètre Baumé	Densités	100 p. contiennent en gaz H Cl
18-19	1,1431	28,951
	1,1452	29,559
	1,1473	29,767
	1,1494	30,174
19-20	1,1515	30,582
	1,1536	30,990
	1,1557	31,398
	1,1578	31,805
20	1,1599	32,213
	1,1620	32,621
20-21	1,1641	33,029
	1,1661	33,437
	1,1681	33,845
	1,1701	34,252
21-22	1,1721	34,660
	1,1741	35,068
	1,1762	35,476
	1,1782	35,884
22-23	1,1802	36,292
	1,1822	36,700
	1,1846	37,108
	1,1859	37,516
23-24	1,1875	37,923
	1,1893	38,330
	1,1910	38,738
	1,1928	39,146
24	1,1946	39,554
	1,1964	39,961
	1,1982	40,369
24-25	1,2000	40,777
25	1,210	42,4
25 5	1,212	42,9

Densités des solutions aqueuses d'acide nitrique à + 15°

(J. KOLB.)

Degrés à l'aréom. Baumé.	Densités.	100 p. contiennent à 15°		Degrés à l'aréom. Baumé.	Densités.	100 p. contiennent à 15°	
		AzO^5,HO	AzO^5			AzO^5,HO	AzO^5
0	1,000	0,2	0,4	36	1,334	52,9	45,3
1	1,007	1,5	1,3	37	1,346	55,0	47,1
5	1,036	6,3	5,4	38	1,359	57,3	49,1
10	1,075	12,7	10,9	39	1,372	59,6	51,1
15	1,116	19,4	16,6	40	1,384	61,7	52,9
20	1,161	26,3	22,5	41	1,398	64,5	55,3
22	1,180	29,2	25,0	42	1,412	67,5	57 9
24	1,199	32,4	27,5	43	1,426	70,6	60,5
26	1,221	35,5	30,4	44	1,440	74,4	63,8
28	1,242	38,6	33,1	45	1,454	78,4	67,2
30	1,261	41,5	35,6	46	1,470	83,0	71,1
31	1,275	43,5	37,3	47	1,485	87,1	74,7
32	1,286	45,0	38,6	48	1,501	92,6	79,4
33	1,298	47,1	40,4	49	1,516	96,0	82,3
34	1,309	48,6	41,7	49,5	1,524	98,0	84,0
35	1,321	50,7	43,5	49,9	1,530	100,0	85,1

CHAPITRE IX

Tableau des produits phosphatés classés suivant leur degré présumé d'assimilabilité.

A. Phosphates transformés chimiquement.

- Phosphates solubles dans l'eau
  - organiques.
  - minéraux.
- Phosphates solubles dans le citrate d'ammoniaque.
  - superphosph^tes proprement dits.
  - superph. doubles.
  - phosph. précipités.
  - " basiques.

B. Phosphates naturels.

- Phosphates organiques.
  - Guanos.
    - Guanos de déjections.
      - guanos de poissons.
      - guanos azotés.
      - " phosphatés.
  - phosphates d'os.
- Phosphates minéralisés d'origine organique.
  - Phosphates noduleux.
    - guanos en roche.
    - des Ardennes.
    - Pas-de-Calais, Boulonnais.
    - Pernes.
    - Cambrésis.
    - Liége.
    - Caroline.
    - Floride.
    - Comtés du sud de l'Angleterre.
  - Phosphates arénacés.
    - de Ciply.
      - craie brune.
      - " grise.
    - de la Somme.
      - phosphate riche.
      - craie grise
- Phosphates filoniens concrétionnés.
  - Cacérés.
- Phosphates minéraux cristallisés d'origine inorganique.
  - apatites Suède et Norwège.
  - apatites Nassau.
  - " Canada.

Description des produits phosphatés classés suivant leur degré présumé d'assimilabilité.

A

Phosphates transformés chimiquement.

1° Superphosphates solubles dans l'eau (organiques et minéraux).

2° Superphosphates solubles dans le citrate, comprenant : les superphosphates proprement dits, les superphosphates doubles, les phosphates précipités et les phosphates basiques.

B

Phosphates naturels.

I. Phosphates organiques, comprenant :

    a) Guanos ;

    b) Phosphates d'os.

II. Phosphates minéralisés d'origine organique, comprenant :

1° Les guanos en roche ;

2° Les phosphates noduleux des Ardennes, du Pas-de-Calais, du Boulonnais, du Cambresis, de la Meuse, de la Hesbaye, de la Caroline, de la Floride, des comtés du Sud de l'Angleterre ;

3° Les phosphates arénacés de Ciply et de la Somme.

III. Les phosphates filoniens concrétionnés : Cacérés.

IV. Les phosphates minéraux cristallisés d'origine morganique : les apatites de Suède et de Norvège, de Nassau, du Canada.

Si tous les phosphates se trouvaient dans le même état moléculaire, on pourrait dire qu'ils ont tous la même valeur au point de vue cultural, comme pourvoyeur d'acide phosphorique, mais cet état moléculaire varie essentiellement d'un produit à un autre.

La désagrégation des molécules est obtenue par deux moyens, l'un chimique, l'autre mécanique ; le premier est absolu ; non seulement la molécule de phosphate est désagrégée, mais elle change même de composition, ce que ne peut produire évidemment aucun moyen mécanique. Il y aura donc toujours une différence bien nette entre les produits résultant du traitement chimique et ceux résultant du traitement physique ; mais, au point de vue cultural, cette différence peut être complètement effacée, suivant la nature du sol dans lequel est incorporé le phosphate.

La désagrégation chimique coûtant généralement plus cher que la désagrégation physique, les phosphates ne subiront ce premier traitement que pour autant qu'ils résisteront au second.

On ne peut guère faire une distinction bien nette entre les phosphates devant subir le traitement chimique et les autres, dans la pratique, cette distinction est ainsi faite : les produits *bas titres* sont employés directement en agriculture et les hauts titres sont transformés en superphosphates.

A

PHOSPHATES TRANSFORMÉS CHIMIQUEMENT.

Superphosphates.

On entend par superphosphate le résultat de la transformation d'un phosphate tribasique en phosphate bibasique et monobasique par l'action d'un acide minéral à un degré de concentration déterminé. Jusqu'à ce jour, l'acide employé est l'acide sulfurique ; si le phosphate est assez pur et si l'on a employé une quantité suffisante d'acide, on a du superphosphate soluble dans l'eau ; s'il n'est pas pur de fer et d'alumine, on a du superphosphate soluble dans le citrate d'ammoniaque.

1. SOLUBLE DANS L'EAU.

Le superphosphate soluble dans l'eau résultant du traitement des os est préféré au superphosphate minéral, parceque le premier est exempt de fer et d'alumine et qu'ainsi il n'y aura pas de rétrogradation ultérieure et en second lieu parcequ'il contient des matières organiques.

Ce produit est très recherché des cultivateurs ; nous pensons cependant que le prix actuel de l'acide phosphorique du superphosphate d'os n'est pas en rapport avec sa valeur réelle.

L'acide phosphorique soluble dans l'eau, qu'il provienne des os ou des phosphates minéraux, a absolument la même valeur comme engrais ; or, l'acide phosphorique des superphosphates minéraux coûte moins cher ; le choix est donc tout indiqué pour le cultivateur voulant se procurer du superphosphate soluble dans l'eau.

Il sera de préférence employé dans les sols calcareux et surtout lorsque l'on désire obtenir un effet immédiat.

2. Soluble dans le citrate d'ammoniaque.

Les superphosphates solubles dans le citrate ont la même valeur comme engrais que les superphosphates solubles dans l'eau; mais au point de vue commercial ils sont généralement cotés fr. 0,05 de moins à l'unité.

En France, en Amérique et en Belgique, les cultivateurs ne font pas de distinction entre ces deux formes de l'acide phosphorique; mais en Allemagne, en Angleterre, en Suède, en Norwège et en Russie, les superphosphates solubles dans le citrate sont moins demandés que ceux solubles dans l'eau.

Cette distinction entre le soluble dans l'eau et le soluble dans le citrate n'a plus lieu d'être, puisqu'il est reconnu que le premier, après incorporation dans le sol passe à l'état bibasique. D'ailleurs, des expériences pratiques ont démontré l'inanité de cette différenciation.

Si le phosphate soluble dans l'eau ne rétrogradait pas dans le sol, on constaterait l'entraînement de l'acide phosphorique par les eaux de drainage et il serait très dangereux par l'action de l'acide sur les racines. Là où l'acide phosphorique soluble dans l'eau ne peut être saturé, le superphosphate devient un véritable poison pour les plantes; dans les sols non calcareux, il convient même de répandre le superphosphate assez long-temps avant les semailles pour que l'acide phosphorique ait le temps de se saturer.

C'est surtout grâce aux travaux de M. Pétermann et de M. Joulie que nous devons l'emploi du citrate pour la détermination de la valeur des superphosphates.

De tous les dissolvants se rapprochant, autant qu'il est possible, de ce qui se passe dans le sol, le citrate d'ammoniaque est le seul connu remplissant bien ce rôle.

Il sépare d'une façon absolue le phosphate tribasique du bibasique.

Certains chimistes prétendaient que le citrate d'ammoniaque dissolvait le phosphate tribasique précipité ou le phosphate finement pulvérisé. Cette erreur provient de ce qu'il est très difficile de faire du phosphate tribasique précipité sans qu'il soit accompagné de bibasique et d'autre part ces chimistes perdaient de vue que le phosphate de fer est soluble dans le citrate d'ammoniaque.

Le superphosphate est encore le produit le plus employé en agriculture comme engrais phosphaté ; mais actuellement, dans certains cas, on tend à le remplacer par le phosphate minéral finement moulu et par le phosphate basique.

M. de Maizières, dans une note publiée par le journal *l'Engrais* du 5 septembre 1890, démontre d'une façon péremptoire que le phosphate de chaux finement moulu ne peut remplacer le superphosphate, mais qu'il peut prendre place à ses côtés comme matière fertilisante.

En effet, MM. Schlœsing et Grandeau ont mis en lumière les deux fait suivants, à savoir :

1° « Que les plantes ne se nourrissent pas d'aliments solubles, car ces aliments existent dans le sol à l'état insoluble et sous cette forme ils sont aptes à nourrir les végétaux ; que notamment pour les phosphates, les racines des plantes ont la faculté de les dissoudre au moyen d'un suc acide qu'elles contiennent et de se les assimiler par endosmose.

2° » Que l'acide phosphorique soluble du superphosphate, après sa dissolution dans le sol, repasse à l'état insoluble en se combinant à des bases telles que la chaux, l'alumine, etc... »

Connaissant ces deux faits, on a posé tout naturellement la question suivante : pourquoi, puisque l'acide phosphorique du superphosphate redevient insoluble après sa dissolution, ne pas employer du phosphate minéral tribasique, qui coûte à l'unité bien meilleur marché ? Pour deux raisons absolument concluantes :

1° Par la diffusion plus grande de l'acide phosphorique dans les superphosphates.

2° Par l'état physique du superphosphate devenu insoluble après incorporation dans le sol.

Effectivement, dit M. de Maizières, : « Si les racines des plantes « peuvent absorber, en le solubilisant, du phosphate insoluble, « encore faut-il que le phosphate soit tellement bien incorporé « au sol, qu'il arrive au contact de toutes les racines ; les « plantes, malgré les mille ramifications de leurs radicelles, « ne marchent pas pour aller chercher leur nourriture : il faut « que cette nourriture vienne à leur portée, par leur incorpo- « ration dans les moindres parties du sol.

« Or, quand on répand sur un hectare 5 ou 600 kil. de phos- » phate, cela fait 60 gr., en supposant une profondeur de 0^m50 du

« sol arable, pour 1/2 mètre cube de terre. Malgré les labours
« et les hersages, cette division n'est pas possible. »

Les choses se passent tout autrement si on emploie du
superphosphate; il se dissout rapidement quand il est répandu
sur le sol; l'acide phosphorique pénètre toutes les particules de
la couche végétale et tout en repassant bientôt à l'état insoluble, il se présente, par suite de cette diffusion, à la portée de
toutes les radicelles des plantes.

Si l'acide phosphorique passe à l'état insoluble, le sel
obtenu est à l'*état naissant*, et dans ces conditions il est bien
plus apte à être osmosé au travers des cellules de la plante que
le phosphate tribasique naturel; tel le fer métallique obtenu
par réduction est employé en thérapeutique et est considéré
comme assimilable par les sucs de l'estomac, alors que le fer en
poudre ne peut présenter la même assimilabilité.

Ne voyons-nous pas aussi dans les tableaux de solubilité des
phosphates, le phosphate précipité occuper le haut de l'échelle
et le tribasique minéral les derniers degrés de cette échelle?

Les superphosphates sont utilisés dans la proportion de 40
à 50 kil. d'acide phosphorique par hectare; pour la culture
intensive, on atteint 60 et même 100 kil. et plus par hectare.
Ils sont très efficaces dans la culture des céréales et des racines;
mais leurs effets sont plus marqués lorsqu'ils sont employés
concurremment avec des engrais azotés, à moins toutefois que
le sol ne soit riche en humus fertile; alors une addition de sels
potassiques est à conseiller.

Les superphosphates améliorent la qualité des produits
récoltés; ils seront, dans un avenir prochain, limités dans leur
emploi; cependant, ils conviendront toujours pour les terrains
basiques et surtout pour produire une augmentation immédiate
de rendement; dans bien d'autres cas, le phosphate naturel
et le phosphate basique pourront, comme dépense, le remplacer
avantageusement.

Superphosphate double.

Lorsqu'on ajoute du phosphate de chaux dans une solution
concentrée d'acide phosphorique, on obtient du superphosphate
double. Il titre de 35 à 45 % d'acide phosphorique, dont 4 à
10 % soluble dans le citrate seulement.

Ce produit est l'égal du superphosphate ordinaire et du
précipité.

Le superphosphate double comme le précipité est un produit d'exportation, puisqu'ils sont trois fois plus riches en acide phosphorique soluble que le superphosphate ordinaire; les frais de transport à l'unité sont donc réduits des 2/3.

Phosphate précipité.

Lorsqu'on ajoute de la chaux dans une solution d'acide phosphorique obtenue par l'attaque des phosphates par un acide minéral, on obtient du phosphate précipité. Il est généralement vendu au degré d'acide soluble dans le citrate.

Ce produit titre de 36 à 40 % d'acide phosphorique total; mais parfois la moitié de l'acide phosphorique est insoluble dans le citrate.

Les phosphates précipités, au point de vue cultural, ont la même valeur que les superphosphates; seulement, par suite de leur richesse en acide phosphorique, ils sont surtout recherchés pour la fabrication des engrais composés riches.

Phosphate basique

Il doit être classé dans la catégorie des phosphates transformés chimiquement, mais il ne peut être considéré comme ayant la même assimilabilité que les phosphates transformés par l'action d'un acide minéral. Dans l'échelle d'assimilabilité des phosphates, il précédera les guanos.

Le phosphate basique est le laitier ou la scorie résultant de la fabrication de l'acier Bessemer par le procédé Thomas et Gilchrist.

Les scories sont livrées aujourd'hui au commerce avec une mouture variant de 50 à 80 % de poudre fine, passant au tamis, en toile de fil de laiton, n° 100. Les trous carrés de ce tamis ont 0 $^{m/m}$ 175 de côté (voir table, page 199). Les scories ne donnent généralement que 2 % de refus au tamis 45.

La composition chimique du phosphate basique n'est pas encore bien déterminée.

Certains chimistes, d'une part, prétendent que l'acide phosphorique dans les scories est combiné entièrement à la chaux et sous une forme nouvelle. L'acide phosphorique serait combiné à 4 molécules de chaux! Ce phosphate tétrabasique serait soluble dans le citrate d'ammoniaque alcalin; cependant, quelle que soit la finesse de mouture du phosphate basique, on n'a pu le dissoudre complètement dans ce dissolvant.

D'autre part, d'autres chimistes ont démontré que dans le phosphate Thomas l'acide phosphorique est combiné : une partie à l'oxyde de fer et l'autre partie à la chaux.

La température élevée à laquelle cette combinaison s'est formée permet de croire que l'acide phosphorique en présence a dû donner naissance à du métaphosphate de fer.

Les métaphosphates se changent facilement en phosphates tribasiques en présence d'une base en excès ; le métaphosphate de fer, en présence de la chaux, donnerait, d'une part, du phosphate de fer soluble dans le citrate d'ammoniaque, lorsqu'il est suffisamment pulvérisé, et du phosphate de chaux tribasique insoluble dans ce dissolvant.

MM. Hanuise et Souris seraient arrivés à formuler la composition du phosphate des scories en faisant les recherches suivantes :

En voulant déterminer le degré de solubilité dans le citrate de certains phosphates minéraux, réduits en poudre impalpable, ces chimistes ont trouvé que la teneur en acide phosphorique soluble dans le citrate était toujours en rapport moléculaire avec la teneur en oxyde de fer, contenu dans la dissolution citrique, et ils constatèrent, en outre, que la dissolution citrique ne contenait pas la moindre trace de chaux.

L'acide phosphorique soluble était donc bien combiné au fer.

La conclusion de leurs recherches est la suivante :

1° Dans le phosphate Thomas et dans les phosphates minéraux, l'acide phosphorique soluble dans le citrate est combiné à l'oxyde de fer ou d'alumine.

2° Le phosphate de chaux tribasique est insoluble dans le citrate d'ammoniaque alcalin.

Kolb émet la même opinion dans *l'Encyclopédie chimique de Frémy*.

Ne serait-il pas plus sûr de chercher à contrôler, par d'autres moyens chimiques, la composition moléculaire du phosphate basique, donnée par **MM.** Hanuise et Souris, plutôt que de croire à une nouvelle combinaison de l'acide phosphorique avec la chaux, combinaison qui, formée à la température de fusion de l'acier, aurait des propriétés en opposition absolue avec celles que possèdent les autres produits phosphatés, vis-à-vis du citrate d'ammoniaque alcalin. On sait qu'un phosphate calcique, soluble dans l'eau, chauffé à une haute température devient insoluble même dans le citrate.

MM. Müntz et Girard disent aussi dans leur traité *Les Engrais* «que l'acide phosphorique dans le phosphate Thomas, y existe, pour la plus grande partie, à l'état de phosphate tribasique de chaux».

La composition centésimale des phosphates basiques varie dans les limites suivantes :

Silice . . . 5 à 13 %

Acide phosph. 11 à 19 %} moyenne (10 %, insol. dans le citr. comb. à 3 CaO
approxim. 16) 6 % soluble   "   "   au fer.

Alumine . . 1 à 7 %

Ox. ferrique . 1 à 18 %

" ferreux . 0,5 à 17 %

Chaux . . . 33 à 45 %} moyenne) 18 % combiné à l'acide phosphorique.
approxim. 40 } 22 %   "   silicique.

Magnésie . . 6 à 13 %

Ox. manganeux . 4,5 à 10 %

Cette composition varie avec le contact plus au moins prolongé de la scorie avec la fonte, avec la composition de celle-ci, avec la proportion et la nature de la matière calcaire ou magnésienne qu'on y ajoute.

Les scories recueillies du convertisseur avant l'addition finale sont plus pauvres en acide phosphorique ; leur teneur descend jusqu'à 7 % d'acide phosphorique ; elles contiennent plus de chaux libre, se délitent plus facilement à l'air et sont d'aspect moins métallique.

Celles retirées du chaudron dans lequel se fait la vidange du convertisseur sont plus riches en acide phosphorique, leur teneur monte jusque 23 % d'acide phosphorique

Par une mouture excessive, on a trouvé que presque la moitié de l'acide phosphorique était soluble dans le citrate d'ammoniaque; mais dans la pratique, le phosphate basique ne contient que 2 à 4 % d'acide phosphorique soluble dans le citrate.

EMPLOI DU PHOSPHATE BASIQUE. — D'après des expériences culturales faites avec des scories, il résulte que deux kilos d'acide phosphorique de scorie produisent le même effet immédiat qu'un kilo d'acide phosphorique de superphosphate, pour autant que la scorie ne donne pas plus de 20 % de refus au tamis de 0 ᵐᵐ 17.

Le superphosphate valant aujourd'hui 0 fr. 40 l'unité d'acide phosphorique, le phosphate basique ne devrait se payer que

0 fr. 20 ; mais, son effet n'étant pas limité à la première année, sa valeur augmente donc de ce fait ; il est coté à ce jour 0 fr. 24 l'unité. Ce produit, après 7 ou 8 années d'emploi, a donc atteint sa valeur intrinsèque comme engrais.

La valeur du phosphate basique comme pourvoyeur d'acide phosphorique n'est plus à discuter ; mais un inconvénient que l'emploi répété du phosphate basique pourrait occasionner, est l'incorporation de chaux libre dans des sols qui n'en réclament pas.

Certains agronomes prétendent que cette chaux libre, agissant comme stimulant, ne serait pas étrangère à la grande activité du phosphate basique, surtout dans les terrains non calcareux.

Le phosphate basique est particulièrement favorable aux terres marécageuses et aux prairies riches en humus ; il donne aussi de bons résultats dans les terres sablonneuses et argileuses et généralement dans toutes celles qui sont pauvres en calcaire.

Le phosphate basique ne peut pas être employé en mélange avec les sels ammoniacaux, parce que la chaux libre mettrait l'ammoniaque en liberté et provoquerait ainsi une perte d'azote ; il ne faut pas non plus le mélanger au nitrate de soude. Il convient d'employer les scories longtemps avant l'ensemencement, de les répandre déjà en automne pour les terres qui seraient ensemencées au printemps, et de les enfouir profondément ; le nitrate sera appliqué au moment de la semaille. Pour les semailles d'hiver, le nitrate sera naturellement appliqué au printemps, c'est-à-dire en couverture.

Pour les prairies, on applique le basique en automne à la dose de 600 à 800 kil à l'hectare et 200 à 500 kil. de kaïnite au printemps.

Dans tous les cas, la dose de scorie à l'hectare sera, au minimum, le double de celle du superphosphate.

L'épandage du phosphate basique est très laborieux ; les poussières étant à base de chaux libre attaquent les organes de la respiration et de la vue ; pour éviter cet inconvénient, on y ajoute ou de la tourbe pulvérisée ou de la terre.

L'emploi du distributeur d'engrais est tout indiqué pour le basique.

Le phosphate Thomas est quelquefois additionné de scories provenant du procédé Martin. Peut-être ont-elles les mêmes propriétés que les scories Thomas ; mais, jusqu'à présent, on manque de connaissance à ce sujet. Les scories Martin titrent de 10 à 12 % ; en les mélangeant à des scories Thomas titrant 16/18, on obtient ainsi un titre moyen de 14/16.

Certains producteurs de *scories moulues* en remontent le titre par une addition de phosphate riche minéral. Ces pratiques frauduleuses sont très difficiles à déceler. Mʳ P. Wagner propose dans ce but l'emploi du citrate d'ammoniaque acide, mais celui-ci dissout du phosphate minéral.

La production annuelle de phosphate basique a été de plus de 800,000 tonnes en 1891 ; elle était de 360,000 tonnes en 1886 et de 283,000 tonnes en 1885 ; l'Allemagne a produit, en 1888, 376,000 tonnes de scories. Cette production ne fera qu'augmenter par suite de la chute du brevet Thomas et Gilchrist dans le domaine public. Elle sera cependant limitée par la consommation de l'acier, qui en est un des principaux facteurs.

Il est à remarquer que les nombreux stocks de basique qui s'étaient accumulés il y a quelques années sont aujourd'hui complètement épuisés. La production de basique aurait donc atteint sa limite extrême, pour autant, toutefois, que l'industrie sidérurgique ne prenne un nouvel essor.

B

PHOSPHATES NATURELS.

Phosphates organiques

I. GUANOS.

1° *Guanos de poissons.* — Les guanos de poissons ne sont autres que des déchets de poissons ou des poissons mêmes qui ont subi un traitement mécanique.

Ces guanos ont la composition suivante :

Eau	6 à 10 %
Azote	6 à 9,6
Acide phosphorique .	5 à 11
Carbonate	3,5 à 8,5
Sels alcalins	1 à 10
Silice.	0,5 à 2,5

Cette composition varie avec l'état de siccité du produit, avec la proportion d'huile qui y est retenue et d'après l'espèce de poissons employés.

Les guanos de cétacés contiennent plus de phosphate que ceux formés par les poissons.

La chair de poisson contient en moyenne :

$$\text{Azote.} \quad \ldots \ldots \ldots \ldots \quad 2,30 \,\%$$
$$\text{Acide phosphorique.} \quad \ldots \ldots \quad 1,70$$

Les os de poissons ont à peu près la même composition que ceux des mammifères :

$$\text{Azote} \quad \ldots \ldots \ldots \ldots \quad 4,00 \,\%$$
$$\text{Phosphate de chaux} \quad \ldots \ldots \quad 53,12$$

Les poissons qui forment ces guanos proviennent surtout des bancs de Terre-Neuve, des mers polaires, du littoral de la Norwège (îles Loffoden) et de celui de la France. Les poissons destinés à l'alimentation, qui sont préparés en vue de la conservation, laissent des déchets qui sont utilisés pour la fabrication des guanos.

2° *Guanos de déjections.* — Les gisements de guanos ne sont que des déjections d'oiseaux souvent accompagnés de leurs ossements.

Ce sont ces oiseaux de mer, appelés *guanaës*, qui ont donné leur nom à ces produits.

Les guanos, suivant qu'ils ont subi l'action des eaux pluviales ou non, portent le nom de *guanos phosphatés* ou de *guanos azotés* ; seulement, cette démarcation n'est pas bien nette parce que, dans les guanos phosphatés, il subsiste toujours une certaine quantité d'azote organique.

Les causes de variations de composition de ces dépôts sont dues surtout au genre d'oiseaux qui ont produit les guanos, à la situation géographique et climatérique des amas et surtout à leur âge de formation.

a) GUANOS AZOTÉS. — Les guanos azotés ont une composition qui ne varie pas au delà de ces limites :

$$\text{Eau} \quad \ldots \ldots \ldots \ldots \quad 8 \text{ à } 17 \,\%$$
$$\text{Azote} \quad \ldots \ldots \ldots \quad 3 \text{ à } 12$$
$$\text{Acide phosphorique} \quad \ldots \quad 2 \text{ à } 20$$

Par ces chiffres, on voit que leur composition est extrêmement variable.

Les déjections fraîches d'oiseaux renferment de grandes quantités d'acide urique, d'urate d'ammoniaque, d'urée, etc., soit environ les 2/3 de leur poids de matière organique ; l'autre

1/3 est formé de phosphate de chaux, de magnésie et de potasse, de sulfate, de chlorure, de silice et d'argile.

Ces déjections, sous l'influence de la fermentation due à l'humidité, continuent leur décomposition, et leur assimilation est rendue plus facile.

Ces décompositions se résument en un départ de matière carbonée, qui tend à concentrer le produit, et en une formation d'ammoniaque, qui tend à en diminuer l'azote, par suite de sa volatilisation.

Il se forme aussi certains acides gras, qui n'ont aucun pouvoir fertilisant et qui communiquent leur odeur au guano.

La couleur des guanos azotés est ordinairement le brun clair; dans le commerce, ils se présentent à l'état de poudre fine assez homogène, et sont livrés avec une garantie de 4 à 7 °/₀ d'azote pour 14 à 20 °/₀ d'acide phosphorique. Ce rapport est très favorable pour beaucoup de cultures.

Les guanos sont connus depuis des siècles; c'est la plus ancienne source d'acide phosphorique pour l'agriculture.

Leur utilisation en Europe remonte à une trentaine d'années. Les guanos jouissaient d'une grande faveur chez nos agriculteurs; mais, lorsque les beaux gisements dits du « Chinchas » furent épuisés, on en exploita d'autres, découverts dans certaines îles et certains endroits des côtes du Pérou, mais de compositions plus variables, c'est ce qui a jeté le discrédit sur cet engrais; depuis quelques années, il est en train de reconquérir un peu de son ancienne faveur; la vente se faisant sur analyse, le consommateur n'a plus les mêmes craintes.

Cependant, les guanos doivent encore être achetés avec prudence, car on y fait parfois des additions de phosphate et d'ammoniaque sous une forme quelconque; il est évident qu'avec ces additions, ils n'ont plus les qualités des guanos naturels.

Les guanos azotés doivent être conservés à l'abri de l'humidité, afin d'éviter les pertes d'ammoniaque qui peuvent atteindre jusque 5 °/₀ d'azote. Les mélanges, avec 15 à 20 °/₀ de noir animal, ou de tourbe, ou bien un arrosage avec 5 °/₀ d'acide sulfurique, arrêtent toute déperdition d'azote.

En considérant le guano comme un engrais composé, dont les trois éléments : azote, acide phosphorique et potasse, sont immédiatement assimilables, on peut facilement établir sa valeur commerciale. Sa valeur ainsi établie serait supérieure à sa valeur réelle, quoique dans le commerce la potasse ne soit pas cotée.

Les arrivages de guanos ont considérablement diminué dans les ports de Hambourg et de Harbourg, mais il y a eu une légère augmentation à Rotterdam. Comme on le voit par le tableau suivant, l'importation anglaise a beaucoup diminué.

IMPORTATION DE GUANO DU PÉROU EN ANGLETERRE

ANNÉES.	TONNES.	ANNÉES.	TONNES.
1865	213,024	1879	45,475
1870	247,028	1880	58,631
1871	144,735	1881	33,393
1872	74,964	1882	27,382
1873	135,895	1883	36,713
1874	91,346	1884	15,802
1875	86,042	1886	28,733
1876	158,674	1887	5,784
1877	111,835	1888	15,446
1878	127,813	1889	17,000

La Société « Anglo-Continental » (Londres-Anvers-Hambourg…) aurait acquis, en 1891, le monopole de l'importation universelle des guanos du Pérou, pour une durée de 6 à 7 ans.

EMPLOI. — L'emploi du guano azoté en couverture n'est guère à conseiller; on en fera usage en automne, et surtout lorsqu'on se dispose d'appliquer au printemps une faible dose de nitrate de soude.

Il ne doit pas être employé dans des sols acides ou humides; il est à recommander dans des sols sablo-argileux, bien travaillés et perméables; il exerce d'excellents résultats sur les céréales, les betteraves à sucre, les plantes textiles et surtout le colza; on l'emploie à la dose de 200 à 300 kilos à l'hectare.

Pour pommes de terre, il doit être répandu à la volée.

Il n'est pas à recommander pour les prairies artificielles ou naturelles et pour les légumineuses.

b) GUANOS PHOSPHATÉS. — La composition des guanos phosphatés est la suivante :

Acide phosphorique . . 30 à 40 %

Carbonate de chaux . . 2 à 3

Azote . . . . 1 à 3

Les guanos phosphatés résultent du lavage par les eaux pluviales des guanos azotés; ils ont encore dans une certaine mesure l'aspect du produit initial ; ils sont formés par une poudre fine ou par des morceaux très friables, de couleur ocreuse ; on rencontre parfois dans la masse des concrétions de phosphate ammoniaco-magnésien.

EMPLOI — Les guanos phosphatés sont très peu appliqués aux terres à l'état brut. On les transforme en superphosphates. Ils conviennent très bien pour la fabrication des superphosphates solubles dans l'eau ; ils se rapprochent des superphosphates d'os et sont cotés sur le marché à un prix à peu près égal.

II. Phosphates d'os.

Les phosphates d'os sont très appréciés en agriculture et pour la fabrication des superphosphates.

On entend par phosphates d'os ceux qui proviennent des animaux contemporains. Les amas d'ossements d'animaux antédiluviens ne peuvent évidemment être compris dans cette catégorie ; ils ont perdu de leur assimilabilité par les remaniements divers qui se sont produits dans la croûte terrestre.

ANALYSE DES OS DES PRINCIPAUX ANIMAUX

	CENDRES.	PHOSPH. Ca.	PHOS. Mg.	CARB. Ca.
Vieille vache (fémur) .	68,3	59,6	3,3	7,9
Teaureau (fémur) . .	69,3	59,8	1,5	8,4
Bœuf (humerus) . . .	70,4	61,4	1,7	8,6
Mouton (fémur) . . .	70,0	62,9	1,3	7,7
Agneau (id)	67 7	60,7	1,5	8,1
Chevreau (fémur) . .	68,0	58,3	1,2	8,4
Veau de 5 mois (id.). .	65,1	60,4	1,2	8,4
Poulet	68,2	54,4	1,1	5,6
Dindon	67,7	63,8	1,2	5,6
Perdrix	70,7	65,4	"	"
Grive.	66,6	63,0	"	"
Sarcelle	73,5	68,4	1,3	5,6
Morue	61,3	55,1	1,3	7,0
Carpe	61,4	58,1	1,1	4,7
Brochet	66,9	64,2	1,2	4,7
Anguille	57,0	56,1	traces	2,2
Raie (cartilage) . . .	30,0	27,7	id.	4,3
Id. (boucle)	65,3	64,4	id.	1,3
Cachalot	62,9	51,9	0,5	10,6

ANALYSE DE L'OS BRUT.

	Phosph. de Ca.	Phosph. Mg.	Carb. Ca.
Cheval (fémur) . . .	67,5	"	1,25
Cerf (id.)	54,15	2,12	19,26
Cochon	52,00	1,00	"
Saumon (vertèbre) . .	56,61	"	1,01

Si tous les ossements d'animaux contemporains retournaient à l'agriculture après avoir subi une préparation convenable, on aurait ainsi une source de phosphate formant un appoint considérable.

En effet, on compte que le squelette d'un homme adulte contient . . . . . 4 à 5 kil. de phosphate.

Celui d'un bœuf. .	45 à 50 "	"
" cheval .	40 à 45 "	"
" mouton.	4 à 5 "	"
" porc. .	8 à 12 "	"
" veau. .	6 à 7 "	"

Si le globe terrestre porte 1,250 millions d'hommes et si la vie moyenne est de 33 ans, il meurt donc 45 millions d'êtres humains par an soit 202,500,000 kil. de phosphate à 20 % d'acide phosphorique immobilisé.

Lorsque l'incinération des corps humains aura succédé à l'inhumation, l'agriculture retrouvera cet appoint perdu, car après quelques générations nous tomberons dans l'oubli et nos cendres pourront être rendues à la terre sans avoir froissé le culte si respectueux que nous avons pour nos morts.

Les os ne sont jamais employés tels qu'ils sont, car dans ce cas ils se minéraliseraient et ne produiraient pas grand effet dans le sol.

Ils subissent toujours une transformation physique ou chimique avant de faire retour à l'agriculture.

Cette transformation laisse souvent à désirer; on trouve dans le commerce de la farine d'os dont la mouture est très imparfaite et dont le dégraissage des os est incomplet. On oublie que la valeur fertilisante d'une farine d'os dépend des trois conditions suivantes : 1° du degré de perfection du dégraissage; 2° de la finesse de mouture; 3° de la composition chimique.

On trouve sur le marché des farines d'os dont la solubilité dans l'oxalate d'ammoniaque varie de 15 à 75 %; cela est dû soit à un dégraissage imparfait, soit à une mouture mal faite.

Consommation d'os. — C'est l'Angleterre qui la première utilisa sur une grande échelle les phosphates et les cendres d'os. L'importation anglaise était telle que Liebig a cru devoir donner l'avertissement suivant au monde agricole :

« L'Angleterre, dit-il, dérobe à tous les autres pays les éléments de leur fécondité. Dans l'ardeur de ses recherches, elle a retourné les champs de bataille de Leipzig, de Waterloo et de la Crimée; elle a déjà arraché aux catacombes de la Sicile les squelettes de nombreuses générations. Elle enlève annuellement des autres contrées l'équivalent en matière fertilisante de 3 millions et demi d'existences dont elle soustrait les moyens de subsistance sans restitution possible, puisqu'elle envoie à la mer les vidanges et les eaux d'égouts.

» Pareille à un vampire, elle s'attache à la gorge de l'Europe, que dis-je, du monde entier, et suce le sang des nations, sans être guidée par une pensée de justice, sans l'ombre d'un avantage durable pour elle-même. »

Malheureusement pour nous et nos voisins du continent, l'avis de Liebig ne fut guère écouté; l'importation anglaise ne fit qu'augmenter jusqu'en 1883 : elle atteignait alors le chiffre de 86,316 tonnes; depuis, cette importation a diminué, mais ce produit a été remplacé par les phosphates minéraux, et l'on peut dire sans exagération que l'Angleterre reste toujours la première puissance du monde au point de vue agricole.

La poudre d'os est aussi très demandée en Allemagne.

Les phosphates d'os sont les seuls jusqu'à ce jour qui servent de matière première pour la fabrication du phosphore; celui-ci trouve moins d'emploi que par le passé, la fabrication des allumettes phosphoriques tendant à disparaître; elle est reconnue si meurtrière qu'en Belgique elle n'est plus autorisée.

Noir animal

Noir animal. — Il se présente en grains plus ou moins fins.

Le noir animal, par ses propriétés absorbantes des matières colorantes, a été longtemps employé pour la décoloration des jus de sucrerie.

La fabrication du sucre ayant subi, depuis quelques années, des changements considérables, l'emploi du noir animal a pris fin, tout au moins dans son application au premier filtrage.

Ce produit n'est plus guère utilisé qu'en raffinerie.

Le noir vierge n'est pas utilisé en agriculture; il n'a réellement de valeur qu'après épuisement de ses propriétés absorbantes.

Ce produit est quelquefois sophistiqué par l'addition des résidus de la lévigation des vinasses calcinées.

Cette pratique est très dangereuse, parce que ces vinasses contiennent des sulfures et des cyanures qui sont très préjudiciables aux plantes ; on y ajoute aussi du phosphate minéral coloré artificiellement.

Cet engrais a perdu toute son importance aujourd'hui.

La vente se fait à la teneur en acide phosphorique et d'après analyse. Son prix est légèrement supérieur à celui des phosphates minéraux.

Il a cependant joué un rôle important dans l'amélioration du sol de la Bretagne et de la Vendée.

Le noir de raffinerie a une valeur supérieure au noir de sucrerie ; il est plus riche en azote et est plus assimilable, par suite de la fermentation qu'il a subi.

Phosphates minéralisés d'origine organique

I. Guanos en roche

Les guanos en roche sont des minerais phosphatés, qu'il faut regarder comme des produits minéraux dérivant directement des guanos azotés et phosphatés ; dans beaucoup d'endroits, le guano de roche est encore recouvert de guano azoté.

Ces minerais, soit qu'ils sont pauvres ou riches en carbonate de chaux, sont propres ou impropres à la fabrication des superphosphates.

La teneur en phosphate varie de 36 à 80 % et la teneur en carbonate de 7 à 47 %.

Ce sont les îles de Sombrero, d'Aruba et de Curaçao qui fournissent le phosphate le plus pur ; il est presque exempt de fer et d'alumine ; mais l'exportation en est très restreinte, par suite des frais de transport et d'exploitation assez élevés.

Les phosphates de Navassa et de quelques autres Antilles sont, eux au contraire, très chargés de fer et d'alumine ; aussi sont-ils très peu recherchés.

Mexico a fourni sur le continent quelques cargaisons de phosphates haut titre, mais la quantité est peu importante.

PRODUCTION DES GUANOS EN ROCHE DES ANTILLES

EN TONNES

	Aruba.	Curaçao.	Sombrero.
1878	—	13,337	7,230
1879	...	19,642	5,884
1880	—	5,827	5,633
1881	2,801	2,233	6,659
1882	14,014	3.898	8,152
1883	25,519	24,008	4.644
1884	12,900	35,412	7,397
1885	12,272	24,969	4,636
1886	11,538	14,914	5,628
1887	10,339	5,675	6,260
1888	20,000	1,390	7,000

En 1889 et en 1890, la production d'Aruba et de Sombrero a été de 16,000 et de 19,000 tonnes.

II. Phosphates noduleux ou amorphes

a) PHOSPHATES DES ARDENNES

Ces phosphates se rencontrent en nodules, appelés *coquins* par les gens du pays; ils sont durs et d'un vert grisâtre.

Ils se trouvent dans les sables verts et dans la *gaize* de l'étage albien du terrain crétacé; ils forment une couche de 0,10 à 0,20 d'épaisseur; quelquefois cette couche est dédoublée.

La composition est, d'après MM. Maret et Delattre :

Phosphate de chaux	40,08
Carbonate de chaux	10,45
Oxyde de fer et alumine. . .	7,57
Sable et éléments divers. . .	41,90
	100,00

Ces gisements sont exploités à ciel ouvert; les terrains qui les recouvrent ont au maximum 6 à 7 mètres d'épaisseur; ils s'étendent sur une longueur de plus de 300 kilomètres comprenant les Ardennes, la Meuse, la Marne, la Haute-Marne, l'Aube et l'Yonne; mais dans certaines régions, leur titre s'abaisse au point de les rendre inexploitables.

Ces phosphates sont presque complètement utilisés en agriculture.

D'après M. Joulie, le phosphate noduleux des Ardennes est le plus assimilable des phosphates minéraux.

Ce sont les phosphates des Ardennes qui ont été les premiers découverts en France. La première exploitation a été ouverte en 1855 par M. Desailly.

La composition physique de ces phosphates est la même que celle des phosphates de la Hesbaye : le sable ou l'argile phosphatés contiennent 1,3 environ de nodules ; seulement, en Hesbaye les nodules sont beaucoup plus riches.

Le rendement à l'hectare est de 1,200 à 1,300 tonnes.

L'étendue approximative de ce gisement est de 21,000 hectares, soit 25 millions de tonnes.

Le phosphate des Ardennes, tel qu'il est extrait, n'a aucune valeur industrielle ; il doit être soumis à un lavage pour en retirer les nodules. Il est vendu sans garantie de finesse.

Le coût d'extraction des phosphates noduleux des Ardennes, de la Meuse et du Pas-de-Calais est très élevé.

La production annuelle est de 15,000 à 17,000 tonnes.

Ces phosphates sont surtout vendus en Bretagne et dans les départements du nord et de l'est de la France.

b) Phosphates du Pas-de-Calais et du Boulonnais.

Les phosphates noduleux du Pas-de-Calais sont situés à la base de l'argile du gault de l'étage albien du terrain crétacé (*argile à ammonites interruptus de Gosselet*).

Cette argile phosphatée affleure sur tout le pourtour du massif jurassique du Boulonnais ; l'étendue approximative et présumée du gisement est de 600 hectares.

L'épaisseur moyenne de la couche est de 0,15 ; les compositions physique et chimique de ces phosphates sont les mêmes que pour ceux des Ardennes.

Les nodules, après séparation par lavage, titrent de 40 à 45 % avec 5 % de fer et d'alumine ; ils sont de couleur bleuâtre.

Ces exploitations se font à ciel ouvert ; on rencontre la couche phosphatée à une profondeur de 3 à 6 mètres.

Ces phosphates, utilisés directement en agriculture, sont expédiés en Angleterre, en Espagne, au Portugal et dans les départements voisins.

La production a diminué depuis la découverte des phosphates de la Somme.

L'importance de ce gisement est de 440,000 tonnes environ.

c) Phosphates du Cambresis.

Cette découverte est due à **MM. L.** Chateau et C. Moïse.

Les gisements reconnus s'étendent sur les communes de Briastre, Neuvilly, Viesly, Montay et le Cateau et courent sur les deux rives de la Selle (affluent de l'Escaut) sur une longueur d'environ six kilomètres.

On trouve ces gisements à des altitudes variant de 115 à 130 mètres; ils ne sont pas continus, ils sont interrompus par des ruisseaux qui se jettent dans la Selle.

La fig. 217 représente la coupe de ces gisements observée dans le chemin de Montay, à Amervalle.

Le phosphate se présente parfois en poches plus ou moins volumineuses, d'autres fois en couches de puissance très régulière, 1 mètre environ et suivant la craie dans toutes ses ondulations.

Les terrains de superposition sont aussi variables; en dessous du limon hesbayen, on rencontre un sable fin, gris ou jaunâtre, se rapprochant du landenien supérieur; le conglomérat à silex a presque disparu et entre les sables landeniens et le phosphate, il existe une couche d'environ 0^m15 d'épaisseur, d'argile verte avec amas et petits fragments sableux.

Dans les poches de phosphate, on remarque aussi une petite couche argileuse avec silex gris foncé.

Du côté de Viesly, la couche d'argile est interrompue, elle forme des lentilles intercalées dans le sable landenien.

L'épaisseur des terrains de recouvrement est plus forte sur la rive gauche (6 à 7 mètres) que sur la rive droite.

Sur cette rive, la craie sénonienne à *micraster co testudinarium*, n'existe pas; cela n'implique pas qu'elle n'ait jamais existé. M. Stainier, à qui nous empruntons la présente note sur les phosphates du Cambresis, incline à croire que la couche de phosphate est le résidu de la dissolution de cette craie par les eaux météoriques.

Dans la partie la plus basse du gisement, on remarque des amas de phosphate qui n'auraient pas été formés sur place; ces amas sont pauvres en phosphate (25 % environ) et sont fortement argileux.

Le phosphate du Cambresis à l'état humide a l'aspect sableux ou argileux, suivant la nature des terrains de recouvrement.

Il est coloré en vert foncé par la glauconie (1) qu'il contient. A l'état sec, il est jaune terreux. Il contient très souvent des nodules, atteignant la grosseur d'une noix, qui titrent de 60 à 70 % de phosphate.

Ces phosphates contiennent de 20 à 25 % de folle farine; on y remarque de nombreux grains de quartz translucide.

Ils titrent de 25 à 55 % de phosphate,
       4 à 8 % de fer et alumine,
     10 à 12 % de carbonate de chaux,
     20 à 35 % de silice.

d) PHOSPHATES DE PERNES-EN-ARTOIS (département du
Pas-de-Calais).

Les phosphates de Pernes sont situés dans la craie glauconieuse du cénomanien. Ils ont été découverts en 1877 par M. Vivien, chimiste à Saint-Quentin. L'étendue approximative et présumée du gisement est de 210 hectares, dont 50 bien reconnus.

L'épaisseur moyenne de la couche est de 0,40.

Les nodules sont noyés dans une gangue glauconieuse. Ils titrent de 20 à 30 % d'acide phosphorique avec 3 à 4 % de fer et alumine.

ANALYSE D'UN PHOSPHATE DE PERNES DU COMMERCE DONNÉE PAR
LE BULLETIN DE L'INDUSTRIE MINÉRALE.

Acide phosphorique	20,97
" carbonique	6,40
" sulfurique	1,20
Chaux	44,46
Oxyde de fer	1,60
Alumine	2,12
Silice	10,50
Magnésie	0,50
Potasse	4,17
Matières organiques	3,12
Eau	0,59
Pertes au feu	4,07
Total.	100,00
Soit en phosphate de chaux	45,80

---

(1) La glauconie est un silicate double de fer et de potasse.

Comme pour les phosphates des Ardennes, les nodules sont séparés de la gangue, mais pour les phosphates de Pernes cette séparation ne se fait pas aussi complètement, parce que la gangue à base de potasse qui accompagne les nodules permet de vendre ces produits comme phosphates potassiques ; mais il est reconnu aujourd'hui que le cultivateur ne doit tenir aucun compte de cette potasse, qui n'est pas assimilable par les végétaux.

Ces phosphates potassiques sont vendus à un prix qui n'est pas en rapport avec leur valeur culturale ; ils doivent être mis sur le même pied que les autres phosphates noduleux ; leur valeur est la même

L'importance présumée de ce gisement est de 700,000 tonnes.

La Société anonyme des phosphates de Pernes a fait installer par la maison Humbold tout un système de lavage de minerais. Tous les bas titres sont utilisés en agriculture ; les hauts titres servent à la fabrication du superphosphate.

Un mètre cube de produit brut donne de 120 à 250 décim.³ de nodules et 60 à 120 décim.³ de sous-produits.

Il existe encore d'autres gisements de phosphates noduleux, mais de plus petite étendue.

L'importance présumée de ces différents gisements est d'environ 900,000 tonnes ; ils comprennent ceux de la Drôme, de la Marne et de l'Yonne.

c) Phosphates de Liége.

Les phosphates noduleux de Liége reposent sur la craie sénonienne ou craie de Maestricht ; c'est la marne des agriculteurs de Hesbaye.

D'après M. Lohest, qui a fait l'étude géologique du gisement des phosphates de Liége, ceux-ci résulteraient de la dissolution du maestrichtien par les eaux météoriques, en donnant comme résidus le phosphate de chaux et le silex.

C'est M. Van-den-Brouck qui, le premier, dans un mémoire *sur le phénomène d'altération des dépôts superficiels par l'infiltration des eaux météoriques,* a donné une explication scientifique à ces phénomènes d'altération qui permettent de comprendre avec facilité et moins de doute la formation des phosphates de Liége.

Là où la dissolution du maestrichtien s'est opérée, il n'est plus représenté que par des dépôts de phosphate et par des silex.

On ne cherchera donc pas le phosphate là où n'existe pas le sénonien et là où existe encore le maestrichtien.

La découverte des phosphates de Liége n'est pas due au hasard, mais bien à des études de science pure.

La similitude des formations géologiques des massifs du Hainaut et du Limbourg amena le géologue à supposer, dans ce dernier bassin, l'existence possible de dépôts phosphatés analogues à ceux de Ciply.

Cette question fut agitée lors de l'excursion à Maestricht, en 1882, faite par la Société malacologique de Belgique, et l'année suivante, lors de l'excursion à Visé, faite par la Société géologique de Belgique.

Les premières recherches industrielles furent entreprises, d'une part, par M. Pierre Hees en 1883, et d'autre part, par MM. Lohest, Franken et Pasque, en 1884. Les découvertes faites par ces derniers amenèrent la création de la première exploitation de phosphate en Hesbaye.

Lorsque l'on quitte la ville en se dirigeant vers Ste-Walburge, on découvre, au haut de la montagne, le village de Rocour, où les premières exploitations furent ouvertes.

D'après les nombreuses recherches que l'on a faites jusqu'à ce jour dans les environs de Liége, la situation géographique du bassin comprendrait une bande de terrain partant de Milmort et allant à Remicourt et comprenant les communes de Liers, Vottem, Rocour, faubourg St-Walburge, Ans, Montegnée, Grâce-Berleur, Loncin, Hollogne-aux-Pierres, Bierset, Awans, Hognoul, Fooz, Freloux, Momalle et Remicourt. (Voir carte du bassin de Liége, n° 218).

Le bassin de phosphate de Liége est limité au sud par les vallées de la Meuse et de la Vesdre et, d'autre part, par les affleurements de terrains primaires ou de vase maestrichtienne.

M. Forir démontre, dans un extrait publié dans les *Annales de Géologie de Belgique* (t. XVIII), l'absence du phosphate de chaux sur le plateau de Herve. Le phosphate et une partie de la craie blanche auraient été dissous par les eaux météoriques et ont laissé comme résidu l'argile à silex noirs qui est distincte de l'argile à silex bruns et gris représentant le résidu du maestrichtien. Cette constatation est très importante au point de vue industriel.

L'étendue présumée du gisement ainsi limité est d'environ

50,000 hectares, mais le phosphate d'un titre supérieur à 40 %
et en couche exploitable n'a pas été reconnu jusqu'à ce jour
en dehors des limites de la zone que nous avons signalée
ci-dessus et qui comprend tout au plus 2,000 hectares.

Dans ces 2,000 hectares où l'on a des chances de rencontrer
du phosphate ayant une valeur industrielle, 7 à 800 hectares
environ ont fait seulement l'objet de recherches plus ou moins
sérieuses. L'importance de ce gisement reconnu peut être
d'environ 3 millions de tonnes. Un hectare de terrain phosphaté
exploitable donne en moyenne 4,000 tonnes de phosphate.

Le nombre d'usines établies en Hesbaye est de 25 environ; la
production annuelle pourrait être de 300,000 tonnes, pour
autant, bien entendu, que les débouchés en phosphate permettent cette production. Dans l'état actuel des découvertes
faites en Hesbaye, cette industrie aura au minimum une durée
de 10 ans; mais il est certain qu'elle pourra prendre une grande
extension le jour où l'on aura trouvé un procédé d'enrichissement rémunérateur et surtout lorsque l'agriculture aura
compris que c'est à cette source d'acide phosphorique qu'elle
doit s'approvisionner. On n'extrait pas en Hesbaye, jusqu'à ce
jour, de produits titrant moins de 40 % de phosphate.

Les titres les plus élevés ne dépassent pas 65 %; en dehors
de Rocour, la richesse *moyenne* n'atteint pas 50 %, quoiqu'on
trouve certaines parcelles dans d'autres communes donnant du
55/60 et même du 60/65.

COMPOSITION MOYENNE DU PHOSPHATE TITRANT

	Plus de 50 %	Moins de 50 %
Insolubles dans les acides. . . .	15,34	18,50
Chaux.	40,64	31,69
Oxyde de fer et d'alumine. . . .	2,39	4,50
Acide phosphorique.	27,25	20,80
" carbonique.	3,10	2,90
Eau { non combinée	0,93	
{ combinée . .	2,83	
Magnésie	0,79	
Sulfate de chaux, fluorure de chaux,		
silice soluble.	6,45	
	100,00	

La nature et la disposition de la couche de phosphate sont
très variables suivant les endroits.

La profondeur moyenne à laquelle on rencontre le phosphate est d'environ 16 mètres ; généralement, le banc de silex est assez compact à sa base et donne un bon toit facilitant l'extraction. Ce banc de silex est généralement noyé dans du sable jaune ou blanc, qui lui enlève parfois sa cohésion ; alors l'extraction devient dangereuse ; on a même dû abandonner une exploitation à Hollogne-aux-Pierres parce que le banc de silex formant le toit était incohérent.

La nature du banc de silex doit être prise en considération dans les recherches de terrains phosphatés.

La couche de phosphate se présente souvent de la façon suivante (fig. 219) :

Au toit, une couche (*a*) d'argile sablonneuse très ferrugineuse et très pauvre en phosphate, d'une épaisseur moyenne de 0,10 à 0,15. Elle est écartée avec soin dans l'extraction.

Le phosphate même se présente en deux parties bien distinctes ; là où l'allure est régulière, on trouve une couche jaune sablonneuse supérieure et une couche grise inférieure renfermant presque toujours beaucoup de silex. La couche (*b*) est constituée par du sable jaune dans lequel se trouvent noyés des nodules, des ossements de toute forme et des agglomérats informes de phosphate très pur et de coquillages bien conservés.

Nous avons donné, p. 74 et 75, la liste des fossiles rencontrés dans les phosphates de la Hesbaye.

La teneur des nodules peut atteindre   75 °/₀

    „   du sable phosphaté . . .   40 °/₀

         Moyenne . . . . . .   50 à 60 °/₀

Les nodules représentent à peu près le 1/3 de la masse.

Ils sont quelquefois durs ou mous.

La couche (*c*) est constituée par du sable gris plus gras que le sable jaune ; les fossiles et les ossements y sont moins nombreux et moins bien conservés, mais le sable est beaucoup plus riche en phosphate : on y rencontre parfois jusque 30 °/₀ de petits silex noirs qu'on retire en partie à la main (Rocour).

L'épaisseur totale du lit varie de 0,10 à 1ᵐ20.

L'allure de la couche est parfois très bizarre : tout d'un coup, elle monte verticalement de 3 à 4 mètres, quelquefois elle descend de la même quantité.

Les lits (*a* et *b*) sont parfois fusionnés et donnent alors un phosphate argileux noduleux ; il va sans dire que le titre s'appauvrit ; parfois la couche de phosphate est divisée en deux parties : la partie supérieure est constituée par un sable rougeaud de grande épaisseur et peu noduleux; la partie inférieure, par le phosphate gris (c) avec silex roulés (Fexhe, Remicourt, Momalle).

Il arrive aussi que la couche grise manque complètement : tel est le cas pour certains phosphates de Fooz, Freloux, Momalle; là il n'existe le plus souvent qu'une couche argilo-sablonneuse très noduleuse; elle contient de 25 à 40 % de nodules qui sont le plus souvent secs et durs; lorsqu'ils sont humides, l'ensemble est d'un titre moins élevé. On y rencontre très peu de silex.

Les différentes dispositions et compositions de la couche phosphatée que nous venons d'énumérer représentent les cas les plus généraux; mais souvent elle est bouleversée, les nodules se sont rassemblés au toit. Parfois, entre le sable jaune et le sable gris phosphatés, on rencontre un limé d'argile ou de sable rouge ou clair; il arrive même souvent que la couche cesse de subsister (Liers, Vottem), le silex repose sur la marne, mais alors cette marne est dure comme le calcaire, elle est incrustée de fossiles transformés en phosphate, elle est fendillée et les blocs sont parfois noircis par des matières organiques.

Ces blocs de marne durcie ne font pas partie intégrante de la marne. Suivant l'opinion émise par M. Lohest sur la formation des phosphates de la Hesbaye, cette marne durcie devrait faire partie du maestrichtien. Ce calcaire correspond au tuffeau de Ciply et on remarque, en Hesbaye comme dans le Hainaut, que là où il y a du tuffeau, il n'y a généralement pas de phosphate.

La surface de la marne sénonienne ne saurait être mieux comparée qu'à la surface d'une mer agitée; ce n'est qu'une suite de monticules faisant saillie de 3 à 4 mètres au maximum, mais généralement ces différences n'atteignent pas 2 mètres

Le dépôt phosphaté est généralement moins épais, mais plus riche au sommet des monticules ; c'est sur les flancs que l'on trouve le plus de régularité dans les titres, et dans les gorges le plus d'épaisseur et le moins de richesse.

Lorsque le titre du phosphate est inférieur à 40 %, la couche est plus régulière et souvent d'une épaisseur considérable atteignant parfois 1^m50.

Il ne faut pas perdre de vue que toutes les remarques que

nous venons de faire sur la composition physique de la couche phosphatée sont simplement générales, mais non absolues.

La nature des différents lits phosphatés étant très variable, la composition chimique varie naturellement dans de très grandes limites.

Généralement, on n'exploite que les couches ayant au moins 0^m35 d'épaisseur titrant au minimum 40 °/₀ de phosphate et au maximum 6 °/₀ de fer et alumine; en dehors de ces limites, l'exploitation ne peut guère être rémunératrice.

Les phosphates *haut titre* de Liége sont employés très avantageusement pour la fabrication du superphosphate; ils exigent peu d'acide sulfurique pour leur transformation complète. Ils contiennent les quantités requises de carbonate de chaux pour donner aux superphosphates, pendant leur fabrication, l'état spongieux et cellulaire si utile à leur dessiccation. Cette *spongiosité* se produit par le dégagement de l'acide carbonique déplacé par l'acide sulfurique. On sait que le carbonate de chaux est le *levain* du fabricant de superphosphate; cependant, cette teneur en carbonate ne doit pas être trop élevée, tel est le cas des phosphates de Liége, parce qu'alors la dose d'acide sulfurique devrait être augmentée, ce qui serait une perte pour le fabricant. Ils sont très facilement attaquables et donnent des superphosphates plus riches que les autres phosphates par suite d'une attaque plus complète.

Ainsi avec des phosphates titrant . . .	57 °/₀	53 °/₀
Acide sulfurique à 54°	95 °/₀	89 °/₀

On obtient des superphosphates titrant :

Acide phosphorique soluble eau et citrate.		14,08	13,29
" " soluble eau		13,80	—
" " total		14,60	13,75
Perte		3,44 °/₀	3,56 °/₀

Avec les phosphates de la Somme et du Hainaut, la perte ne descend jamais en dessous de 6 °/₀ et atteint quelquefois 12 °/₀, surtout avec les 60,65 de la Somme.

Le phosphate de Liége haut titre donne du superphosphate soluble dans l'eau et d'un beau gris jaunâtre.

M. Beyer, de la firme *Anglo-Continental*, dans une note publiée dans le *Bulletin des Chimistes belges*, donne les résultats suivants, d'une analyse de superphosphate soluble dans l'eau obtenu par le traitement de phosphate 55/60 :

Acide phosphorique soluble eau. 13,10
    ”   ”   total 14,70
Perte . . . . 10,80 %

Les phosphates lavés de Liége sont surtout recherchés pour la fabrication du superphosphate soluble dans l'eau.

Ces phosphates après lavage titrent de 63 à 70 % de phosphate et 1,5 à 2,5 % de fer et d'alumine et donnent des superphosphates titrant de 15 à 17 % d'acide phosphorique.

Le poids d'un mètre cube de phosphate de Liége lavé, avant mouture et après séchage pèse 1,010 kil.

Le volume des vides laissés par les nodules est de 665 décimètres cubes. La densité des nodules est donc de 2,25.

Les phosphates de Liége contenant moins de 45 à 47 % de phosphate tribasique sont destinés à l'agriculture, où ils commencent à être appréciés par suite de leur composition noduleuse.

« En effet, dit M Grandeau, les nodules sont les seuls phosphates naturels qui, incorporés au sol sans autre traitement qu'une pulvérisation, sont rapidement assimilés par les végétaux. »

L'emploi des phosphates bas titres de la Hesbaye n'est pas encore bien connu, mais les résultats acquis font prévoir une consommation prochaine très considérable ; ils sont appelés à remplacer, en partie, vu leur bas prix, le phosphate basique et le superphosphate ; il n'y a réellement que dans les sols calcareux que cette substitution ne pourra se faire.

Les phosphates de Liége doivent évidemment, lorsque le sol l'exige, être employés en concurrence avec les composés azotés et potassiques.

Pour remplacer le superphosphate par le phosphate minéral, il faut employer, pour la première année seulement, deux fois plus d'acide phosphorique. Or, l'acide phosphorique du superphosphate coûtant à peu près 4 fois plus que l'acide phosphorique du phosphate minéral, l'économie ainsi réalisée est d'environ 50 %. On emploie le phosphate minéral concurremment avec le basique et dans les mêmes proportions, le coût de celui-ci étant 2,30 fois plus élevé que celui du phosphate minéral, l'économie réalisée variera de 55 à 60 %.

Les phosphates se divisent en deux grandes classes bien distinctes : les phosphates destinés à l'emploi direct et ceux destinés à la fabrication des superphosphates. Les premiers ont un degré de finesse plus élevé : 70 °/₀ au moins passent au tamis de 0ᵐ/ᵐ17 ; leurs titres sont indiqués en acide phosphorique ; ils forment 4 classifications :

14/16, 16/18, 18/20 et les 20/22

Les phosphates pour la fabrication du superphosphate ont une mouture ordinaire ; leurs titres varient de 45 à 70 °/₀ de phosphate. Nous attirons tout spécialement l'attention de ceux qui utilisent directement les phosphates de Liége sur la finesse de leur mouture ; elle joue un très grand rôle dans la rapidité d'assimilation. On doit toujours exiger du vendeur un degré de finesse bien déterminé.

L'emploi direct des phosphates naturels ne s'est guère développé en Belgique avant la découverte des gisements de Liége, parce que nous étions alors tributaires de l'étranger, qui nous les fournissait à un prix se rapprochant de celui des superphosphates.

La découverte des phosphates de Liége est donc pour l'agriculture belge une source d'acide phosphorique qui, lorsqu'elle sera appréciée des agriculteurs, amènera notre sol à une production en rapport avec les progrès de la science agricole.

Le cultivateur, au lieu de vouloir s'abriter sous le manteau protectionniste, fera œuvre nationale en recourant aux moyens que l'agronomie lui indique, c'est-à-dire à l'emploi des engrais.

Le grand obstacle à leur emploi est leur coût assez élevé ; la minime valeur vénale des phosphates de Liége vient aplanir cette difficulté.

La situation des phosphates de Liége est aujourd'hui la suivante : l'extraction des phosphates titrant de 52 à 65 °/₀ diminue de plus en plus et dans quelques années ces titres deviendront rares ; d'autre part, l'enrichissement des produits d'un titre inférieur à 50 °/₀ fait de grands progrès ; plusieurs sociétés établissent des lavoirs et d'ici à bref délai les phosphates lavés de Liége titrant de 60 à 70 °/₀ occuperont une place honorable sur le marché, tant par leur importance que par leurs qualités.

La production mensuelle dépasse 1,500 tonnes et nous ne sommes que dans la période d'essais !

Les phosphatiers comprennent parfaitement que l'enrichissement économique peut seul assurer une longue existence à l'industrie des phosphates de la Hesbaye.

PRIX DE REVIENT DES PHOSPHATES DE LIÉGE

Extraction.
Redevance moyenne à la tonne sèche de phosphate	fr.	2,50
Abatage (rendement au mètre carré, 400 kil.)	»	4,00
Boisage.	»	0,45
Travaux préparatoires (puits, galeries...). .	»	0,65
Personnel employé.	»	0,30
Transport moyen à l'usine de séchage . . .	»	2,00
Frais généraux	»	0,60

Total. . . fr. 10,50

Usinage.
Séchage.	fr.	1,50
Mouture	»	2,00
Mise en magasin, chargement, transport . .	»	2,00
Frais généraux	»	1,50

Total. . . fr. 7,00

Soit un prix de revient de fr. 17,50 à la tonne.

f) PHOSPHATES DE LA CAROLINE DU SUD.

La Caroline du Sud se trouve entre les longitudes 75 et 85 et les latitudes septentrionales 30 et 35.

Les phosphates amorphes et noduleux du South-Carolina se sont produits à la fin du tertiaire; ils sont de formation contemporaine aux phosphates de la Floride; comme eux, ils dérivent de la destruction de la grande *horde mammalle* qui marqua la fin du tertiaire.

Comme les phosphates noduleux de la Floride, les phosphates de la Caroline se divisent en *land phosphate* et en *river phosphate*.

Comme en Floride, le droit d'exploitation (*Out put*) est accordé à celui qui en fait la demande, moyennant le dépôt d'une caution et le paiement d'une redevance fixe, soit un dollar à la tonne embarquée.

Les gisements de phosphate tertiaire de l'Amérique du Nord s'étendent dans les contrées suivantes : la Virginie, la Caroline du Nord, la Caroline du Sud, l'Alabama, la Géorgie et la Floride, c'est-à-dire toute la partie comprise entre l'océan Atlantique et le golfe du Mexique; mais jusqu'à présent, les découvertes sérieuses se bornent à celles faites dans la Caroline du Sud et dans la Floride.

Les phosphates de la Caroline furent découverts en 1843 par le professeur Francis Holmes, dans le village de St-André, à un mille de la rive ouest de Astlez-River; mais la valeur de ces phosphates ne fut réellement établie que lors de la guerre de sécession. En creusant un puits pour en extraire de la marne, on rencontra un lit de nodules de phosphate qui furent soumis à l'analyse; dès ce jour, l'industrie des phosphates fut établie sur une très grande échelle en Caroline.

Le gisement de phosphate de la Caroline s'étend sur une longueur d'environ 60 milles et sur une largeur de 20 milles; son plus grand axe est à peu près parallèle à la côte (voir carte du bassin phosphaté de la Caroline, n°220). C'est vers Charleston que le gisement a sa plus grande largeur, il s'étend de la bouche Broad River, près Port-Royal, dans le Sud-Est de la Caroline, à la source Wando-River dans le Nord-Est; le dépôt n'est pas continu sur toute la zone que nous venons d'indiquer, il est aussi très variable en épaisseur, celle-ci atteint quelquefois trois pieds. Le *land phosphate* affleure parfois à la surface, d'autres fois, il est recouvert de sable et d'argile quaternaires allant jusqu'à 60 pieds d'épaisseur.

La reconnaissance d'un gisement de *land phosphate* se fait de la même façon que pour les phosphates de la Floride, c'est-à-dire par sondages et par creusements de puits.

Les nodules sont de forme très irrégulière et leur grosseur varie de celle d'un pois à celle d'une pomme de terre; leur dureté varie de 2 à 4 et leur densité de 2,20 à 2,50; ceux du *land phosphate* sont de couleur brun clair et très poreux; ceux des *river phosphates* sont d'un noir bleuâtre, durs et lisses, contiennent moins de fer et d'alumine que ceux du *land phosphate*, ils sont très recherchés sur le marché Anglais et conviennent très bien pour la fabrication du superphosphate soluble dans l'eau; ils ont la même composition que les phosphates 60,65 lavés de Liége. Ces derniers sont même un peu plus riches en phosphate tribasique.

L'épaisseur moyenne de la couche est de 8 à 10 pouces, soit environ 0m25; le rendement à l'hectare est de 1,700 tonnes et atteint quelquefois celui de 2,500.

Coupe d'un gisement de *land phosphate* (fig. 221).

Les *river phosphates* se trouvent dans les lits de divers cours d'eau et dans des criques; le dépôt de *river phosphates* est parfois composé de nodules isolés formant une couche d'épaisseur et d'étendue variables, d'autres fois les nodules sont agglomérés ; le phosphate se présente aussi en feuillets durs ou en plaques dont on peut séparer facilement les nodules, dans ce cas, la couche est régulière et continue.

C'est dans la rivière Coosaw qu'on trouve le gisement le plus important de phosphate ; il se présente en nodules agglomérés ; on a parfois trouvé dans cette rivière deux couches de phosphate séparées par de l'argile, la couche supérieure avait environ 0^{m}30 d'épaisseur et l'inférieure 0^{m}35.

Coupe de la rivière Coosaw (fig. 222).

Les phosphates de la Caroline titrent de 56 à 62 %.

Les *river phosphates* et les *land phosphates* ont la même composition chimique ; tous deux doivent être soumis à un lavage pour les débarrasser de leurs impuretés avant d'être livrés au commerce.

L'exploitation, le lavage et le séchage se font comme pour le phosphate de la Floride. Dans l'exploitation des *river phosphates*, lorsque les eaux ont une profondeur supérieure à 20 pieds, l'emploi de la dragueuse n'est plus possible, on y substitue des caisses à griffes que l'on descend au fond de la rivière ; quand elles sont remplies de vase noduleuse, on fait jouer les griffes et les caisses se referment. On peut alors remonter celles-ci.

Les nodules du *land phosphate* sont parfois empâtés dans un conglomérat excessivement dur qui doit être soumis à un broyage avant d'opérer le lavage.

ANALYSE DE PHOSPHATE DE LA CAROLINE DU SUD.

Matières organiques	8,00 %
Phosphate de chaux	59,63
Carbonate de chaux.	8,68
Oxydes de fer et d'aluminium	6,60
Carbonate de magnésie	0,73
Acide sulfurique et fluorure de chaux	4,80
Sable, silice et matières indéterminées	11,56
Total	100,00

Comme nous le voyons par cette analyse moyenne, les phosphates de la Caroline du Sud sont un peu plus pauvres que ceux de la Floride.

Lorsque dans l'exploitation du *land phosphate*, on est gêné par les eaux, on creuse un drain à quelques pieds en dessous de la couche. Ce fossé a pour but de drainer les eaux qui sont retirées par une pompe à vapeur

La première compagnie qui s'installa dans la Caroline pour l'exploitation des phosphates de *rivière* fut la River and Marine Company; elle obtint de l'Etat de la Caroline l'autorisation d'exploiter la *Coosaw River*, moyennant une redevance d'un dollar par tonne. Cette concession, d'après la compagnie, serait perpétuelle, tandis que l'Etat prétendait qu'elle expirait en 1891. De là a surgi un conflit qui n'est pas encore terminé; les travaux sont suspendus depuis lors. L'Etat aurait depuis 1891 accordé à tout solliciteur les mêmes droits qu'à la Coosaw Company; bon nombre de demandeurs n'ont pas osé user de leur autorisation, craignant les revendications ultérieures de la dite compagnie; d'autre part, ce conflit s'est accentué par la demande faite à l'Etat, par les diverses sociétés, de diminuer la redevance qu'il exigeait; aussi la production a-t-elle diminué de moitié environ depuis cette époque.

PRIX DE REVIENT APPROXIMATIF D'UNE TONNE DE 1,015 Kᵒˢ DE PHOSPHATE *de terre* SÉCHÉ ET NON MOULU

Rendue au quai de Charleston (le dollar valant fr. 5,50)

Redevance à la tonne.	fr. 5,50	1,00 dollar
Abatage	" 5,50	1,00
Drainage de la mine	" 1,38	25
Charriage au laveur	" 1,80	60
Lavage.	" 0,90	30
Séchage et main-d'œuvre	" 2,75	50
Batelage de l'usine au steamer	" 1,38	25
Intérêts du capital et entretien	" 0,45	15
Personnel (employés)	" 1,10	20
Touage à Charleston	" 1,38	25
Total	" 24,75	4,50

Les frets varient de 10 sh. à 26 sh.; le minimum correspond au mois d'été et le maximum à l'époque des exportations de coton et grain

L'exportation en Europe des phospates de la Caroline du Sud diminue de plus en plus; le tiers de la production est transformé sur place en superphosphate. Ils conviennent très bien pour cette fabrication; en Angleterre, ils sont employés en mélange avec les craies grises du Hainaut et les apatites de haut titre du Canada.

D'après M. Francis Wyatt, l'importance du gisement des phosphates de la Caroline peut être évaluée à 14 millions de tonnes de 1,015 k⁰ˢ, réparties sur une surface de 18,660 acres. D'après M. Hoyer-Millar, il ne resterait plus que 1 à 2 millions de tonnes dosant 55/60 à extraire.

Voici, d'après lui, les quantités officielles de phosphates extraits depuis 1868 :

Années.	Phosphate de terre. Tonnes.	Phosphate de rivière. Tonnes.	Totaux. Tonnes.
1868/70	118,000	1,889	119,889
1871	33,000	17,655	50,655
1872	38,000	22,502	60,502
1873	45,000	45,777	90,777
1874	43,400	57,716	101,116
1875	48,000	67,969	115,969
1876	54,000	81,912	135,912
1877	39,000	126,569	165,569
1878	113,000	97,700	210,700
1879	102,000	98,586	200,586
1880	125,000	65,162	190,162
1881	141,000	124,541	265,541
1882	190,000	140,772	330,772
1883	226,000	129,318	355,318
1884	258,000	151,243	409,243
1885	224,000	171,671	395,671
1886	294,000	191,194	485,194
1887	230,000	202,757	432,757
1888	260,000	190,274	450,274
1889	250,000	212,101	462,101
1890	300,000	237,149	537,149
1891	375,000	197,949	572,949
	3,506,000	2,631,356	6,138,506

Total de la production au 31 décembre 1891 : 6,138,506 tonnes.

g) Phosphates de la Floride (Amérique du Nord).

La Floride se trouve entre le 25ᵐᵉ et le 30ᵐᵉ degré de latitude septentrionale et entre le 80ᵐᵉ et 85ᵐᵉ degré de longitude. (Voir carte du bassin phosphaté de la Floride, n° 223).

Il y a quelques années déjà que les phosphates de la Floride sont connus; on ne les croyait pas d'une importance assez grande pour mériter l'attention des industriels.

Les premières recherches furent commencées en 1888 dans Peace-River et elles donnèrent d'excellents résultats; aussi depuis lors, cette contrée est agitée par la *fièvre* des phosphates, et des terres qui ne valaient que 1 1/2 à 3 dollars par acre valurent de 150 à 200, et l'on vit bien des malheureux paysans qui s'étaient couchés pauvres se lever capitalistes.

L'aspect de la Floride est celui d'une péninsule doucement ondulée ; le point le plus élevé ne se trouve pas à plus de 75 mètres au-dessus du niveau de la mer; l'altitude moyenne n'est que de 24 mètres.

C'est surtout dans les vallées que l'on trouve le *rock phosphate*. Elles sont connues dans le pays sous le nom de *hommack-land*; quand elles restent incultes, ce sont de véritables marécages.

Le sous-sol de la Floride semble appartenir à l'éocène supérieur et la première émergence de ce pays parait dater de cette époque. Ce calcaire blanchâtre, formant la partie principale de ce sous-sol, correspond au calcaire de Viksburg.

D'après M. Darton, les phosphates de la Floride appartiendraient à trois formations distinctes stratigraphiquement séparées.

1° Les *phosphates de roche* semblent appartenir à l'éocène supérieur.

2° Les dépôts conglomérés de phosphate du calcaire semblent appartenir au miocène.

3° Les dépôts de rivières appartiennent au pliocène.

L'origine probable des phosphates de la Floride, dit-il, est le guano; les dépôts de guanos seraient de même formation que les phosphates de « West-Indies ».

Ces phosphates se seraient formés comme le guano en roche : ils résulteraient de la transformation du carbonate de chaux en phosphate de chaux, par l'action des eaux qui se chargeaient d'acide phosphorique en traversant les guanos.

Les phosphates de la Floride se présentent :

1° En poches dans le calcaire ; elles sont remplies de phosphate dur (rock phosphate), de phosphate tendre et de débris.

2° En blocs isolés (bowlders) formés de phosphate dur.

3° De bancs formés de roches désintégrées couvrant d'immenses surfaces dans les comtés de Polk et d'Hillsbard et en-dessous de Peace River et ses affluents.

Les phosphates de la Floride en poches sont de composition

et de nature très capricieuses. Quelquefois ces poches se développent fortement et contiennent des quantités fabuleuses de phosphate de bonne qualité ; d'autres fois, elles sont très superficielles, et le contenant est tellement bouleversé que l'exploitation du phosphate en est impossible. Nous empruntons à M. Francis Wyatt *(The phosphates of America)*, pour démontrer l'inégale répartition des phosphates de la Floride, les résultats de recherches faites sur un champ de plus de 5,000 acres.

Ce champ est représenté par un immense rectangle (fig. 224) divisé en huit parties égales ; chaque division représente 640 acres.

Le résultat de ce travail est vraiment désappointant et peut être ainsi résumé :

A Pas de phosphate en quantité exploitable.

B Présence d'une poche de bon phosphate couvrant une surface de 15 acres environ.

C Pas de phosphate en quantité exploitable.

D   Id.   id.   id.

E Présence d'une poche couvrant une surface de 35 acres ; la plus grande quantité du phosphate est en bas titre très mélangé.

F Pas de phosphate en quantité exploitable.

G   Id.   id.   id.

H Bowlders de phosphate et de conglomérat sablonneux, 15 petites poches de phosphate.

La surface totale recouverte de phosphate est de 83 acres.

Le lit de phosphate est à peu près ainsi composé :

Phosphate en roche de haut titre . . 13 °/₀ de la masse.
Débris de phosphate *(soft phosphates)* . 29 °/₀   id.
Sable argile, etc. . . . . 58 °/₀   id.

TITRE DE CES PRODUITS A L'ÉTAT NATUREL.

1° Rock phosphate :   { Acide phosphorique . . . 37   °/₀.
                      { Oxyde de fer et alumine. 4,25 °/₀.

2° Soft phosphate :   { Acide phosphorique . . . 30   °/₀
                      { Oxyde de fer et alumine. 7,50 °/₀ et même 13 °/₀.

L'échantillon de *rock phosphate*, après avoir été réduit en morceaux et soumis à un lavage soigneux, a donné :

Acide phosphorique . . . 38,40 °/₀.
Oxyde de fer et alumine. 1,73 °/₀.

La puissance du lit de phosphate varie de 3 1/2 à 27 pieds.

Le tonnage présumé pour cette aire explorée serait de 416,000 T. de matière phosphatée, dont 55,000 de *rock phosphate* titrant 80 % environ de phosphate, 125,000 *soft phosphate* titrant 60 à 65 % et 235,000 T. de sable, argile, etc.

On estime comme un bon terrain celui qui contient en surface occupée par la roche phosphatée, 5 % de la surface totale.

L'exemple que nous venons de prendre n'est pas du tout exceptionnel, mais a été confirmé par plusieurs autres recherches de ce genre.

(Pebbles.) Phosphates noduleux floridiens.

La région des phosphates noduleux exploitée se trouve dans le voisinage de Peace River; cette rivière prend sa source dans les hauts plateaux des lacs de Polk County et se jette dans le golfe du Mexique, par l'estuaire *Charlotte Harbor*. Les phosphates noduleux se divisent en phosphate de terre et en phosphate de rivière, suivant leur provenance; ils occupent dans les environs de Peace River une surface d'environ 80 milles.

La découverte des phosphates de rivière est attribuée à M. Le Barron, qui les aurait remarqués dans une visite des bords de Peace River, en 1884, faite par ordre du gouvernement floridien.

Le phosphate de rivière ou *river phosphate* ne diffère du phosphate de campagne ou *land phosphate*, que parce que le premier occupe le fond des rivières actuelles, et l'autre se trouve empâté dans le sol. Ils ont, suivant apparence, une même origine : le premier a subi un remaniement par un lavage ; la coupe (fig. 225), due à M. Watteyne, ingénieur du Corps des Mines de Belgique, montre l'allure de la couche des phosphates noduleux de rivière et de campagne.

1. Couche superficielle ;
2. Calcaire de Viksburg ;
3. Alluvions ;
4. Land phosphates ;
5. River phosphates.

La formation de ces phosphates noduleux résulterait de l'érosion par les eaux de pluie d'un calcaire peu cohérent tenant emprisonnés les nodules phosphatés. Ces eaux suivirent un courant et devaient former à cette époque un fleuve immense qui, petit à petit, se réduisit à la rivière actuelle.

Cette érosion s'est faite à la fin du tertiaire ; les *phosphates de campagne* sont recouverts d'alluvion quaternaire.

La formation des *phosphates de rivière* se produit encore de nos jours.

En certains endroits de Peace River, on extrait depuis long-temps des nodules phosphatés, sans constater une diminution de ceux-ci ; le courant remplit presque aussitôt les vides que l'extraction a formés. C'est surtout pendant la saison des crues que cet entraînement des nodules vers le lit de la rivière se produit. Ces nodules phosphatés ainsi entraînés, après un nettoyage sommaire, titrent de 60 à 68 % avec 1 à 3 % de fer et alumine. Le gisement de *phosphate de rivière* est évidemment très irrégulier et dépend de différentes circonstances, entre autres : la vitesse du courant, l'allure droite ou tortueuse de la rivière et surtout la composition des terrains avoisinant celle-ci. Les nodules de rivière diffèrent peu de ceux de campagne : les premiers sont légèrement teintés de bleu et sont plus arrondis ; les seconds sont clairs et anguleux, puis-qu'ils proviennent de fragments de phosphate en roche com-pacte. Il n'est guère possible de déterminer les quantités de *phosphates de rivière* exploitables. Les principales rivières contenant des nodules sont : Peace River, Myakka, Alafia, Montée, Callosa, Hatchée, etc. Pour le *land phosphate*, l'épaisseur de la couche varie de 0 à 4 mètres et plus ; on compte qu'une tonne de *pebble* phosphaté contient 250 kil. environ de nodules. Ces nodules titrent de 60 à 70 % de phos-phate. Ils varient de la grosseur d'un grain de riz à celle d'un œuf de pigeon. Ils sont accompagnés d'os fossiles de toute nature : des fragments de côtes, des dents de toutes espèces, des astéries fossiles, des os de veaux marins (phoques) et de cro-codiles. On aurait même trouvé, d'après M. Fuller, des squelettes de mastodontes très bien conservés.

L'exploitation de *phosphate de rivière* se fait de la façon suivante : Une forte pompe centrifuge placée sur un bateau (fig. 19 et 19bis) aspire le mélange de sable et de phosphate et le refoule dans des trommels à tôle perforée qui retiennent les nodules et laissent retourner le sable à la rivière.

La production, par ce mode d'exploitation, est considérable :

une pompe peut extraire 10 à 12 tonnes de nodules à l'heure ; le phosphate lavé est reçu dans un second bateau et conduit à l'usine qui, généralement, se trouve près de la rivière Ces bateaux sont déchargés mécaniquement au moyen d'élévateurs qui portent le phosphate au séchoir.

Le déchargement se fait de la même façon que pour les bateaux de grains de notre pays.

Le séchage des nodules se fait en meules (voir p. 169) ou dans des fours à sole inclinée ou dans des séchoirs chauffés à la vapeur. Après dessiccation, le produit est tamisé pour le débarrasser du sable qui s'est détaché des nodules pendant le séchage ; ensuite, il est emmagasiné ou embarqué.

Comme nous le voyons, les phosphates de Floride ne subissent aucune mouture ; on compte qu'en moyenne, une tonne de phosphate de rivière, mise sur wagon, coûte environ fr. 12,50 ; évidemment, ce chiffre n'est pas absolu et dépend exclusivement de l'installation et de la facilité plus ou moins grande avec laquelle on peut se procurer la matière première Dans ce prix, n'est pas comprise la redevance payée à l'Etat ; cette redevance est de :

        Pour du 50/55, 50 cent., soit . . . . . . fr. 2,75
          "   " 55,60, 75 "   " . . . . . . "   4,13
          "   " 60 et au-dessus, 1 dollar, soit » 5,50

Les exploitants qui désirent extraire le phosphate des rivières doivent être autorisés par l'Etat et sont astreints de déposer une caution.

L'exploitation du *land phosphate* se fait d'une façon très sommaire : on enlève à la pioche et à la pelle les terres de recouvrement qui sont des alluvions, comme nous l'avons vu dans la coupe (fig. 225), et ensuite la roche phosphatée est chargée dans des wagonnets qui sont alors dirigés vers l'usine. La roche phosphatée se présente en rognons assez volumineux ; ils sont concassés et additionnés d'eau, puis soumis à un débourbage ; la matière est élevée par une vis d'Archimède inclinée. Un fort courant d'eau arrivant à la partie supérieure de la vis, opère le lavage. De la vis, la matière tombe sur deux grilles superposées qui séparent les gros grains du sable et de la boue. Le refus des grilles est ensuite desséché ; cette dessiccation se fait *en meules* sous des hangars ; le bois est le seul combustible employé en Floride.

Quelques compagnies emploient des séchoirs mécaniques.

Dans certains endroits, les terrains de recouvrement et le gisement lui-même sont suffisamment tendres pour être enlevés au moyen de la drague de terrassement dont nous donnons le dessin fig. 18.

Phosphates en Roche.

Les gisements de *phosphates en roche*, susceptibles d'être exploités, sont très nombreux, mais leur importance est très aléatoire ; la région des phosphates en roche s'étend de Cranfordville à Myers. La délimitation de cette région phosphatée est loin d'être connue.

Les phosphates en roche ont été découverts en 1889, près de Dunellon, par M. Vogt, et à la même époque, près de la Withlacoochée, par M. Eichelberger ; mais c'est M. Dunn d'Ocala qui est considéré comme le créateur de cette industrie en Floride ; il a acquit environ 36,000 hectares de terrains phosphatés.

Les phosphates en roche sont représentés par des poches ou mieux par des massifs irréguliers (bowlders) disséminés dans les *sables et argile*. L'importance de ces massifs est très variable : ils sont quelquefois situés à de grandes profondeurs et recouverts d'une forte épaisseur de terrain quaternaire ; d'autres fois, ils affleurent ou forment des protubérances qui permettent de les découvrir avec facilité. Le massif n'est pas de composition uniforme ; il est formé d'une partie de phosphate dur (*rock phosphate*) et d'une partie de phosphate tendre (*soft phosphate*), le reste est du sable et de l'argile blancs. La distinction de ces différents produits n'est pas toujours facile à faire, surtout pour les nègres qui, parait-il, n'ont pas une très grande habileté. Jusqu'à présent, ces massifs n'ont pas été percés d'outre en outre ; on n'en connait donc pas l'importance, mais il est permis de supposer qu'en descendant, la roche phosphatée passe au calcaire. Voici (fig 226), d'après M. Watteyne, la coupe d'un massif de phosphate.

Les phosphates en roche sont beaucoup plus riches que les noduleux ; les phosphates tendres ou (soft phosphates) sont plus pauvres : leur teneur varie de 50 à 75 °/₀ de phosphate tribasique. Les premiers titrent de 70 à 85 °/₀ avec une teneur de 2 à 2 1/2 °/₀ de fer et d'alumine ; les seconds contiennent plus de fer et d'alumine et sont impropres à la fabrication du superphosphate ; ils doivent être employés directement en agriculture. La teneur en *fer et alumine* augmente au fur et à mesure que le titre du phosphate s'abaisse.

D'après M. Watteyne, la composition d'un massif de roche serait à peu près la suivante :

    Matières stériles . . . . . . 30 à 50 %
    Rock phosphates . . . . . 15 à 25 %
    Soft phosphates . . . . . . 30 à 45 %

L'exploitation de ces massifs se fait de la façon suivante : On en détermine tout d'abord la périphérie par des sondages très sommaires ; on prend une baguette de fer ou d'acier que l'on plonge dans le sol ; celui-ci étant assez tendre, la baguette n'est arrêtée que par la roche phosphatée. Pour se rendre compte de la valeur du minerai, on creuse un puits. Si la matière est de bonne composition, on peut alors commencer l'exploitation du massif : on enlève toutes les terres de recouvrement ; ce travail se fait à la pelle. La roche est alors abattue après avoir été, si elle est trop dure, réduite en morceaux par un explosif.

Le *rock phosphate* est élevé de la carrière par une chèvre mécanique et est alors conduit à l'usine. Ce transport se fait parfois par câble-porteur comme pour le déchargement des bateaux.

Le *rock phosphate* est ensuite soumis à la calcination. Cette opération se fait de la même façon que pour les phosphates noduleux. Pour le *soft phosphate*, la dessiccation est un peu plus difficile ; aussi lorsqu'elle se fait en meules, la disposition des lits de calcination est un peu différente pour permettre aux gaz de traverser la masse

Lorsque le *rock phosphate* n'est pas suffisamment pur de fer et d'alumine et qu'il est accompagné de sable et d'argile, il est soumis à un broyage et ensuite à un lavage ; le lavage est une séparation sous l'eau, des gros morceaux du fin, au moyen de cribles.

ANALYSE DE QUELQUES ÉCHANTILLONS DE PHOSPHATES NATURELS

	Phosphate de chaux.	Oxyde de fer et d'alumine.	Silice et Silicate.	Carbonate de chaux.	Observations — Nombre d'échantillons ayant servi à l'établissement de la moyenne de titres.
Rock phosphate	80,49	2,25	4,20	4,75	120
» et soft phosphate . . .	74,90	4,19	9,25	4,32	237
Soft phosphate	65,15	9,20	5,47	9,72	148
Phosphate noduleux de Peace River tel qu'on le trouve sur le marché	61,75	2,90	14,20	8,40	84
Phosphate de rivière lavé et tamisé de Polk County . . .	67,25	3,00	10,40	3,86	92

M. E. T. Jones, chimiste, aurait trouvé 2 à 3 $^{o}/_{o}$ de fluor.

L'établissement du prix de revient moyen des phosphates de Floride est très difficile à faire. Les moyens de communications avec les fleuves ou les railways sont très rares et parfois même n'existent pas; en outre, la distance entre le port d'embarquement et les exploitations de phosphates est fort variable. Les ports d'embarquement sont les suivants : Fernandina sur l'océan Atlantique, Tampa et Punta Gorda dans le golfe de Mexique. A Tampa aboutit le chemin de fer de South Florida ; à Punta Gorda aboutit le Florida Southern; ce dernier suit sur une bonne partie la vallée de Peace River. Les frais de transport pour atteindre l'un de ces ports varient de fr. 3,85 à 11,40 la tonne de 1015 kilogr.

Le fret de Fernandina aux ports d'Angleterre varie de 15 à 30 francs la tonne anglaise.

PRODUCTION DE PHOSPHATE DE LA FLORIDE.

Années.	Tonnes.
1891	200,000 environ.
1892	311,122
1873	391,475 (journal l'*Engrais*).

En raison des nouvelles découvertes qui se font encore tous les jours, il nous est impossible d'établir, même approximativement, l'importance des gisements floridiens ; mais l'on peut dire qu'ils sont à présent les premiers du monde.

Prix de revient d'une tonne de phosphate rendue franco ports d'Europe.

	Rock phosphate	River phosphate
Achat en terre ou redevance	7,50	5,20
Extraction, triage, séchage et mise sur wagon	20,00	12,50
Transport de la mine au port d'embarquement et mise à bord.	12,50	2,25
Frais généraux d'administration et divers	5,00	3,35
Courtage, pesage, échantillonnage, analyse, escompte.	5,00	2,75
Fret moyen et assurance (moyenne de l'année 1893).	22,50	22,50
Total . .	72,50	48,45

Dans ces totaux, ne sont pas compris les intérêts des capitaux engagés.

Le prix de vente du *rock phosphate* titrant 75 % est de 9 d. l'unité, soit environ 70 francs la tonne. Il y a donc une perte de fr. 2,50 à la tonne.

Le prix de vente du *river phosphate* titrant 60/65 est de 7 1/2 d. l'unité, soit environ 47 francs. Il y a donc une perte de fr. 1,45.

Tous les exploitants de Floride n'ont pas des prix de revient aussi élevés; mais, des Compagnies qui ont produit leur bilan, pas une n'a accordé de dividende.

La situation des phosphates ne peut donc se prolonger davantage. La Floride qui a été l'épouvantail de tous les producteurs européens a, elle aussi, besoin d'un relèvement de prix pour pouvoir continuer la lutte.

h) Phosphates des Comtés du Sud de l'Angleterre.

On considère les coprolithes comme des excréments pétrifiés de poissons antédiluviens; ils se présentent sous forme de petites masses ovoïdes, allongées et plus ou moins striées à leur périphérie.

Ces phosphates se trouvent sur les côtes de Suffolk, de Norfolk et d'Essex; ils sont situés sur la craie sénonienne (Crag), c'est-à-dire qu'ils occupent la même position géologique que les phosphates belges. Les fermiers anglais en tiraient parti en transportant la marne phosphatée sur leurs champs, mais ils négligeaient d'employer les nodules riches ou soi-disant coprolithes que l'on considérait plutôt comme une curiosité géologique.

Ce n'est qu'en 1845 que le professeur Henslow attira l'attention publique sur la richesse d'une couche de sable gris contenant des débris organiques riches en phosphates de chaux et assez importants pour pouvoir avantageusement se substituer aux os.

Ces débris organiques sont les mêmes que les nodules de nos phosphates de Liége; leur richesse est assez uniforme, 60 à 62 % de phosphate de chaux avec 15 à 30 % de carbonate.

Ces nodules sont employés après pulvérisation directement en agriculture.

PRODUCTION ANNUELLE.

1878	54,000
1879	34,000
1880	30,500
1881	31,500
1882	49,500
1883	49,500
1884	51,800
1885	30,000
1886	20,000
1887	9,894
1888	"
1889	"
1890	"
1891	20,000

Par l'examen de ce tableau, on voit que la production est en décroissance par suite de la concurrence des phosphates de la Caroline, de la Somme, de la Floride et autres, qui coûtent moins cher.

III. Phosphates arénacés.

PHOSPHATES DE CIPLY.

Le gisement de Ciply forme trois assises distinctes :
1° Le pouddingue de la Malogne;
2° Le phosphate riche de Ciply ;
3° La craie grise de Ciply.

La craie grise forme l'assise géologique dite *Craie brune de Ciply*; c'est l'étage supérieur du système sénonien.

Le pouddingue repose sur la craie brune et fait partie du système maestrichtien de Dumont. Une remarque très importante qui vient à l'appui de celle faite par M. Max Lohest dans le bassin de Liége est la suivante :

Là où existe le maestrichtien, qui est représenté soit par le pouddingue de la Malogne, ou le tuffeau de Ciply immédiatement supérieur, on ne rencontre jamais le phosphate riche, et réciproquement là où existe le sénonien, sans être recouvert de maestrichtien, on peut espérer y trouver le phosphate riche.

Cette remarque permet de donner la théorie la plus vraisemblable de la formation des gisements de phosphate reposant sur le sénonien.

La première indication scientifique de l'existence du gisement du Hainaut a été faite par feu M. Le Hardy de Beaulieu, professeur à l'Ecole des mines de Mons. (*Mémoires et publications de la Société des Sciences du Hainaut*, 1858-1859).

Dès 1858, l'éminent professeur signale dans la craie d'Obourg la présence de rognons phosphatés brunâtres renfermant du phosphate de chaux; de même à Ciply, au-dessus de la craie blanche, il remarque une couche de pouddingue terreux et peu cohérent dont les noyaux sont formés de craie et d'une pierre calcaire brunâtre, plus dure et mieux roulée que la craie et qui, croit-il, contient du phosphate de chaux.

En 1866, MM. Briart et Cornet confirment cette opinion (*Bulletin de l'Académie des Sciences*, 43ᵉ année, 2ᵉ série, t. 38); ils reconnaissent que les fossiles du pouddingue de la Malogne sont formés d'une substance brunâtre dure, mais rayée par l'acier et renfermant du phosphate de chaux. La découverte de ces savants géologues belges ne tarda pas à être mise à profit.

En 1871, M. Gendebien, revenant d'un voyage en Angleterre où il avait vu des phosphates noduleux, s'informa auprès de M. E. de Cuyper s'il ne supposait pas en Belgique l'existence de semblables nodules ?

Immédiatement, ces Messieurs procédèrent à des recherches et voulurent créer cette industrie nouvelle en Belgique.

Leurs premières recherches se firent à Pry, près de Walcourt, dans l'Entre-Sambre-et-Meuse où ils trouvèrent, dans une carrière de calcaire abandonnée, un filon formant une fente presque verticale, rempli par des nodules de phosphate de chaux empâtés dans la craie. Plus tard, ils rencontrèrent, à Ciply, les mêmes nodules ; ils découvrirent ensuite la craie grise à Mesvin-Ciply, le long du chemin de Nouvelles. Après avoir fait des sacrifices d'argent assez considérables, ces Messieurs arrêtèrent leurs recherches. O ironie du sort ! Leur dernière galerie se trouvait à 10 mètres du gisement de phosphate riche, découvert en 1878, par M. Léopold Bernard.

Comme pour le phosphate des Ardennes, c'est à M. Desailly que revient l'honneur d'avoir établi la première usine de traitement des phosphates du Hainaut.

Il commença d'abord par le traitement des pouddingues de la Malogne. MM. Laduron et Rolland vinrent ensuite faire le traitement des craies grises.

C'est à eux que nous devons les premiers progrès faits dans cette industrie absolument nouvelle.

L'enrichissement industriel de ces craies permit de mettre en exploitation le gisement le plus compact que l'on connaisse à ce jour. Le bloc de craie grise exploitable, reconnu à présent, est de plus de 20 millions de mètres cubes, et ce, sur une étendue restreinte de 400 hectares environ.

Le bassin des phosphates de Mons s'étend sur une longueur d'environ 10 kilomètres et sur une largeur moyenne de 400 mètres en contournant pour ainsi dire la ville, de Mons; il s'étend sous les communes d'Havré, Saint-Symphorien, Spiennes, Mesvin, Nouvelles, Ciply et Cuesmes.

Craie grise de Ciply. — La *craie brune* de Ciply est la 5me assise du sénonien; elle est constituée par une craie grisâtre ou brunâtre, se présentant en masse compacte; elle s'abat facilement, est assez friable, peu cohérente et à texture grossière; physiquement, elle est, d'après Mourlon, composée de petits grains blanchâtres de calcaire, mélangés à d'autres grains plus ou moins phosphatés, de couleur grisâtre, qui donnent à la roche sa teinte foncée. La proportion de grains bruns diminue vers le bas, où la craie, tout en conservant sa texture, devient plus blanche et se confond, pour ainsi dire, avec la craie de l'assise sous-jacente. La craie grise se montre sur une hauteur d'environ 15 mètres; la partie supérieure est silexifère et la partie inférieure ne l'est pas. A l'extrémité du bassin, à Havré, M. Denys, ingénieur, a constaté qu'elle était un peu plus dure. Cette cohésion se manifeste surtout là où la couche de phosphate riche est moins épaisse et et réciproquement. La craie grise du Bois d'Havré est silexifère sur toute sa hauteur, mais en rognons épais dans la masse.

La craie grise du Hainaut exploitée titre de 20 à 35 % de phosphate ; elle est plus riche vers Havré, là où on a découvert des phosphates gris noirâtres titrant de 60 à 65 %.

L'épaisseur de la couche exploitée n'est pas constante ; on peut dire qu'elle varie de 3 à 10 mètres.

Coupe d'un gisement de craie phosphatée (fig. 227).

ANALYSE DE LA CRAIE GRISE DU HAINAUT (PETERMANN).

Matières organiques	2,83
Chaux	53,24
Magnésie	0,12
Oxyde de fer et alumine	1,01
Potasse et soude	0,19
Acide carbonique	28,10
» sulfurique	0,89
» phosphorique	11,66
Silice et sable	1,96
Traces de fluor et de chlore	..
Total	100,00

Cette craie est, comme nous l'avons vu, enrichie par différents moyens ; on obtient des phosphates titrant de 40 à 55 % de phosphate.

Il faut environ 3 tonnes de craie brute titrant de 20 à 30 % pour obtenir une tonne de 40/45.

Le prix de revient de cet enrichissement varie suivant les procédés employés et la richesse de la matière première : il est au minimum de 13 francs à la tonne de 40/45.

Le coût de l'extraction à la tonne est de 1 à 2 francs.

PHOSPHATE RICHE DE CIPLY. — Le phosphate riche de Ciply a été découvert en 1879, par M. L. Bernard, ingénieur à Mons, dans la concession de craie grise qu'il possédait à Mesvin.

Il a la composition chimique suivante :

Matières organiques (azote 0,028)	5,21 %
Oxyde ferrique	3,96
» aluminique	3,96
» calcique	41,72
» magnésique	0,84
» potassique	1,00
» sodique	1,13

Anhydride phosphorique . . . . . . 27,79 %
      „   sulfurique. 1,18
      „   carbonique 5,06
      „   silicique 10,68
Chlore (traces).   „
Fluor   „

La puissance moyenne de la couche de phosphate était de 0^m60.

Dès que la richesse et la puissance des couches de phosphate riche furent connues, la fièvre des phosphates s'empara des chercheurs, et nuit et jour, il fut pratiqué des sondages pour trouver le riche minerai. On détermina ainsi très rapidement la zone du phosphate riche; elle possède à peu près la même étendue que celle de la craie grise. Le tuffeau ne se rencontrait guère qu'à Ciply.

Le phosphate de Ciply est constitué par une roche pulvérulente, rougeâtre, jaunâtre ou verdâtre et ressemblant à première vue à du sable ferrugineux. Cette roche est parfois assez dure pour exiger l'emploi de la poudre pour la détacher, surtout à l'extrémité du bassin, vers le bois d'Havré.

Les terrains de superposition sont les suivants (fig. 228) :

1° Terre arable . . . . 0^m30 à 0^m40
2° Sable argileux ou argile sablonneuse quaternaire . . . . 1^m00 à 5^m50
3° Sable vert glauconifère et parfois mouvant (vers Havré) . . . . 0^m20 à 5^m00
4° Argile sableuse verte, compacte, imperméable aux eaux . . . . 0^m00 à 2^m50
5° Silex noyés dans le phosphate très ferrugineux 0^m00 à 0^m75
6° Phosphate riche (moyenne) . . . . . . 0^m40 à 0^m80
7° Craie grise.

L'épaisseur de la couche de phosphate est très variable; parfois elle peut se réduire à des traces, puis tout à coup s'enfoncer dans la craie grise en formant des poches ayant quelquefois une capacité considérable de 1, 2, 3 mètres de diamètre et autant de profondeur.

On cite une poche découverte à Cuesmes qui aurait donné plus de 1,000 tonnes de phosphate riche titrant près de 60 % de phosphate.

Notre description du gisement de phosphate riche de Ciply sera très succincte, celui-ci étant presque épuisé; il ne reste, en effet, plus guère à exploiter qu'une partie de phosphate vert à St-Symphorien et à Havré.

Dans les phosphates verts, le fer est surtout à l'état ferreux et dans les bruns à l'état ferrique.

L'exploitation du phosphate de Ciply est faite à ciel ouvert, sauf pour les verts qui sont à une profondeur plus grande et qui sont extraits par puits et galeries.

Le coût de l'extraction est de 5 à 8 fr. à la tonne.

EXAMEN DE LA VALEUR FERTILISANTE DE LA CRAIE GRISE DE CIPLY.

M. Petermann, par des expériences en pots, a démontré que : 1º la craie grise de Ciply, à l'état brut, ne convient pas à l'emploi agricole : ni directement comme engrais, ni pour enrichir le fumier. La grande quantité de carbonate de chaux qui accompagne le phosphate, soustrait celui-ci à l'action dissolvante de l'eau chargée d'acide carbonique, des solutions salines, des humates, etc.

2º En contact avec le purin, elle ne lui cède point d'acide phosphorique; au contraire, le carbonate de chaux qui l'accompagne précipite, à l'état de phosphate tribasique, l'acide phosphorique dissous primitivement dans le purin. (*Recherches de chimie et physiologie appliquée à l'agriculture*, page 70, Petermann.)

Ces conclusions, tirées sur des expériences faites en pots, ne sont point cependant, au point de vue cutural, aussi générales qu'on pourrait le croire.

Son emploi dans les landes, dans les marécages et dans les terrains riches en humus et pauvres en chaux, a donné des résultats appréciables.

Le phosphate de la craie grise étant cristallin, on comprend aisément que son assimilation dans le sol soit beaucoup plus lente que pour les phosphates amorphes ; mais si, par une mouture excessivement fine, on brise le cristal, sa diffusion dans le sol sera plus facile.

Une des causes principales qui rend la craie grise difficilement assimilable est la grande quantité de carbonate que contient cette craie; tous les éléments acides et salins qui se trouvent dans le sol agiront tout d'abord sur le carbonate avant de se porter sur le phosphate, ce dernier étant plus réfractaire à la décomposition que le carbonate. Le phosphate ne sera donc altéré que quand tout le carbonate sera transformé.

Avant de porter un jugement définitif sur la valeur fertilisante de la craie grise de Ciply, il conviendrait de faire des expériences sérieusement contrôlées et surtout dans des conditions identiques à celles de la culture ordinaire.

On a essayé de rendre plus assimilable la craie grise de Ciply, en la calcinant. Ce nouveau produit, qui a reçu le nom de thermo-phosphate, n'a pas donné, au point de vue cultural, les résultats qu'on en attendait.

PRODUCTION DE PHOSPHATE DANS LE BASSIN DE MONS.

Années.	Tonnes	Prix de vente par tonne de 40/45 calcareux	Prix de vente par tonne de 55/60.
1877	3,910	25 fr.	"
1878	5,720	30 »	"
1879	7,700	36 »	"
1880	15,745 maximum	40 »	57 fr.
1881	30,000	36 » maximum	66 »
1882	41,050	30 »	55 »
1883	59,800	24 »	51 »
1884	69,720	22 »	46 »
1885	162,250	20 »	44 »
1886	145,520	18 »	42 »
1887	166,900	"	"
1888	190,000	"	"
1889	206,080	"	"
1890	197,840	"	"
1891	171,510	"	"
1892	150,800	"	"

Carte du bassin phosphaté du Hainaut n° 229.

PHOSPHATES DE LA PICARDIE.

Les phosphates de la Somme ont été signalés en 1849 par M. Buteux, dans une note sur *la craie dans le Nord de la France.*

En 1863, dans une lettre lue à la Société géologique de France, M. de Mercey signale la présence du sable phosphaté à Beauval, près Doulens (Somme). Depuis longtemps, M. Buteux y avait trouvé des *belemnites* dans une craie phosphatée, sableuse et ensuite plus dure à mesure qu'on descendait.

Cette déclaration ne laisse pas de doute sur la corrélation évidente qui existe entre les sables phosphatés découverts 23 ans après, et ceux signalés par M. de Mercey.

Mais la découverte industrielle de ces phosphates date seulement de 1886 ; elle est due à MM. Merle et Ponsin.

Le gisement des phosphates de la Somme est un des plus importants du continent, moins par son étendue que par sa richesse. (Voir carte du bassin de la Picardie n° 230.)

On ne connaissait pas de phosphate arénacé ayant semblable richesse avant la découverte des phosphates de la Picardie.

Ces phosphates occupent la même position géologique que ceux de Ciply.

Comme terrains de superposition, on ne trouve pas, immédiatement au-dessus, les sables verts correspondant au landénien supérieur de Belgique ; les terrains de recouvrement sont formés de haut en bas par du limon passant peu à peu vers le bas à de l'argile rougeâtre renfermant, épars dans sa masse, des blocs de silex peu volumineux ; son épaisseur varie de 0^{m}80 à 12 mètres. Sous l'argile se trouve une couche mince de sable jaune, puis se montrent les blocs de craie formant les parois de la cuvette contenant le phosphate.

Le phosphate repose sur l'étage supérieur de la craie sénonienne, étage correspondant à la craie brune de Ciply, dont elle en a à peu près la même composition ; elle est aussi phosphatifère

Les exploitations de la Picardie se trouvent dans les villages de Beauval, Bauquesne, Caudax, Terramesnil, Puchevillers, Orville, Toutancourt, Breteuil, Haravesnes....

L'aspect général de la contrée est celui des régions occupées par le limon recouvrant la craie blanche ; le terrain est mammelonné.

Ce gisement est très disséminé.

Son étendue n'est pas encore bien déterminée, car de nouvelles découvertes sont encore souvent signalées.

Voici, d'après le journal *l'Engrais*, l'évaluation approximative des gisements de phosphates de chaux dans les départements de la Somme, le Pas-de-Calais et l'Aisne (1er mai 1892) :

DÉSIGNATION DES GISEMENTS	Superficie des gisements. Hectares.	Rendement à l'hectare. Tonnes.	CATÉGORIES					Tonnage total T.	Craie phosphatée titrant de 35/40°.
			70/80 T.	60/70 T.	50/60 T.	40/50 T.	30/40 T.		
Méricourt . . . . (Aisne) . .	5	3,000	" "	" "	5,000	5,000	5,000	15,000	15,000
Fresnoy-le-Grand . . id.	9	2,666	" "	" "	6,000	10,000	8,000	24,000	21,000
Étaves et Berquiaux . id.	5	3,300	" "	" "	7,000	5,000	4,000	16,000	16,500
Bellicout. . . . id.	8	5,750	4 000	10,000	10,000	15,000	7 000	46,000	10,000
Villeret . . . . id.	3	6,800	" -	2,000	2,000	13,000	3,500	20,500	" "
Hargicourt . . . id.	8	6,800	4,500	20,000	10,000	10,000	10,000	54,500	50,000
Templeux-les-Guerrard id.	6	6,250	1,500	10,000	5,000	15,000	6,000	37,500	" "
Villers-Faucon . . id.	3	6,000	" "	2 000	4,000	8,000	4,000	18,000	" "
Templeux-la-Fosse . id.	5	2,000	" "	" "	4 000	2,000	4,000	10,000	30,000
Allaine . . . . (Somme) .	2	" "	" "	" "	" "	" "	" "	" "	8,000
Bouchavesne . . id.	6	7,000	" -	7,000	5 000	10,000	20,000	42,000	5,000
Cléry . . . . id.	5	11,400	2,000	15,000	10,000	10,000	20,000	57,000	10,000
Hem. Manacu . . id.	6	5,000	3,000	5,000	5,000	10,000	7,000	30,000	15,000
Curlu . . . . id.	9	4,400	" "	" "	9,500	5,000	25,000	39,500	30,000
Hardecout-aux-Bois id.	15	10,300	10,000	37,500	25,000	50,000	32,000	154,500	10,000
Ribemont . . . id.	4	4,000	" "	" "	8 000	4,000	4,000	16,000	10,000
Raincheval . . . id	5	4,800	" "	4,000	8,000	8 000	4,000	24,000	6,000
Beauquesne . . . id.	8	5,000	6,000	9 000	5,000	10,000	10,000	40,000	10,000
Terramesnil . . . id	6	7,600	16,000	6,000	10,000	10,000	4,000	46,000	40,000
Beauval . . . . id.	15	10,600	25,000	20,000	20,000	60 000	35,000	160,000	150,000
Orville (Pas-de-Calais) .	15	16,300	28,000	15,000	40,000	90,000	72,000	245,000	200,000
Haravesne id	10	11,000	20,000	20,000	20,000	20,000	30,000	110,000	" "
Bachimont id.	16	8,300	15,000	10,000	48,000	30,000	30,000	133,000	" "
Buire au-Bois id.	8	15,300	23,000	30,000	30,000	20,000	20,000	123,000	" "
Nœux . . . id.	3	5,000	" "	" "	5,000	8,000	2,000	15,000	" "
	185	8,000	158,000	222,500	301,500	428,000	366,500	1,476,500	636,500

Nombre d'usines : 30.
Production mensuelle : 29,125 tonnes.

Le gisement de la Somme, comme celui du Hainaut, forme deux assises bien distinctes :

1° Le phosphate riche.

2° La craie grise.

PHOSPHATE RICHE DE LA PICARDIE.

Il se présente sous forme de sable d'un blanc jaunâtre plus ou moins coloré ; il est contenu dans des poches coniques souvent terminées par des puits naturels cylindriques creusés dans la craie sénonienne, dont la contenance peut varier de 25 à 500^{m3} ; on en a rencontré de 35 mètres de profondeur. Le phosphate n'est pas de composition uniforme dans les poches ; les zones, qui sont de nuances différentes, sont parallèles à l'inclinaison des parois. La couche supérieure du sable phosphaté est plus rougeâtre et plus pauvre ; elle a une épaisseur de 1^{m}00 à 1^{m}50 ; il titre de 40 à 45 % ; au-dessous, le phosphate est d'un jaune pâle et titre 60 à 65 % ; dans le puits même, de 65 à 85 %.

Coupe d'un gisement de la Picardie (fig. 231).

La craie qui forme les parois est elle-même riche en acide phosphorique : 30 à 40 % de phosphate.

On rencontre souvent dans ces poches des concrétions pugillaires. Parfois elles sont éparses dans la masse ; d'autres fois, elles forment des lits bien distincts distribués également dans le sens de la dépression. Elles sont généralement plus blanches que le sable dans lequel elles sont noyées.

Elles semblent avoir subi de grandes altérations, la plupart sont cariées ou perforées. En général, la surface en est terne ; parfois cependant, certaines parties sont recouvertes comme d'un émail et sont assez dures. Des mouches noires d'acerdèse (oxyde de *Mn*) se rencontrent fréquemment à la surface de ces concrétions.

Les sables phosphatés de la Somme se distinguent de ceux de Ciply en ce que les premiers sont plus fins ; ils donnent plus de 60 % de fin au tamis français n° 70, ils ont une teneur plus forte en acide phosphorique et on y rencontre beaucoup moins de fossiles.

Dans les phosphates de la Picardie et du Hainaut, les grains sableux y sont presque exclusivement formés de phosphate, les autres d'un noyau crayeux entouré d'une pellicule de phosphate.

M. S. Meunier a fait l'étude microscopique de la craie de Beauval : la matière est composée d'une poussière de calcite englobant de petits nodules arrondis et des bâtonnets allongés de phosphate de chaux ; ces petits nodules sont entièrement cristallisés, à croix noire constituée par des fibres radiales d'apatite, ou à centre amorphe et à bord cristallisé ; ces nodules simples sont parfois réunis à 2, 3, 4 et enveloppés d'une couche fibreuse amorphe ou cristallisée ; quelquefois, ils sont formés de calcite avec le bord en phosphate amorphe et inversement.

Ces différents nodules donnent naissance à des groupements aux figures les plus bizarres.

Les bâtonnets sont de plusieurs sortes, ils sont tantôt formés de petits cristaux allongés d'apatite, ou ils sont amorphes ou partie amorphe et partie cristallisée extérieure ou intérieure. Les bâtonnets allongés sont généralement recourbés. La forme des grains montre bien que ces produits se rapprochent des cristallisés, qu'ils sont pour ainsi dire l'intermédiaire entre les phosphates noduleux et les apatites.

Ces nodules ont été dissous par les eaux et le phosphate de chaux en a été précipité par cristallisation.

Cette dissolution a été plus active dans la Somme que dans le Hainaut et surtout qu'en Hesbaye ; dans les deux premiers bassins, il ne reste, en effet, pour ainsi dire plus trace de débris d'êtres organisés.

Les gros nodules qui forment à Orville un lit de quelques centimètres d'épaisseur compris entre la craie à *belemnites* et celle à *micraster*, sont comme ceux de Hesbaye composés de phosphate amorphe.

C'est cette texture en partie cristallisée qui rend les phosphates de la Picardie et du Hainaut assez difficilement assimilables par les végétaux ; on ne les emploie à l'état naturel qu'après les avoir moulus finement.

La structure cristallisée et la dureté qui en est la conséquence, dit M. Grandeau, semblent s'opposer à la dissolution des grains de phosphate à cet état, au contact des radicelles des plantes.

La composition chimique des sables phosphatés de la Somme est la suivante :

<table>
<tr><td></td><td colspan="4" align="center">PHOSPHATE RICHE.</td><td align="center">Phosphate
bas-titre.</td></tr>
<tr><td>Chimistes :</td><td>Breton,</td><td></td><td>Moutier,</td><td>Cornoille,</td><td></td></tr>
<tr><td>Localités :</td><td>Beauval,</td><td>Orville,</td><td>Beauval,</td><td>Orville,</td><td></td></tr>
<tr><td>Matières organiques . . . .</td><td>3,05</td><td>2,20</td><td>2 26</td><td>5,00</td><td>2,90</td></tr>
<tr><td>Silice . . . .</td><td>1,24</td><td>1,80</td><td>0,38</td><td>—</td><td>11,16</td></tr>
<tr><td>Acide phosphorique . . . .</td><td>33,90</td><td>35,63</td><td>30,89</td><td>35,30</td><td>21,39</td></tr>
<tr><td> »   sulfurique . . . . .</td><td>0,71</td><td>0,98</td><td>0,84</td><td>---</td><td>—</td></tr>
<tr><td> »   carbonique . . . . .</td><td>3,85</td><td>3,35</td><td>2,04</td><td>1,60</td><td>7,04</td></tr>
<tr><td>Oxyde de fer . . . .</td><td>1,51</td><td>1,16</td><td>0,50</td><td>2,50)</td><td rowspan="2">11,45</td></tr>
<tr><td>Alumine . . . .</td><td>0,90</td><td>0,38</td><td>0,32</td><td>0,85)</td></tr>
<tr><td>Chaux . . . .</td><td>48,27</td><td>49,67</td><td>45,33</td><td>41,72</td><td>34,20</td></tr>
<tr><td>Magnésie . . . .</td><td>0,28</td><td>0,43</td><td>0,16</td><td>0,19</td><td>--</td></tr>
<tr><td>Non dosé . . . .</td><td>6 29</td><td>4,40</td><td>--</td><td>12,84</td><td>---</td></tr>
<tr><td>Fluor . . . .</td><td>—</td><td>---</td><td>1,60</td><td>—</td><td>---</td></tr>
<tr><td>Equivalent en phosph. de chaux.</td><td>74,01</td><td>77,78</td><td>67,34</td><td>76,95</td><td>46,65</td></tr>
<tr><td> »   carbonate »</td><td>8,75</td><td>7,61</td><td>4,63</td><td>3,02</td><td>18,27</td></tr>
</table>

La richesse en phosphate pour les sables blancs d'une même poche est à peu près constante.

Ces phosphates, par leur composition, constituent une matière première excellente pour la fabrication du super-phosphate.

Les *bas titres* de la Somme sont inférieurs aux phosphates de même titre de la Hesbaye ; comme nous le voyons par leur composition, les premiers sont absolument impropres à la fabrication des superphosphates ; pour utiliser ces produits, on les enrichit par lavage.

Ils sont aussi employés directement en agriculture.

L'exploitation des phosphates de la Somme se fait généralement à ciel ouvert ; cependant, lorsque l'épaisseur des terrains de recouvrement atteint 7 ou 8 mètres, elle s'exécute par puits et galeries.

La vente des terrains phosphatés se fait généralement de la façon suivante : on détermine, par un certain nombre de coups de sonde, le cube approximatif de phosphate et on achète à raison de 7 à 12 fr. le mètre cube, sans aucun contrôle et aux risques et périls de l'acheteur. On compte que 1 m³ de sable humide donne une tonne sèche de phosphate propre à être livré au commerce. Le prix de revient de la tonne fabriquée varie de 12 à 30 francs, sur wagon, suivant le prix d'achat de la matière première, les difficultés de l'exploitation, la situation du terrain phosphaté et surtout les frais de transport qui sont parfois très onéreux, les moyens de communication laissant beaucoup à désirer. Le prix de vente à l'hectare a atteint dans la Somme l'énorme prix de 600,000 francs. On s'imagine facilement quelle richesse cette découverte a apportée dans le pays.

CRAIE PHOSPHATÉE DE LA PICARDIE.

La craie sénonienne sur laquelle repose le phosphate riche de la Somme est elle-même assez riche en phosphate; son titre varie de 12 à 45 °/₀.

Généralement, elle dose de 20 à 30 °/₀; mais on en trouve à Breteuil, qui dose plus de 40 °/₀ à l'état naturel et l'on y rencontre parfois des poches de phosphate riche d'un titre supérieur à 55 °/₀.

Cette craie grise doit généralement être enrichie pour être livrée au commerce. Les procédés d'enrichissement assez rudimentaires en usage à Breteuil et à Hallencourt ne donnent pas de résultats bien marquants; c'est à peine si, avec des craies titrant de 30 à 45, on sait faire du 50.55.

Une constatation très importante à faire, c'est que la composition de ces craies, au point de vue physique, est absolument la même que celle du Hainaut; seulement, elles sont d'un titre plus élevé et, quoique la matière première soit plus riche, le produit final après traitement ne l'est guère plus que celui du Hainaut.

Les gisements reconnus de Breteuil dépassent le chiffre de 2,000,000 de tonnes à l'heure actuelle dont 5 °/₀ environ de phosphate riche.

En 1890, la production a été de 200,000 tonnes environ.

III. Phosphates filoniens concrétionnés.

PHOSPHATES DE CACÉRÈS.

On trouve en Espagne, dans la province de Cacérès, des gîtes assez importants de phosphates.

Ce produit se trouve en filons généralement bien caractérisés, quelquefois en amas, il se présente tantôt cristallisé, tantôt amorphe.

Le titre de ces phosphates est très variable : on trouve des parties très riches qui atteignent 90 °/₀ de phosphate, d'autres ne titrent que 46 %; la moyenne atteint à peine 55 % après triage.

Ils contiennent de 1 à 2 % de fer et d'alumine.

Les minerais *bas titres* sont très siliceux et très propres à la fabrication de l'acide phosphorique. L'argile qui accompagne ce minerai est souvent ferrugineuse.

Généralement, les minerais à gangue calcaire sont plus riches que ceux à gangue siliceuse.

Les filons qui traversent le granite sont de composition très variable; ils ont peu d'importance au point de vue industriel.

Ceux qui traversent les schistes palézoïques sont plus remarquables

Leur puissance varie de 0 à 12 mètres ; leur étendue dépasse parfois 1 kilomètre; en profondeur, l'exploitation des filons n'est limitée que par l'exhaure et par les moyens d'extraction. Les amas ont quelquefois un volume dépassant 20,000 mètres cubes.

Composition des phosphates de Cacérès.

Acide phosphorique	30,15
Chaux	36,05
Carbonate de chaux	4,16
Silice et sable	25,32
Oxyde de fer et alumine.	1,34
Fluor avec traces d'autres substances.	2,48
Eau	0,26
	100,00

Phosphate de chaux : 66,47.

La Société générale des phosphates de Cacérès a exporté en :

1877	13,736	tonnes.
1878	13,758	''
1879	11,300	''
1880	21,037	''
1881	43,500	''
1882	62,246	''
1883	48,666	''
1884	42 000	''

Avec la production de 1885, 1886, 1887, 1888, 1889 et le stock de phosphate pauvre, la production totale pendant ces 13 années a été de 360,000 tonnes.

Pendant les premières années d'exploitation les bénéfices réalisés par cette société ne dépassèrent pas 10 % et à partir de 1881, par suite de la concurrence des phosphates de la Caroline, la société fut en perte.

La découverte des phosphates de la Somme en 1886 porta le dernier coup aux phosphates de Cacérès; depuis 1889, les travaux ont complètement cessé.

Les frais d'extraction à la tonne étaient estimés à 20 pesetas (le peseta vaut fr. 0,934), les frais de transport de la mine au port d'embarquement (Lisbonne) 17,50 p. ; or, ce phosphate devant être en grande partie importé en Angleterre, vu que l'Espagne en consomme très peu, il faut y ajouter le fret maritime qui, pour ce pays, est de 12 francs environ.

L'unité de phosphate coûtait donc 0,65 dans les ports anglais sans laisser de bénéfices aux exploitants.

Dans la situation actuelle du marché, les phosphates de Cacérès ne peuvent donc être exploités.

IV. Phosphates minéraux cristallisés d'origine inorganique.

PHOSPHATES DU CANADA.

Les gisements de phosphate du Canada ont été rencontrés dans les provinces de Québec et d'Ontario, dans la vallée d'*Ottawa River*, le long du chemin de fer *Canadian pacifique*.

Ils se trouvent entre le 45me et le 50me degré de latitude septentrionale et les 70me et 80me degré de longitude. (Voir carte du Canada n° 232.)

Ces gisements sont formés d'apatite à peu près pure (fluophosphate de calcium).

C'est dans l'étage inférieur du *laurentien* des terrains primitifs ou *archéens* que l'on rencontre l'apatite.

Le laurentien comprend au Canada, d'après MM. Billings et Logan, trois sortes de roches :

1° Des gneiss à orthose granitoïde à la base, avec quartzite, amphiboloschiste et micaschiste.

2° Des calcaires blancs cristallins et des dolomies avec serpentine, graphite, apatite, fluorine et lits de gneiss subordonnés,

3° Des roches de feldspath plagioclase avec hypersthène, pyroxène et amphibole.

Des crevasses se sont produites dans ces roches de formation plutonienne, qui se sont remplies de minéraux divers et ont formé un conglomérat composé de pyroxène, feldspath, apatite, calcite, mica, pyrite, etc. ; en certains points, l'apatite forme des veines d'une pureté extrême.

L'apatite a été rencontrée dans les communes de Hull, Templeton, Buckingham, Wakefield, Portland, Deiry, Villeneuve, Denholm Bowman, Hinbks.

On peut dire que quand l'on trouve à la surface des affleurements de pyroxène parsemés d'apatite, celle-ci subsiste dans toute la profondeur du filon ; la plupart des phosphates du Canada, extraits depuis quelques années, proviennent du Comté d'Otawa, le long du « Lièvre River », dans le district de Québec.

Le pyroxène se montre sous plusieurs formes différentes : quelquefois il est massif, de couleur vert foncé, clair, opaque ou translucide ; il est rarement transparent ; d'autre fois, il est granuleux et se pulvérise facilement ; parfois il est cristallin, mais la variété massive est la plus ordinaire. Le feldspath qui accompagne l'apatite est généralement l'orthoclase cristallisé dont la couleur varie du blanc au rose lilas.

L'apatite se montre sous une grande variété de formes : elle est en masse cristalline hexagonale et d'une dureté assez considérable, surtout à la surface où elle est mieux cristallisée ; quelquefois, elle se présente en cristaux isolés de grosseur variable ; on en trouve qui pèse jusqu'à 300 kilog., comme celui qu'on a rencontré à la *Squaw hill mine*. En général, ils ont la grosseur du pouce. D'autrefois, elle se montre en masses cristallines blanches s'émiettant facilement sous la pression des doigts et présente l'aspect d'une *masse cuite de premier jet*, d'où lui vient le nom de *sugar phosphate* ; elle se laisse diviser facilement par des plans de clivage, elle est d'un éclat vitreux, fragile et facile à pulvériser.

La densité de l'apatite varie de 3 à 3,20 ; comme on le sait, l'apatite occupe le 5ᵐᵉ degré de l'échelle de dureté (voir page 78) ; en profondeur, elle devient plus friable et tend à prendre une texture plus grenue ; sa couleur est assez variable. En roche, elle est verte ; en poussière, elle est d'un blanc grisâtre ; la pureté de ce phosphate est très grande.

COMPOSITION DES PHOSPHATES DU COMMERCE.

	1re qualité	2e qualité	3e qualité
Phosphate de chaux	88,20	78,65	66,22
Carbonate de chaux.	4,13	8,05	9,20
Fluorure de chaux	3,10	3,04	2,97
Oxydes fer et aluminium . . .	0,70	1,03	1,37
Magnésie	0,20	0,31	0,47
Insoluble dans les acides . . .	3,67	8,92	19,77
	100,00	100,00	100,00

Les filons d'apatite sont parfois bien développés à la surface où ils présentent des épaisseurs de plus de 1m00, mais généralement ils n'ont pas grande longueur; ils meurent quelquefois à la surface pour reparaître un peu plus loin, c'est ce qui explique le grand nombre d'affleurements que l'on rencontre à chaque pas lorsque l'on parcourt ces terrains phosphatés.

M. Grognard, un éminent ingénieur belge, à qui nous empruntons une partie de la description des phosphates du Canada, a constaté la présence d'une centaine d'affleurements différents sur une propriété de 240 hectares environ.

La direction des filons est du Nord au Sud; d'après M. Dana et autres investigateurs, l'étage laurentien descendrait à une profondeur de 7 à 10 mille mètres.

Le puits le plus profond creusé à ce jour n'a pas plus de 200 pieds; on ne peut guère tirer de conclusion certaine sur la nature des filons phosphatés en dessous de cette profondeur, mais tout porte à croire qu'il y a là une énorme quantité de phosphate de haut titre. Les terrains phosphatifères n'ont pas été explorés jusqu'à présent dans toute leur étendue; c'est généralement au sommet des collines que l'on découvre le plus facilement les affleurements; ce sont évidemment les terrains d'exploration facile qui sont les premiers exploités.

La première mine de phosphate a été ouverte dans la commune de North Burgets, dans le Haanark County, vers l'année 1863. C'est en 1872 que fut ouverte la première du *Lièrre River*, mais ce ne fut qu'en 1880 que ces exploitations prirent de l'extension. Les propriétaires des terrains exploitèrent eux-mêmes les phosphates qu'ils possédaient.

Ce n'est que depuis quelques années que l'extraction des phosphates du Canada se fait d'une façon industrielle.

Voici comment s'effectue ce travail qui comprend deux opérations bien distinctes :

1° L'exploration ;
2° L'exploitation.

L'exploration consiste à mettre le filon à nu sur la propriété entière pour prouver la présence de l'apatite ; le point de départ est évidemment un affleurement de la matière. Alors on ouvre des puits assez profonds pour démontrer l'importance et la direction du dépôt. L'exploitation consiste à creuser dans le filon, des carrières plus ou moins grandes.

D'après M. Grognard, le mode d'extraction le plus rationnel serait *l'exploitation par gradins renversés*. (Voir p. 163.)

L'abatage de la roche se fait de la façon suivante : des trous de mine sont forés à la perforatrice et sont ensuite chargés d'un explosif auquel on met le feu ; on disloque ainsi la roche. Les perforatrices employées produisent journellement un forage de 25 à 30 mètres.

Pour donner une idée de l'exploitation des phosphates du Canada, nous décrivons le mode de travail suivi au North star Mine sur la rive est du *Lièrre River*, dans la commune de Portland.

La concession comprend 50 hectares environ elle est traversée par un filon qui a une largeur moyenne de 110 mètres environ ; la présence du phosphate a été décelée par des ouvertures pratiquées à des intervalles de 8 à 15 mètres.

On rencontre d'abord une première ouverture *The Office Pit* de 15 mètres de long, 12 mètres de large et 10 mètres de profondeur dans laquelle le conglomérat est formé de pyroxène, mica, feldspath, apatite, etc.

Dans un coin de cette carrière ouverte, un puits carré de 1^{m}25 de côté a mis à nu une veine d'apatite dont la quantité de produit pur extrait représente 8 % de la totalité de la roche déplacée.

A 32 mètres de la première carrière, on en trouve une seconde appelée *Alis Pit n° 1* ; l'ouverture est de 7 mètres de long, 4 mètres de large et 3 mètres de profondeur. La roche est la même que la précédente ; on y rencontre une belle veine d'apatite pure de 3^{m}50 environ de largeur descendant de la surface vers le sud avec une inclinaison de 40 à 60 degrés. 18 mètres plus loin, on rencontre une troisième carrière appelée *Alis Pit n° 2*, de 9 mètres de long sur 4 mètres de large et 3 mètres de profondeur. On y rencontre plusieurs petites veines d'apatite qui se réunissent en une seule au fond de la carrière où elle atteint 1^{m}50 de large; celle-ci parait se développer et former poches (bonanzas).

Il existe d'autres carrières semblables à celles que nous venons de décrire.

La carrière *Alis Pil n° 3* est en creusement. Sa profondeur est de 30 mètres

A 15 mètres de là, se trouve la première mine (shaft); elle a environ 185 mètres de profondeur. A cette grande profondeur, on remarque que l'apatite continue à accompagner les autres minerais, avec lesquels elle est associée de la même façon qu'à la surface. Dans le fond de la mine, on rencontre des veinules d'apatite conduisant à d'énormes poches contenant plusieurs milliers de tonnes de phosphate pur. Par suite de circonstances toutes particulières de la formation géologique, il était impossible de faire cette exploitation avec beaucoup de régularité; le cours de l'apatite est capricieux et il peut être représenté par la figure 233.

M. Francis Wyatt, qui nous rapporte la description de cette mine, estime son rendement d'apatite à 12 %.

A une trentaine de mètres plus loin, on rencontre la mine n° 2 qui a beaucoup d'analogie avec la première.

La production pour cette exploitation est de 10,000 tonnes de matière brute, soit environ 5,000 tonnes de phosphate. Le prix de revient à la mine est de 5, 6 dollars à la tonne de 2,240 *pounds*, soit 1,015 kil.

Les phosphates du Canada sont d'origine minérale; les filons ont une très grande profondeur et l'exploitation du phosphate ne serait limitée que par les moyens mécaniques que possède l'industriel et surtout par le prix de revient qui en résulterait. En examinant à un point de vue plus général l'exploitation du phosphate du Canada, on peut dire que le rendement en apatite n'est pas supérieur à 7 % et que le prix de revient moyen au quai d'embarquement est de 8,60 dollars par tonne, soit 47 fr. 30. Nous savons que certains exploitants produisent dans de meilleures conditions, mais en revanche il en est d'autres qui produisent dans des conditions plus onéreuses encore; à ce taux, il faut encore ajouter l'intérêt du capital, l'achat de la matière première, les frais généraux d'exploitation, la main d'œuvre pour préparer le gisement, les frais de construction de routes et de quais.

Les frais de transport de la mine au quai de chargement à Montréal sont de 3,6 dollars.

Le fret de Montréal aux ports européens est de 1,4 dollar environ; le prix de revient du phosphate du Canada, qualité moyenne 70/75, dans les ports européens est donc de :

  Frais d'extraction et traitement. . . fr. 47,30

  Intérêt du capital et valeur de la

   matière première, etc. . . . .   »   4,00

  Fret de Montréal Europe . . . .   »   8,70

          Total . . . fr. 60,00

Soit à l'unité de phosphate brut, fr. 0,81.

Le prix de vente actuel sur le marché anglais est de 0,85; le bénéfice est donc bien minime.

En présence des découvertes de la Floride, la situation des phosphates du Canada est devenue bien précaire et nous pensons que l'exploitation des apatites sera arrêtée pour plusieurs années, à moins toutefois que des changements radicaux ne soient apportés dans le classement de ces phosphates. Ce qui produit cette grande élévation du prix de revient, c'est le rendement minime en phosphate de la roche exploitée; en effet, celui-ci pourrait être doublé et même triplé si les exploitants canadiens s'attachaient moins à vouloir produire de très hauts titres. Ils produiraient facilement du 60/65 avec 15 °/₀ de rendement et la dépense du triage à la main (cobbing) serait épargnée. Par ce triage on forme généralement trois qualités.

TABLEAU DE PRODUCTION ET DE VALEUR DES PHOSPHATES DU CANADA.

Années	Quantités de tonnes	Valeur en argent
1877	2,823	47,081
1878	10,743	208,109
1879	8,116	122,035
1880	13,060	190,086
1881	11,968	218,456
1882	17,153	338,357
1883	19,716	427,668
1884	21,709	424,240
1885	28,969	496,293
1886	20,440	343,007
1887	23,152	433,217
1888	18,776	298,609
1889	29,987	394,768
1890	26,000	»
1891	16,000	»

L'importance du gisement est considérable ; on a constaté la présence des filons d'apatite sur une largeur de 40 kilomètres sur les bords de la rivière Ottawa, et sur une longueur de 60 à 80

Les phosphates du Canada étaient en grande partie importés en Angleterre et en France, mais depuis quelques années l'industrie du superphosphate commence à se développer en Amérique ; on traite sur place les bas titres qui ne peuvent être destinés à l'exportation.

CHAPITRE X

ANALYSE CHIMIQUE

Depuis que les phosphates ont montré en agriculture leur haute valeur comme fertilisateurs, leur emploi s'est fortement généralisé ; dès le début, la vente de ces produits se faisait au poids et sans garantie de titre. Les nombreuses difficultés que ce mode de vente occasionna fit adopter bientôt une nouvelle base dans le négoce des phosphates ; la vente se fit d'après l'analyse

Il y a quelque vingt ans, le dosage de l'acide phosphorique était peu connu de nos chimistes ; on ne connaissait que l'analyse dite *commerciale* (qui consiste à dissoudre la matière phosphatée dans un acide minéral et à précipiter par l'ammoniaque la liqueur filtrée)

Ce mode d'analyse ne fit qu'accroître les difficultés entre vendeur et acheteur ; en effet, il ne reposait sur aucun principe chimique et ne pouvait donc déceler le *quantum* d'acide phosphorique du produit faisant l'objet de la transaction. Depuis une quinzaine d'années, plusieurs méthodes de dosage d'acide phosphorique sont en usage

Nous décrivons dans le présent chapitre les plus connues avec leurs avantages et leurs inconvénients.

Malgré la dextérité des chimistes, des analyses faites sur un même produit original, par des méthodes d'analyses différentes, donneront inévitablement des résultats contradictoires ; aussi nous faisons des vœux bien sincères pour qu'au prochain congrès de l'Association Belge des Chimistes une entente puisse s'établir entre tous les analystes sur un procédé qui satisfera la science et tous les intérêts. MM. les chimistes rendront ainsi à l'industrie et à l'agriculture un service signalé et ils augmenteront leur prestige auprès des négociants, qui sont toujours tentés de croire à la fraude là où il n'y a que différence, résultant des méthodes variées suivies.

Nous ne pouvons évidemment exiger de MM. les chimistes une concordance parfaite dans leurs résultats d'analyses, d'autant plus que les différences proviennent plus souvent de la composition hétérogène de l'échantillon à analyser que de l'inhabileté de l'opérateur ; il est donc nécessaire, dans les transactions commerciales, d'admettre une tolérance entre les différentes analyses faites sur un même échantillon.

Cette tolérance est d'une à deux unités de phosphate tribasique pour le phosphate et d'une demie à une unité d'acide phosphorique pour le superphosphate. L'établissement de la facture se fait sur la moyenne du titre fourni par le vendeur, et celui fourni par l'acheteur sur un échantillon pris en présence des deux parties ; lorsque l'écart dépasse la tolérance, une troisième analyse est faite par un chimiste-départageur désigné à l'avance, et l'on prend comme base la moyenne des deux analyses les plus rapprochées.

L'analyse des phosphates minéraux se rapporte à la matière ramenée à l'état sec.

Les principaux dosages à exécuter pour les matières phosphatées sont les suivants :

1° Humidité : a) eau non combinée et eau de combinaison ;

2° Matières organiques ;

3° Acide phosphorique: a) soluble dans l'eau, b) soluble dans le citrate d'ammoniaque, c) soluble dans l'oxalate d'ammoniaque, d) soluble dans l'acide carbonique, e) soluble dans l'acide acétique total ;

4° Chaux combinée à l'acide carbonique et à la silice ;

5° Acide carbonique ;

6° Oxydes de fer et d'aluminium ;

7° Acide sulfurique ;

8° Fluor ;

9° Chlore ;

10° Silice ;

11° Acide arsénique ;

12° Magnésie.

ÉCHANTILLONNAGE. — Une opération très importante pour permettre aux chimistes de donner exactement la composition générale du produit à analyser est la prise d'échantillon. L'échantillonnage des matières soumises à l'analyse doit être fait avec beaucoup de soin et de précaution pour en assurer l'homogénéité et l'authenticité.

L'homogénéité doit être parfaite, car on ne doit pas perdre de vue qu'en général un échantillon représente à peine la 10 millième partie de la marchandise à échantillonner, et la prise d'essai du chimiste la millième partie de l'échantillon, c'est-à-dire que l'analyse se fait sur la 10 millionnième partie de la masse totale ; la moindre erreur commise serait donc multipliée par 10 millions. L'échantillonnage doit toujours se faire en présence des deux contractants ou de leurs représentants dûment autorisés. Cette opération est excessivement délicate ; elle doit se faire avec méthode, et pour qu'elle ait de la valeur, on doit y apporter toutes les formes requises, dans le commerce des engrais, qui sont bien connues aujourd'hui de tous les industriels s'occupant de produits chimiques agricoles.

L'échantillon prélevé par un seul des contractants n'a, au point de vue commercial, aucune valeur, car il peut toujours être soupçonné de falsification ou de frelatage

Généralement, l'échantillonnage se fait au moment de la livraison, et s'il se fait à destination, il faut avoir soin de tenir compte de l'état et du poids de la marchandise, celle-ci ayant pu reprendre de l'humidité en cours de route. Il se fait de façon différente suivant qu'on a affaire à de la marchandise brute ou à de la marchandise séchée et moulue.

Pour le phosphate brut, la composition étant excessivement variable, on prendra un panier ou une pelletée sur 10 ou sur 20, suivant la nature de ce phosphate; dans tous les cas, la prise d'échantillon doit représenter environ la centième partie de la masse totale. On pèse alors l'échantillon, on le sèche et on le broye, on pèse de nouveau pour déterminer l'humidité. Ces opérations ne peuvent évidemment se faire en laboratoire : il faut donc qu'elles soient entourées de beaucoup de précautions si l'on veut connaître la composition exacte du produit et c'est sur lui, séché et moulu, qu'on prélève la partie à envoyer aux chimistes.

Pour les produits séchés, broyés et moulus qui sont généralement livrés avec emballage, la prise d'échantillon se fait au moyen de la sonde; celle-ci consiste en une lame d'acier ayant une forme semi-cylindrique et terminée en pointe d'un côté et par un manche de l'autre côté (fig. 234).

La longueur de la lame d'acier est d'environ 0^{m}35, c'est-à-dire au moins égale à la moitié du diamètre de tout emballage ; le diamètre de la lance doit être aussi petit que possible pour ne pas laisser de trace dans l'emballage, après la piqûre faite.

Le coup de sonde peut se donner en travers du sac, mais alors il faut avoir soin, pour déceler toute fraude, de faire la piqûre en des points différents. La proportion des sacs à sonder varie avec l'hétérogénéité du produit; on sonde soit tous les sacs, soit la moitié, le tiers, le quart ou le cinquième; en tous cas, il est bon de ne jamais descendre en dessous de cette fraction. L'échantillonnage étant fait, on mélange aussi intimement que possible celui-ci, on l'étend uniformément sur une table en bois, on forme une série de carrés et au moyen d'une spatule on prend une portion de chaque carré (fig. 235), de façon à former trois ou quatre cents grammes d'échantillon, suivant le nombre de flacons que l'on veut remplir. Généralement, les flacons ont une contenance de cent centimètres cubes; ceux-ci doivent être bouchés au moyen d'un couvercle métallique, afin d'empêcher tout changement ou toute introduction dans le flacon (fig. 236).

Ils doivent être unis à l'intérieur, ronds autant que possible pour éviter les dépôts dans les coins et rendre le nettoyage facile; une étiquette attachée par une ficelle à la tête du flacon porte les indications suivantes :

Nature de la marchandise :

Vendeur :

Acheteur :

Date de la prise d'échantillon :

Poids de la matière échantillonnée :

Numéro des wagons ou nom du bateau.

Signatures des deux représentants ayant fait l'échantillonnage :

La tête du flacon est ensuite plongée dans un bain de cire fondue; chaque représentant imprime alors son cachet dans la ligne de jonction du bouchon et du récipient. Le nombre de flacons d'échantillon doit être de trois au moins, il est préférable d'en faire toujours cinq : deux pour l'acheteur, deux pour le vendeur et un pour le chimiste-départageur; lorsque l'échantillon industriel arrive au laboratoire, on doit prendre note, sur un livre à souches, de toutes les indications que porte l'étiquette et des cachets qui recouvrent le flacon; tous ces renseignements doivent être transcrits sur le bulletin d'analyse.

Si le produit est en poudre plus ou moins grossière et surtout s'il s'agit de phosphate minéral, on doit le soumettre à un broyage et ensuite à un tamisage sans résidu. Généralement, on emploie le tamis n° 60 ; dans tous les cas, il faut avoir soin de bien mélanger le produit avant de faire la prise d'essai, car il existe certains phosphates qui se classent facilement par ordre de densité, et si certains échantillons ont été secoués pendant un certain temps, cette classification peut se produire aisément ; si le chimiste n'a pas pris soin, avant de faire sa prise d'essai, de mélanger intimement ce produit, il pourrait fausser les résultats de l'analyse.

ANALYSE.

1° Dosage de l'humidité.

a) Eau non combinée. — Pour les phosphates minéraux naturels, le dosage de l'eau non combinée est excessivement simple : on pèse cinq grammes du produit bien mélangé, on le porte à la température de 130 degrés jusqu'au moment où deux ou trois pesées consécutives donnent le même poids. Pour les superphosphates, le degré de température auquel la dessiccation doit se faire, doit être aussi bas que possible, 80 degrés tout au plus. A 100 degrés, on constate la transformation du super-phosphate soluble dans l'eau ; à cette température-là, on compterait donc comme eau hygrométrique de l'eau chimiquement combinée. J'appelle tout spécialement l'attention des fabricants de superphosphate sur la fixation dans leur contrat de vente du degré de température auquel le dosage de l'eau non combinée doit se faire.

b) Eau de combinaison. — La détermination de l'eau de combinaison se fait par différence ; on calcine à une température intérieure au rouge sombre pour éviter la décomposition des carbonates. On détermine la perte de poids et l'on soustrait le poids des matières organiques et de l'eau non combinée.

2° Matières organiques.

Le dosage des matières organiques se fait par une solution titrée de permanganate de potasse ; le phosphate doit être dissout par l'acide chlorhydrique.

Généralement, le dosage de l'eau de combinaison et des matières organiques se fait simultanément et est renseigné comme tel dans les bulletins d'analyses.

3° **Acide phosphorique.**

Nous donnerons tout d'abord les différents procédés généraux de dosage de l'acide phosphorique sans nous préoccuper de la première dissolution, qu'elle soit obtenue par l'eau, l'acide carbonique, l'oxalate d'ammoniaque, le citrate d'ammoniaque ou les acides minéraux.

Ces méthodes sont :

1° Méthode molybdique ;

2° Méthode citro-magnésienne, suivie par les stations et laboratoires agricoles de France ;

3° Méthode citro-magnésienne, suivie par quelques chimistes français ;

4° Méthode citro-mécanique ;

5° Méthode uranique.

1° MÉTHODE MOLYBDIQUE.

La dissolution du produit phosphaté étant obtenue par l'eau, on prélève une fraction de cette dissolution représentant de 0 gr. 10 à 0 gr. 20 d'acide phosphorique ; si cette partie n'était pas acide, il faudrait l'additionner de quelques gouttes d'acide nitrique.

On ajoute à la liqueur qui contient l'acide phosphorique à doser une solution de molybdate nitro-ammonique en quantité suffisante pour qu'il y ait une précipitation complète. D'après M. Kupfferschlaeger, il serait inutile, pour produire le précipité de phospho-molybdate d'ammoniaque en réaction acide, de faire usage d'une solution de molybdate nitro-ammonique telle qu'on la compose aujourd'hui ; une solution de molybdate d'ammoniaque suffit. Cette façon d'opérer est beaucoup plus simple.

Une partie en poids d'acide phosphorique doit correspondre à 30 parties d'acide molybdique ; d'après la composition de la liqueur molybdique, il faut donc environ 100 centimètres cubes de cette liqueur pour obtenir une précipitation complète. On évite toujours d'employer en trop grand excès le réactif molybdique pour les deux raisons suivantes :

1° Il est difficile de redissoudre par l'ammoniaque l'acide molybdique qui accompagne le précipité de phospho-molybdate.

2° L'acide molybdique coûtant très cher, on évite les pertes autant que possible.

La précipitation se fait à la température de 80 à 100 degrés ;

dans tous les cas, l'ébullition ne peut être de longue durée, car alors il y a précipitation d'acide molybdique qui est toujours en léger excès. Après repos, on filtre le précipité de phospho-molybdate ; il faut que la décantation de celui-ci soit faite avant de commencer la filtration. C'est le moyen d'opérer rapidement : on lave par décantation le précipité avec environ 100 à 125 centimètres cubes d'eau contenant 1 % d'acide nitrique ou mieux 1 % de nitrate ammonique légèrement acidulé d'acide nitrique.

Cette précipitation se fait généralement dans un verre de Berlin ou dans une capsule en porcelaine.

Il faut toujours avoir soin de vérifier si le filtrat ne contient plus d'acide phosphorique, ou s'il y a de l'acide molybdique en excès. Dans le premier cas, il suffit d'y ajouter un peu de liqueur molybdique ; s'il reste de l'acide phosphorique, il y a formation de phospho-molybdate et l'analyse est à recommencer ; dans le deuxième cas, s'il y a de la liqueur molybdique en excès, une addition de solution phosphorique fera apparaître immédiatement un précipité de phospho-molybdate. On est certain alors que l'analyse est en bonne voie.

On dissout le précipité jaune de phospho-molybdate d'ammoniaque sur le filtre par de l'eau ammoniacale à 2 1/2 % d'ammoniaque ; il faut avoir soin d'emplir le filtre à chaque lavage ; on lave jusqu'à l'obtention de 90 centimètres cubes environ d'eau de lavage. L'eau ammoniacale doit être à la température ordinaire, car, au dire des auteurs, la précipitation cristalline à chaud est difficile. Or, comme l'a très bien fait remarquer M. Paul Claes dans une note sur le dosage de l'acide phosphorique (publiée dans le *Bulletin de l'Association Belge des Chimistes)* la précipitation floconneuse ne donne pas de résultats exacts ; il y a donc lieu de ne précipiter qu'à la température ordinaire ; si le lavage se faisait à chaud, il faudrait laisser refroidir avant de faire la précipitation.

Lorsque le lavage est terminé, on agite la liqueur et on y ajoute pour chaque 1/10 de gramme d'acide phosphorique, dix centimètres cubes de mixture magnésienne. Cette addition se fait goutte à goutte, en ayant soin d'agiter constamment ; on se sert pour cela d'une burette graduée qui est en communication avec le récipient de mixture magnésienne. Après avoir bien agité le liquide, on le laisse au repos pendant une heure au plus. Si l'analyse devait marcher rapidement, la filtration pourrait se faire après 10 minutes de repos. Somme toute , celle-ci peut se faire lorsque la décantation est bien faite dans le vase à précipiter.

Avant de faire la précipitation, il est toujours bon de vérifier si le lavage du filtre est complet; pour cela, on reprend le filtre par l'acide nitrique étendu à chaud et on y ajoute de la liqueur molybdique; si le précipité de phospho-molybdate n'a pas été complètement redissous par l'ammoniaque, il y aura formation de précipité jaune de phospho-molybdate et l'analyse devra être recommencée.

Le précipité de phosphate ammoniaco-magnésien est ensuite filtré; on lave à l'eau ammoniacale à 2 1/2 % jusqu'à cessation de réaction de chlore par le nitrate d'argent; le filtre doit être empli cinq fois d'eau ammoniacale bord à bord. On l'introduit alors avec son contenu dans le creuset en platine pesé. On calcine sur un bec de Bünsen en tenant le creuset fermé jusqu'à ce que le filtre soit carbonisé; on enlève alors le couvercle pour achever la calcination; celle-ci peut aussi se faire dans le four à moufle chauffé soit au pétrole, à la naphtaline ou au gaz. Si la calcination se fait difficilement, on ajoute avec précaution dans le creuset refroidi quelques gouttes d'acide nitrique au moyen d'un compte-gouttes; on replace ensuite avec précaution le creuset dans le four. Pour obtenir des cendres bien blanches, sans avoir recours à l'acide nitrique, on chauffe d'abord *doucement jusqu'à ce que l'ammoniaque soit chassée*, car si l'on porte immédiatement au rouge, la matière s'agrège, devient grise et quelquefois noirâtre.

Quand le produit est calciné et parfaitement blanc, on enlève le creuset, on laisse refroidir dans un excicateur et on détermine le poids de pyrophosphate de magnésie. En multipliant par 0,639, on a l'acide phosphorique contenu dans la prise d'essai.

Nous donnons à la fin de ce chapitre le tableau des pourcentages en acide phosphorique et en phosphate tribasique par demi-milligramme de pyrophosphate de magnésie; la prise d'essai correspond à 1/2 gramme de l'échantillon de la matière phosphatée.

On remarquera que dans toute cette série d'opérations, on n'emploie que de l'eau ammoniacale à 2 1/2 % d'ammoniaque, ce qui évite tous les inconvénients inhérents à l'emploi d'ammoniaque de concentrations différentes, diminue les erreurs et simplifie le travail. L'eau ammoniacale à 2 1/2 % d'ammoniaque a une densité de 0,9894, soit un peu plus de 8 degrés B.

Préparation de la liqueur molybdique.

On dissout 100 grammes d'acide molybdique dans 600 centimètres cubes d'ammoniaque de 0,92 densité. On filtre, on verse alors goutte à goutte le liquide filtré dans 1,250 centimètres cubes d'acide nitrique de 1,20 de densité en agitant fortement.

(Convention des directeurs des Laboratoires agricoles de l'Etat Belge, 27 janvier 1886). Cette opération doit se faire avec lenteur, afin d'éviter un trop grand échauffement qui précipiterait de l'acide molybdique; on abandonne alors cette liqueur quelques jours pendant lesquels il se forme un dépôt, puis on décante et on filtre.

Régénération des molybdates.

Pour économiser l'acide molybdique dans le dosage de l'acide phosphorique par le *procédé molybdique*, on régénère cet acide molybdique.

Nous ne préconiserons pas ce système d'économie qui présente bien des dangers ; cet acide régénéré pourrait amener, par son impureté, des erreurs graves dans l'analyse des phosphates.

Pour faire cette régénération, on opère ainsi :

Les liqueurs tenant en dissolution l'acide molybdique ou l'acide phosphorique sont réunies dans un même récipient, on chauffe, il se forme un précipité de phospho-molybdate d'ammoniaque. On laisse déposer, on décante et on lave le précipité, on le redissout dans le moins d'ammoniaque possible, on précipite l'acide phosphorique par la mixture magnésienne. Il faut s'assurer si la précipitation est complète. Alors on filtre le précipité de phosphate ammoniaco-magnésien et l'acide molybdique reste entièrement dans la dissolution filtrée.

Cette liqueur est versée par petite quantité dans l'acide nitrique de 1,20 de densité, et l'on obtient ainsi une solution nitrique de molybdate d'ammoniaque qui, après repos et décantation, est propre au dosage de l'acide phosphorique.

Si l'on voulait faire le dosage du fer et de l'alumine sur une liqueur débarrassée d'acide phosphorique par le molybdate d'ammoniaque, il faudrait, dans ce cas, proscrire radicalement l'emploi d'un molybdate régénéré.

Préparation de la mixture magnésienne.

1° Adoptée par les laboratoires agricoles de Belgique (convention du 27 janvier 1886).

Chlorure de magnésium . . . . . .   100 gr.
Chlorure ammonique . . . . . .   200 gr.
Ammoniaque (densité 0,96) . . . .   400 gr.
Eau (faire un volume de . . . . .   1,250 c³).

On filtre après repos.

2° Par les laboratoires agricoles de France :

Chlorure magnésique . . . . .   200 gr.
Chlorure ammonique . . . . .   150 gr.
Eau (faire un volume de . . . . .   1,000 c. c.)

5 c. c. de cette liqueur précipitent 0 gr. 500 d'acide phosphorique.

3° Par certains laboratoires français :

On fait dissoudre 50 grammes de carbonate de magnésie pur et 100 grammes de chlorhydrate d'ammoniaque dans 120 c. c. d'acide chlorhydrique additionné de 500 c. c. d'eau.

On ajoute après dissolution 100 c. c. d'ammoniaque à 22°.

On complète le volume de 1 litre avec de l'eau.

4° D'après M. Mohr :

Chlorure ammonique . . . . .   50 gr.
Chlorure magnésique . . . . .   100 gr.
Ammoniaque . . . .   100 c. c.
Volume total . . . .   1,000 c. c.

5° D'après M. Grandeau :

Chlorure ammonique . . . . .   140 gr.
Chlorure magnésique . . . . .   100 gr.
Ammoniaque pure 0,96. . . . .   700 c. c.
Volume total . . . .   1,300 c. c.

6° D'après M. Frésénius :

Sulfate de magnésium cristallisé .   1
Chlorure ammonique   1
Eau   8
Ammoniaque   4

7° D'après M. Crispo :

Chlorure ammonique. 700
Chlorure magnésique. 550
Ammoniaque à 10 %. 2,500
Volume total. 10,000

On voit par la diversité de ces préparations combien il est utile de se mettre d'accord sur la composition type d'une mixture magnésienne.

2° MÉTHODE CITRO-MAGNÉSIENNE.

La méthode générale est ainsi décrite par M. Aubin. Dans une capsule en porcelaine, on attaque un gramme de matière par 10 c. c. d'acide chlorhydrique maintenu à l'ébullition pendant 10 minutes, on ajoute ensuite 10 c. c. d'une liqueur obtenue en dissolvant à froid de l'acétate de soude cristallisé dans l'acide acétique à 8° B. jusqu'à saturation ; on ajoute de l'eau pour faire un volume de 40 à 50 c. c. sans retirer la capsule.

Quand la liqueur est en pleine ébullition, on y projette deux ou trois grammes d'oxalate ammonique ; quelques minutes après, quand l'oxalate est disparu, on décante la liqueur éclaircie sur un filtre, on lave le résidu insoluble à plusieurs reprises. La liqueur, après refroidissement, est rendue légèrement ammoniacale, puis on ajoute 20 c. c. de citrate ammonique à 22°.

Cette dernière addition a pour but de retenir en dissolution le fer et l'alumine.

On précipite alors par la mixture magnésienne en excès.

Le volume final doit être de 200 c. c. environ et contenir 40 à 50 c. c. d'ammoniaque à 22° ; ces précautions sont nécessaires pour précipiter tout l'acide phosphorique, sans cependant entraîner de la magnésie en excès.

Le phosphate ammoniaco-magnésien est recueilli sur un filtre, lavé à l'eau ammoniacale, séché, calciné et pesé.

Lorsqu'il s'agit de faire le dosage du phosphate soluble dans l'eau, on ajoute quelques centimètres cubes d'acide chlorhydrique à la solution, puis du citrate d'ammoniaque et enfin la mixture magnésienne. Pour le dosage du phosphate soluble dans le citrate, on précipite directement la solution citrique par la mixture magnésienne.

3° Méthode citro-magnésienne suivie par quelques chimistes français.

A la dissolution phosphorique, on ajoute :

1° 10 c. c. de la solution de citrate d'ammoniaque servant au dosage de l'acide phosphorique dans les engrais ;

2° 50 c. c. d'eau distillée et 50 c. c. de mixture magnésienne. Si la dissolution de phosphate a été obtenue par un acide, il faut rendre la liqueur alcaline, on agite, on laisse déposer et on continue l'opération comme il est dit ci-dessus ; par cette méthode, il est préférable, lorsque l'on fait le dosage de l'acide phosphorique soluble dans les acides, d'évaporer à sec le produit de la dissolution acide.

4° Méthode citro-mécanique (1)

Cette méthode ne diffère de la précédente que par la précipitation. Celle-ci est activée par un agitateur mécanique mis en mouvement par le bras de l'homme, par une turbine ou par toute autre force motrice. Cet appareil peut faire simultanément 4, 6 ou 10 précipitations, suivant l'importance de l'installation. Les 25 c. c. de mixture magnésienne sont additionnés goutte à goutte. L'agitation dure 25 minutes environ. On filtre, on lave et on calcine.

Un opérateur peut ainsi, en 2 ou 3 heures, faire une demi-douzaine d'analyses. On comprend donc combien cette nouvelle méthode peut rendre de services dans les laboratoires. Elle donne, parait-il, des résultats plus exacts que par la méthode ordinaire, parce que la précipitation se faisant rapidement et toujours dans les mêmes conditions, il n'y a plus entrainement de chaux dans le précipité de phosphate ammoniaco-magnésien.

Elle est appliquée en Belgique, à Anvers, au laboratoire agricole de l'Etat et aux laboratoires de la société Anglo-Continental.

5° Méthode uranique.

Dans les deux dernières méthodes que nous venons de décrire, le précipité de phosphate ammoniaco-magnésien est souvent accompagné de chaux et les résultats sont erronés

---

(1) C'est à la bienveillance du sympathique directeur du laboratoire agricole d'Anvers que nous devons la description de cette méthode.

On tourne cette difficulté en dosant volumétriquement l'acide phosphorique dans le précipité de phosphate ammoniaco-magnésien; ce dosage volumétrique se fait de la façon suivante : (Nous empruntons cette description au *Guide pour le dosage de l'acide phosphorique dans les engrais* publié par l'Association des chimistes de sucreries et de distilleries de France).

« Le phosphate ammoniaco-magnésien réuni sur le filtre est redissous par de l'eau acidulée par 1/100 d'acide nitrique pur. On fait passer d'abord cette eau acide dans le verre qui contenait le précipité, pour dissoudre les parcelles de phosphate qui sont restées adhérentes à ses parois et on la jette ensuite sur le filtre. On recueille la dissolution dans un vase de Bohême de 150 c. c. environ de capacité, marqué d'un trait de jauge à 75 c. c. Après deux ou trois lavages à l'eau acidulée, on détache le filtre lui-même de l'entonnoir et on l'introduit dans le verre qui contient la dissolution,

« *Préparation de la liqueur d'épreuve.* — Le tout étant réuni dans le verre à titrage, on sature le liquide par de l'eau ammoniacale au 1/10 jusqu'à léger trouble. On ajoute une ou deux gouttes d'acide nitrique au 1/10 pour que la liqueur redevienne limpide et on met le verre sur le bain de sable pour porter le liquide à l'ébullition C'est alors seulement que l'on ajoute 5 c. c. d'acétate de soude acide pour faire disparaître l'acide nitrique libre et on procède immédiatement au dosage au moyen de la solution titrée d'urane.

« *Acétate de soude acide.* — L'acétate de soude acide se prépare ainsi :

Acétate de soude cristallisé . . . . . 100 gr.
Acide acétique cristallisable. . . . . 50 c. c
Eau distillée, quantité suffisante pour faire un litre.

« *Solution d'urane.* — La solution d'urane doit être préparée ainsi :

Nitrate d'urane pur . . . . . 40 gr.
Eau distillée. . . . . . . 800 c. c. (environ.)

Faire dissoudre et ajouter :

Ammoniaque, quelques gouttes pour faire apparaître un léger trouble.

Acide acétique pour faire disparaître le trouble obtenu.

Compléter le volume d'un litre avec de l'eau distillée.

Le nitrate d'urane contient souvent du phospahte d'urane

et du nitrate de peroxyde de fer. Il importe de le débarrasser de ces produits étrangers.

On y arrive en le dissolvant dans l'eau distillée et le précipitant par le carbonate de soude qui redissout l'oxyde d'urane et précipite le phosphate et l'oxyde de fer.

On sursature la liqueur filtrée par l'acide nitrique et on reprécipite l'oxyde d'urane par l'ammoniaque. On le lave à l'eau distillée par décantation, on le redissout dans l'acide nitrique aussi exactement que possible, on évapore et on fait cristalliser.

Les cristaux sont repris par l'éther qui laisse souvent encore un peu d'insoluble. On filtre et on évapore l'éther. Le sel qui reste est parfaitement pur.

Il arrive fréquemment, lorsque le nitrate d'urane n'a pas été convenablement purifié, que la solution, préparée comme nous l'avons indiqué ci-dessus, laisse lentement déposer du phosphate, ce qui modifie son titre et constitue une cause d'erreurs. On ne doit donc employer que des solutions préparées quelques jours à l'avance et restées parfaitement limpides. La solution d'urane ainsi obtenue contient du nitrate d'urane, un peu de nitrate d'ammoniaque, une très petite quantité d'acétate d'urane et d'acétate d'ammoniaque et un peu d'acide acétique libre.

La sensibilité est d'autant plus grande que les acétates y sont en quantité plus faible. Il importe donc de ne jamais préparer la solution avec de l'acétate d'urane comme l'avait indiqué Neubauer et comme le répètent encore quelques auteurs.

« *Solution type d'acide phosphorique.*—Pour titrer la solution d'urane, il faut une solution type d'acide phosphorique, c'est-à-dire une solution contenant une quantité précise et connue de cet acide dans un volume donné.

On prépare cette solution au moyen du phosphate acide d'ammoniaque, sel qu'il est facile d'obtenir pur et sec. Toutefois, comme il peut contenir une petite quantité de phosphate neutre, ce qui modifie les proportions relatives d'acide phosphorique et d'ammoniaque, il est indispensable de procéder à une vérification du titre de la liqueur obtenue par la dissolution d'un poids connu de ce sel.

Le titre de la solution type doit être tel, qu'elle exige pour la précipitation de l'acide phosphorique qu'elle contient, un volume de liqueur d'urane à peu près égal au sien, afin que les dilatations ou contractions éprouvées par les deux liqueurs, par suite des changements de température du laboratoire, soient sans influence sur les résultats.

La solution d'urane obtenue comme nous l'avons indiqué, précipite, à très peu près, 5 milligrammes d'acide phosphorique par centimètre cube. La solution type d'acide phosphorique est préparée avec 8 gr. 10 de phosphate acide d'ammoniaque pur et sec, que l'on fait dissoudre dans une quantité suffisante d'eau distillée pour faire un litre de dissolution

Le phosphate acide d'ammoniaque contenant 61,74 % d'acide phosphorique anhydre, la quantité ci-dessus donne exactement 5 grammes de cet acide dans un litre, soit 5 milligrammes par centimètre cube.

« *Vérification du titre de la solution type.*— On vérifie le titre de la solution type d'acide phosphorique en en évaporant un volume déterminé, 50 centimètres cubes, par exemple, avec une solution de nitrate de peroxyde de fer contenant une quantité connue d'oxyde. La masse, étant évaporée à sec et calcinée dans un creuset de platine, donne une augmentation de poids de l'oxyde de fer exactement égale à l'acide phosphorique anhydre contenu, l'acide nitrique et l'ammoniaque étant exactement chassés par la chaleur.

Pour préparer la solution de nitrate de peroxyde de fer nécessaire, on fait dissoudre dans l'acide chlorhydrique 20 gr. de pointes de Paris, on filtre pour séparer le charbon, on peroxyde par l'acide nitrique, on étend de beaucoup d'eau distillée et on précipite le sesqui-oxyde de fer par un léger excès d'ammoniaque.

Le précipité lavé par décantation à l'eau distillée jusqu'à ce que l'eau de lavage ne précipite plus par le nitrate d'argent est redissous dans l'acide et la dissolution est concentrée ou étendue pour la ramener au volume d'un litre.

Pour déterminer la quantité d'oxyde de fer qu'elle contient, on en évapore 50 centimètres cubes à sec, on calcine et on pèse.

Une seconde opération semblable, dans laquelle on ajoute 50 centimètres cubes de la solution type d'acide phosphorique fait connaître son titre que l'on inscrit sur le flacon.

Si l'on a bien opéré, cet essai répété deux ou trois fois donne exactement les mêmes chiffres.

S'il y a des différences sensibles, il faut recommencer.

« *Titrage de la solution d'urane.* — On verse dans un verre à titrage (marqué à 75 c. c.) 10 c. c. de solution type d'acide phosphorique, mesurés au moyen d'une pipette de précision, on ajoute 5 c. c. d'acétate de soude acide et de l'eau distillée pour faire environ 30 c. c. et on porte à l'ébullition. On procède alors au titrage en faisant tomber la solution d'urane dans le verre, au moyen d'une burette graduée, en agitant après chaque affusion et en essayant la liqueur sur des gouttes de cyano-ferrure au dixième placées sur une assiette légèrement graissée. Comme la quantité de solution d'urane nécessaire doit être très voisine de 10 c. c., on peut verser tout d'abord environ 9 c. c. sans essayer. On continue ensuite par deux ou trois gouttes chaque fois, jusqu'à ce que l'essai indique le terme de l'opération.

Lorsqu'on a observé dans le dernier essai un changement de teinte sensible, on remplit le verre jusqu'au trait de jauge avec de l'eau distillée bouillante et on essaie de nouveau. Si, dans la première partie de l'opération, on n'a pas dépassé le point de saturation, il faut généralement encore une goutte ou deux de solution d'urane pour ramener la coloration rougeâtre carac-téristique, quantité rendue nécessaire par l'augmentation de volume de la liqueur.

Cette manière de procéder en deux temps permet d'atteindre rapidement à une grande précision, puisque, dans la première partie, on aperçoit le point de saturation un peu avant qu'il ne soit véritablement atteint.

Correction. — Le résultat de l'opération précédente n'est pas absolument exact. Il est évident, en effet, qu'en outre de la quantité d'urane nécessaire à la précipitation exacte de l'acide phosphorique, il a fallu en ajouter un excès suffisant pour déterminer la réaction sur le cyano-ferrure.

Cet excès a été rendu constant par la précaution d'opérer toujours sur le même volume (75 c. c.). On peut donc déter-miner, une fois pour toute, en faisant un essai à blanc dans les mêmes conditions exactement, mais sans solution type d'acide phosphorique.

C'est le résultat de cet essai qui a été appelé *correction* et qui doit être retranché du précédent résultat pour obtenir le titre de la solution d'urane.

On opère comme précédemment : Dans un vase de Bohême à fond plat de 150 c. c. de capacité environ et marqué d'un trait de jauge à 75 c. c., on verse, au moyen d'une pipette 5 c. c. de solution d'acétate de soude ; on ajoute de l'eau distillée chaude jusque vers le trait de jauge, et on place le verre sur un bain de sable chauffé au gaz ou autrement, pour porter le liquide à l'ébullition. On retire alors du feu, on parfait le volume de 75 centimètres cubes avec un peu d'eau distillée chaude et on fait tomber dans le verre une ou deux gouttes de la solution d'urane au moyen d'une burette graduée qui en a été préalablement remplie jusqu'au zéro. Après chaque goutte de solution d'urane, on agite et on essaie le liquide sur une goutte de cyano-ferrure, comme il a été précédemment indiqué. Pour un œil exercé, il faut généralement de 4 à 6 gouttes pour obtenir la coloration caractéristique, soit 2/10 à 3/10 de centimètre cube. Les commençants vont souvent jusqu'à 5/10 à 6/10 de centimètre cube et même davantage.

» Le seul point important est de s'arrêter aussitôt qu'on voit une teinte rougeâtre caractérisée, car ensuite l'intensité de la teinte n'augmente pas proportionnellement à la quantité de liqueur employée.

» Il est bon aussi que l'on soit prévenu qu'au bout de quelques instants la coloration devient plus intense qu'au moment même où se fait l'essai, si bien qu'en revoyant les gouttes un peu plus tard, on pourrait craindre d'avoir dépassé le but.

» Plus il y a d'acétate de soude ou d'acétate d'ammoniaque dans l'essai, plus la réaction est lente. C'est pourquoi il importe toujours de n'en introduire que la même quantité, soit 5 centimètres cubes.

» C'est encore pour le même motif que l'acétate d'urane ne doit pas être employé pour préparer la solution d'urane qui doit contenir le moins d'acétate possible, afin que la quantité nécessairement variable qu'elle en apporte dans chaque essai soit assez faible pour rester sans influence appréciable. S'il en était autrement, la sensibilité de la réaction serait d'autant moindre qu'on aurait employé une plus grande quantité de liqueur d'urane, ce qui donnerait lieu à des erreurs en moins, d'autant plus importantes que les quantités d'acide phosphorique à doser seraient plus élevées.

» La correction ayant été déterminée, on l'inscrit sur l'étiquette du flacon contenant la solution d'urane.

» *Causes d'erreurs.* — Dans le travail qui précède, il peut se glisser trois causes d'erreurs sur lesquelles on ne saurait trop appeler l'attention des opérateurs.

» La première est dans l'erreur d'appréciation que peut faire commettre la petite quantité de phosphate d'urane que l'on prend avec la baguette en même temps que le liquide et qui, en se dispersant dans la goutte de cyano-ferrure, en modifie l'aspect et peut faire croire à un changement très léger de coloration, lorsque l'œil n'est pas suffisamment exercé. Il est très facile de s'assurer si l'on est réellement arrivé au terme de l'opération : il n'y a pour cela qu'à noter la quantité de solution d'urane déjà employée et à en ajouter, de suite, quatre gouttes, agiter et faire un nouvel esssai sur une goutte de cyano-ferrure voisine de la précédente. Si on ne voit pas apparaître une teinte franchement rouge en enlevant la baguette, on en conclut qu'on s'était fait illusion et on continue l'essai.

» Si, au contraire, la coloration apparaît nettement, on prend le chiffre inscrit pour exact. Il est toujours bon de terminer les essais par cette épreuve de quatre gouttes supplémentaires qui exagèrent la coloration et confirment le chiffre trouvé.

» La seconde cause d'erreur, celle qui, du reste, se produit le plus fréquemment, consiste à dépasser le but en allant trop vite. Au lieu de donner une coloration à peine perceptible, l'essai sur le cyano-ferrure donne alors une coloration très marquée.

» Dans ce cas, l'essai peut encore être sauvé.

» On doit avoir, à cet effet, une liqueur décime préparée avec 100 c. c. de solution type d'acide phosphorique étendue à un litre par de l'eau distillée. On ajoute dans l'essai 10 c. c. de cette liqueur décime et on continue l'essai. On tient ensuite compte de l'acide phosphorique réajouté.

» Enfin, la troisième cause d'erreur réside dans la mousse qui se produit souvent sur le liquide par l'effet de l'agitation. Elle peut retenir une portion de la goutte de solution d'urane qui tombe à sa surface et empêcher le mélange avec le reste du liquide. Si la baguette de verre vient à ramasser cette mousse surchargée d'urane, on obtient la coloration caractéristique avant la saturation réelle. Il faut, par conséquent, éviter, autant que possible, la formation de la mousse et, surtout, avoir bien soin de ne jamais prendre la goutte d'essai après l'agitation qu'au milieu du liquide, où la mousse n'existe pas.

» Supposons que l'essai fait sur les 10 c. c. de solution normale d'acide phosphorique, dans les conditions que nous venons d'indiquer, ait donné 10,2 c. c.

» Si on retranche la correction que l'on suppose de 0,2 c. c., il restera 10 c. c. de liqueur d'urane qui aurait précipité exactement 50 milligrammes d'acide phosphorique.

» La quantité d'acide phosphorique que précipite 1 c. c. de la solution essayée sera, par conséquent, exprimée par le rapport $\frac{50}{10} = 5$ milligr. qui n'est autre chose que le titre cherché.

» Dans l'exemple que nous avons adopté, l'étiquette du flacon sera libellée ainsi qu'il suit :

SOLUTION D'URANE.

1 c. c. = 5 milligr. P²O⁵.
Correction 0 c. c. 2.

» *Titrage de la liqueur d'épreuve*. — Le titre de la solution d'urane étant exactement déterminé, on essaie, au moyen de cette même solution, la liqueur d'épreuve précédemment préparée par la redissolution du phosphate ammoniaco-magnésien. Ici, la richesse du produit essayé étant inconnue, il faut procéder lentement et multiplier les essais, afin de ne pas dépasser le point de saturation. Il en résulte forcément une certaine erreur en moins, par suite de l'enlèvement d'un assez grand nombre de gouttes de liqueur d'épreuve avant la saturation. Il est donc nécessaire de faire un second essai dans lequel on verse tout de suite une quantité de liqueur d'urane très voisine de la quantité employée dans le premier essai. On termine ensuite par un très petit nombre de tâtonnements.

» Si nous supposons qu'il s'agisse d'un phosphate minéral dont 5 grammes ont été dissous dans 100 c. c. et dont l'essai a été fait sur 10 c. c. de solution et a exigé 15,3 c. c. de liqueur d'urane, toutes les opérations se résumeront dans le libellé suivant qui n'est autre chose que l'inscription de l'essai sur le carnet de laboratoire :

PHOSPHATE MINÉRAL.

Matière 5 gr. Acide chlorhydrique 20 c. c.
Eau Q. S. pour faire 100 c. c.
Solution 10 c. c. = 0 gr. 50 matière.
Solution d'urane . . . . . 15 c. c. 3
Correction. . . . . 0 c. c. 2
Reste. . . 15 c. c. 1

Titre de la solution d'urane 5 milligr. P²O⁵.

P²O⁵ dans 0,50 de matière $= 5 \times 15,10 = 75$ milligr. 50.

$$P^2O^5 \ ^o/_o = \frac{75,5 \times 100}{50} = 15,10.$$

» Les liqueurs d'épreuve doivent toujours être préparées en double, soit que l'on fasse une seule précipitation et redissolution du phosphate ammoniaco-magnésien, que l'on porte à un volume déterminé dont on prend une fraction comme pour faire les essais, soit que l'on fasse de suite deux précipitations dans les conditions précédemment décrites.

» Lorsqu'on connaît à peu près le titre de la matière essayée, on peut éviter de doubler l'opération, surtout s'il s'agit d'essais rapides et approximatifs, comme ceux que l'on fait pour la surveillance et la conduite d'une fabrication. Mais, lorsqu'il s'agit d'analyses destinées à servir de base à un règlement ou au contrôle de l'exécution d'un marché, les opérations doivent toujours être faites en double et on ne doit en accepter les résultats que lorsque le second chiffre s'écarte peu du premier et lui est légèrement supérieur, ce qui atteste que le travail a été bien exécuté. C'est évidemment le résultat du second essai qui doit être pris comme l'expression de la vérité, après en avoir, bien entendu, retranché la correction.

» Cette méthode d'analyse, beaucoup plus longue à décrire qu'à exécuter donne, lorsqu'elle est bien maniée, des résultats parfaitement exacts et toujours concordants, pourvu que les liqueurs titrées, sur lesquelles elle repose, soient exactement préparées et fréquemment vérifiées, comme nous l'avons indiqué.

» Le titre de la solution d'urane doit être vérifié et rectifié tous les trois ou quatre jours. Celui de la liqueur type d'acide phosphorique doit l'être chaque fois que la température du laboratoire a subi un changement important. Une liqueur préparée, par exemple, en hiver, alors que le laboratoire est à 15 ou 18 degrés, ne serait plus exacte en été, lorsque la température arrive à 28 ou 30 degrés, à moins qu'on n'ait soin de la refroidir avant de faire les prises nécessaires. »

Certains chimistes avaient pensé que le dosage de l'acide phosphorique pouvait être fait par la pesée directe du précipité desséché de phospho-molybdate. M. Crispo a démontré expérimentalement que cette méthode doit être rejetée parce que, pour qu'elle fût possible, il faudrait que le rapport entre les différents acides en présence : phosphorique, molybdique, citrique et nitrique, fût constant, ce qui est impossible, puisque le quantum de l'un de ces acides est à déterminer.

Des différentes méthodes que nous venons de décrire, la première n'est pas la plus rapide, mais elle est la plus sûre et la plus facile.

La méthode citro-magnésienne est difficilement applicable aux matières phosphatées riches en chaux; celle-ci est souvent précipitée à l'état de citrate de chaux avec le phosphate ammoniaco-magnésien. La méthode citro-mécanique évite cette difficulté.

Lorsque la chaux est en grand excès, on la sépare au préalable à l'état de sulfate de chaux par une addition d'acide sulfurique dilué et d'alcool à 92°.

Dans ces conditions, il est bien plus simple d'avoir recours soit à la méthode molybdique, soit à la méthode citro-mécanique.

Pour le dosage de l'acide phosphorique dans les méta et pyro-phosphates de chaux, de fer ou d'alumine, il faut opérer la dissolution par l'acide nitrique bouillant; l'analyse se continue comme pour les phosphates ordinaires.

Dosage rapide de l'acide phosphorique.

Lorsque l'on fait des recherches en phosphate, on a souvent besoin de pouvoir se rendre compte immédiatement de la teneur en acide phosphorique d'un échantillon d'un gisement. La méthode que nous allons décrire permet de se rendre compte en quelques minutes de la valeur d'un produit phosphaté.

Cette méthode, dite *dosage densimétrique*, est due à M. Richard Papper; elle a été modifiée par M. Ed. Metz ; elle n'a jusqu'à présent été appliquée qu'aux dosages du phosphore dans les fontes. Nous proposons de l'appliquer au dosage approximatif, mais rapide des phosphates.

La boite du chimiste pour un dosage en pleine campagne doit contenir :

1° Une balance pesant au 1/10 de gramme ;
2° Une fiole d'acide nitrique ;
3° Une lampe à alcool ;
4° Deux ballons de 200 c. c. ;
5° Un entonnoir ;
6° Un appareil de dosage densimétrique ;

7° Un picnomètre (1) ;
8° Une pipette graduée ;
9° Des filtres ;
10° Un pilon ;
11° Un verre à pied ;
12° Un flacon à liqueur molybdique.

Après avoir réduit en poudre le produit phosphaté, s'il est trop dur, on en pèse 4 gr. que l'on jette dans le ballon de 200 c. c., on ajoute 30 c. c. d'acide nitrique environ et de l'eau, on chauffe, on porte au trait de jauge ; puis on prend 25 c. c. de la liqueur filtrée sur le second ballon.

C'est à cette prise d'échantillon de 1/2 gr. de phosphate que nous appliquons la méthode densimétrique.

a étant le poids spécifique du précipité, soit 3,252 ;

b le poids spécifique de la solution nitrique dans laquelle se trouve le précipité de phospho-molybdate d'ammoniaque ;

c le poids du picnomètre contenant de la solution et le précipité entier ;

d le poids du picnomètre contenant de la solution seulement ;

x le poids de phospho-molybdate précipité.

Le poids du précipité est déterminé par l'équation suivante :

$$x = \frac{a}{a-b}(c-d)$$

$$\frac{x}{a} = \text{volume précipité}$$

$$\frac{c-x}{b} = \text{volume solution avec précipité.}$$

$$\frac{d}{b} = \text{volume solution seule}$$

$$\text{d'où : } \frac{x}{a} + \frac{c-x}{b} = \frac{d}{b}$$

$$\frac{bx + ca - ax}{ab} = \frac{d}{b}$$

$$\text{et } x = \frac{a}{a-b}(c-d)$$

L'appareil à dosage densimétrique consiste en un tube en verre de 6 centimètres de diamètre et 9 centimètres de haut ; il se prolonge inférieurement par un autre tube de verre de très petit diamètre pouvant contenir 5 à 6 c^{m3} de précipité ; ce tube ne doit cependant pas être capillaire ; il est fermé par un robinet (fig. 237).

(1) Le picnomètre est un petit ballon bouché à l'émeri dont le bouchon est perforé et surmonté au centre d'un petit tuyau capillaire.

Le tube de grand diamètre est bouché à l'émeri.

Les 25 c. c. de solution nitrique sont placés dans l'appareil, on ajoute de 80 à 100 cm^3 de liqueur molybdique, suivant son degré de concentration.

On incline légèrement l'appareil pour pouvoir placer en dessous une lampe à alcool afin d'élever un peu la température et faciliter ainsi la formation du précipité ; il ne faut pas chauffer à une température telle qu'on ne puisse plus tenir l'appareil en main. On rebouche, on agite, puis on laisse décanter en tenant l'appareil bien vertical ; au bout de quelques minutes, le précipité est descendu dans le tube rétréci BC.

La descente du précipité est provoquée par de petites secousses produites avec le doigt. Quand le liquide au-dessus du précipité est bien limpide et possède la température ambiante, on en prend par l'ouverture A un certain volume, au moyen de la pipette, avec lequel on remplit le picnomètre qui est jaugé ; on place alors le bouchon de ce dernier et l'excédent de liquide s'écoule tout en laissant toujours le même volume dans le picnomètre ; on sèche celui-ci puis on le pèse avec son contenu : on a ainsi b et d.

On vide alors le picnomètre, puis on le remplit à nouveau en ouvrant le robinet C ; le précipité s'écoule complètement ainsi qu'une partie du liquide surnageant.

On ferme alors le robinet C et on replace le bouchon du picnomètre, on essuie ce dernier puis on pèse, on a la valeur de c.

Nous avons ainsi tous les éléments de la formule ci-dessus et en multipliant la valeur de x par 0,0375, on a l'acide phosphorique, et par 0,0819 on a le phosphate tribasique.

D'après M. Ed. Metz, cette méthode peut donner des résultats aussi exacts que les méthodes connues ; elle peut donc amplement suffire pour un dosage approximatif, à une ou deux unités près.

a) ACIDE PHOSPHORIQUE SOLUBLE DANS L'EAU.

Le dosage de l'acide phosphorique dans l'eau ne se fait guère que dans les phosphates transformés par un acide.

On prend 5 grammes de l'échantillon et on les triture à sec dans un petit mortier, on y ajoute quelques gouttes d'eau distillée et on broye jusqu'à écrasement de tous les grumeaux ; on ajoute encore de l'eau, on malaxe avec le pilon, on laisse reposer quelques instants et on décante dans un filtre placé sur un ballon de 500 c. c. On recommence trois ou quatre fois la même opération; le filtre doit toujours être vide avant de le remplir à nouveau. On jette ensuite le tout sur celui-ci et on continue à laver jusqu'à disparition complète de toute acidité.

Il arrive souvent que les premières parties de la solution sont troublées par les suivantes, qui sont plus diluées; il faut alors, avant de parfaire le volume de 500 c. c., redissoudre ce précipité par une addition de quelques gouttes d'acide nitrique. On dose alors l'acide phosphorique par la méthode ordinaire.

Deux méthodes sont en présence pour séparer l'acide phosphorique soluble dans l'eau des éléments insolubles qui l'accompagnent dans les superphosphates; ce sont: la méthode dite *par lavage* que nous venons de décrire et celle dite *par digestion*.

M. Crispo, dans une note publiée dans le *Bulletin de l'Association belge des chimistes*, nous montre les avantages de la méthode par lavage sur celle par digestion.

Par cette dernière méthode, les phénomènes suivants se produisent : l'acide phosphorique libre, le phosphate monocalcique et surtout l'acide sulfurique libre continuent l'attaque du phosphate tribasique de chaux, du fer et de l'alumine, et forment des phosphates plus basiques et insolubles dans l'eau; il y a donc diminution du *quantum* d'acide phosphorique soluble dans l'eau et, par contre, il y a augmentation du *quantum* d'acide phosphorique soluble dans le citrate; il y a donc rétrogradation de l'acide phosphorique soluble dans l'eau. Cette méthode ne donne donc pas la totalité de l'acide phosphorique rendu soluble par le traitement industriel du phosphate.

Elle n'est donc pas à conseiller et les erreurs sont d'autant plus grandes que le phosphate contient plus de fer et d'alumine.

La méthode *par lavage* donne toujours des résultats exacts avec tous les superphosphates, qu'ils soient ferrugineux ou non ; quelquefois, il se produit bien un léger précipité dans la dissolution filtrée, mais il n'est pas perdu dans le dosage, puisqu'on le redissout dans l'acide nitrique. Ce précipité de phosphate de fer et d'alumine se forme à la faveur de liquides plus dilués qui viennent se mêler aux premiers, lesquels sont plus concentrés. C'est pourquoi il est recommandé de n'emplir le filtre que lorsqu'il est bien vide, pour éviter dans celui-ci le mélange de liquides de densité différente qui pourrait produire un précipité de phosphate de fer et d'alumine qui serait distrait du quantum d'acide phosphorique soluble.

Cette méthode est adoptée par tous les laboratoires belges, par l'Association belge des chimistes et par l'Association des chimistes des distilleries et sucreries de France.

b) ACIDE PHOSPHORIQUE SOLUBLE DANS LE CITRATE D'AMMONIAQUE ALCALIN.

Dans la fabrication du superphosphate, nous avons donné les diverses réactions chimiques qui résultent de l'attaque du phosphate par l'acide sulfurique, et nous savons depuis plusieurs années, grâce aux travaux de M. Pétermann, que cet acide phosphorique a la même valeur fertilisante que celui soluble dans l'eau ; il fallut donc trouver un dissolvant capable de le séparer du phosphate tribasique qui, lui, dans les superphosphates, n'est nullement coté. Ce réactif, au point de vue agricole, doit être assimilé aux acides faibles : carbonique, ulmique,... et aux sels que l'on rencontre dans le sol qui réagissent sur l'engrais phosphaté et le font absorber par les plantes. Au point de vue chimique, ce dissolvant doit jouir de la propriété de dissoudre les phosphates monocalcique, bicalcique, l'acide phosphorique, les phosphates de fer et d'alumine, et de laisser complètement insoluble le phosphate tricalcique.

Le seul dissolvant connu possédant les nombreuses propriétés que nous venons d'énumérer est le citrate d'ammoniaque.

On le prépare de la manière suivante : on neutralise de l'acide citrique par de l'ammoniaque, soit 500 grammes d'acide citrique pour 700 c. c. d'ammoniaque à 0,92 de densité. Il est recommandé, pour éviter un trop grand échauffement par cette réaction, de recouvrir au préalable d'eau distillée les cristaux d'acide citrique. On ajoute de l'eau froide pour avoir une densité de 1,09, soit 11°90 Baumé. Cette préparation est celle suivie par tous les chimistes belges.

Préparation adoptée par les chimistes français. — On neutralise 400 grammes d'acide citrique cristallisé dans une capsule à froid, par une quantité suffisante d'ammoniaque à 22°. On complète le volume de 1 litre avec de l'ammoniaque.

Le dosage de l'acide phosphorique soluble dans l'eau et dans le citrate s'effectue de la façon suivante : on pèse 2 grammes de la matière que l'on soumet à un lavage à l'eau, comme il vient d'être décrit dans le dosage de l'acide phosphorique soluble dans l'eau. Les 2 grammes de matière qui ont été soumis au lavage sont jetés avec le filtre dans un ballon jaugé de 200 c. c. ; on y introduit 75 c. c. de citrate d'ammoniaque de 1,09 de densité, on agite violemment, puis on laisse reposer de 12 à 15 heures ; ensuite, on emplit le ballon d'eau distillée jusqu'au trait de jauge, on agite et on filtre.

Le dosage de l'acide phosphorique se fait alors en prenant, comme prise d'essai, 50 c. c. de la liqueur résultant du lavage et 50 c. c. de la dissolution citrique; on agit donc sur un demi-gramme de la matière.

On continue ensuite comme il a été décrit ci-dessus pages 422 et suivantes.

Pour les superphosphates titrant de 35 à 45 % d'acide phosphorique, la prise d'essai est réduite de moitié.

Certains chimistes français effectuent encore le dosage de l'acide phosphorique rétrogradé en traitant directement la matière par le citrate d'ammoniaque.

Cette méthode devrait être absolument rejetée, parce que, si le superphosphate contient de la magnésie, en présence du citrate d'ammoniaque il donnera naissance à du phosphate ammoniaco-magnésien insoluble dans le citrate et tout l'acide phosphorique correspondant à cette magnésie échappe au dosage. La magnésie se trouvant dans le superphosphate à l'état de sulfate ou de phosphate est éliminée par le lavage préalable.

L'inconvénient que nous signalons étant écarté, on peut, sans crainte d'erreur, faire le dosage de l'acide phosphorique rétrogradé.

c) ACIDE PHOSPHORIQUE SOLUBLE DANS L'OXALATE D'AMMONIAQUE.

Certains chimistes ont choisi *l'oxalate d'ammoniaque* comme dissolvant pour déterminer *l'assimilabilité relative* des phosphates.

On opère ainsi : on fait bouillir pendant 2 heures dans un ballon jaugé de 200 c. c., 0 gr. 500 ou 1 gramme du phosphate à essayer, réduit en poudre au degré déterminé, avec 100 ou 200 c. c. d'une solution d'oxalate ammonique à 2 %, on laisse refroidir, on complète le volume jusqu'au trait de jauge, on filtre, on prélève 1/2 gramme, on ajoute de l'acide nitrique et on dose l'acide phosphorique par la méthode ordinaire.

Le *degré d'assimilabilité* est le rapport entre l'acide phosphorique soluble et l'acide phosphorique total.

Dans la détermination d'assimilabilité relative des phosphates de diverses provenances, il est de rigueur d'opérer sur les produits ayant tous le même degré de finesse ; lorsque cette recherche s'applique à un échantillon commercial, l'analyse doit être faite sur le produit tel que le chimiste le reçoit : une pulvérisation quelconque modifierait les résultats.

d) ACIDE PHOSPHORIQUE SOLUBLE DANS L'ACIDE CARBONIQUE.

L'acide carbonique est aussi employé comme dissolvant pour la détermination de *l'assimilabilité relative* des phosphates.

On opère ainsi : 1 ou 2 grammes de la matière sont placés dans un flacon d'un litre bouché à l'émeri qu'on remplit d'eau saturée d'acide carbonique à la température et à la pression ordinaires, on bouche et on laisse digérer pendant 24 heures, en agitant fréquemment, on laisse déposer, on décante par siphonnage, on remplit encore le flacon d'eau saturée d'acide carbonique, on laisse digérer pendant le même temps et de la même manière, on siphonne encore, on réunit ce liquide au précédent, on les ramène au volume de 170 c. c. environ par évaporation, on ajoute quelques gouttes d'acide chlorhydrique pour redissoudre le précipité et on forme un volume de 200 c. c., puis on dose l'acide phosphorique comme précédemment.

e) ACIDE PHOSPHORIQUE SOLUBLE DANS L'ACIDE ACÉTIQUE.

On se sert parfois comme dissolvant, pour déterminer le degré d'assimilabilité de certains produits phosphatés, d'*acide acétique à 8°* à la dose de 20 c. c. pour un gramme de matière et dans un volume de 100 c. c. Ce réactif aurait la propriété de dissoudre l'acide phosphorique des scories et de laisser insoluble l'acide phosphorique des phosphates naturels.

La durée de la digestion est de 8 jours.

Ce mode d'analyse est donc bien peu commercial.

f) ACIDE PHOSPHORIQUE TOTAL.

Deux grammes du produit sont traités par 30 c. c. d'acide nitrique au 1/3 ou d'acide chlorhydrique si on doit évaporer à sec, ou d'*eau régale*, dans un ballon jaugé de 200 c. c., on porte à l'ébullition, on laisse refroidir, on porte le volume à 200 c. c., on filtre et on agit sur 25 ou 50 c. c. de la liqueur, suivant la richesse présumée du produit phosphaté ; on suit alors l'une des méthodes de dosage de l'acide phosphorique décrites ci-dessus.

4º Chaux.

On met deux grammes de la matière à essayer dans une capsule en porcelaine, on y verse 20 c. c. d'acide chlorhydrique et 40 c. c. d'eau, on évapore à sec au bain-marie. Il est dangereux d'employer le bain de sable pour cette évaporation parce qu'une température supérieure à 100º pourrait déplacer la silice et former un nouveau silicate. On reprend par 10 c. c. d'acide chlorhydrique et 40 c. c. d'eau, on décante dans un ballon de 200 c. c., on lave la capsule à 4 ou 6 reprises avec de l'eau distillée, on complète le volume, on filtre, et, suivant la richesse en chaux du produit, on agit sur un demi ou sur un gramme.

On sature par de l'ammoniaque jusqu'à ce qu'une goutte produise le changement de couleur d'une teinture pour titrage.

On ajoute alors 15 à 20 c. c. d'une solution saturée à froid d'oxalate d'ammoniaque, on laisse déposer quelques heures dans un endroit un peu chaud, on décante sur un petit filtre plat en papier Berzélius, on fait ensuite tomber la matière sur le filtre, on lave à l'eau chaude avec précaution, on sèche, on incinère au rouge vif dans un creuset de platine.

L'opération dure une dizaine de minutes. On ajoute au préalable quelques gouttes d'acide nitrique ou de nitrate ammonique pour faciliter la formation de la chaux, le nitrate calcique étant très peu stable. On pèse immédiatement après refroidissement ; on obtient ainsi la chaux à l'état libre.

La dernière partie de cette analyse est toujours très délicate et il est difficile d'obtenir de bons résultats ; aussi en obtient-on de plus sûrs en opérant volumétriquement.

Le précipité d'oxalate de chaux bien lavé est redissous sur le filtre dans un ballon jaugé par l'acide chlorhydrique étendu ; il se forme du chlorure de calcium soluble, et l'acide oxalique est mis en liberté. On dose celui-ci par le permanganate de potassium.

On opère ainsi : on prépare une solution normale d'acide oxalique au 1/10 ; on prend 5 c. c. de cette solution normale qu'on introduit dans un flacon en verre clair ; on ajoute de l'eau distillée pour former environ 200 c. c., puis 6 à 8 c. c. d'acide sulfurique pour empêcher l'acide permanganique de se former. On verse alors la solution de permanganate de potassium qui se trouve dans une burette graduée. La liqueur prend un cachet rouge jaunâtre, puis incolore.

Le permanganate agit comme oxydant et transforme l'acide oxalique.

La réaction suivante se produit :

$$5\,H^2C^2O^4 + 2\,KMnO^4 + 3\,H^2SO^4 = K^2SO^4 + 10\,CO^2$$
$$+ 2\,MnSO^4 + 8\,H^2O.$$

On continue à verser du permanganate jusqu'à ce que la teinte persiste et on note le nombre de centimètres cubes employés.

On fait alors le même dosage volumétrique en remplaçant les 5 c. c. de solution normale par la solution entière de l'oxalate de chaux ; on note le nombre de centimètres cubes de permanganate employés.

Pour fixer les idées, supposons qu'on ait employé avec la solution normale 30 c. c. de permanganate et 42 avec la solution de chaux ; sachant que 32 c. c. correspondent à 1/2 gramme d'acide oxalique, 42 correspondront à 0,6566 d'acide oxalique; or, 90 d'acide oxalique correspondent à 36 de chaux ; la teneur en chaux sera donc de :

$$\frac{0,6566 \times 36}{90} = 0,26264 \text{ de chaux.}$$

Si le dosage s'est fait sur 1 gramme de matière, la teneur en chaux sera de 26,264 %.

Cette méthode est très rapide et sûre; elle est à recommander.

La teneur en acide carbonique étant connue, en diminuant de la teneur en chaux totale celle correspondant à cet acide, on aura la chaux combinée à l'acide phosphorique et à l'acide silicique.

On peut aussi faire ce dosage volumétrique en opérant inversement : on précipite la chaux par un volume déterminé et en excès d'une solution titrée d'oxalate ammonique et dans la liqueur filtrée on dose l'acide oxalique comme ci-dessus.

5° **Acide carbonique.**

Le dosage de l'acide carbonique peut se faire de deux façons différentes : par volume ou par pesée.

Le principe de la réaction est le suivant : décomposition des carbonates par un acide minéral.

A. — DOSAGE PAR VOLUME.

Ce dosage se fait à l'aide de l'appareil de Scheibler, ou l'un de ses dérivés.

a) Description de l'appareil de Scheibler. — Il est représenté par la fig. 238.

Dans le flacon A, on met le phosphate ; le petit tube en gutta-percha relevé dans ce flacon contient de l'acide chlorhydrique ; en renversant le flacon, le tube se vide et l'acide se répand sur la matière phosphatée. Le flacon A est bouché hermétiquement ; le bouchon porte une tubulure qui relie le flacon A à une vessie K placée dans le flacon B. Le bouchon de ce dernier est percé de deux autres trous, l'un traversé par le tube q qui est fermé, mais qui peut communiquer avec l'atmosphère, l'autre par le tube u qui communique avec le tube à mesurer le gaz. Ce tube C a une capacité d'environ 150 c. c. partagée en demi-centimètres cubes et qui communique par la partie inférieure avec un second tube D non divisé. Il est fermé par le bas par un bouchon en caoutchouc portant une seconde tubulure qui le met en communication avec un flacon E contenant de l'eau. Ce flacon E porte une tubulure d'insufflation d'air. Sauf A, tous les flacons sont à demeure et sont placés sur une tablette sur laquelle est fixé le support portant les tubes.

Marche de l'opération. — On tient le flacon A débouché. L'air qui se trouve dans le tube C est refoulé dans le flacon B et aplatit la vessie K ; on ouvre alors la tubulure q. Quand le zéro est atteint, on ferme la pince p.

On pèse 1 gramme de phosphate au plus, suivant sa richesse en carbonate ; on place la matière dans le flacon A bien nettoyé, on introduit le tube de gutta contenant 10 c. c. d'acide chlorhydrique de 1,12 de densité ; on ajuste le bouchon. On remplit d'eau les tubes D et C jusqu'au zéro.

On établit le niveau de l'eau dans les tubes en ouvrant le tube q. On observe la température et la pression barométrique. On renverse le flacon A avec précaution, on ouvre la pince p de façon à maintenir le niveau dans les deux tubes ; quand le niveau ne varie plus, après avoir refermé la pince p, on observe le volume d'air déplacé par le gonflement de la vessie contenant l'acide carbonique.

Il y a une correction à faire par suite de la solubilité de l'acide carbonique dans la solution chlorhydrique.

D'après Scheibler, il faut ajouter 0,8 c. c. au volume mesuré avant de ramener à 0°, à la pression de 760 et à l'état sec.

Pour éviter de faire ces corrections, on fait un même essai sur du carbonate pur, du spath d'Islande, et par une simple proportion on a la teneur en acide carbonique.

b) Appareil à doser l'acide carbonique en volume et pouvant servir en même temps au dosage de l'azote ammoniacal. — Nous emploierons la même notation que dans la description de l'appareil Scheibler.

Cet appareil (fig. 239) ne diffère de celui qui vient d'être décrit que par la suppression du flacon K et de la vessie. Le gaz dégagé est directement en contact avec le liquide.

L'acide carbonique étant soluble dans l'eau, on remplace cette dernière par de la glycérine.

On opère comme pour l'appareil Scheibler.

B. — Dosage par pesée.

Le dosage de l'acide carbonique par pesée se fait soit par perte de poids, soit par pesée directe de l'acide carbonique. Le principe de la réaction est le même que pour le dosage par volume.

a) Dosage par perte de poids. — Le dosage s'effectue dans un appareil taré d'où l'acide carbonique ne s'échappe que complètement desséché.

Voici la marche des trois appareils les plus en usage pour atteindre ce but; ils donnent d'excellents résultats (fig. 240, 241, 242). Les trois figures portent les mêmes annotations.

On pèse 2 à 5 grammes de phosphate, on l'introduit dans le flacon A, et l'acide dans le tube B. L'acide employé est l'acide nitrique au 1/3. C, tube rempli de chlorure de calcium.

Dans l'appareil de la fig. 240, pour mettre l'acide en contact avec la matière, il faut aspirer en D ; pour celui de la fig. 241, il suffit d'incliner le ballon A ; pour celui de la fig. 242, il faut ouvrir le robinet E.

L'acide carbonique se dégage en traversant le chlorure de calcium, où il abandonne toute l'eau qu'il a pu entraîner. Lorsque l'effervescence est terminée, on chauffe légèrement pour achever la réaction, puis on fait passer un courant d'air dans l'appareil pour expulser tout l'acide carbonique en adaptant à l'extrémité D un tube d'aspiration. Au bout d'une demi-heure, on pèse le système préalablement taré : la différence de poids indique la quantité d'acide carbonique dégagé.

b) Dosage par pesée directe de l'acide carbonique. — L'acide carbonique qui se dégage de l'un des appareils que nous venons de décrire est reçu dans un tube à boules, de Liebig (fig. 243), contenant une dissolution de potasse caustique ; l'augmentation de poids du tube, préalablement taré, permet de déterminer la quantité d'acide carbonique dégagé.

Le mode de dosage de l'acide carbonique à préconiser est celui par *pesée indirecte*. Le dosage par le volume est sujet à erreur.

Connaissant le poids d'acide carbonique, il faut multiplier par 2,2727 pour avoir le carbonate de chaux ;
   "   1,2727   "   la chaux.

6° Oxydes de fer et d'aluminium.

Le dosage du fer et de l'alumine dans les phosphates est un de ceux sur lesquels les chimistes sont le moins d'accord.

L'exemple suivant montre les différences assez sensibles auxquelles ce dosage donne lieu.

Un même échantillon de phosphate 70/75 de la Somme, soigneusement préparé, analysé par les chimistes dont les noms suivent, a donné en oxyde de fer et d'alumine :

MM. Maret et Delattre,	(France)	2,12
Crispo,	(Belgique). . . .	1,50
Petermann,	id.	2,24
Aitken,	(Angleterre) . . .	2,60
Teschen Macker,	id. . . .	2,30
Gibson,	id. . . .	2,64
Wœlker,	id. . . .	2,10
Houghès,	id. . . .	1,95
Schultz,	(Allemagne) . . .	2,50
Pieper,	id. . . .	1,75
Ulex,	id. . . .	2,00

On voit par cet exemple combien il est désirable de voir les chimistes adopter une méthode unique donnant satisfaction à tous les intérêts.

DESCRIPTION DES DIFFÉRENTS PROCÉDÉS EN USAGE POUR LE DOSAGE DE L'OXYDE DE FER ET DE L'ALUMINE.

1° Dosage sur une liqueur phosphorique vierge.
- A) Méthode Crispo.
- B)   »   à l'acétate d'ammoniaque.
- C)   »   »   de soude.

2° Dosage sur une liqueur débarrassée de sa chaux.
- A)   »   à l'oxalate.
- B)   »   à l'acide sulf. (Glaser).

3° Dosage sur une liqueur débarrassée de son acide phosphorique.
- A)   »   au molybdate (Beyer).
- B)   »   au citrate.

4° Dosage sur une liqueur débarrassée de sa chaux et de son acide phosphorique.

1° Dosage sur une liqueur phosphorique vierge.

A. — MÉTHODE CRISPO.

50 c. c. de la solution nitrique sont additionnés de 2 à 3 c. c. d'ammoniaque de $D = 0,96$ et 50 c. c. d'une solution de chlorure d'ammonium demi-saturée. On porte à l'ébullition; le liquide doit rester clair; s'il devient trouble, on ajoute de l'acide azotique goutte à goutte, jusqu'à dissolution complète. On laisse refroidir et on ajoute, à froid, 10 c. c. d'une solution d'acétate d'ammoniaque saturée ($D = 1,106$). On chauffe légèrement sans faire bouillir, jusqu'à l'apparition des grumaux de phosphates de fer et d'alumine. On laisse déposer, on filtre, on lave trois fois avec une solution tiède de chlorure d'ammonium au 1/10, et deux fois avec de l'eau froide, en commençant chaque fois par les bords du filtre et en remuant le précipité avec le jet de la pissette. On sèche et calcine dans une capsule en platine.

S'il y a beaucoup de fer et d'alumine (plus de 4 %), il faut redissoudre et reprécipiter comme suit :

Quand tout le liquide est passé par le filtre (filtre sans cendres), on retire celui-ci, on le remet dans le même verre où on fait la précipitation et on le traite à chaud par 2 c. c. d'acide nitrique et 25 c. c. d'eau. Après complète dissolution, on ajoute 25 c. c. de chlorure d'ammonium, on laisse refroidir, on ajoute 5 c. c. d'acétate d'ammoniaque, on chauffe un peu, on laisse déposer, on filtre, on lave comme ci-dessus.

S'il n'y a pas plus de 3 % de fer et alumine, on multiplie le poids trouvé par 0,53 et l'on compte le produit comme peroxyde de fer et alumine.

Au-dessus de 3 %, le calcul n'est plus exact. Alors, on dissout les phosphates calcinés dans un peu d'eau régale, on évapore à sec, on reprend par de l'acide azotique et on dose l'acide phosphorique par le molybdène. On en déduit par le calcul les quantités exactes et respectives de peroxyde de fer et d'alumine.

Observation importante. — La réussite du dosage dépend de l'observation des quantités relatives des différents réactifs, que nous avons indiquées. En s'en rapportant à la simple appréciation au lieu de mesurer les réactifs, on risque de perdre entièrement l'alumine et de faire un mauvais dosage de fer.

B. — Méthode a l'acide acétique et a l'ammoniaque.

Le principe de ce procédé est le suivant : séparer les phosphates de fer et d'alumine du phosphate de chaux par l'acétate d'ammoniaque qui dissout ce dernier et qui précipite les autres.

On pèse deux grammes du produit (ou 1 gr. si le phosphate est argileux). On l'introduit dans un ballon de verre avec environ 15 c. c. d'acide chlorhydrique pur et concentré ; on porte à l'ébullition pendant quelques minutes ; on étend d'environ 30 c. c. d'eau distillée et on oxyde avec quelques cristaux de chlorate de potasse, tout en maintenant l'ébullition pour chasser la plus grande partie du chlore. On filtre, on reçoit le liquide filtré et les eaux de lavage dans un vase à précipiter à fond plat, on lave de façon à faire 350 c. c. de liqueur. Au liquide refroidi, on ajoute 2 c. c. d'acide acétique, puis de l'ammoniaque jusqu'à formation d'un léger précipité ; on achève la saturation avec de l'eau ammoniacale étendue jusqu'à réaction très légèrement alcaline ; on verse alors en agitant 2 c. c. d'acide acétique et on laisse reposer quelques heures.

On décante sur un filtre sur lequel on fait ensuite passer le précipité d'orthophosphate de fer et d'alumine, on laisse égoutter le liquide. On redissout alors le précipité par l'acide chlorhydrique au 1/10 dans le verre qui servit à la précipitation. On lave, puis on reprécipite, mais en ayant soin, cette fois, d'ajouter préalablement 5 c. c. de phosphate neutre d'ammoniaque en solution au 1/100ᵉ. On laisse reposer ; on décante le liquide sur le premier filtre que l'on a conservé, on y verse ensuite le précipité qu'on lave à l'eau distillée. On sèche et on calcine au rouge sombre.

Dans le précipité, on dose le fer par l'un des procédé volumétriques qui seront décrits plus loin et par différence on a l'alumine.

Certains chimistes opèrent un peu différemment : la solution chlorhydrique est évaporée à sec et ils ne font pas d'addition de chlorate de potasse ; la première précipitation est obtenue par une addition de 5 c. c. de phosphate neutre d'ammoniaque au 1/100ᵉ, ils ajoutent 3 c. c. d'acide acétique à 50 %, quelques gouttes de phénolphtaleine, agitent et versent de l'ammoniaque jusqu'à coloration rouge bien marquée, ils ajoutent de l'acide acétique à 50 %, jusqu'à ce que cette coloration ait disparu, puis ils versent 5 c. c. d'acide acétique en excès et continuent comme ci-dessus.

M. A. Bach conseille de produire cette précipitation à la température de 70°.

$C.$ — MÉTHODE A LA SOUDE ET A L'ACIDE ACÉTIQUE.

A un volume déterminé (soit 1 gramme de matière) de la solution chlorhydrique ou nitrique qui sert à doser l'acide phosphorique, on ajoute : 1° de l'eau pour le porter à 200 c. c.

2° De la soude ou de la potasse jusqu'à ce que le précipité qui se forme à la surface de la liqueur se redissolve difficilement, mais qu'il n'y ait pas de précipité fixe.

3° 8 à 10 c. c. d'ammoniaque à 22° B.

4° De l'acide acétique pour redissoudre le précipité de phosphate de chaux.

On laisse déposer, on filtre, on lave ; on redissout par quelques gouttes d'acide chlorhydrique le précipité resté sur le filtre, puis on reprécipite les phosphates de fer et d'alumine par 5 à 6 c. c. d'ammoniaque à 22°, on lave, on calcine et on pèse.

On dose l'acide phosphorique dans le précipité calciné en le redissolvant par l'eau régale en évaporant à sec et reprenant par l'acide nitrique, on peut encore le redissoudre par l'acide sulfurique, on chauffe à une température assez élevée pour chasser l'excès d'acide sulfurique ; on opère alors, suivant l'une des méthodes décrites, le dosage de l'acide phosphorique ; par différence on a l'oxyde de fer et l'alumine. Ce procédé peut donner lieu à certaines erreurs lorsqu'on opère sur des liqueurs trop concentrées d'une part et trop ammoniacales d'autre part.

En présence d'un excès de phosphate de chaux, il peut y avoir du phosphate de chaux précipité.

L'excès de sels ammoniacaux empêche la précipitation complète du phosphate de fer.

On reproche à ces méthodes de donner tantôt des résultats trop faibles par suite de la solubilité partielle du précipité de phosphate de fer et surtout de phosphate d'alumine dans l'acide acétique, tantôt trop forts par suite de l'entraînement de la chaux et de l'acide fluorhydrique dans le précipité.

On procède au dosage du fer par le protochlorure d'étain ou par le permanganate de potasse.

Frésenius décrit ainsi ces deux procédés :

A. *Réduction par le protochlorure d'étain.*

On prépare : 1° une solution de perchlorure de fer d'un degré déterminé. Pour cela, on dissout 10 grammes de fer pur dans de l'acide chlorhydrique dans un ballon à long col; on oxyde ensuite la solution avec du chlorate de potasse, on chasse complètement le chlore par une douce ébullition prolongée et on étend d'eau pour faire un litre.

2° Une dissolution limpide de protochlorure d'étain ; son degré de concentration doit être tel, qu'un volume puisse en réduire deux de la solution de perchlorure de fer.

3° Une dissolution d'iodure de potassium, contenant 0,010 gramme environ d'iode par centimètre cube. Le titre de cette liqueur ne doit pas être déterminé.

On opère de la manière suivante :

1° On mesure 2 c. c. de la solution de protochlorure d'étain, on ajoute un peu d'empois d'amidon, 5 c. c. d'eau, puis de la solution d'iode jusqu'à ce que le liquide prenne une couleur bien permanente.

On note la quantité employée ; pour 1 c. c. de perchlorure d'étain, il faudra environ 5 c. c. de la solution d'iode en plus, suivant la quantité d'acide chlorhydrique qu'on ajoute au protochlorure d'étain.

2° On prend 50 c. c. de la solution de perchlorure de fer qu'on chauffe jusqu'à l'ébullition dans un ballon, après addition d'un peu d'acide chlorhydrique.

Au moyen d'une burette, on verse le chlorure d'étain par petites portions toujours en maintenant une douce ébullition. La solution se décolore de plus en plus. Vers la fin, on ajoute le protochlorure goutte à goutte, en laissant le temps à la réaction de se produire. On arrête quand la liqueur est tout à fait incolore, c'est-à-dire quand la réduction est complète. On refroidit le ballon, on ajoute de l'empois d'amidon, puis avec une burette, de la solution d'iode jusqu'à coloration bleue permanente. La quantité d'iode utilisée donne la quantité de protochlorure d'étain employée en excès.

On retranche cette quantité du nombre de centimètres cubes de protochlorure versé dans la solution de perchlorure de fer, on a le volume de protochlorure nécessaire pour transformer 0,5 gr. de fer, de peroxyde en protoxyde.

3° Nous arrivons à l'opération principale.

Le produit calciné de phosphate de fer et d'alumine est redissous par l'eau régale ou par l'acide sulfurique, évaporé à sec, puis repris par l'acide chlorhydrique ; on transforme en perchlorure le fer qui pourrait rester à l'état de protochlorure en ajoutant quelques cristaux de chlorate de potasse, ou mieux, une solution de permanganate de potasse, jusqu'à coloration rose ; on chasse par l'ébullition toute trace de chlore, on ajoute alors jusqu'à décoloration la solution de protochlorure d'étain, et par l'iode on détermine l'excès de protochlorure employé.

Une simple proportion nous donnera la quantité de fer d'après le volume de la liqueur réductrice.

Pour que cette méthode si simple donne de bons résultats, les opérations doivent se suivre sans intervalle, parce que la solution d'étain change rapidement de titre ; c'est pour cette raison qu'il vaut mieux employer une solution concentrée de protochlorure d'étain sur laquelle l'air ambiant a moins d'influence.

Le flacon à protochlorure d'étain est toujours en relation avec un réservoir d'acide carbonique pour chasser l'air et remplacer le liquide utilisé, par de l'acide carbonique.

Dans les laboratoires qui possèdent une distribution de gaz d'éclairage, il suffit de mettre le flacon de chlorure d'étain en rapport avec une bouche à gaz ; ainsi il se conserve indéfiniment.

B. *Peroxydation par le permanganate.*

Le principe est le suivant. Si dans une dissolution d'un sel
de protoxyde de fer contenant un excès d'acide, on ajoute du
permanganate de potasse, celui-ci est réduit et le sel de fer
est peroxydé.

$$K^2 Mn^2 O^8 + 10\ FeO = 5\ Fe^2 O^3 + K^2 O + 2\ MnO.$$

Cette réaction ne se produit que lorsque l'acide libre est
l'acide sulfurique; en présence de l'acide chlorhydrique, ce
n'est plus aussi net, mais la méthode peut encore être employée
en diluant fortement la liqueur chlorhydrique et l'additionnant
d'acide sulfurique.

On ajoute alors le caméléon, on recommence un deuxième
dosage sur la même liqueur après addition d'un même volume
de liqueur ferrugineuse à essayer, puis un troisième et un
quatrième dosage en opérant de la même façon et on prend
seulement les nombres donnés par ces deux derniers essais.

La liqueur d'essai, c'est-à-dire la solution de permanganate,
est titrée soit par le fer métallique, soit par le sulfate double
de fer et d'ammoniaque, soit par l'acide oxalique ; mais la
meilleure des trois méthodes est la première. Elle est due à
Margueritte, la seconde à Mohret, la troisième à Hempel.

La liqueur de permanganate est une solution à 5 °/$_{oo}$, on la
conserve à l'abri des rayons solaires.

Titrage par le fer métallique. — On pèse 1 gramme de fer
pur dans un ballon jaugé de 250 c. c. contenant 100 c. c. d'acide
sulfurique étendu (1 d'acide pour 5 d'eau), on y jette 1 gramme
de bicarbonate de soude pour chasser l'air du ballon par l'acide
carbonique qui se dégage, on ferme alors le ballon avec un
bouchon en caoutchouc muni d'un tube à dégagement. On
chauffe d'abord doucement, puis ensuite à une légère ébullition
jusqu'à ce que tout le fer soit dissous.

Durant cette opération, la pince *b* est ouverte (fig. 244),
l'hydrogène traverse l'eau en *c* dont le volume ne dépassera
pas 20 à 30 c. c.

Pendant ce temps, on chauffe environ 300 c. c. d'eau distillée
à l'ébullition pour chasser l'air dissous et on la laisse refroidir.
Quand la dissolution du fer est faite, on ferme la pince *b*, on
éteint la lampe ; quand le ballon est refroidi, on ouvre la pince *b*,
l'eau du vase *c* repasse en *a*, on complète l'eau nécessaire avec
celle qui a subi l'ébullition, on arrête lorsque le ballon *a* est
presque plein, on remplace le bouchon percé par un plein, on

laisse refroidir, on remplit d'eau jusqu'au trait de jauge, on agite ;
on prend alors 50 c. c. du liquide presque incolore qu'on place
dans un verre, on étend la liqueur à 200 c. c., puis on y verse
le caméléon goutte à goutte, en agitant la solution avec un
agitateur. Lorsque la coloration rougeâtre persiste, on arrête,
on note le nombre de centimètres cubes de permanganate
employés. On emploiera environ 20 c. c. de permanganate ;
il est bon de renouveler cet essai.

Titrage par le sulfate double de fer et d'ammoniaque. — On
pèse exactement 1,4 gr. de sel pur, on le dissout dans 200 c. c.
d'eau distillée additionnés de 20 c. c. d'acide sulfurique étendu
et l'on prend les mêmes précautions que pour le titrage par le
fer métallique.

En divisant le poids du sulfate double par 7,0014, on a le fer
métallique qu'il renferme.

Titrage par l'acide oxalique ($C^2H^2O^4$). — Dans un litre d'eau
distillée, on fait dissoudre 63 grammes d'acide oxalique cristallisé. On conserve la solution dans un flacon bien fermé. A
l'aide d'une pipette, on prend 5 c. c. de cette solution normale
qu'on introduit dans un flacon. On ajoute de l'eau distillée pour
former 200 c. c, puis 6 à 8 c. c. d'acide sulfurique pour chasser
l'acide permanganique qui se forme. Si alors on verse la solution de permanganate, la liqueur prend un cachet rouge,
jaunâtre, puis incolore. Le permanganate agit comme oxydant
et transforme l'acide oxalique. On continue à verser du permanganate jusqu'à ce que la teinte persiste et on note le
nombre de divisions employées. Le titrage fini, on calcule
combien de centimètres cubes l'acide oxalique normal représente de centimètres de caméléon employé.

Ainsi, par exemple, supposons que 5 c. c. de la solution
normale eussent exigé 27 c. c. de permanganate, 1 c. c. exigera
5/27.

Il suffira, après chaque expérience, de multiplier par 5/27 le
nombre de centimètres cubes de caméléon employé pour rapporter le permanganate à l'acide oxalique normal. Sachant
que 16 c. c. d'acide oxalique correspondent à

> 0,056 de fer
> 0,072 d'oxyde ferreux
> 0,080   id.   ferrique
> 0,116 de carbonate ferreux

et connaissant le nombre de centimètres cubes de caméléon
employé, on aura dans cet exemple :

$$\text{le fer} \quad\quad \text{en multipliant par } \frac{5}{27} \times 0{,}0035$$

$$\text{l'oxyde ferreux} \quad\quad \text{id.} \quad\quad \frac{5}{27} \times 0{,}0045$$

$$\text{id.} \quad \text{ferrique} \quad\quad \text{id.} \quad\quad \frac{5}{27} \times 0{,}0050$$

Dosage proprement dit. — Les opérations sont : 1° Dissoudre
dans l'acide chlorhydrique le précipité calciné ; si on emploie
l'eau régale, il faut chasser l'acide nitrique, parce qu'il ramènerait le sel ferreux à l'état ferrique ; 2° ramener la solution à
l'état ferreux : soit au moyen du zinc et de l'acide sulfurique,
il se dégage de l'hydrogène qui enlève le chlore et forme de
l'acide chlorhydrique et du chlorure ferreux ; soit au moyen
du sulfite de soude ; alors il faut faire bouillir la liqueur
pour chasser l'acide sulfurique qui reste ; 3° verser avec soin,
dans la solution réduite, la liqueur intacte de permanganate
potassique, jusqu'à ce que la teinte rose se manifeste. Noter la
quantité de liquide employé.

Supposons que d'un minerai on prenne un gramme qu'on
dissout dans l'acide chlorhydrique, on ajoute du zinc et quand
la liqueur est bien réduite, ce qu'on reconnaît par le sulfocya-
nure potassique qui colore en rouge-sang les solutions ferriques
et ne donne rien avec les solutions ferreuses, on verse le
permanganate avec la burette. Il faut maintenir acide la liqueur
pendant l'action du permanganate potassique pour dissoudre
le précipité d'hydrate manganique qui pourrait se former.

EXEMPLE : Un gramme de minerai exige 25 divisions de la
burette ; un gramme de fer peroxydé en exige 40.

On a ainsi la proportion $1 : 40 = x : 25 \quad x = \frac{25}{40} = \frac{5}{8}$.

On peut encore, à l'aide de ce procédé, déterminer la quantité
de fer qui existe à l'état ferreux et à l'état ferrique dans le
minerai. Pour doser l'oxyde ferreux d'un minerai, il suffit de le
traiter par l'acide chlorhydrique.

2° Dosage sur une liqueur débarrassée de chaux.

A. MÉTHODE A L'OXALATE.

On prélève 50 c. c. de la solution chlorhydrique du phosphate correspondant à 1 gramme de matière ; on sature par la

soude jusqu'à presque neutralisation de l'acide sans précipité.
On ajoute de l'oxalate d'ammoniaque, sans excès, pour précipiter la chaux. On sait approximativement ce que le phosphate
contient de chaux totale, on peut donc déterminer la quantité
d'oxalate à employer.

On recueille le précipité d'oxalate de chaux et on le lave. Il
peut servir au dosage de la chaux.

Dans la liqueur filtrée, on ajoute de l'ammoniaque; on laisse
déposer, on filtre, on lave, on calcine et on pèse; on a le poids
de phosphate de fer et de phosphate d'alumine. On agit alors
comme il est dit ci-dessus.

Pour déterminer le volume de solution d'oxalate à employer,
M. Pellet a établi l'échelle suivante de densité des solutions
d'oxalate.

Degrés Balling	Oxalate d'ammoniaque par 100 c. c.
0,6	0,5
1,2	1,0
2,4	2,0
3,5	3,0
4,6	4,0
5,8	5,2 saturé à 15/17°

71 parties d'oxalate d'ammoniaque précipitent 28 parties de
chaux, soit 2,5 d'oxalate pour 1 de chaux; pour un phosphate
contenant, par exemple, environ 55 % de chaux totale, on
emploiera $0,55 \times 2,5 = 1,40$ d'oxalate; si la solution d'oxalate
marque 4°6 Balling, il faudra $\dfrac{100 \times 1,40}{4} = 35$ c. c.

Il faut toutefois s'assurer que dans la liqueur filtrée il n'y a
plus de chaux. Pour cela, on y fait tomber quelques gouttes
d'oxalate.

B) Méthode Glaser (adoptée par les chimistes et les
fabricants d'engrais allemands).

On dissout 2,5 grammes de phosphate dans 25 c. c. d'acide
chlorhydrique de densité 1,12 (24,4 %); quand l'effervescence a
cessé, on évapore à siccité au bain-marie; tout le fluor est
expulsé et la silice soluble, s'il y en a, passe à l'état insoluble;
on reprend par 10 c. c. d'acide chlorhydrique dilué au 1/4 et on
fait tomber la masse, avec la moindre quantité possible d'eau

chaude, dans un flacon jaugé de 250 c. c. Après refroidissement, on ajoute 10 c. c. d'acide sulfurique à 66° B., on agite à diverses reprises, on laisse refroidir, on ajoute de l'alcool à 95° jusqu'au trait de jauge et on agite vivement. Il se produit alors une contraction.

On enlève le bouchon, on ajoute de nouveau de l'alcool jusqu'au trait marqué et on agite encore.

On laisse reposer pendant une demi-heure et on filtre; 100 c. c. de la liqueur filtrée, équivalant à 0 gr. 4 de substance, sont évaporés dans une capsule de platine jusqu'à expulsion de l'alcool et de l'acide sulfurique et carbonisation complète de la matière organique; cette condition est très importante, parce qu'une partie de l'oxyde de fer et d'alumine pourrait être retenue par les matières organiques. Lorsque le résidu est froid, on le fait tomber dans un verre au moyen de la pissette; on ajoute ainsi environ 50 c. c. d'eau, on chauffe à l'ébullition. On ajoute à la solution de l'ammoniaque jusqu'à réaction alcaline; mais, pour éviter une réaction trop tumultueuse, on ne l'ajoute que pendant l'ébullition. L'excès d'ammoniaque est chassé complètement par l'ébullition. Ce point est important à observer, c r autrement le précipité de phosphate de fer et d'alumine se mélange de magnésie. On laisse refroidir, on filtre, on lave à l'eau chaude additionnée d'un sel ammoniacal. Cette addition a pour but d'empêcher la formation d'un phosphate basique et de laisser passer à travers le filtre une portion du fer et de l'alumine. Ensuite, on chauffe au rouge et on pèse les phosphates de fer et d'alumine. L'opération peut se faire facilement en une heure et demie ou deux heures.

La détermination spécifique des oxydes de fer et d'aluminium se fait comme dans les autres méthodes.

3° Dosage sur une liqueur débarrassée d'acide phosphorique.

a) La solution de phosphate est débarrassée de son acide phosphorique par le molybdate d'ammoniaque.

D'après M. Beyer, on opère ainsi :

5 grammes de phosphate sont dissous dans de l'acide chlorhydrique additionné d'un peu d'acide nitrique et porté à 250 c. c.

50 c. c., correspondant à 1 gramme, sont portés dans un ballon de 500 c. c.

On ajoute du molybdate d'ammoniaque en petit excès, on chauffe au bain-marie pendant une demi-heure à 50° C., on laisse refroidir, on remplit jusqu'à la marque et on filtre.

On prend 250 c. c. du liquide, on ajoute de l'ammoniaque caustique en petit excès (parce qu'il y aurait une légère redissolution de l'alumine) et du chlorure ammonique, on fait digérer pendant une demi-heure au bain-marie, on laisse refroidir, on filtre et dissout les oxydes de fer et d'aluminium dans un peu d'acide chlorhydrique,

La solution obtenue est de nouveau traitée par l'ammoniaque sans excès; on lave, calcine et pèse; on a directement les oxydes de fer et d'alumine.

Pour faire un bon dosage, il y a certaines conditions a remplir :

1° Le molybdate d'ammoniaque doit être pur (exempt de fer et d'alumine).

2° L'excès de molybdate doit être minime.

3° La température ne dépassera guère 50° C.

4° L'excès d'ammoniaque sera également minime.

5° Le premier précipité ne déposera pas trop longtemps pour éviter le dépôt des sels molybdiques.

6° On doit dissoudre le précipité de fer et d'alumine sans déchirer le filtre; de cette manière, les sels molybdiques restent sur le filtre.

b) La solution de phosphate est débarrassée de son acide phosphorique par le citrate d'ammoniaque et ensuite par la mixture magnésienne.

On évapore à siccité la liqueur résultant de la filtration du précipité de phosphate-ammoniaco-magnésien, et les eaux de lavage, on calcine pour détruire les sels ammoniacaux et les matières organiques ; on reprend par l'acide chlorhydrique bouillant, on filtre ; on additionne d'ammoniaque jusqu'à réaction alcaline, on filtre, on lave, on redissout sur le filtre par l'acide chlorhydrique, puis on reprécipite par l'ammoniaque. On a ainsi les oxydes ferrique et aluminique.

Dans une analyse pondérale, il faut autant que possible faire la dernière précipitation dans une liqueur qui ne contient en dissolution que l'élément à doser ; c'est pour ce motif que le dosage de l'acide phosphorique par le molybdate d'ammoniaque est un des meilleurs ; nous pensons que toutes les difficultés que présentent les différentes méthodes de dosage de fer et d'alumine seraient supprimées si une méthode permettait de faire la précipitation finale des oxydes ferrique et aluminique dans une liqueur qui ne contiendrait plus que ces éléments en dissolution.

1° Dosage sur une liqueur débarrassée de chaux et d'acide phosphorique.

On opère ainsi : 5 grammes de l'échantillon sont dissous dans 30 c. c. d'acide chlorhydrique à 20° (il est préférable d'évaporer à sec), on chauffe à l'ébullition, on étend la liqueur jusqu'à 500 c. c., on prend 100 c. c. auxquels on ajoute 20 c. c. d'acide acétique à 10° Baumé, on précipite ensuite par 60 c. c. d'ammoniaque à 21° B. ; on agite fortement, le phosphate de chaux reste en dissolution, les oxydes de fer et d'alumine sont précipités à l'état de phosphates, on laisse reposer quelques heures, on filtre et on lave le précipité.

Quand les eaux de lavage ne précipitent plus par le nitrate d'argent, on arrète ; si on continuait le lavage à l'eau pure, le phosphate de fer se redissoudrait très légèrement.

On redissout ensuite le précipité par quelques centimètres cubes d'acide chlorhydrique au 1/10, on étend fortement la dissolution, 100 c. c. au moins, on reprécipite par le molybdate d'ammoniaque, en ayant soin de ne pas chauffer trop fort (50 à 60°), on lave à l'acide nitrique très étendu.

Dans la liqueur, on précipite le fer et l'alumine avec le moins d'ammoniaque possible. On chauffe tant que l'ammoniaque libre n'est pas dégagée. On lave à l'eau chaude jusqu'à ce qu'il n'y ait plus de précipitation par le nitrate d'argent, on sèche, calcine et pèse.

On peut, comme dans les autres méthodes, faire le dosage du fer par un procédé volumétrique et par différence on a l'alumine, mais généralement dans le commerce des phosphates on se contente de connaître le total d'oxyde de fer et d'alumine.

Séparation des oxydes de fer et d'alumine.

La dissolution qui contient le fer et l'alumine est mélangée avec un excès de sulfhydrate d'ammoniaque et un peu d'acide tartrique, saturée d'ammoniaque et abandonnée pendant quelques heures à la température de 60 à 70 degrés ; le fer se dépose entièrement et seul à l'état de sulfure, l'acide tartrique empêchant la précipitation de l'alumine.

On filtre et on lave le sulfure de fer avec de l'eau chaude contenant un peu de sulfhydrate d'ammoniaque, en ayant soin de couvrir l'entonnoir pour préserver autant que possible le sulfure du contact de l'air. On continue le lavage sans interruption jusqu'à ce qu'il soit complet, et alors on dissout le filtre avec son contenu dans de l'acide chlorhydrique ; on chauffe jusqu'à disparition complète de l'odeur d'hydrogène sulfuré ; on filtre la liqueur, on lave le filtre, et la liqueur claire est bouillie avec un peu d'acide nitrique pour peroxyder le fer. Enfin, on précipite le sesquioxyde de fer par l'ammoniaque.

On dose l'alumine en évaporant à sec la liqueur qui la contient, et calcinant le résidu au rouge dans une capsule de platine ouverte, pour détruire l'acide tartrique et brûler le charbon qui provient de sa décomposition ; il reste de l'alumine qu'il n'y a plus qu'à peser.

On peut aussi séparer les deux oxydes de fer et d'aluminium en opérant ainsi : on jette dans le creuset contenant les phosphates de fer et d'alumine calcinés, du carbonate de soude chimiquement pur et on fait fondre ; après refroidissement, on jette la masse dans l'eau distillée, on filtre à chaud pour séparer l'aluminate et le phosphate de soude de l'oxyde de fer, on lave à l'eau chaude.

Lorsque, dans un phosphate, on veut déterminer respectivement les teneurs en oxyde de fer et en oxyde d'aluminium, on évite autant que possible de faire le dosage du fer sur le précipité de phosphate de fer et d'alumine ou d'oxyde de fer et d'alumine calcinés, parce que les précipités de fer calcinés se dissolvent difficilement dans les acides ; on fait alors concurremment deux précipitations de phosphate de fer et d'alumine ; sur l'une, on dose le phosphate de fer et d'alumine et sur l'autre le fer.

L'alumine se dose généralement par différence.

Une autre remarque à faire sur le dosage du fer et de l'alumine dans les phosphates est la suivante : Il ne faut pas employer l'eau régale pour la dissolution du minerai, car elle décompose les pyrites (sulfures de fer) qui peuvent se trouver dans le produit, et le fer dosé serait le fer total ; or, celui combiné au soufre n'amène pas de rétrogradation dans le superphosphate.

Dosage des oxydes ferreux et ferrique.

Certains phosphates contiennent du fer à l'état ferreux et à l'état ferrique ; il est parfois utile de connaître la teneur de ces deux formes du fer.

Les phosphates contenant le fer à l'état ferreux sont généralement de couleur gris-noirâtre, tandis que ceux qui contiennent le fer à l'état ferrique sont le plus souvent de couleur franchement jaune ou rouge d'ocre.

Pour doser le protoxyde de fer ou oxyde ferreux, il suffit de traiter 1 gr. de substance directement par l'acide chlorhydrique.

On fait bouillir dans un ballon la substance avec 10 c. c. d'acide et 20 c. c. d'eau, on verse directement dans le ballon, sans filtrer, la solution de protochlorure d'étain jusque décoloration ; malgré le dépôt et la matière en suspension, on peut très bien saisir le point où il faut s'arrêter. On note alors le volume de chlorure stanneux.

On ajoute à la solution de chlorure de fer du permanganate de potasse, on fait bouillir pour chasser le chlore.

Pour être certain qu'il ne reste plus de trace de chlore, on adapte sur le col du ballon un bouchon portant un tube recourbé deux fois à angle droit ; on reçoit les dernières vapeurs dans une solution faible d'indigo, qui se décolore s'il y reste du chlore, mais avec l'habitude on distingue nettement l'absence ou la présence du chlore.

On a ainsi le fer à l'état ferreux ; on en déduit l'oxyde ferrique par différence.

Multiplicateurs servant à tranformer un poids de fer, d'oxyde ferreux, ferrique, aluminique, de phosphate ferrique, aluminique en un des composés ci-dessous :

Fe	$\times$ 1,2860 $=$ FeO	oxyde ferreux.
Fe	$\times$ 1,4285 $=$ Fe^2O^3	id. ferrique.
FeO	$\times$ 0,7777 $=$ Fe	fer.
Fe^2O^3	$\times$ 0,7000 $=$ Fe	fer.
Fe	$\times$ 2,6960 $=$ $P^2O^5\ Fe^2O^3$	phosphate ferrique.
Fe^2O^3	$\times$ 1,8875 $=$ id.	id.
Al^2O^3	$\times$ 2,3920 $=$ $P^2O^5\ Al^2O^3$	phosphate aluminique.
$P^2O^5\ Fe^2O^3$	$\times$ 0,5300 $=$ Fe^2O^3	oxyde ferrique.
$P^2O^5\ Al^2O^3$	$\times$ 0,4180 $=$ Al^2O^3	id. aluminique.

7° **Acide sulfurique.**

On opère sur un gramme au moins de la dissolution servant au dosage de la chaux; on chauffe après une addition d'eau distillée et d'acide chlorhydrique, on verse dans la liqueur bouillante un excès de chlorure de baryum, soit 10 c. c. environ de solution saturée.

On laisse déposer jusqu'à refroidissement complet, puis on décante le précipité de sulfate de baryum sur un filtre plat très serré, on ajoute de l'eau acidulée d'acide chlorhydrique dans le vase à précipité, on décante de nouveau, on recommence cette opération trois fois; puis on jette le précipité sur le filtre, on lave à l'eau chaude, on sèche, on calcine et on pèse.

Il est bon d'ajouter au précipité calciné une goutte d'acide sulfurique pour transformer en sulfate de baryum la petite quantité qui pourrait, sous l'influence réductrice du charbon du filtre, se transformer en sulfure.

Si on a des doutes sur le lavage du précipité, on reprend le produit calciné par l'eau et par le nitrate d'argent titré, on ajoute 3 ou 4 gouttes de chromate de potassium, on voit si le lavage a été bien fait; dans la négative, on peut toujours retrancher du poids trouvé le chlorure de baryum correspondant au nitrate d'argent employé pour produire la coloration rouge sang en présence du chromate de potassium.

Lorsque le nitrate d'argent aura précipité tout le chlorure à l'état de chlorure d'argent, il sera à son tour précipité par le bichromate de potassium à l'état de bichromate d'argent.

Le poids de sulfate de baryum obtenu est multiplié par :

0,3432 pour avoir	l'anhydride sulfurique			SO^3
0,4204	id.	acide	id.	à 66° $H^2 SO^4$
0,5381	id.	id.	id.	à 60°
0,6277	id.	id.	id.	à 53°
0,5829	id.	le sulfate de chaux anhydre		$Ca SO^4$
0,7373	id.	id.	cristallisé (2 H^2O)	$Ca SO^4$
0,6515	id.	sulfate ferreux anhydre		$Fe SO^4$
1,1917	id.	id.	cristallisé (7 H^2O)	$Fe SO^4$
0,5144	id.	sulfate magnésie anhydre		$Mg SO^4$
1,0545	id.	id.	cristallisé (7 H^2O)	$Mg SO^4$

Le dosage de l'acide sulfurique libre dans les superphosphates se fera comme il vient d'être décrit; on opère sur une partie de la dissolution servant au dosage de l'acide phosphorique soluble dans l'eau ; on aura soin d'y ajouter de l'acide chlorhydrique.

Un fabricant de superphosphate soucieux de ses intérêts fera très souvent exécuter simultanément le dosage de l'acide sulfurique et le dosage de l'acide phosphorique insoluble dans ses produits fabriqués ; il se rendra ainsi compte de la valeur de sa fabrication.

<h3 style="text-align:center">8° Fluor.</h3>

Le dosage du fluor se fait très rarement dans les phosphates ; on en fait d'abord la recherche qualitativement. Ceci est très simple.

On attaque une portion du minerai (4 grammes) réduit en poudre par de l'acide sulfurique à 53° chimiquement pur, dans un vase de platine recouvert d'une lame de verre dont la face intérieure est enduite d'un vernis résistant aux acides, sur lequel on a tracé quelques traits, de manière à mettre le verre à nu.

On chauffe au bain de sable jusqu'à 150° environ. Si la matière contient du fluor, le verre sera rongé et en enlevant le vernis, les traits se trouveront gravés sur le verre ; seulement, il arrive souvent que la matière phosphatée contient de la silice ; il peut arriver que le fluor passe en entier à l'état de fluorure de silicium qui n'attaque pas le verre ; mais celui-là fume très abondamment à l'air, on pourra encore ainsi se rendre compte de la présence du fluor.

Le dosage du fluor se fait généralement de la manière suivante :

On traite 10 grammes de matière porphyrisée par de l'acide acétique pur ; on laisse en digestion pendant plusieurs heures, et au bout de ce temps, on décante le liquide pour le remplacer par de l'acide vierge. On dissout de cette manière les carbonates et les phosphates ; le résidu lavé, puis séché, est ensuite chauffé lentement au rouge sombre, après avoir été mélangé avec sept à huit fois son poids de silice très divisée, obtenue, par exemple, en décomposant par l'eau le fluorure de silicium. Cela fait, la matière est introduite chaude dans un tube T d'une forme spéciale (fig. 245) et on lui ajoute 25 centimètres cubes d'acide sulfurique pur et monohydraté ; on ferme rapidement, et au moyen de l'aspirateur A, on fait passer dans l'appareil un courant d'air qui, grâce aux tubes *a* et *a'* dont le premier est rempli de ponce potassique et le second de ponce sulfurique, arrive pur et sec sur la matière.

Sous l'influence de l'acide sulfurique et en présence de la silice, le fluorure de calcium donne naissance à du fluorure de silicium qui se dégage en totalité et qu'on recueille dans l'ampoule K, remplie de ponce imbibée d'une solution de soude à 10 %. L'absorption est tellement parfaite qu'elle a lieu seulement de proche en proche, les premières portions de ponce absorbant totalement le fluorure.

Quant au tube en U, *b*, qui est rempli de ponce sulfurique, il est destiné à absorber la vapeur d'eau provenant de K ; on peut, si l'on veut, le faire suivre d'un autre tube rempli de même matière et destiné à absorber la vapeur d'eau qui peut venir de l'aspirateur.

On chauffe deux à trois heures à 20 degrés, de manière à faire passer dans K la totalité du fluorure, après quoi on détache le système K *b*, que l'on pèse. L'augmentation de poids est due au fluorure de silicium fixe ; on en déduit la quantité de fluor correspondante. (MÉTZNER, *Encyclopédie de Frémy.*)

MULTIPLICATEURS POUVANT SERVIR A TRANSFORMER UN POIDS DE FLUOR EN UN DE SES PRINCIPAUX COMPOSÉS.

Fluor	$\times$ 1,0526 =	Acide fluorhydrique	HFl
Id.	$\times$ 1,3684 =	Fluorure de Silicium	$SiFl^4$
Id.	$\times$ 2,0526 =	id. calcium	$CaFl^2$
Id.	$\times$ 1,2631 =	Acide hydrofluosilicique	SiH^2Fl^6

9° **Chlore.**

On opère sur une partie de la dissolution servant au dosage de l'acide phosphorique total.

On neutralise la liqueur par du carbonate de chaux ; l'addition du carbonate cesse lorsque le papier bleu de tournesol est insensible ; on ajoute 3 à 4 gouttes d'une solution saturée de chromate de potassium ; on dose alors volumétriquement par le nitrate d'argent titré.

La liqueur titrée dont on fait usage contient, par centimètre cube, 30,46 milligrammes d'argent ou 47,937 de nitrate d'argent, quantité qui représente 10 $^{m}/_{m}$ de chlore.

On verse dans la liqueur neutralisée, au moyen d'une burette divisée en dixièmes de centimètre cube, la solution de nitrate d'argent jusqu'à ce que le précipité se maintienne coloré en rouge sang par l'agitation.

Le volume de liqueur titrée consommé fait connaître immédiatement la quantité de chlore contenu dans la solution.

En multipliant par 1,0282, on a l'acide chlorhydrique HCl.
    Id.   id. 1,5080, id. chlorure ammonique $AmCl$.
    Id.   id. 1,5265, id.   id.   ferrique Fe^2Cl^6.
    Id.   id. 1,3385, id.   id.   de magnésium $MgCl^2$.
    Id.   id. 2,1032, id.   id.   de potassium KCl.
    Id.   id. 1,6487, id.   id.   de sodium $NaCl$.
    Id.   id. 2,9362, id.   id.   de baryum $BaCl^2$.

10° Silice (soluble et insoluble).

La silice soluble, provenant des silicates solubles dans les acides, est dosée de la façon suivante :

On évapore à sec 50 ou 100 c. c., soit un gramme de la solution nitrique servant au dosage de l'acide phosphorique total; on chauffe à 130° pour rendre insoluble la silice, on reprend par l'eau acidulée d'acide chlorhydrique, on recueille sur un filtre la silice devenue insoluble, on calcine et on pèse.

On peut encore opérer ainsi :

2 grammes de la matière sont traités par l'acide chlorhydrique; on évapore à sec, on chauffe à 130°, on reprend par l'eau acidulée d'acide chlorhydrique, on filtre, on lave, on sèche, on calcine et on pèse. On a ainsi le poids total de la silice soluble et des matières insolubles. On reprend le produit calciné par une dissolution bouillante de potasse concentrée qui dissout la silice soluble.

On étend de beaucoup d'eau, on filtre, on lave, on sature la potasse par de l'acide chlorhydrique, on évapore à sec et on recueille comme ci-dessus la silice soluble.

Par différence, on a la teneur des matières insolubles.

Pour déterminer la composition des matières insolubles, il faut reprendre le résidu insoluble dans la potasse concentrée, y ajouter de la potasse et le fondre dans un creuset d'argent pour rendre le silicate attaquable par les acides. On pourra alors, dans la solution acide, constater la présence de la silice combinée dans le silicate inattaquable ; la silice quartzeuse et les bases deviennent solubles (fer, alumine, manganèse).

Si le total des bases ne correspond pas à la silice trouvée, on pourra croire à la présence de la silice quartzeuse.

1 de silice correspond à 1,5706 de silicate d'alumine anhydre.
  Id.   id.   1,4666 de bisilicate de chaux.
  Id.   id.   1,3111 de trisilicate de chaux.
  Id.   id.   2,2000 de silicate ferreux.
  Id.   id.   3,6666   id.   ferrique.
  Id.   id.   1,6666   id.   de magnésie.
  Id.   id.   1,8444   id.   de manganèse.
  Id.   id.   2,5703   id.   de potassium.
  Id.   id.   3,0333 de fluosilicate de chaux.

11° **Acide arsénique.**

Lorsque les phosphates sont pyriteux, ils contiennent très souvent de l'arsenic ; le décèlement de celui-ci est indispensable pour faire un bon dosage d'acide phosphorique.

En effet, le phosphate étant attaqué par l'acide nitrique, il a pu se produire de l'acide arsénique ; or, ce dernier se comporte dans ces circonstances comme l'acide phosphorique, et s'il y en avait dans la matière, il serait compté comme étant de l'acide phosphorique.

Pour ne pas tomber dans cette erreur, il faut faire passer dans la solution acide un courant d'acide sulfureux, porter ensuite à l'ébullition pour chasser l'excès et enfin faire passer un courant d'acide sulfhydrique qui précipite l'arsenic.

On redissout le sulfure d'arsenic par le carbonate ammonique, on fait bouillir, on filtre ; si la dissolution n'est pas complète, c'est que l'arsenic est accompagné d'étain, d'antimoine, etc. Dans la solution alcaline de ce sulfure, on verse de l'acide chlorhydrique et du chlorate de potasse pour transformer le sulfure d'arsenic en acide arsénique. On rend la liqueur ammoniacale et on y ajoute de la mixture magnésienne qui précipite l'arsenic à l'état d'arséniate ammoniaco-magnésien, on opère comme pour le dosage de l'acide phosphorique en ayant bien soin pour la calcination de séparer le filtre du précipité, car il pourrait y avoir réduction par le carbone du filtre. Le poids trouvé de pyroarséniate de magnésie multiplié par 0,4836 donne l'arsenic;

id. 0,6385   id.   acide arsénieux;

id. 0,7419   id.   acide arsénique.

12º **Magnésie.**

On opère sur la liqueur dont on a séparé la silice soluble, on agit sur un volume correspondant à deux grammes au moins de matière, on ajoute de l'ammoniaque et de l'acide citrique.

La magnésie se précipite lentement à l'état de phosphate ammoniaco-magnésien. Cette précipitation parfois n'est complète qu'après 4 ou 5 jours. On recueille le précipité, on le sèche, on le calcine en tenant compte des précautions rapportées dans le dosage de l'acide phosphorique et on le pèse.

Le poids trouvé de pyrophosphate de magnésie, multiplié par 0,2162, donne le magnésium;

id. 0,3604   id.   la magnésie.

ANALYSE PYROGNOSTIQUE

Pour faire rapidement et sérieusement l'essai d'un minerai, il est indispensable pour le minéralogiste ou pour le géologue de connaître l'analyse pyrognostique.

Cette analyse se fait au moyen d'un instrument appelé *chalumeau*, par lequel on insuffle de l'air dans une flamme quelconque, soit la flamme d'une bougie.

Le nécessaire pour faire une analyse au chalumeau se compose : d'un chalumeau en laiton avec bout de platine, d'une bougie ou d'une lampe à alcool, d'une pince d'acier, d'une pince à bouts de platine, d'un fil de platine, d'un mortier d'agate, d'un tas d'acier, d'un marteau d'acier, d'une lime aimantée, d'une pince coupante, d'une loupe, de tubes de verre ouverts et fermés, d'une lame de platine, de papier de tournesol et de fernambouc, des coupelles en cendre d'os, du borax anhydre en poudre, de carbonate de soude, de phosphate ammoniacosodique, de fil de fer, d'étain, de plomb pauvre, d'or, d'oxyde de cuivre, de nitrate de cobalt, de bisulfate de potasse, de nitrate de potasse, de sulfate de nickel, de cyanure de potassium, de spath-fluor, de sulfate de chaux et d'acide borique.

La boite du minéralogiste, pour faire l'analyse au chalumeau, contenant tous ces objets, n'a que 0^m28 de long, 0^m11 de large et 0^m17 de haut.

On trouvera dans les traités de minéralogie la description détaillée de l'analyse pyrognostique; nous n'en donnerons qu'un résumé succinct.

L'analyse peut comprendre neuf opérations différentes.

1° *Examen dans le tube*. On place dans un tube de verre bouché à un bout, un fragment du minerai réduit en morceaux et on chauffe à la lampe à alcool.

On tient note des phénomènes qui se produisent dans ces différentes opérations.

2° *Examen dans le tube ouvert*. Ce tube est légèrement courbé, on place le fragment de minerai dans le coude, on chauffe à la lampe à alcool ou au chalumeau.

3° *Examen sur le charbon sans réactifs*. On fait dans un morceau de charbon une petite excavation dans laquelle on place un fragment du minerai, on y lance alors le dard du chalumeau.

4° *Examen sur le charbon avec réactifs.* On ajoute dans l'excavation ou du carbonate de soude, ou du nitrate de soude, de potasse ou de cobalt, ou du cyanure de potassium.

5° *Examen sur la pince avec bouts de platine.* On prend avec cette pince un fragment de minerai que l'on tient dans le feu d'oxydation produit par le chalumeau.

La flamme est oxydante lorsque le dard du chalumeau entre dans la flamme; on souffle plus fort que pour produire la flamme réductrice; pour celle-ci, on place le dard du chalumeau à la surface extérieure de la flamme.

6° *Examen sur le fil de platine avec le borax.* Le fil de platine en boucle est chauffé, puis plongé dans le borax en poudre, on chauffe au chalumeau, le borax produit dans la boucle une perle parfaitement transparente, on touche avec la perle une très petite parcelle de la matière à essayer, préalablement grillée s'il y a lieu ; celle-ci y adhère et l'on porte le tout dans la flamme du chalumeau, qui est d'abord oxydante puis réductrice.

On plonge parfois une perle refroidie dans la flamme oxydante ; cette opération, répétée plusieurs fois, constitue le *flamber*.

7° *Examen sur le fil de platine avec le sel de phosphore* (phosphate ammoniaco-sodique). Cet essai s'effectue comme pour le borax.

8° *Examen sur le charbon avec le borax ou le sel de phosphore et l'étain.* Cet essai se fait comme au n° 4.

9° *Examen divers* en combinant les essais décrits et en employant divers réactifs.

La présence du phosphore sera décelée de la façon suivante :

L'essai, parfaitement sec, est chauffé dans le tube avec un morceau de magnésium ou de sodium et la masse est humectée d'eau ; le développement de l'odeur très caractéristique de l'hydrogène phosphoré indique la présence du phosphore.

Si l'essai ne contient pas d'élément donnant un enduit, on peut reconnaître les phosphates en les fondant au fil de platine dans la flamme de réduction, avec du borax et un petit morceau de fil de fer très fin ; il se produit un globule blanc de fer phosphoré, cassant et magnétique.

Bünsen a remplacé le chalumeau par la flamme non éclairante du bec qui porte son nom ; mais par cette méthode très simple, il faut avoir à sa disposition du gaz d'éclairage.

TABLEAU

DES

POURCENTAGES EN ACIDE PHOSPHORIQUE

ET EN PHOSPHATE TRICALCIQUE

par millim. de pyrophosphate de magnésie.

Poids trouvé en millim. de pyrophosphate de magnésie.	Anhydride phosphorique %.	Phosphate tricalcique %.	Poids trouvé en millim. de pyrophosphate de magnésie.	Anhydre phosphorique %.	Phosphate tricalcique %.	Poids trouvé en millim. de pyrophosphate de magnésie.	Anhydre phosphorique %.	Phosphate tricalcique %.
60	7,68	16,77	83	10,62	23,19	106	13,57	29,62
60 1/2	7,74	16,91	83 1/2	10,68	23,33	106 1/2	13,63	29,76
61	7,81	17,04	84	10,75	23,47	107	13,70	29,90
61 1/2	7,87	17,18	84 1/2	10,82	23,61	107 1/2	13,76	30,04
62	7,94	17,32	85	10,88	23,75	108	13,82	30,18
62 1/2	8,00	17,46	85 1/2	10,95	23,89	108 1/2	13,88	30,32
63	8,06	17,60	86	11,01	24,03	109	13,95	30,46
63 1/2	8,13	17,74	86 1/2	11,08	24,17	109 1/2	14,01	30,60
64	8,19	17,88	87	11,14	24,31	110	14,08	30,74
64 1/2	8,25	18,02	87 1/2	11,20	24,45	110 1/2	14,14	30,88
65	8,32	18,16	88	11,26	24,59	111	14,21	31,02
65 1/2	8,38	18,30	88 1/2	11,33	24,73	111 1/2	14,27	31,16
66	8,45	18,44	89	11,39	24,87	112	14,34	31,30
66 1/2	8,52	18,58	89 1/2	11,46	25,01	112 1/2	14,40	31,44
67	8,58	18,72	90	11,52	25,15	113	14,46	31,57
67 1/2	8,65	18,86	90 1/2	11,59	25,29	113 1/2	14,52	31,71
68	8,71	19,00	91	11,65	25,43	114	14,59	31,85
68 1/2	8,77	19,14	91 1/2	11,72	25,57	114 1/2	14,65	31,99
69	8,83	19,28	92	11,78	25,71	115	14,72	32,13
69 1/2	8,90	19,42	92 1/2	11,84	25,85	115 1/2	14,79	32,27
70	8,96	19,56	93	11,90	25,99	116	14,85	32,41
70 1/2	9,03	19,70	93 1/2	11,97	26,13	116 1/2	14,91	32,55
71	9,09	19,84	94	12,03	26,27	117	14,98	32,69
71 1/2	9,16	19,98	94 1/2	12,10	26,41	117 1/2	15,04	32,83
72	9,22	20,12	95	12,16	26,55	118	15,10	32,97
72 1/2	9,28	20,26	95 1/2	12,23	26,69	118 1/2	15,16	33,11
73	9,34	20,40	96	12,29	26,82	119	15,23	33,25
73 1/2	9,41	20,54	96 1/2	12,36	26,96	119 1/2	15,29	33,39
74	9,47	20,68	97	12,42	27,10	120	15,36	33,53
74 1/2	9,54	20,82	97 1/2	12,48	27,24	120 1/2	15,42	33,67
75	9,60	20,96	98	12,54	27,38	121	15,49	33,81
75 1/2	9,67	21,10	98 1/2	12,60	27,52	121 1/2	15,55	33,95
76	9,73	21,24	99	12,67	27,66	122	15,62	34,09
76 1/2	9,80	21,38	99 1/2	12,74	27,80	122 1/2	15,68	34,23
77	9,86	21,52	100	12,80	27,94	123	15,74	34,37
77 1/2	9,92	21,66	100 1/2	12,86	28,08	123 1/2	15,80	34,51
78	9,98	21,80	101	12,93	28,22	124	15,87	34,65
78 1/2	10,05	21,94	101 1/2	12,99	28,36	124 1/2	15,93	34,79
79	10,11	22,07	102	13,06	28,50	125	16,00	34,93
79 1/2	10,17	22,21	102 1/2	13,12	28,64	125 1/2	16,06	35,07
80	10,24	22,35	103	13,18	28,78	126	16,13	35,21
80 1/2	10,31	22,49	103 1/2	13,24	28,92	126 1/2	16,19	35,35
81	10,37	22,63	104	13,31	29,06	127	16,26	35,49
81 1/2	10,44	22,77	104 1/2	13,37	29,20	127 1/2	16,32	35,63
82	10,50	22,91	105	13,44	29,34	128	16,38	35,77
82 1/2	10,56	23,05	105 1/2	13,50	29,48	128 1/2	16,44	35,91

Poids trouvé en millim. de pyrophosphate de magnésie.	Anhydride phosphorique %.	Phosphate tricalcique %.	Poids trouvé en millim. de pyrophosphate de magnésie.	Anhydride phosphorique %.	Phosphate tricalcique %.	Poids trouvé en millim. de pyrophosphate de magnésie.	Anhydride phosphorique %.	Phosphate tricalcique %.
129	16,51	36,05	156	19,97	43,59	183	23,42	51,13
129 1/2	16,57	36,19	156 1/2	20,03	43,73	183 1/2	23,48	51,27
130	16,64	36,33	157	20,10	43,87	184	23,55	51,41
130 1/2	16,70	36,47	157 1/2	20,16	44,01	184 1/2	23,61	51,55
131	16,77	36,60	158	20,22	44,15	185	23,68	51,69
131 1/2	16,83	36,74	158 1/2	20,28	44,29	185 1/2	23,74	51,83
132	16,90	36,88	159	20,35	44,43	186	23,81	51,97
132 1/2	16,96	37,02	159 1/2	20,41	44,57	186 1/2	23,87	52,11
133	17,02	37,16	160	20,48	44,71	187	23,94	52,25
133 1/2	17,08	37,30	160 1/2	20,54	44,85	187 1/2	24,00	52,39
134	17,15	37,44	161	20,61	44,99	188	24,06	52,53
134 1/2	17,21	37,58	161 1/2	20,67	45,13	188 1/2	24,13	52,67
135	17,28	37,72	162	20,74	45,27	189	24,19	52,81
135 1/2	17,34	37,86	162 1/2	20,80	45,41	189 1/2	24,25	52,95
136	17,41	38,00	163	20,86	45,55	190	24,32	53,09
136 1/2	17,47	38,14	163 1/2	20,92	45,69	190 1/2	24,38	53,23
137	17,54	38,28	164	20,99	45,83	191	24,45	53,37
137 1/2	17,60	38,42	164 1/2	21,05	45,97	191 1/2	24,51	53,51
138	17,66	38,56	165	21,12	46,10	192	24,58	53,65
138 1/2	17,72	38,70	165 1/2	21,18	46,24	192 1/2	24,64	53,79
139	17,79	38,84	166	21,25	46,38	193	24,70	53,93
139 1/2	17,85	38,98	166 1/2	21,31	46,52	193 1/2	24,76	54,07
140	17,92	39,12	167	21,38	46,66	194	24,83	54,21
140 1/2	17,98	39,26	167 1/2	21,44	46,80	194 1/2	24,89	54,35
141	18,05	39,40	168	21,50	46,94	195	24,96	54,49
141 1/2	18,11	39,54	168 1/2	21,56	47,08	195 1/2	25,02	54,63
142	18,18	39,68	169	21,63	47,22	196	25,09	54,77
142 1/2	18,24	39,82	169 1/2	21,69	47,36	196 1/2	25,15	54,91
143	18,30	39,96	170	21,76	47,50	197	25,22	55,05
143 1/2	18,36	40,10	170 1/2	21,82	47,64	197 1/2	25,28	55,19
144	18,43	40,24	171	21,89	47,78	198	25,34	55,33
144 1/2	18,49	40,38	171 1/2	21,95	47,92	198 1/2	25,40	55,47
145	18,56	40,52	172	22,02	48,06	199	25,47	55,61
145 1/2	18,62	40,66	172 1/2	22,08	48,20	199 1/2	25,53	55,75
146	18,69	40,80	173	22,14	48,34	200	25,60	55,88
146 1/2	18,75	40,94	173 1/2	22,20	48,48	200 1/2	25,66	56,02
147	18,82	41,08	174	22,27	48,62	201	25,73	56,16
147 1/2	18,88	41,22	174 1/2	22,33	48,76	201 1/2	25,79	56,30
148	18,94	41,35	175	22,40	48,90	202	25,86	56,44
148 1/2	19,00	41,49	175 1/2	22,46	49,04	202 1/2	25,92	56,58
149	19,07	41,63	176	22,53	49,18	203	25,98	56,72
149 1/2	19,13	41,77	176 1/2	22,59	49,32	203 1/2	26,04	56,86
150	19,20	41,91	177	22,65	49,46	204	26,11	57,00
150 1/2	19,26	42,05	177 1/2	22,71	49,60	204 1/2	26,17	57,14
151	19,33	42,19	178	22,78	49,74	205	26,24	57,28
151 1/2	19,39	42,33	178 1/2	22,84	49,88	205 1/2	26,30	57,42
152	19,46	42,47	179	22,91	50,02	206	26,37	57,56
152 1/2	19,52	42,61	179 1/2	22,97	50,16	206 1/2	26,43	57,70
153	19,58	42,75	180	23,04	50,30	207	26,50	57,84
153 1/2	19,64	42,89	180 1/2	23,10	50,44	207 1/2	26,56	57,98
154	19,71	43,03	181	23,17	50,58	208	26,62	58,12
154 1/2	19,77	43,17	181 1/2	23,23	50,72	208 1/2	26,68	58,26
155	19,84	43,31	182	23,30	50,86	209	26,75	58,40
155 1/2	19,90	43,45	182 1/2	23,36	51,00	209 1/2	26,81	58,54

Poids trouvé en millim. de pyrophosphate de magnésie.	Anhydride phosphorique %.	Phosphate tricalcique %.	Poids trouvé en millim. de pyrophosphate de magnésie.	Anhydride phosphorique %.	Phosphate tricalcique %.	Poids trouvé en millim. de pyrophosphate de magnésie.	Anhydride phosphorique %.	Phosphate tricalcique %.
210	26,88	58,68	237	30,34	66,22	264	33,79	73,77
210 1/2	26,94	58,82	237 1/2	30,40	66,36	264 1/2	33,86	73,91
211	27,01	58,96	238	30,46	66,50	265	33,92	74,05
211 1/2	27,07	59,10	238 1/2	30,52	66,64	265 1/2	33,99	74,19
212	27,14	59,24	239	30,59	66,78	266	34,05	74,33
212 1/2	27,20	59,38	239 1/2	30,65	66,92	266 1/2	34,12	74,47
213	27,26	59,52	240	30,72	67,06	267	34,18	74,61
213 1/2	27,32	59,66	240 1/2	30,78	67,20	267 1/2	34,24	74,75
214	27,39	59,80	241	30,85	67,34	268	34,30	74,89
214 1/2	27,45	59,94	241 1/2	30,91	67,48	268 1/2	34,36	75,03
215	27,52	60,08	242	30,98	67,62	269	34,43	75,16
215 1/2	27,58	60,22	242 1/2	31,04	67,76	269 1/2	34,50	75,30
216	27,65	60,36	243	31,10	67,90	270	34,56	75,44
216 1/2	27,71	60,50	243 1/2	31,16	68,04	270 1/2	34,63	75,58
217	27,78	60,64	244	31,23	68,18	271	34,69	75,72
217 1/2	27,84	60,78	244 1/2	31,29	68,32	271 1/2	34,76	72,86
218	27,90	60,91	245	31,36	68,46	272	34,82	76,00
218 1/2	27,96	61,05	245 1/2	31,42	68,60	272 1/2	34,88	76,14
219	28,03	61,19	246	31,49	68,74	273	34,94	76,28
219 1/2	28,09	61,33	246 1/2	31,55	68,88	273 1/2	35,01	76,42
220	28,16	61,47	247	31,62	69,02	274	35,07	76,56
220 1/2	28,22	61,61	247 1/2	31,68	69,16	274 1/2	35,14	76,70
221	28,29	61,75	248	31,74	69,30	275	35,20	76,84
221 1/2	28,35	61,89	248 1/2	31,80	69,44	275 1/2	35,27	76,98
222	28,42	62,03	249	31,87	69,58	276	35,33	77,12
222 1/2	28,48	62,17	249 1/2	31,93	69,72	276 1/2	35,40	77,26
223	28,54	62,31	250	32,00	69,86	277	35,46	77,40
223 1/2	28,60	62,45	250 1/2	32,06	70,00	277 1/2	35,52	77,54
224	28,67	62,59	251	32,13	70,14	278	35,58	77,68
224 1/2	28,73	62,73	251 1/2	32,19	70,28	278 1/2	35,65	77,82
225	28,80	62,87	252	32,26	70,41	279	35,71	77,96
225 1/2	28,86	63,01	252 1/2	32,32	70,55	279 1/2	35,78	78,10
226	28,93	63,15	253	32,38	70,69	280	35,84	78,24
226 1/2	28,99	63,29	253 1/2	32,44	70,83	280 1/2	35,91	78,38
227	29,06	63,43	254	32,51	70,97	281	35,97	78,52
227 1/2	29,12	63,57	254 1/2	32,57	71,11	281 1/2	36,04	78,66
228	29,18	63,71	255	32,64	71,25	282	36,10	78,80
228 1/2	29,24	63,85	255 1/2	32,70	71,39	282 1/2	36,16	78,94
229	29,31	63,99	256	32,77	71,53	283	36,22	79,08
229 1/2	29,37	64,13	256 1/2	32,83	71,67	283 1/2	36,29	79,22
230	29,44	64,27	257	32,89	71,81	284	36,35	79,36
230 1/2	29,50	64,41	257 1/2	32,95	71,95	284 1/2	36,42	79,50
231	29,57	64,55	258	33,02	72,09	285	36,48	79,64
231 1/2	29,63	64,69	258 1/2	33,08	72,23	285 1/2	36,54	79,78
232	29,70	64,83	259	33,15	72,37	286	36,60	79,92
232 1/2	29,76	64,97	259 1/2	33,21	72,51	286 1/2	36,67	80,06
233	29,82	65,11	260	33,28	72,65	287	36,74	80,19
233 1/2	29,88	65,25	260 1/2	33,35	72,79	287 1/2	36,80	80,33
234	29,95	65,39	261	33,41	72,93	288	36,86	80,47
234 1/2	30,01	65,53	261 1/2	33,48	73,07	288 1/2	36,93	80,61
235	30,08	65,66	262	33,54	73,21	289	36,99	80,75
235 1/2	30,14	65,80	262 1/2	33,60	73,35	289 1/2	37,05	80,89
236	30,21	65,94	263	33,66	73,49	290	37,11	81,03
236 1/2	30,27	66,08	263 1/2	33,73	73,63	290 1/2	37,17	81,17

COMPOSITION MOYENNE DES

ÉLÉMENTS DOSÉS	SUPERPHOSPHATE			PHOSPHATE		GUANOS	
	soluble dans l'eau 16/18	soluble dans le citrate 14/16	40/45	précipité 35/40	basique	de poissons	de déjections
Eau	—	—	—	—	—	8,00	12,5
Matières organiques	—	—	—	—	—	55,00	—
Azote	—	—	—	—	—	7,75	6,5
Acide phosphorique P^2O5	17,00	15,00	42,50	37,50	16,00	9,62	11,0
Carbonate de chaux	—	—	—	—	—	6,00	—
Oxyde de fer	—	—	—	—	12,00	—	—
Id. d'alumine	—	—	—	—		—	—
Chaux totale	—	—	—	—	50,00	—	—
Silice	—	—	—	—	7,00	1,50	—
Fluor	—	—	—	—	—	—	—
Sulfate de chaux	—	—	—	—	—	—	—
Acide sulfurique	—	—	—	—	—	—	—
Potasse	—	—	—	—	—	—	—
Insoluble dans les acides	—	—	—	—	—	—	—
Magnésie	—	—	—	—	—	—	—
Phosphate de chaux	—	—	—	—	—	21,00	24,01

PHOSPHATES

ÉLÉMENTS DOSÉS	de la Meuse	des Ardennes	du Boulonais	du Cambrésis	riches de Pernes	de Liège (haut titre)	de la Caroline	de Floride Rock phosphate
Eau	1,90	2,20	1,05	—	0,59	—	3,60	1,39
Matières organiques	—	—	2,85	—	—	—	5,45	1,39
Azote	—	4,55	0,078	—	—	—	—	—
Acide phosphorique	18,74	19,57	20,72	16,00	20,97	27,50	30,49	35,11
Carbonate de chaux	10,90	13,18	9,43	11,00	14,54	7,27	8,38	4,00
Oxyde de fer	5,46	4,89	3,25	6,09	1,60	3,39	2,24	0,65
Id. d'alumine	2,57	3,36	3,15	6,09	2,12	3,39	2,24	1,49
Chaux totale	29,23	31,81	33,01	—	44,46	40,64	—	47,07
Silice	—	24,80	27,59	25,00	10,50	—	10,38	—
Fluor	—	1,66	1,78	—	—	—	—	—
Sulfate de chaux	—	—	—	—	—	—	5,57	—
Acide sulfurique	—	0,85	0,84	—	1,20	—	—	—
Potasse	—	—	0,96	—	4,47	—	—	—
Insoluble dans les acides	28,74	—	—	—	—	15,34	—	8,49
Magnésie	—	—	—	—	—	—	—	—
Soit en phosphate de chaux	—	42,73	45,23	34,93	45,80	60,04	66,52	76,63

PRODUITS A BASE DE PHOSPHATE

GUANOS AZOTÉS d'Afrique, des îles Halifax, Pamona, Possession et Ichaboë	GUANOS de Méjillonès	PHOSPHATES D'OS		NOIR ANIMAL après rafflinage	PHOSPHATES		
		dégraissé	dégélatiné		de Curaçao	de Sombrera	de Charles-town
21,66	11,21	6,0 à 10,0	6,0 à 12,0	20 à 40	0,68	7,4	3,80
44,89	11,51	—	—	—	1,79	—	—
avec sels ammo-niacaux							
,57 am. 9,20 org.	18 am. 0,49 org.	3,5 à 4,0	0,9 à 1,8	1,5 à 2,0	—	—	—
,85 sol. 5,95 ins.	32,18	20 à 26	27 à 32	—	41,24	35,80	25,70
—	—	—	3,0 à 6,0	5 à 12	6,93	—	—
0,14	0,40	—	—	—	0,35	9,20	8,10
—	—	—	—	—	—	38,90	39,40
8,18	35,02	—	—	—	—	—	—
7,69	2,19	30,0 à 32,0	1,0 à 3,0	3 à 15	0,50	1,00	17,10
—	—	—	—	—	—	—	—
—	—	—	—	—	1,09	—	—
0,43	4,09	—	—	—	—	0,50	1,00
2,00	—	—	—	—	—	—	—
—	—	—	—	—	—	—	—
0,60	3,40	—	—	—	—	0,60	0,70
—	—	43,00 à 56,00	60,00 à 70,00	55,00 à 65,00	89,98	78,11	56,14

PHOSPHATES

Comtés du Sud Angleterre	de Floride River phosphate	de Ciply craie grise	de Ciply (riche)	de la Somme (haut titre)	de la Somme (bas titre)	d'Algérie	de Cacérès	de Norwège	du Canada	du Canada mou light.
5,67	—	—	—	—	2,40	1,55	0,53	0,10	—	0,08
—	—	2,83	5,21	3,05		2,95	—	—	—	—
—	—	—	0,028	—	—	—	—	—	—	—
22,39	28,75	11,66	27,79	33,90	21,56	25,71	30,45	39,43	36,04	41,58
6,95	43,90	63,86	11,50	8,75	7,93	19,09	4,10	—	8,05	0,34
8,68	0,81	1,01	3,96	1,51	9,16	3,60	1,34	1,20	1,03	2,31
3,34	1,59			0,90						1,05
32,73	—	53,24	41,72	48,27	—	—	38,05	51,74	—	53,92
21,96	—	1,96	10,68	1,24	—	7,40	25,32	3,88	—	3,80
—	—	traces	existe	—	—	—	—	1,80	—	—
—	—	—	—	—	—	—	—	—	—	—
—	—	0,89	1,18	0,71	—	—	—	—	—	—
—	—	0,19	1,00	—	—	—	—	—	—	—
—	—	—	—	—	18,84	—	—	—	8,92	1,50
—	—	—	—	—	—	—	—	—	—	—
48,90	62,76	25,43	60,67	74,01	47,08	56,12	66,47	86,08	78,65	90,80

MESURES & POIDS ANGLAIS

Poids

1 ton (tonne).	— 20 cwts	— 1016,40476
1 cwt (hundred-weight).	— 8 stones	— 50, 80238
1 stone.	— 14 pounds	— 6, 35029
1 lbs (pound)	— 16 ounces	— 0, 45359
11 lbs		— 5, 00000
1 ounce (once)		— 0, 02835
1 quarter (quart)	— 28 pounds	— 12, 70058
4 quarter	— 112 pounds	— 50, 80238
1 cwt	— 112 pounds	

Mesures de longueur

1 line (ligne).		— 0m00212
12 lines	— 1 inch (pouce)	— 0, 02540
12 inches	— 1 foot (pied)	— 0, 3048
3 feet (pieds)	— 1 yard	— 0, 9144
2 yards	— 1 fathom	— 1, 8288
1760 yards	— 1 english mile (mille anglais)	— 1609, 344

Mesures de surface

1 square inche (pouce carré)		— 0m²73278
144 square inches.	— 1 square foot (pied carré)	— 0, 1055
9 square feet (pieds carrés)	— 1 square yard (yard carré)	— 0, 9495
30 1/4 square yards.	— 1 rod, or pole, or perch.	— 28. 7224
1 road	— 1210 square yards.	— 1148, 8950
4 roads	— 1 acre	— 4595, 580
640 acres.	— 1 square mile — 294 hectares	1171, 200

Mesures de volume

1 cubic inche (pouce cube)		— 19c³58365
1728 cubic inches	— 1 cubic foot	— 0 m³03428
27 cubic feet	— 1 cubic yard	— 0, 92553
40 cubic feet	— 1 tonne marine.	— 0, 1712

Mesures de capacité

1 gallon	— 8 pints.	— 41.54346
1 pint	— 20 fluids ounces	— 0, 56793
1 fluid ounce.		— 0, 0283966

LISTE DES FIGURES ACCOMPAGNANT CET OUVRAGE

INDEX DES OUVRAGES CONSULTÉS

Des gisements de phosphate de chaux de la Hesbaye, 1890, M. Lohest.
Recherches de chimie et de physiologie, 1886, Pétermann.
Des phosphates, 1879, J. Brunfaut.
Gisements français de phosphate de chaux, 1882, Ch. Delattre.
Les phosphates de chaux dans le bassin de Mons, 1885, E. Denys.
Phosphate de chaux dans la craie d'Obourg, 1886, E. Denys.
Le phosphate Thomas, 1887, P. Wagner.
Bulletin de la Société minéralogique de France.
Les phosphates, 1888, R. Tamine.
Cours de Métallurgie, 1860, Gillon.
Les gisements de phosphate de la Hesbaye, 1890, Ch. Julin.
Nos sources de phosphate de chaux, 1889, H. Voss.
Dosage de l'acide phosphorique, 1886, Association des chimistes de sucrerie (France).
L'azote et le phosphore, 1887, A. Favier.
Études agronomiques, L. Grandeau.
Les engrais (2 vol.), 1891, Müntz et Girard.
Le phosphate de chaux, 1889, A. Olry.
Les phosphates de chaux de la Picardie, 1887, E. Denys.
Les phosphates en Belgique, 1890, H. Pellet.
Les phosphates de la Hesbaye, 1890, G. Schmitz.
Étude sur la statigraphie de la partie N.-O. de la province de Liège, 1889, R. Malherbe.
Les phosphates de la Floride, 1892, V. Watteyne.
Les engrais, 1887, par Wolf, traduit par Damseaux.
Encyclopédie chimique, Frémy.
Guide du chimiste, 1885, Frémy et Terreil.
Minéralogie (2 vol.), Noguès.
Traité de chimie quantitative, 1879, Frésénius.
Phosphates of America, 1892, Wyatt.
Bulletin de l'Association belge des chimistes.
Manuel pratique des analyses chimiques des matières phosphatées, 1892, Al. Gaseq.
Dictionnaire de chimie, Würtz.
Remarques sur la préparation et l'emploi de la liqueur molybdique, 1882, Kupfferschlaeger.
Journal *L'engrais*.
Florida, south Carolina and Canadian Phosphates, Hoyer Millar.
Exploitation des mines, Al. Evrard.

Bulletin de l'Association des anciens élèves de l'École des mines de Mons.

Annales de la Société géologique de Belgique.

Annales des mines de France.

Revue universelle des mines de Liége.

Le phosphate basique, P. Orban.

Les apatites du Canada, E. Grognard.

La question des phosphates, Smets et Schreiber.

Préparation mécanique des minerais, Castelnau.

Fossiles des gîtes de phosphorite de la Hesbaye, 1890, A. Firket.

Géologie de la Belgique (2 vol.), 1881, Mourlon.

Assise de Herve, Tongrien inférieur, 1891, Forir.

Planchette de Herve Crétacé, 1891, id.

Les phosphates naturels, 1893, P. Hubert.

Citrate d'ammoniaque (son action), 1888, Hanuise et Souris.

La déphosphoration dans la fabrication des fers et des aciers, 1889, Bresson et Grüner.

La question des engrais, 1886, P. Wagner.

Recherches sur l'absorbalité de quelques phosphates, 1891, Smets et Schreiber.

TABLE DES MATIÈRES

Chapitre I. — Préliminaires.

Chapitre II. — Chimie.

Chapitre III. — Géogénie-Paléontologie.

Chapitre IV. — *Première Partie :* Minéralogie.

Deuxième Partie : **Géologie.**

Chapitre V. — **Exploitation.**

Première Partie.

Deuxième Partie.

Chapitre VI. — Traitement mécanique.

Séchage.

Broyage 176

CHAPITRE VIII. — Fabrication des différents engrais à base d'acide phosphorique.

CHAPITRE IX.

Chapitre X. — **Analyse chimique.** 417

ERRATA

Page   2, 32ᵉ ligne, *dans l'agriculture*   lisez : *en agriculture.*
  —   5, 4ᵉ —   *Cette production*   —   *La production.*
  —   45, 5ᵉ —   *Ca H P⁴ O*   —   *Ca H P O⁴.*
  —   48, 15ᵉ et 16ᵉ lignes doivent être placées après la 17ᵉ.
  —   63, 10ᵉ ligne, *2,25 de phosphate*   lisez : *2,25 % de phosphate.*
  — 141, 4ᵉ —   *la période laurentienne*   *la période laurentienne se*
                    qui se distingue   —   *distingue.*
  — 145, 14ᵉ —   *sondage et par puits*   →   *sondage.*
  — 151, 17ᵉ —   *est entré de 0,50 dans*   —   *est entré de 0,50 à 2,00 dans.*
  — 163, 23ᵉ —   A. B. C.   —   A. B. C.
  — 164, 13ᵉ —   *fig. 43*   —   *fig. 42ᵇⁱˢ.*
  — 170, 18ᵉ —   *20 minutes*   —   *5 minutes.*
  — 171, 15ᵉ —   *engrenage étant fixé*   —   *engrenage fixé.*
  — 195, 31ᵉ —   —   *fig. 81ᵇⁱˢ.*
  — 213, 28ᵉ —   *la formule* $Cr\, a^2\, (v = w)^2$ — $Cr\, a^2\, (v - w)^2.$
  — 220, 13ᵉ et 14ᵉ *de l'aspérité*   —   *des aspérités.*
  — 221, 9ᵉ ligne, *le tambour de se dérouler* —   *son déroulement.*
  — 237, 9ᵉ —   *fig. 154*   —   *fig. 153ᵇⁱˢ.*
  — 291, 24ᵉ —   *fig. 172*   —   *fig. 172ᵇⁱˢ.*
  — 311, 13ᵉ —   —   *fig. 193.*
  — 315, 4ᵉ —   *le dessus*   —   *le dessous.*
  — 418, 26ᵉ —   *total*   —   *f) total.*
  — 422, 16ᵉ —   *obtenue par l'eau*   —   *obtenue.*
  — 447, 13ᵉ —   *flacon K*   —   *flacon B.*

Page 26, dernière ligne, 60 (français), lisez : *40 (français), 90 % au tamis 50
et 85 % au tamis 70*